PPT设计丛书

PPT表达力

从Excel到PPT完美展示

【案例视频版】

偷懒的技术 著

中国水利水电出版社
www.waterpub.com.cn
• 北京 •

内 容 提 要

大数据时代，如何读懂数据的灵魂与内核，让数据成为展示的焦点？

《PPT 表达力：从 Excel 到 PPT 完美展示（案例视频版）》从 PPT 设计思维角度出发，通过如何梳理数据逻辑、提取核心数据、美化数据表格、变身商务图表、动画惊艳出场等方式来完美展示数据的价值。全书共 3 篇：第 1 篇为雷区规避篇，讲解数据汇报设计中常犯的错；第 2 篇为经典操作篇，讲解了 Excel 和 PowerPoint 软件的重点操作技术；第 3 篇为实战技术篇，分别讲解了 PPT 数据设计的核心思维、PPT 数据表格的设计之道、数据可视化利器——图表的设计方法、数据的图形化表达以及数据动态展示的秘诀。

《PPT 表达力：从 Excel 到 PPT 完美展示（案例视频版）》是连接 Excel 数据分析到 PPT 数据展示的桥梁，适合需要做数据统计、数据分析以及使用数据沟通工作的从业者，包括财务会计、行政人事、销售人员、数据分析专员、科研人员、新媒体从业者等。

图书在版编目（CIP）数据

PPT表达力：从Excel到PPT完美展示：案例视频版/偷懒的技术著．—北京：中国水利水电出版社，2021.8（2022.5重印）

ISBN 978-7-5170-9216-2

Ⅰ.①P… Ⅱ.①偷… Ⅲ.①表处理软件 ②图形软件 Ⅳ.①TP391.13 ②TP391.412

中国版本图书馆CIP数据核字(2020)第240161号

书　　名	PPT 表达力：从 Excel 到 PPT 完美展示（案例视频版） PPT BIAODA LI：CONG Excel DAO PPT WANMEI ZHANSHI
作　　者	偷懒的技术　著
出版发行	中国水利水电出版社 （北京市海淀区玉渊潭南路 1 号 D 座 100038） 网址：www.waterpub.com.cn E-mail：zhiboshangshu@163.com 电话：（010）62572966-2205/2266/2201（营销中心）
经　　售	北京科水图书销售有限公司 电话：（010）68545874、63202643 全国各地新华书店和相关出版物销售网点
排　　版	北京智博尚书文化传媒有限公司
印　　刷	涿州汇美亿浓印刷有限公司
规　　格	180mm×210mm　24 开本　12.5 印张　325 千字　1 插页
版　　次	2021 年 8 月第 1 版　2022 年 5 月第 2 次印刷
印　　数	4001—7000 册
定　　价	89.80 元

PREFACE
前言

在大数据时代，一个人如果不会数据分析相当于文盲，不会做数据汇报相当于哑巴。揭开数据分析的神秘面纱，对大多数人来说，Excel 可以完成超乎想象的分析工作。然而，越来越多的人可以用 Excel 完成有价值的数据分析，却在做数据报告时一筹莫展。如何将枯燥无聊的数据放到 PPT 中？

找模板？不现实！数据千变万化，而模板千篇一律。数据展示既要美观，又要精确有内涵。学习图表制作？还不够！太多数据汇报学习资料集中于讲解图表，图表只是数据可视化的一个工具，并不能百分之百地展示数据。不完美的，甚至是错误的数据展示可能会导致价值百万元的数据分析变成价值百元！

完美的数据汇报，需要具备表格、图表、数字设计、图文排版等能力，这也是本书包括的知识点。本书具备七大特点，全面有效地解决如何让数据在 PPT 中完美呈现的难题，不让糟糕的设计毁了优秀的数据分析。

本书特色

☞ 特点 1：思维导图，高效系统地学习

碎片化学习远不如系统学习更有效。本书每章开头将全章知识点总结成思维导图，请读者朋友务必认真阅读思维导图，通过图中学习路线拥有全局思维后，再进入本章学习。完成章节学习后，再回过头来复习思维导图，必定能收获满满。当然，针对比较复杂的知识点，本书也配备了思维导图帮助理清思路。

☞ 特点 2：精通核心功能，数据“变形”随心所欲

如何使用 Excel 进行数据分析？ PowerPoint 软件的重点功能如何使用？很多人对这些问题是丈二和尚，摸不着头脑。本书用三章集中讲解 Excel 和 PowerPoint 两大软件的重点功能，以及将数据“搬”到 PPT 中的必备技术。

☞ 特点 3：技术揭秘，掌握实操

只学案例实操，无法实现精彩设计；只学理念思路，无法提升动手能力。本书兼顾技

术与理念，在讲解经典数据设计理念时，使用效果图进行说明，而效果图后又紧跟实操步骤，例如“技术揭秘：为表格设计粗细不同的边框线”等，双重提升思维和动手能力。

☞ **特点 4：重点速记，事半功倍**

本书重要知识点设有“重点速记”，列出本节精华知识点。记下重点后，再学习相关案例，最后使用配套素材文件练习，学习效果立竿见影。

☞ **特点 5：高效技巧，查缺补漏**

设计工作中有很多节约时间、提升效率的小技巧。本书中设有“高效技巧”特色段，列出了当前内容涉及的小技巧，如“高效技巧：如何一键统一表格用语”。

☞ **特点 6：配套案例，精挑细选**

本书案例均有配套素材文件，这些案例来源于实际工作，涉及财务、销售、市场等多个领域，是专业的商务数据演示 PPT。读者可用这些案例进行练习，也可在实际工作中参考这些案例。

☞ **特点 7：视频讲解，扫码播放**

本书案例均配有视频讲解，视频讲解直观明了，在学习的同时，可以拿出手机扫描二维码，跟着视频讲解动手操练，提高学习效果。

本书资源

本书提供配套的同步视频、相关的素材及源文件，另赠书 80 套 Excel 办公精品模板，读者可以在微信公众号中搜索“办公那点事儿”或者扫描下面的二维码，关注后发送 PPT70921 到公众号后台，获取本书资源下载链接，将该链接复制到计算机浏览器的地址栏中（一定要复制到计算机浏览器的地址栏，通过计算机下载，手机不能下载，也不能在线解压，没有解压密码），根据提示进行下载后解压使用。

更多信息，请关注微信公众号：Excel 偷懒的技术。

CONTENTS
目录

第 1 篇 雷区规避篇

第 1 章 将 Excel 数据放进 PPT 的坑，你踩过吗

第 2 篇 经典操作篇

第 2 章 Excel 技巧：优秀的数据是设计的基础

第 3 章 PPT 设计，将数据完美放进幻灯片的思维

第 3 篇 实战技术篇

第 4 章 让枯燥的数字成为页面焦点

第 5 章 丑陋的表格也能美观有内涵

第 6 章 Excel 数据秒变专业商务图表

第 1 篇
雷区规避篇

第 1 章

将 Excel 数据放进 PPT 的坑，你踩过吗

在各种信息中，数据类信息是最为严谨的信息，每一份数据都有其独特的“个性”。正是因为这份“个性”，让数据设计变得更难，在制作数据类 PPT 时更容易踩坑。这就是为什么很多 PPT 初看之下没有问题，细看却经不起推敲的原因。

将 Excel 数据放进 PPT 是一项系统性的重要工作，设计之路从避开雷区开始，方向对了，后期才能加速前进。

通过本章你将学会

- ☞ 表格为什么不能直接放进 PPT
- ☞ 表格数据放进 PPT 的思路是什么
- ☞ 如何正确描述 Excel 数据
- ☞ PPT 数据如何设计才能严谨
- ☞ 为什么要注意数据的表达形式
- ☞ 如何正确使用模板
- ☞ 完成设计后为什么要注意细节

本章部分案例展示

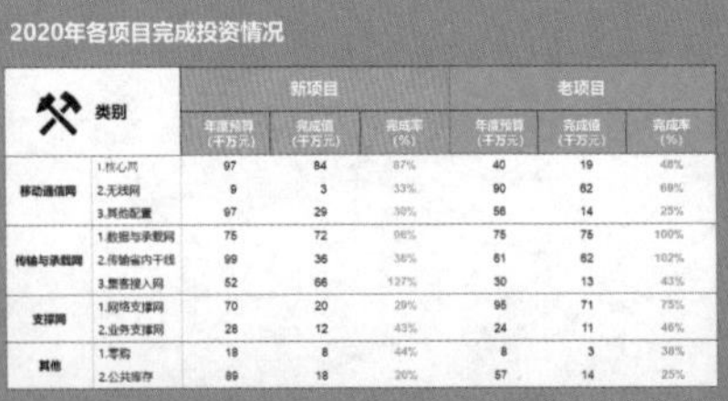

2020年各项目完成投资情况

类别		新项目			老项目		
		年度预算（千万元）	完成值（千万元）	完成率（%）	年度预算（千万元）	完成值（千万元）	完成率（%）
移动通信网	1.核心网	97	84	87%	40	19	48%
	2.无线网	9	3	33%	90	62	69%
	3.其他配置	97	29	30%	56	14	25%
传输与承载网	1.数据与承载网	75	72	96%	75	75	100%
	2.传输省内干线	99	36	36%	61	62	102%
	3.集客接入网	52	66	127%	30	13	43%
支撑网	1.网络支撑网	70	20	29%	95	71	75%
	2.业务支撑网	28	12	43%	24	11	46%
其他	1.零购	18	8	44%	8	3	38%
	2.公共库存	89	18	20%	57	14	25%

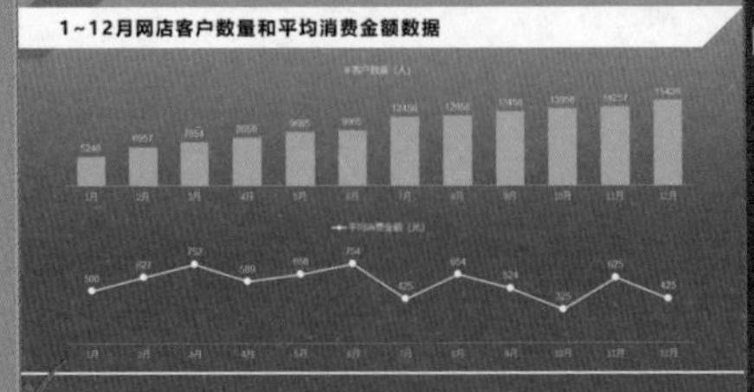

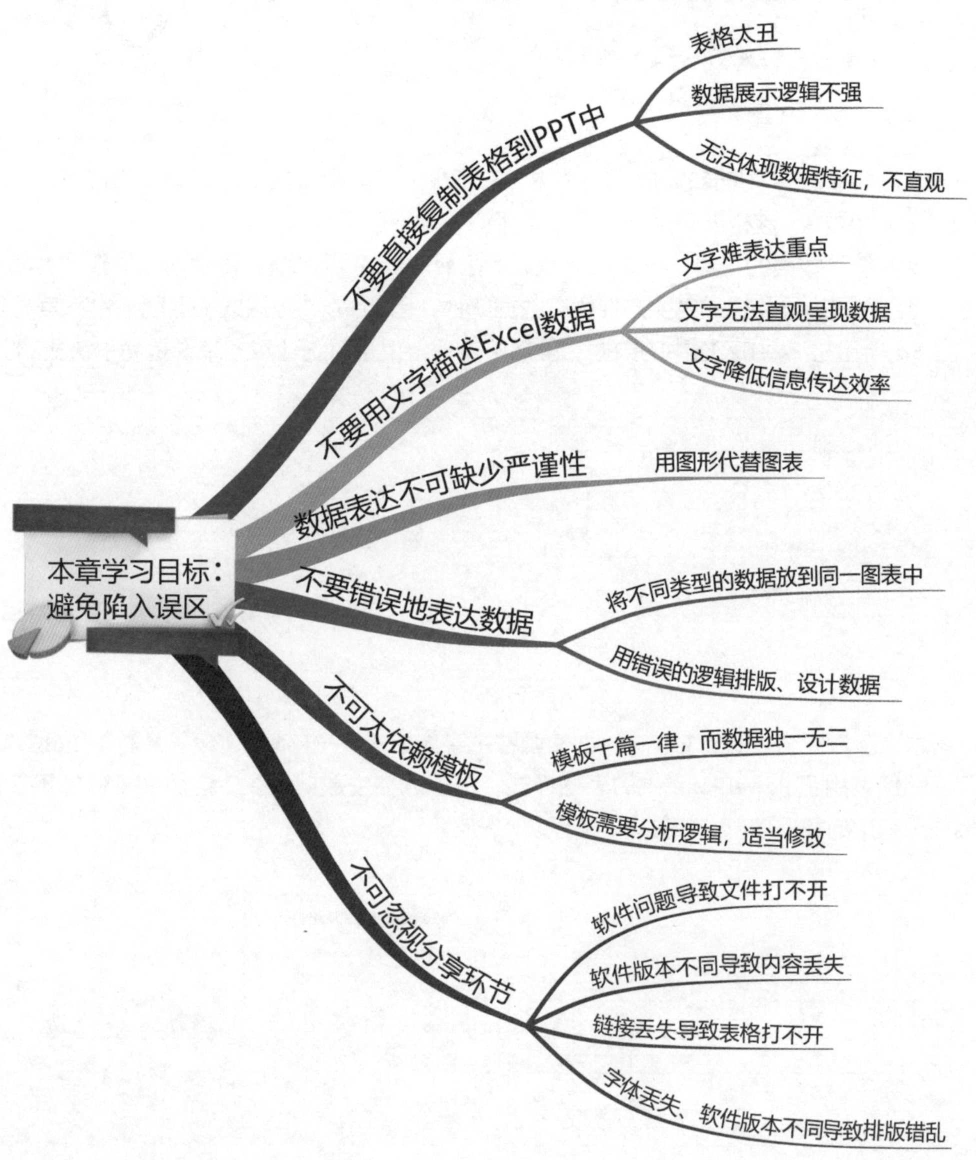
本章学习目标：
避免陷入误区
不要直接复制表格到PPT中
表格太丑
数据展示逻辑不强
无法体现数据特征，不直观
不要用文字描述Excel数据
文字难表达重点
文字无法直观呈现数据
文字降低信息传达效率
数据表达不可缺少严谨性
用图形代替图表
不要错误地表达数据
将不同类型的数据放到同一图表中
用错误的逻辑排版、设计数据
不可太依赖模板
模板千篇一律，而数据独一无二
模板需要分析逻辑，适当修改
不可忽视分享环节
软件问题导致文件打不开
软件版本不同导致内容丢失
链接丢失导致表格打不开
字体丢失、软件版本不同导致排版错乱

第1章

NO.1.1　直接复制表格到 PPT 中，被批不用心

一旦需要将 Excel 中的数据放到 PPT 中，有不少人可能会直接复制表格，或将截取的表格直接放到 PPT 中。这样做难免让人觉得不用心，敷衍了事。

Excel 是统计数据的工具，不是展示数据的工具。Excel 以详细、正确地记录数据为第一准则，而且数据的记录方式也要方便后续数据统计，因此 Excel 数据既不直观，也不美观。

图 1-1 所示是 Excel 表格中的数据，虽然不美观，但是对统计数据来说是简单快捷的。

	A	B	C	D	E	F	G	H
1	分类	项目	年度预算（千万元）	完成值（千万元）	完成率（%）	年度预算（千万元）	完成值（千万元）	完成率（%）
2	移动通信网	核心网	97	84	87%	40	19	48%
3	移动通信网	无线网	9	3	33%	90	62	69%
4	移动通信网	其他配置	97	29	30%	56	14	25%
5	传输与承载网	数据与承载网	75	72	96%	75	75	100%
6	传输与承载网	传输省内干线	99	36	36%	61	62	102%
7	传输与承载网	集客接入网	52	66	127%	30	13	43%
8	支撑网	网络支撑网	70	20	29%	95	71	75%
9	支撑网	业务支撑网	28	12	43%	24	11	46%
10	其他	零购	18	8	44%	8	3	38%
11	其他	公共库存	89	18	20%	57	14	25%

图 1-1　Excel表格中的数据

如果直接将表格复制到 PPT 中，即使调整了字体格式，PPT 依然十分“丑陋”，如图 1-2 所示。即使套用了 PowerPoint 中的表格样式，由于表格中数据太多，这页 PPT 依然不能高效地展示有用的数据信息，如图 1-3 所示。

2020年各项目完成投资情况

分类	项目	年度预算（千万元）	完成值（千万元）	完成率（%）	年度预算（千万元）	完成值（千万元）	完成率（%）
移动通信网	核心网	97	84	87%	40	19	48%
移动通信网	无线网	9	3	33%	90	62	69%
移动通信网	其他配置	97	29	30%	56	14	25%
传输与承载网	数据与承载网	75	72	96%	75	75	100%
传输与承载网	传输省内干线	99	36	36%	61	62	102%
传输与承载网	集客接入网	52	66	127%	30	13	43%
支撑网	网络支撑网	70	20	29%	95	71	75%
支撑网	业务支撑网	28	12	43%	24	11	46%
其他	零购	18	8	44%	8	3	38%
其他	公共库存	89	18	20%	57	14	25%

图 1-2　直接复制到 PPT 中的表格

2020年各项目完成投资情况

分类	项目	年度预算（千万元）	完成值（千万元）	完成率（%）	年度预算（千万元）	完成值（千万元）	完成率（%）
移动通信网	核心网	97	84	87%	40	19	48%
移动通信网	无线网	9	3	33%	90	62	69%
移动通信网	其他配置	97	29	30%	56	14	25%
传输与承载网	数据与承载网	75	72	96%	75	75	100%
传输与承载网	传输省内干线	99	36	36%	61	62	102%
传输与承载网	集客接入网	52	66	127%	30	13	43%
支撑网	网络支撑网	70	20	29%	95	71	75%
支撑网	业务支撑网	28	12	43%	24	11	46%
其他	零购	18	8	44%	8	3	38%
其他	公共库存	89	18	20%	57	14	25%

图 1-3　套用普通样式的表格

PPT 是展示工具，不仅以美观为原则，更以逻辑为原则。将 Excel 放进 PPT 之前，需要思考表达的重点是什么，然后从重点出发设计数据。

以图 1-1 的表格数据为例，如果要展示新老项目的投资完成情况对比，那么可以将表格拆分成三页 PPT，分别是新项目投资情况，如图 1-4 所示；老项目投资情况，如图 1-5 所示；新老项目的投资完成率比较，如图 1-6 所示。

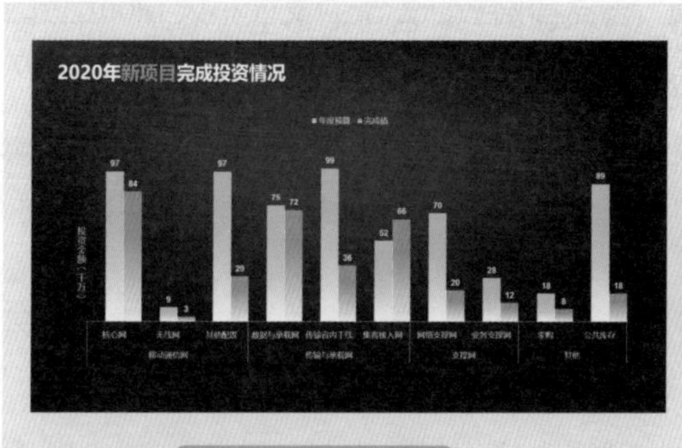

图 1-4　新项目投资情况

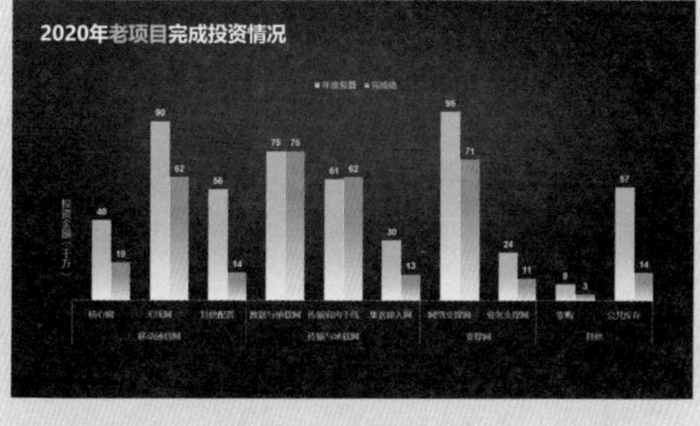

图 1-5　老项目投资情况

当表格数据较多，又不需要用图表直观体现数据特征，仅需要展示详细的数据明细时，那么可将表格放到 PPT 中，同时可通过设计让数据更具逻辑性并突出重点。

如图 1-7 所示，这页 PPT 使用颜色区分了新老项目，在第一列使用合并单元格对数据进行分类，并将完成率数据设置为不同的颜色，以便强调新老项目的完成率。这种精心设计的表格，使数据读取轻松高效，能让人感受到设计者的用心和细心。

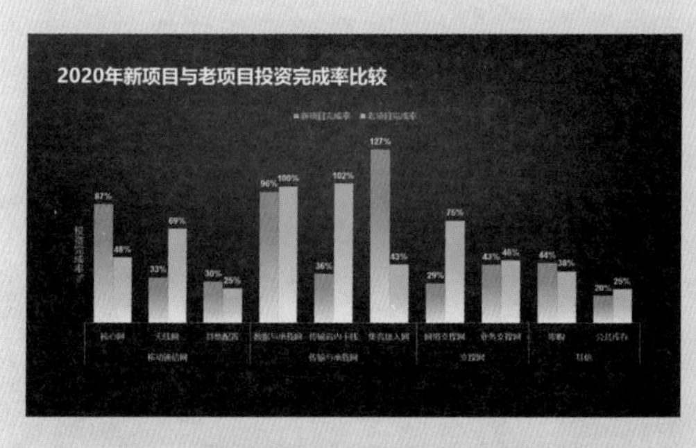

图 1-6　新老项目投资完成率比较

2020年各项目完成投资情况

类别		新项目			老项目		
		年度预算（千万元）	完成值（千万元）	完成率（%）	年度预算（千万元）	完成值（千万元）	完成率（%）
移动通信网	1.核心网	97	84	87%	40	19	48%
	2.无线网	9	3	33%	90	62	69%
	3.其他配置	97	29	30%	56	14	25%
传输与承载网	1.数据与承载网	75	72	96%	75	75	100%
	2.传输省内干线	99	36	36%	61	62	102%
	3.集客接入网	52	66	127%	30	13	43%
支撑网	1.网络支撑网	70	20	29%	95	71	75%
	2.业务支撑网	28	12	43%	24	11	46%
其他	1.零购	18	8	44%	8	3	38%
	2.公共库存	89	18	20%	57	14	25%

图 1-7　美化设计后的表格

第1章

NO.1.2 用文字描述 Excel 数据，领导看了头疼

不能正确地表达 Excel 数据是很多职场人士的一大短板，在不具备数据设计思维和动手能力的前提下，大多数职场人士会用文字的方式描述数据，并且描述得十分详细。可是问题来了，这么详细的描述，别人能看懂吗？即使能看懂，又是否有耐心和时间去理解呢？

在向领导汇报数据时，如果不能让领导在 10 秒内抓住 PPT 页面的重点，且在 30 秒内快速理解 PPT 的内容，这就是一个失败的 PPT。数据是烦琐的内容，在设计前如果能根据汇报对象、汇报主题，对数据进行提炼（具体提炼方法请参阅本书第 2 章），PPT 中的数据呈现将更加精彩。

图 1-8 所示是一张简单的成本记录表格。现在有三种可以节约成本的方案，需要将其展示在 PPT 中请领导定夺。

	A	B
1	成本类型	费用（元）
2	笔记本	3000
3	练习道具	2000
4	线上服务	2500
5	单次培训成本	19000
6	A讲师每场费用	8000
7	B讲师每场费用	16700
8	每位讲师机票费用	10000

图 1-8 Excel 中的成本费用

普通人的做法是用文字直接将方案描述出来，如图 1-9 所示。领导不仅需要花时间阅读文字，而且不能直观比较这三种方案的节约程度。高手的做法则是直接将成本节约率计算出来做成图表，整个页面重点分明，信息量简单而有逻辑，如图 1-10 所示。

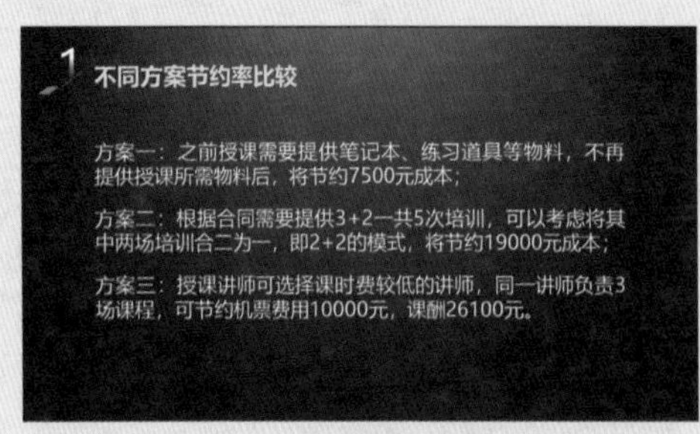

图 1-9 用文字描述数据

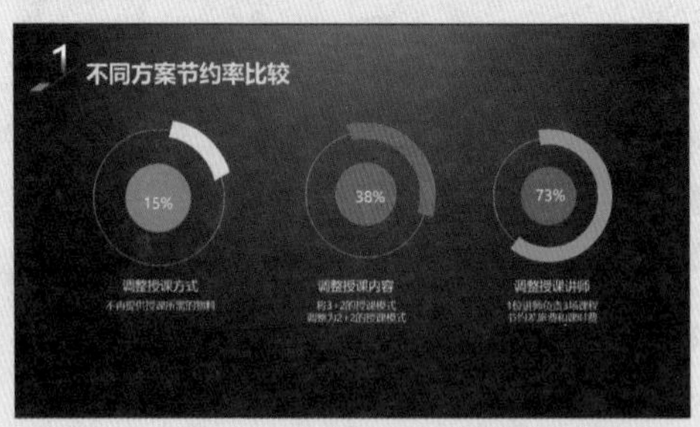

图 1-10 直观体现数据重点

NO.1.3 设计不严谨，被客户找碴儿

数据是严谨的信息，差之毫厘，谬以千里，一丝一毫的错误在专业人士眼里都是无法忽视的。使用 PPT 设计数据的呈现形式时，至少 90% 的新手都会采用图形或 SmartArt 图形来表达数据。这种做法的缺点：首先，图形无法客观地呈现数据；其次，很多人会将 SmartArt 图形与图表混淆，认为 SmartArt 图形是一种图表，这是错误的。所谓图表，就是既有图又有表，而且图必须与表中的数据紧密结合，而不是脱离于表格数据单独存在。

例如，各业务组业绩完成进度如图 1-11 所示，该图有一个不容易被发现的错误。初看之下，数据通过圆环图表示，似乎没什么错误，但是仔细观察会发现，图中 75% 的圆弧长度与 60% 的圆弧差不多。这是因为这页 PPT 中的空心弧是用【形状】组中的【空心弧】工具绘制的图形，而手动绘制的图形无法精准地按数据的大小来调整图形尺寸。

将数据通过圆环图表表示出来的效果如图 1-12 所示。

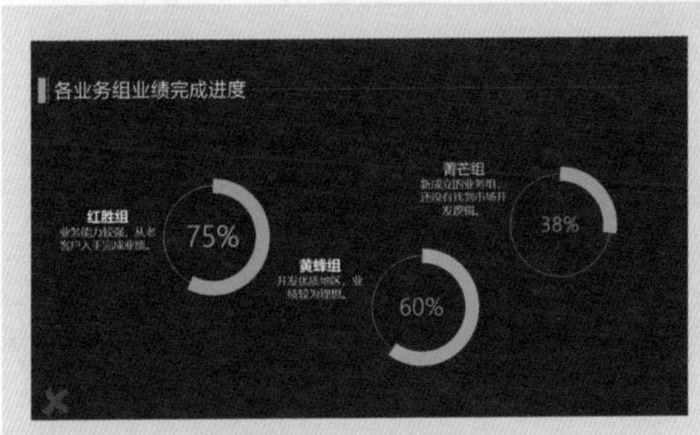

图 1-11 图形格式的圆环图

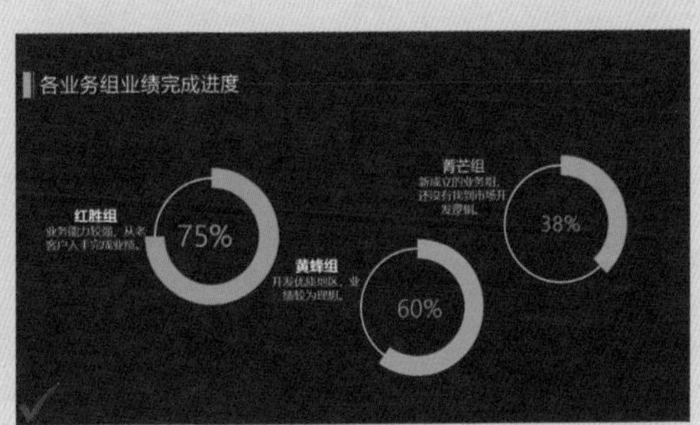

图 1-12 图表格式的圆环图

图 1-11 所示的圆环图的错误是显而易见的，因为 PowerPoint 提供了圆环图这种图表，完全可以通过图表表达数据。即使没有符合需求的图表类型，也不可以随意用图形表达数据。

图 1-13 所示的 PPT 中，需要直观地呈现人体中水分的占比，如果直接用柱形图表示，通过手动裁剪图片并不能精准地调整到 70% 的位置，正确严谨的做法是采用图表格式的柱形图，如图 1-14 所示。

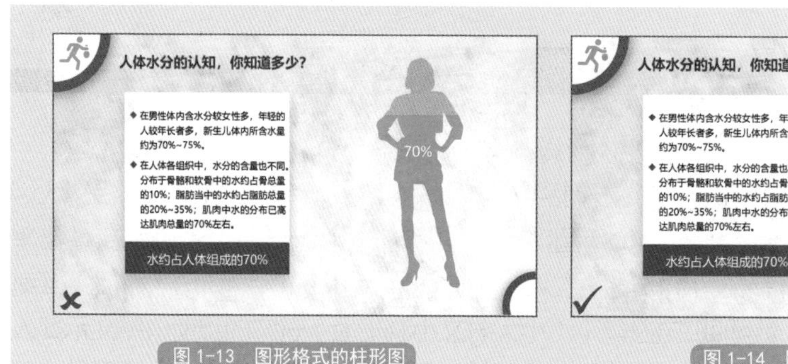

图 1-13　图形格式的柱形图

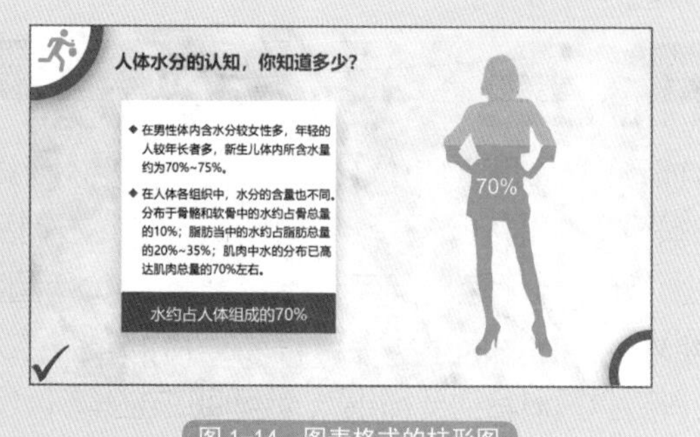

图 1-14　图表格式的柱形图

将数据放到 PPT 中，严谨是第一要素，无论是采用图表、图形，还是采用其他方式，只要是涉及数据，一定要按数据的原本含义正确呈现。如果想知道内容是否与数据相关，可以选中内容，如果显示【图形工具】（见图 1-15），则为图形格式；如果显示【图表工具】（见图 1-16），则为图表格式，图表格式中的数据是精准呈现的。

图 1-15　图形格式

图 1-16　图表格式

NO.1.4　错误表达数据，让人疑惑

数据表达方式代表了 PPT 设计者的专业水平，只有充分了解数据的类型，并熟练应用 PowerPoint 工具，才能将数据恰到好处地表达出来。如果只是一味地追求将数据放进表格或图表中，可能会造成数据不能正确呈现的问题。

未考虑数据类型就制作图表，或将不同类型的数据放进同一张图表中，都是很常见的错误。如图 1-17 所示，客户数量和平均消费金额是两种数据，放到同一张图表中呈现会让人疑惑。客户数量的数据较大，最大值超过 15000 人，而平均消费金额只有几百的数量级，这两种数据放到一起，平均消费金额的趋势被严重削弱，看起来似乎没有变化，因而容易误导他人。

将这两种类型的数据分开后，客户数量的变化和平均消费金额的变化一目了然，如图 1-18 所示。

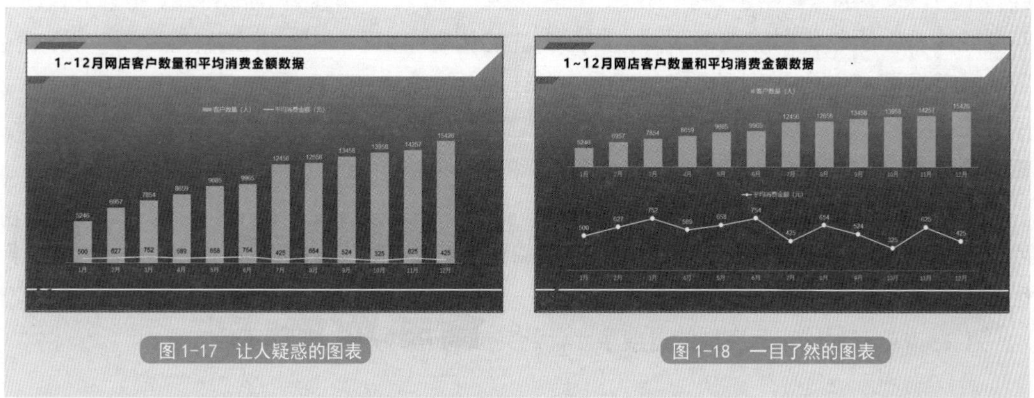

图 1-17　让人疑惑的图表

图 1-18　一目了然的图表

同样，表格也需要经过严密设计结构后，再填入数据。例如，要呈现某公司每位业务员 1~4 月销售两种电子产品的销量数据，如图 1-19 所示的表格设计会让人产生疑惑，为什么商品名称下面是月份？而经过分析，调整表格结构，如图 1-20 所示，逻辑顿时清晰，数据也一目了然。

业务员	张晓强	张晓强	刘东	刘东
商品名称	电子产品A	电子产品B	电子产品A	电子产品B
1月	145	356	443	123
2月	530	320	122	382
3月	152	251	245	536
4月	98	85	751	425

图 1-19　让人疑惑的表格

业务员	商品名称	1月	2月	3月	4月
张晓强	电子产品A	145	530	152	98
	电子产品B	356	320	251	85
刘东	电子产品A	443	122	245	751
	电子产品B	123	382	536	425

图 1-20　一目了然的表格

第 1 章

NO.1.5　太依赖模板，闹出笑话

从网上找模板似乎是很多人心照不宣的 PPT 高效设计秘诀，但是这个秘诀在设计数据类 PPT 时，却不那么好用了。原因是数据是严谨的、独一无二的。不同的行业、不同的公司、不同的岗位，所收集到的数据不同，数据表达的侧重点也不一样。在这种情况下，面对下载的精美模板，会发现无从下手。

如果不假思索，直接修改模板中的文字内容，就容易闹笑话。图 1-21 所示是下载的模板。修改模板中的文字和数字后得到如图 1-22 所示的 PPT 效果。在这页 PPT 中，存在以下问题。

（1）从进度条长度来看，A、B 两款产品的计划完成销售额似乎差不多，但实际上 A 款产品的计划完成额是 700 万元，B 款产品的计划完成额是 200 万元。造成这一问题的原因是没有调整计划完成进度条的长度。

（2）B 款产品的实际完成的进度条比计划完成的进度条长，显然不合实际。

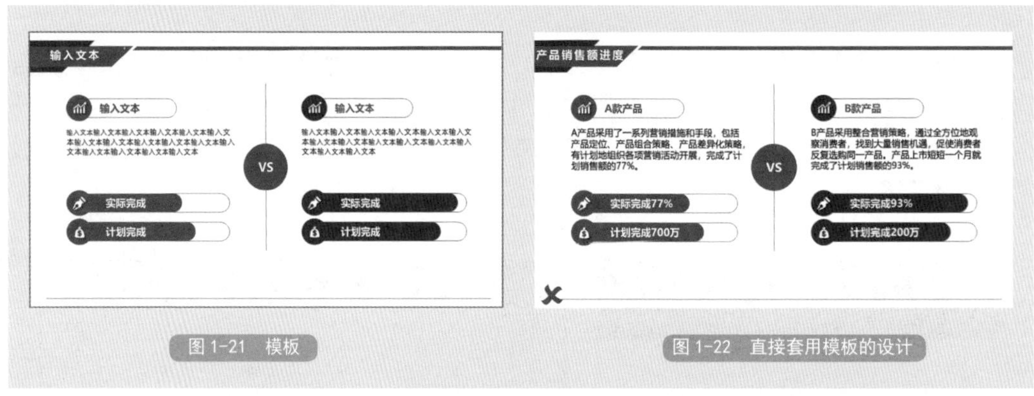

图 1-21　模板

图 1-22　直接套用模板的设计

设计数据 PPT 并不是不可以使用模板。模板确实可以提高设计效率和美观度，而正确使用模板的前提是：懂得核心的数据设计理念，掌握基本的表格或图表编辑操作。具备这些条件后，面对模板，就能快速分析模板的页面逻辑，然后修改模板为自己所用。

图 1-23 所示的模板中，包含 6 个事项的数据组，图中上半部分延伸出来的线是对事项中的最大数据进行说明解释，下半部分延伸出来的线则是对事项中的最小数据进行说明解释。

分析清楚模板的逻辑后，可以借鉴模板中柱形图的排版方式和配色改变延伸出来的线，使其不一定针对最大、最小事物进行说明，而是针对重点事物进行说明。6 个柱形图也可以视具体需求减少数量，修改模板后的页面设计如图 1-24 所示。

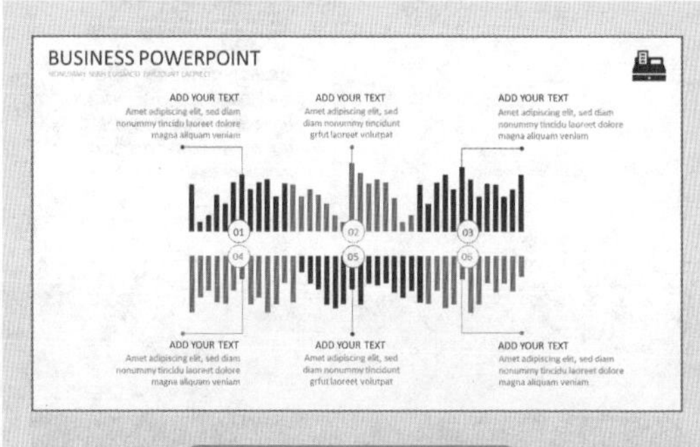

图 1-23　学会分析模板逻辑

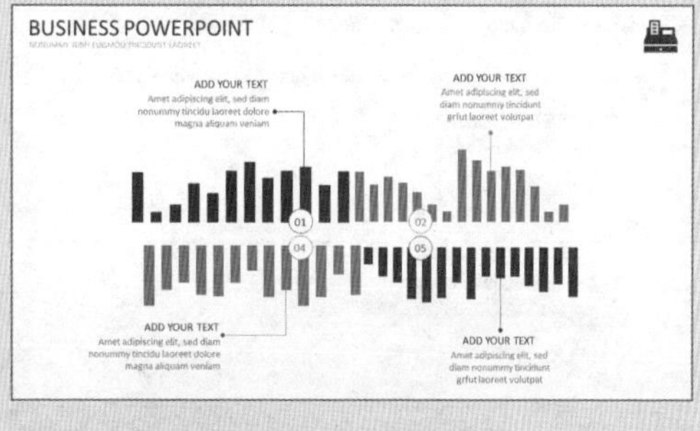

图 1- 24 修改模板

NO.1.6　只顾设计不顾结果，出现失误

差距从细节开始。造成不同结果的因素通常是那些很容易被忽略的小事。PPT 设计并不是全部，只有将数据完美地设计出来，然后顺利地展示，才是完整的过程。而在这个过程中，前期的设计工作是重中之重，自然不会被忽视，只要肯下功夫，也不会出错。但是完成设计后，如果不进行模拟展示，当真正需要用 PPT 时，出乎意料的问题往往让人措手不及。

问题大概有几种：由于软件类型或保存问题，导致文件无法打开，如图 1-25 所示；由于软件版本问题，导致精心设计的图表无法显示，如图 1-26 所示；由于文件复制问题，导致链接的数据表格无法打开，如图 1-27 所示；由于设计所用的字体与打开软件中的字体的不同，导致排版出现错乱，如图 1-28 所示。

这些问题看似是小问题，却往往决定了 PPT 的最终呈现效果。设计精美的数据 PPT，对计算机的软件版本、字体安装均有要求。由于 PPT 内容比较丰富，文件往往也比较大，这会导致这类 PPT 的分享、传送极容易出现问题。为了解决这些问题，本书第 8 章总结了常见的问题以及解决方法，为数据 PPT 的演示、分享保驾护航。

图 1-25 文件无法打开

图 1-26 图表无法显示

图 1-27 无法打开链接文件

图 1-28 排版错乱

第 2 篇
经典操作篇

第 2 章

Excel 技巧：优秀的数据是设计的基础

让数据在 PPT 中被完美地呈现，表面上看，重头戏是 PPT 中的设计工作，其实 Excel 中的数据才是基础。就像修建高楼大厦时，如果没有牢固的基石，再华丽的大楼也会轰然倒塌。

在专业的表格中，根据 PPT 的主题，有的放矢地对数据进行简单处理，最后将与主题密切匹配的数据以最简单易懂的方式放到 PPT 中，才能释放数据 PPT 的最大魅力。

通过本章你将学会

- ☞ 如何用四步法制作专业表格
- ☞ 如何快速利用其他表格中的数据
- ☞ 如何将多张表合并成一张表
- ☞ 如何提取数据
- ☞ 如何重组数据
- ☞ 如何将纯数字变得更形象
- ☞ 如何用三种方法筛选数据
- ☞ 如何用两种方法排序数据
- ☞ 如何快速统计海量数据

本章部分案例展示

时间	人工费	税金及附加费	销售费用	管理费用	研发费用	资产减值损失
1月	211.0	45.0	199.9	92.5	162.4	19.0
2月	190.0	35.4	132.7	81.8	84.1	25.0
3月	187.0	37.0	157.2	99.6	154.6	26.0
4月	156.0	55.9	177.7	116.8	157.4	32.0
5月	153.0	39.1	269.0	92.9	109.0	25.0
6月	145.0	42.9	294.9	112.6	142.1	19.0

时间	人工费	税金及附加费	销售费用	管理费用	研发费用	资产减值损失
1月	211.0	45.0	199.9	92.5	162.4	1
2月	190.0	35.4	132.7	81.8	84.1	2
3月	187.0	37.0	157.2	99.6	154.6	2
4月	156.0	55.9	177.7	116.8	157.4	3
5月	153.0	39.1	269.0	92.9	109.0	2
6月	145.0	42.9	294.9	112.6	142.1	1

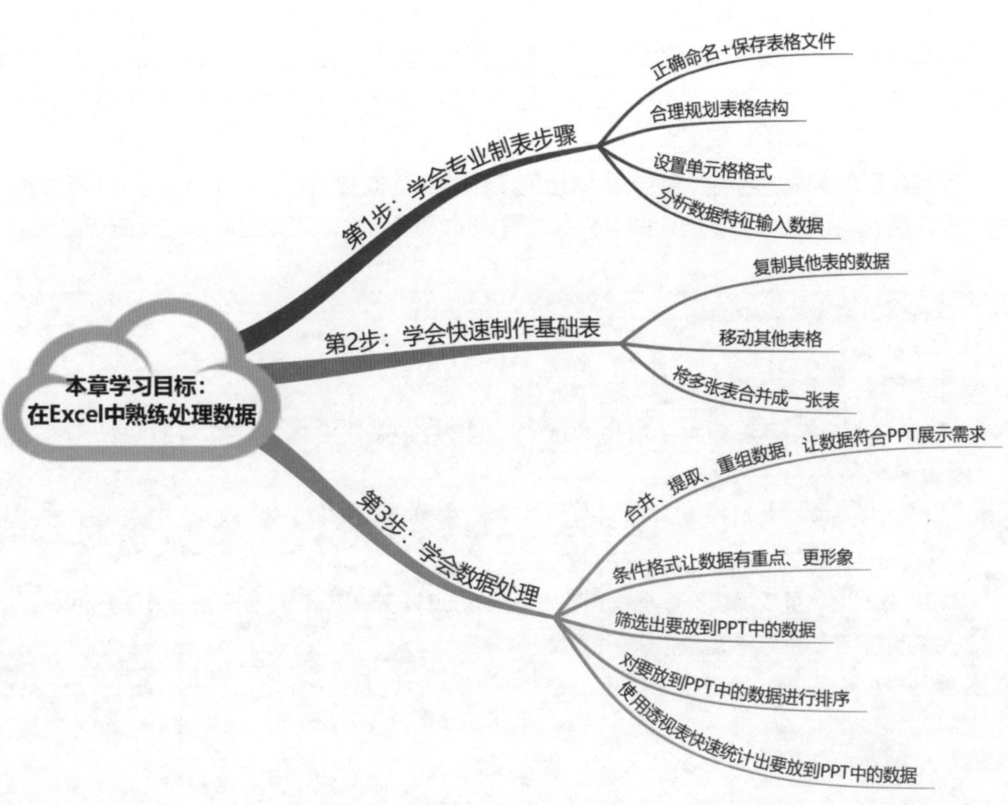
本章学习目标：
在Excel中熟练处理数据
第1步：学会专业制表步骤
正确命名+保存表格文件
合理规划表格结构
设置单元格格式
分析数据特征输入数据
第2步：学会快速制作基础表
复制其他表的数据
移动其他表格
将多张表合并成一张表
第3步：学会数据处理
合并、提取、重组数据，让数据符合PPT展示需求
条件格式让数据有重点、更形象
筛选出要放到PPT中的数据
对要放到PPT中的数据进行排序
使用透视表快速统计出要放到PPT中的数据

NO.2.1 专业制表，消除隐患

制作专业的 Excel 数据表是容易被忽略，但又不可掉以轻心的事。如果 Excel 中的数据逻辑不清，又怎么能要求数据放到 PPT 中就变得优秀呢？一份随意的 Excel 数据表，导致的后果是无法快速提炼出数据的精华信息，而直接将这样一份数据表放进 PPT 中进行展示，无疑会毁了本该精彩的数据汇报。

其实，正确制表并不难，很多人做出的表不规范，是因为没有认真分析过制表思路。明白思路后，动手练习 1~2 次，即可将数据呈现的隐患消除，让数据展示之路越走越顺。

重点速记：专业制表思路

① 正确命名 + 保存，防止数据丢失。

② Excel 数据需要方便统计，常用一维表；PPT 数据需要考虑易读性和美观性，常用二维表。

③ 输入日期数据时要选择【日期】格式；时间数据要选择【时间】格式；百分比数据要选择【百分比】格式。

④ 输入数据时，可使用填充手柄快速输入有一定规律的数据，也可重复使用【Ctrl+Enter】快捷键，在不连续单元格中快速输入相同数据。

• 1. 保存 + 命名 •

简单的操作往往也是基础操作，做不好可能带来灾难性后果。很多人没有及时保存文件的习惯，经常导致重要的数据文件丢失。还有一些人对文件随意命名后，当要使用文件时，却因为想不起保存的文件名，无法从一堆名称相似的文件中找到目标文件。

表格文件的保存和命名操作是同步进行的，启动 Excel 软件后的第一步绝对不是输入数据，而是保存和命名文件，保存和命名要素如图 2-1 所示。

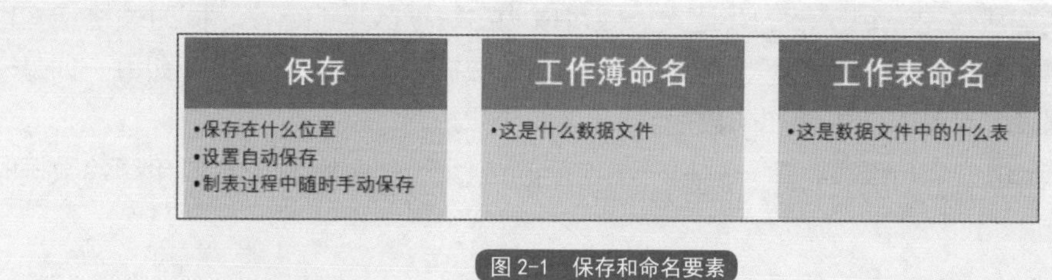

图 2-1　保存和命名要素

一个 Excel 文件又被称为一个工作簿，一个工作簿中可以有 255 张甚至更多张工作表，工作表的数量取决于计算机的内存。所以工作簿和工作表的命名都十分有必要。新建 Excel 表格后的第一步是按下【Ctrl+S】快捷键，选择文件保存位置，并分别为工作簿和工作表命名，如图 2-2 所示。成功命名后的表格在上方显示工作簿名称，下方工作表也显示相应的名称。

对 Excel 表格成功保存并命名后，在后面编辑表格的过程中要养成习惯，随时按下【Ctrl+S】快捷键手动保存表格。保险起见，也可以在【Excel 选项】对话框的【保存】面板中设置自动保存时间和保存位置。当文件意外退出、计算机突然死机时，均可到保存位置处找到自动保存的文件，如图 2-3 所示。

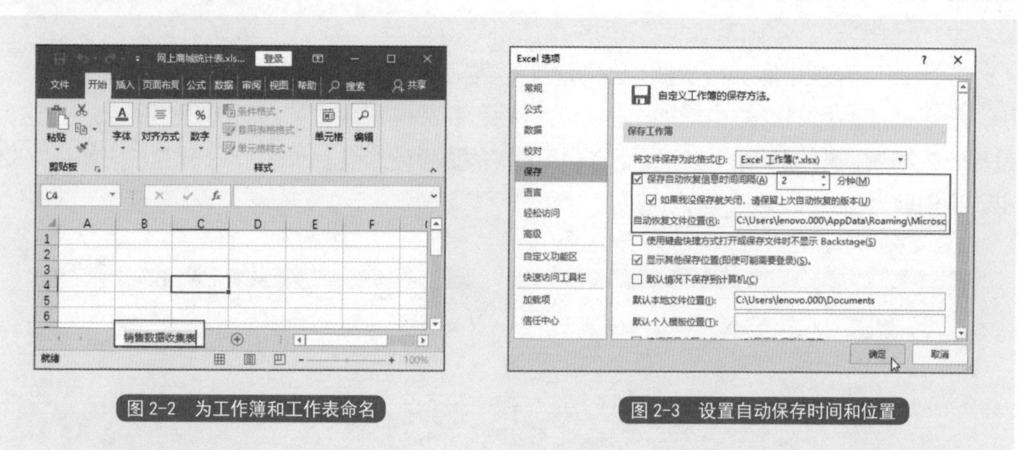

图 2-2　为工作簿和工作表命名

图 2-3　设置自动保存时间和位置

• 2. 表结构规划 •

对 Excel 文件正确命名并保存后，首先要做的不是输入数据，而是整体规划表格结构。

合理的表格结构应该是一目了然的，让人一眼可以明白每项数据的含义；同时表格结构也要方便后期增加数据。要满足这两个条件，Excel 原始数据表最好是一维表，即每一列是一个维度的数据表，且可以自由增加列数据。

图 2-4 所示是一个一维表，每一列是一个维度的数据。这种表是 Excel 收集原始数据时的常用表。

日期	浏览量	销量	转化率	订单数
3月1日	7420	267	3.6%	185
3月2日	17630	385	2.2%	157
3月3日	17049	187	1.1%	126
3月4日	10264	315	3.1%	120
3月5日	9404	216	2.3%	159
3月6日	17255	96	0.6%	45
3月7日	10000	163	1.6%	106
3月8日	9431	265	2.8%	187
3月9日	11460	179	1.6%	108
3月10日	11200	372	3.3%	164

图 2-4　一维表

一维表的结构简单易懂，且后期可以根据需求随时增加数据类型。在一维表中增加数据主要有以下两种方式，如图 2-5 所示。

（1）直接在工作表右边的空白列中增加新数据。

（2）在工作表中增加行数据。图中增加的数据是“商品”，因为每天售出的商品不止一种，所以增加商品的同时也增加了日期。日期和商品信息重复显示会令信息冗杂，但这只是基础数据表，这种简单的结构反而方便后期快速统计分析。具体统计分析的方法将在 2.3.5 小节中讲解。

日期	浏览量	销量	转化率	订单数	售价	销售额
3月1日	7420	267	3.6%	185	200	53,400
3月2日	17630	385	2.2%	157	109	41,965
3月3日	17049	187	1.1%	126	188	35,156
3月4日	10264	315	3.1%	120	238	74,970
3月5日	9404	216	2.3%	159	123	26,568
3月6日	17255	96	0.6%	45	147	14,112
3月7日	10000	163	1.6%	106	105	17,115
3月8日	9431	265	2.8%	187	195	51,675
3月9日	11460	179	1.6%	108	93	16,647
3月10日	11200	372	3.3%	164	68	25,296

日期	商品	浏览量	销量	转化率	订单数
3月1日	连衣裙	9564	70	0.7%	45
3月1日	牛仔裤	7477	53	0.7%	44
3月1日	T恤	6134	55	0.9%	50
3月2日	连衣裙	6128	64	1.0%	33
3月2日	牛仔裤	9508	81	0.9%	37
3月2日	T恤	9609	73	0.8%	31
3月3日	连衣裙	4813	74	1.5%	50
3月3日	牛仔裤	4288	59	1.4%	38
3月3日	T恤	6205	99	1.6%	42

图 2-5　在一维表中灵活增加数据

图 2-6 所示的工作表显示的是不同日期下不同商品的销量，是一个二维表。表面上看，该表的数据信息简洁，没有重复，更具可读性。但是如果要增加销售额、售价等数据时，却无从下手。

日期	连衣裙	牛仔裤	T恤
3月1日	70	53	55
3月2日	64	81	73
3月3日	74	59	99
3月4日	53	99	57
3月5日	98	61	59
3月6日	89	87	50
3月7日	64	59	84
3月8日	94	99	85
3月9日	62	57	74
3月10日	80	81	58

图 2-6　二维表中没办法灵活增加数据维度

• 3. 设置数据格式 •

在 Excel 单元格中输入数据时，默认的数据格式是【常规】格式。输入数据时一般不用刻意设置格式，但是有几种类型的数据，最好选中单元格，设置好格式后再输入。

【设置单元格格式】对话框如图 2-7 所示，列出了可以选择的格式类型。有三种类型的数据输入时需要特别注意：日期数据要选择【日期】格式；时间数据要选择【时间】类型；百分比数据要选择【百分比】类型。

图 2-7　【设置单元格格式】对话框

• 4. 根据数据特征快速输入 •

完成前面三个步骤后，就可以动手输入数据了。在这个时候，掌握两个小技巧可以提高输入效率。

第一个技巧：使用填充手柄快速填充有一定规律的数据，如递增或递减的数字、日期。输入时间序列，如图 2-8 所示，在第一个单元格中输入“3 月 1 日”后，将鼠标指针移动到单元格右下角，当鼠标指针呈**+**形状时按住鼠标左键不放，往下拖动，就可以自动以递增的方式填入日期；输入特定的文字序列，如图 2-9 所示，商品名称是重复的，所以只需要选中这三个单元格，按住填充手柄往下拖动，后面单元格中就会按照这三个商品名称重复填充。

	A	B	C	D	E
1	日期	浏览量	销量	转化率	订单数
2	3月1日	7420	267	3.6%	185
3		17630	385	2.2%	157
4		17049	187	1.1%	126
5		10264	315	3.1%	120
6		9404	216	2.3%	159
7		17255	96	0.6%	45
8		10000	163	1.6%	106
9		9431	265	2.8%	187
10		11460	179	1.6%	108
11		11200	372	3.3%	164

图 2-8　输入时间序列

	A	B	C	D	E	F
1	日期	商品	浏览量	销量	转化率	订单数
2	3月1日	连衣裙	9564	70	0.7%	45
3	3月1日	牛仔裤	7477	53	0.7%	44
4	3月1日	T恤	6134	55	0.9%	50
5	3月2日		6128	64	1.0%	33
6	3月2日		9508	81	0.9%	37
7	3月2日		9609	73	0.8%	31
8	3月3日		4813	74	1.5%	50
9	3月3日		4288	59	1.4%	38
10	3月3日		6205	99	1.6%	42

图 2-9　输入特定的文字序列

第二个技巧：重复操作【Ctrl+Enter】快捷键，可以在不连续的单元格中填入相同的数据。例如，需要在不连续的空白单元格中填入 70，首先选中这些单元格，如图 2-10 所示，然后输入 70，如图 2-11 所示，再按下【Ctrl+Enter】快捷键，即可在所有选中的单元格中都填入 70。

	A	B	C	D
1	日期	商品	浏览量	销量
2	3月1日	连衣裙	9564	
3	3月1日	牛仔裤	7477	53
4	3月1日	T恤	6134	55
5	3月2日	连衣裙	6128	64
6	3月2日	牛仔裤	9508	
7	3月2日	T恤	9609	73
8	3月3日	连衣裙	4813	74
9	3月3日	牛仔裤	4288	
10	3月3日	T恤	6205	

图 2-10　选中所有空单元格

	A	B	C	D
1	日期	商品	浏览量	销量
2	3月1日	连衣裙	9564	
3	3月1日	牛仔裤	7477	53
4	3月1日	T恤	6134	55
5	3月2日	连衣裙	6128	64
6	3月2日	牛仔裤	9508	
7	3月2日	T恤	9609	73
8	3月3日	连衣裙	4813	74
9	3月3日	牛仔裤	4288	
10	3月3日	T恤	6205	70

图 2-11　输入数据

高效技巧：如何快速选中不连续的单元格?

在使用【Ctrl+Enter】快捷键时，常常需要按一定的条件选中不连续的单元格，如空单元格、有数字的单元格、有公式的单元格等。手动选择比较麻烦，此时可以按下【Ctrl+G】快捷键，然后选择【定位】选项，打开【定位条件】对话框，如图 2-12 所示，可以按条件快速定位单元格。

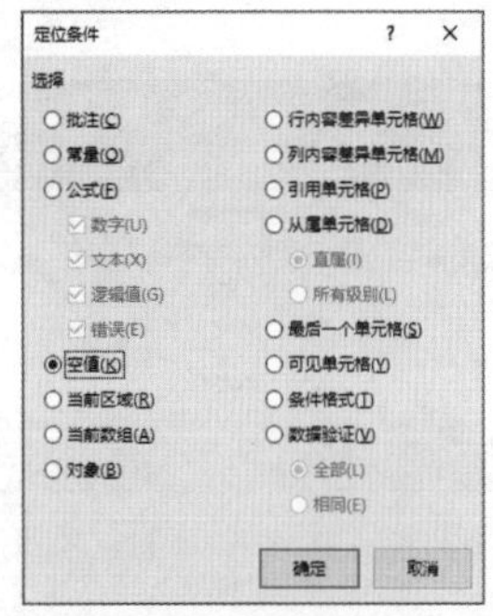

图 2-12　定位单元格

技术揭秘 2-1：快速制作标准销售统计表

正确的制表需要有一些标准操作，如新建文件、保存文件、命名工作簿和工作表、输入表头、规范表结构、设置单元格格式、根据数据特征快速输入数据等。养成习惯后，形成肌肉记忆，就会在工作中自然而然地使用标准操作制作专业表格。

第01步： 单击【浏览】按钮。启动Excel软件，新建空白表格，按下【Ctrl+S】快捷键，出现如图2-13所示的界面，单击【浏览】按钮。

第02步： 保存文件。在弹出的"另存为"对话框中，❶输入文件名称；❷设置文件保存位置；❸单击【保存】按钮，如图2-14所示。

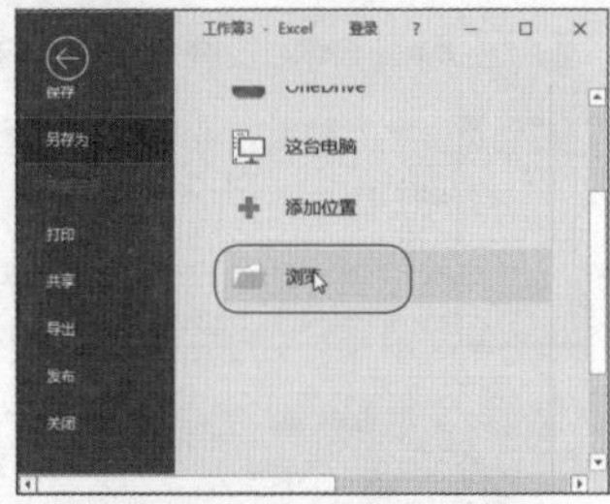

图 2-13　单击【浏览】按钮

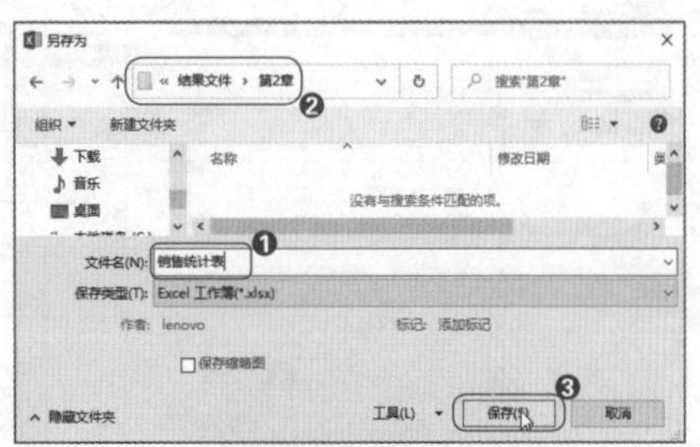

图 2-14　保存文件

第03步： 命名工作表并输入表头文字。❶双击表名称，进入编辑状态后输入新的表名称；❷在第一行输入表头文字，从而规定了表的数据结构，如图2-15所示。

第04步： 进入格式设置。❶选中A列；❷单击【数字】组中的对话框启动器按钮，如图2-16所示。

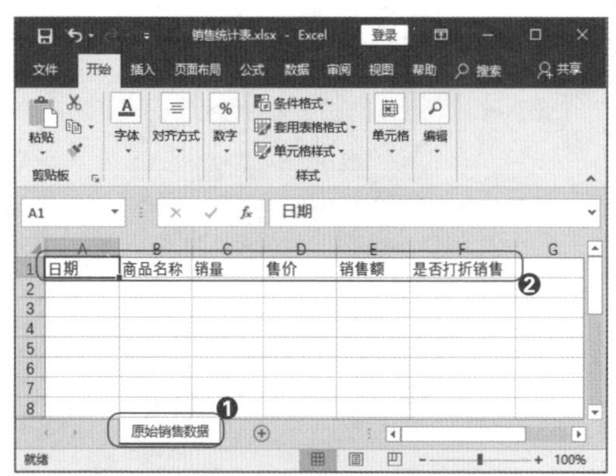

图 2-15　命名工作表并输入表头文字

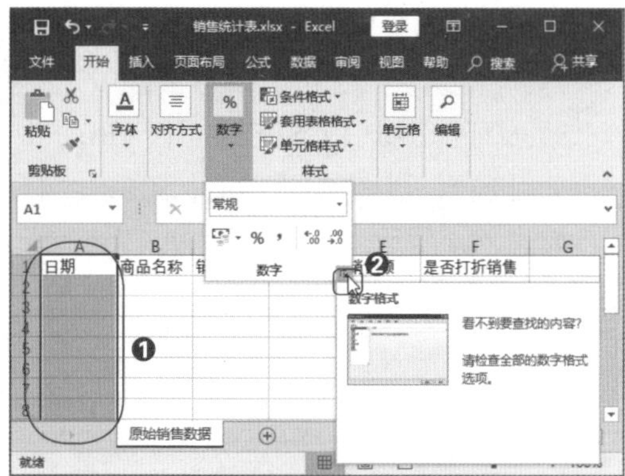

图 2-16　进入格式设置

第05步： 选择日期格式。在弹出的【设置单元格格式】对话框中，❶选择【日期】格式；❷选择【3/14】类型；❸单击【确定】按钮，如图2-17所示。完成格式设置后，即可输入日期。

第06步： 快速输入文字序列。如图2-18所示，在B列输入三种商品名称后，选中这三个单元格，往下拖动填充手柄，快速填充商品名称。

图 2-17　选择日期格式

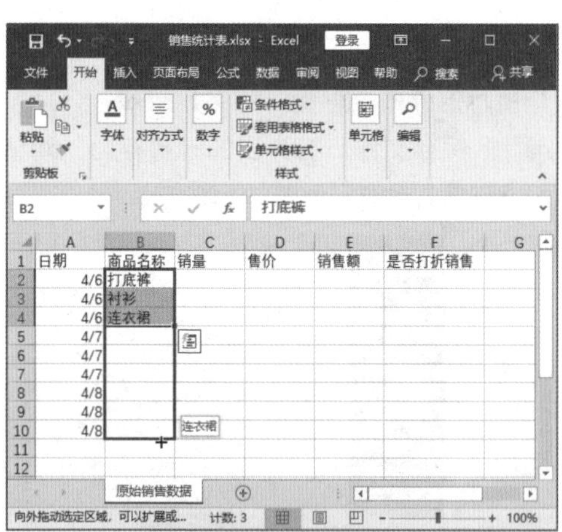

图 2-18　快速输入文字序列

第07步： 快速输入相同文字内容。在C、D、E列中输入相关数据，然后按住【Ctrl】键选中F列中要填入“是”的单元格，输入“是”后按下【Ctrl+Enter】快捷键，如图2-19所示。

用同样的方法，在F列其他空白单元格中快速填入“否”。

第08步： 选择表格样式。为了让表格更美观，可以为表格设置样式，❶单击【套用表格格式】按钮；❷选择需要的样式，如图2-20所示。

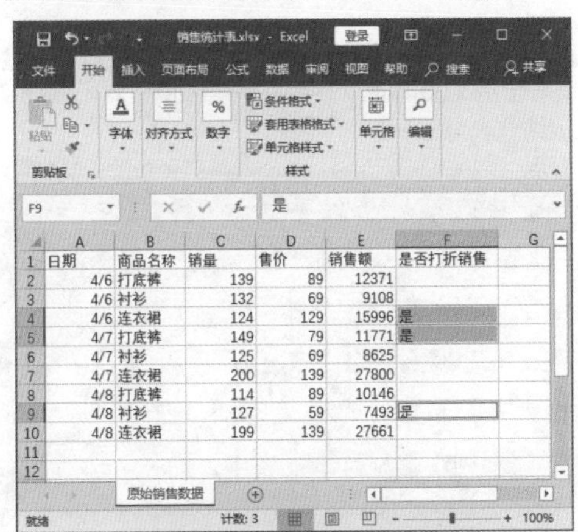

图 2-19　快速输入相同文字内容

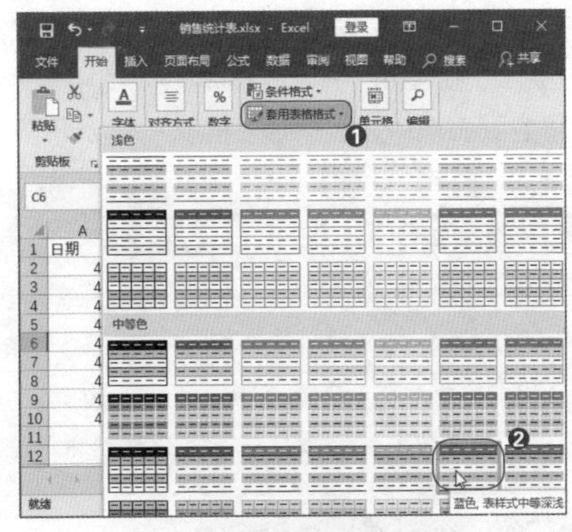

图 2-20　选择表格样式

第09步： 确定样式套用。在弹出的【套用表格格式】对话框中，确定数据区域无误后单击【确定】按钮，如图2-21所示。

第10步： 完成表格制作。此时便完成了这张标准表的制作，如图2-22所示。

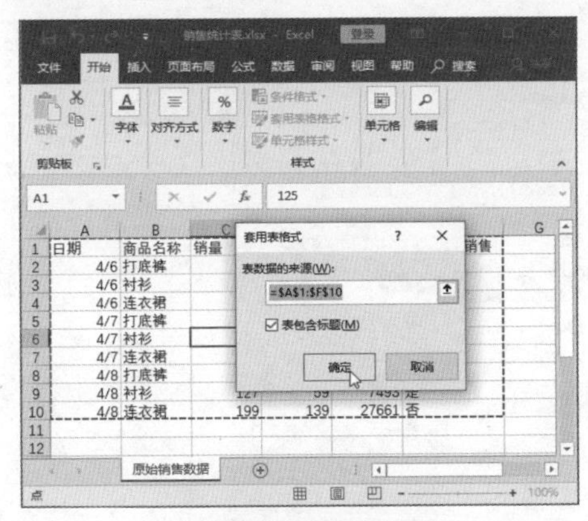

图 2-21　确定样式套用

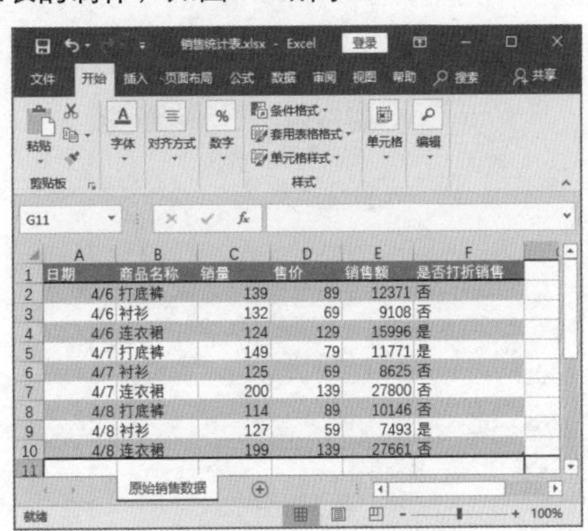

图 2-22　完成表格制作

NO.2.2　数据整合，快速生成基础表

在 2.1 节中讲解了何为标准表。但是在实际工作中，原始表格中的数据往往不是从零开始手动输入的，很可能需要直接使用其他文件中的数据。此时学会将其他位置的数据快速整合到表格中是很有必要的。

重点速记：数据整合的三种方法

1. 粘贴法：需要将 A 表中的部分数据放到 B 表中。
2. 移动法：需要将 A 表中的全部数据放到 B 表中。
3. 导入法：需要使用 A 表中的部分数据，但数据太多，复制、粘贴太麻烦，此时可以将 A 表导入到 B 表中。有时甚至需要将多张表的数据快速导入到一张表中。

2.2.1　粘贴法，简单易学

粘贴法适合需要在 B 表中使用 A 表的部分数据时，此时直接将这部分数据复制、粘贴到 B 表中即可。粘贴时可以选择不同的粘贴方式。复制数据后，单击【粘贴】按钮，会弹出常用的粘贴方式选项；单击【选择性粘贴】按钮，则会打开【选择性粘贴】对话框，如图 2-23 所示。

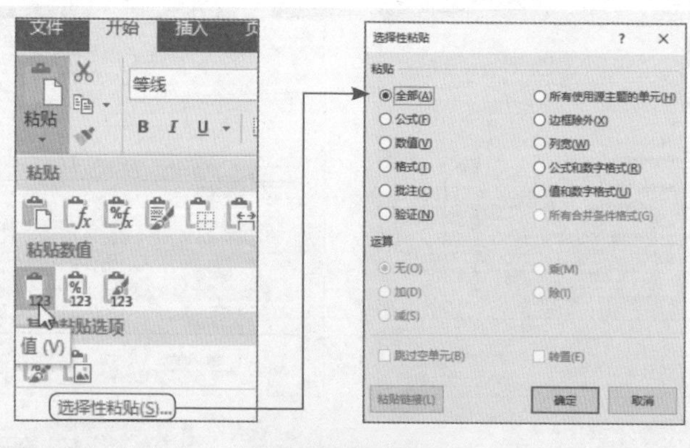

图 2-23　粘贴方式

从其他表格中整合数据时，常用的粘贴方式及具体意义如下。

（1）【数值】粘贴

将 A 表数据中的公式、格式等全部去掉，仅以纯数值的格式粘贴到 B 表中。这是最常用到的粘贴方式，可以防止由公式计算出的数据因为移动了位置而发生变化。

（2）【公式和数字格式】粘贴

如果需要完全保留 A 表中的数据格式及运算公式，可以选择这种方式将数据粘贴到 B 表中。

（3）【转置】粘贴

粘贴时会将行列相互转换。如果只有一列数据，则会粘贴为一行；如果只有一行数据则会粘贴为一列。粘贴效果如图 2-24 所示。

日期	销量	售价	销售额
6月1日	432	108	46656
6月2日	429	134	57486
6月3日	452	92	41584
6月4日	426	126	53676
6月5日	365	130	47450
6月6日	412	110	45320
6月7日	412	90	37080

日期	6月1日	6月2日	6月3日	6月4日	6月5日	6月6日	6月7日
销量	432	429	452	426	365	412	412
售价	108	134	92	126	130	110	90
销售额	46656	57486	41584	53676	47450	45320	37080

图 2-24　【转置】粘贴效果

• 2.2.2　移动法，一键到位

如果需要在 B 表中使用 A 表的所有内容，可以直接用【移动或复制】功能。例如，需要在“业绩统计表”中将“赵奇”表中的所有数据移动到另一个文件中。首先选中表名称，然后右击，选择【移动或复制】选项，如图 2-25 所示。

在弹出的【移动或复制工作表】对话框中选择要将表移动到什么地方，这里选择将表移动到“业务员赵奇业绩 .xlsx”文件中，并移动到 Sheet1 表前面，如图 2-26 所示。注意这里勾选了【建立副本】复选框，勾选这个选项，就是将表复制到另一个文件后，原文件中的表依然保持不变。如果不勾选，则会直接移动该表，原文件中的表将会消失。

图 2-25　移动或复制表格

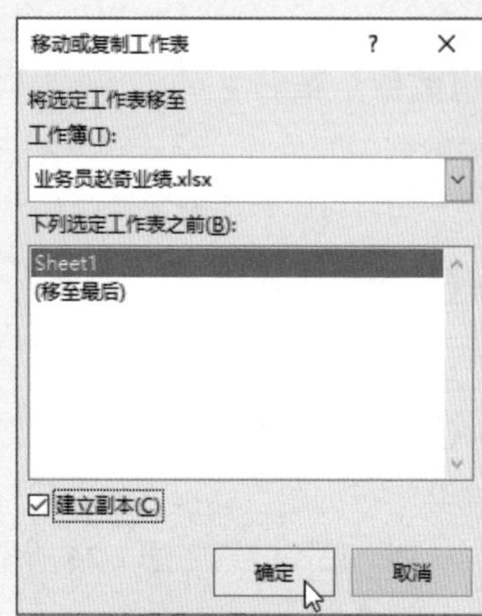

图 2-26　选择移动或复制方式

• 2.2.3　导入法，效率倍增

当需要使用 A 表中的大量数据，或者需要将多张表的数据整合到一张表中时，选用数据导入功能更合适。

数据导入功能可以实现从多种类型的文件中导入数据，包括工作簿、txt 文档、网站等。图 2-27 所示是常用的从工作簿导入数据功能。导入数据时可以启动【Power Query 编辑器】，对导入的数据进行编辑，例如，可以将不需要的列删除，只保留需要的列并进行导入，如图 2-28 所示。

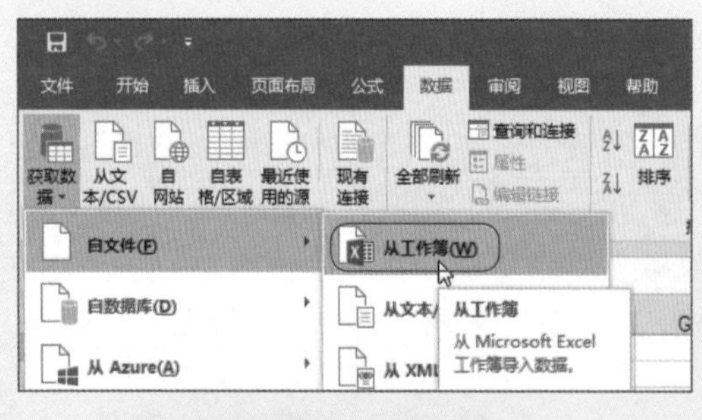

图 2-27　从工作簿中导入数据

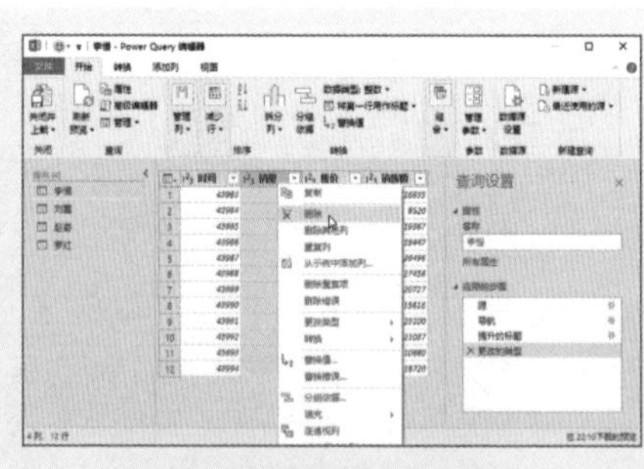

图 2-28　编辑要导入的数据

技术揭秘 2-2：将多张表的数据快速导入到一张表中

Power Query 编辑器功能强大，可以对多张表的数据进行加载处理。在本案例中，需要将李慢、刘磊、罗红、赵奇四位业务员的数据导入到同一张表中，思路是：在 Power Query 编辑器中打开四张表，利用【追加查询】功能，将另外三位业务员的数据添加到李慢业务员的表格中，最后再导入表格即可。

第01步： 从工作簿中导入数据。新建一个名为“业绩总表.xlsx”的文件，❶在【数据】选项卡下【获取数据】菜单中选择【自文件】选项；❷从级联菜单中选择【从工作簿】选项，如图2-29所示。

第02步： 选择要导入的数据文件。在打开的【导入数据】对话框中，❶选择“素材文件\原始文件\第2章\业绩统计表.xlsx”文件；❷单击【导入】按钮，如图2-30所示。

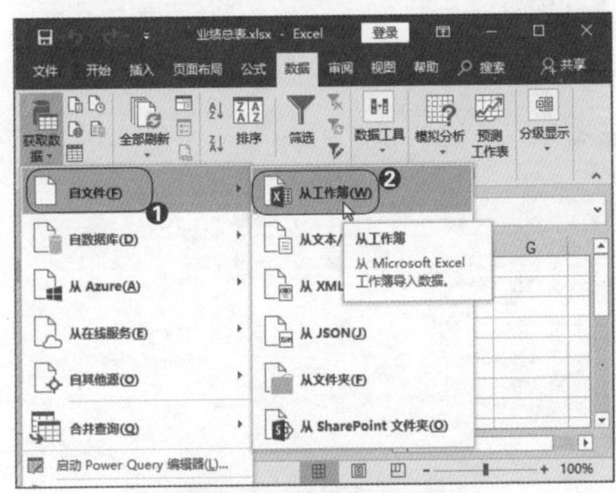

图 2-29　从工作簿中导入数据

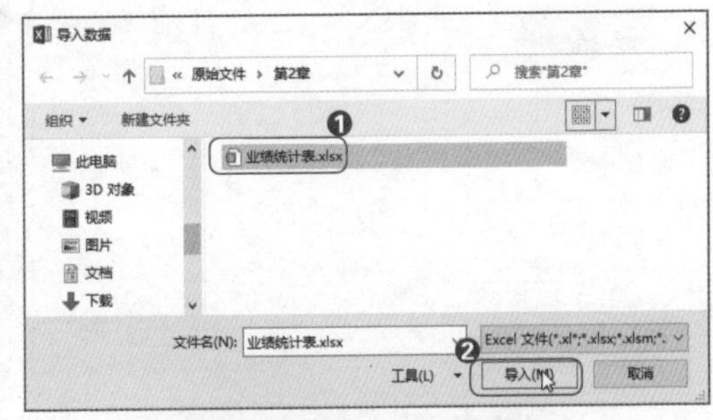

图 2-30　选择要导入的数据文件

第03步： 打开编辑器。如图2-31所示，❶勾选【选择多项】复选框，并勾选文件中的四张表格；❷单击【编辑】按钮。

第04步： 追加查询。选中“李慢”工作表，然后单击【追加查询】菜单中的【追加查询】按钮，如图2-32所示。

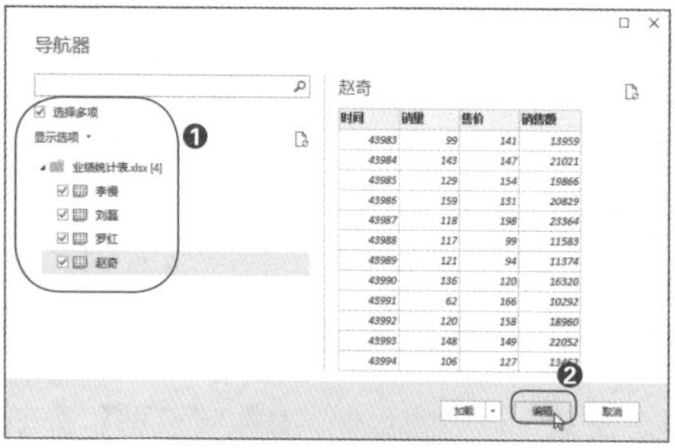

图 2-31 打开编辑器

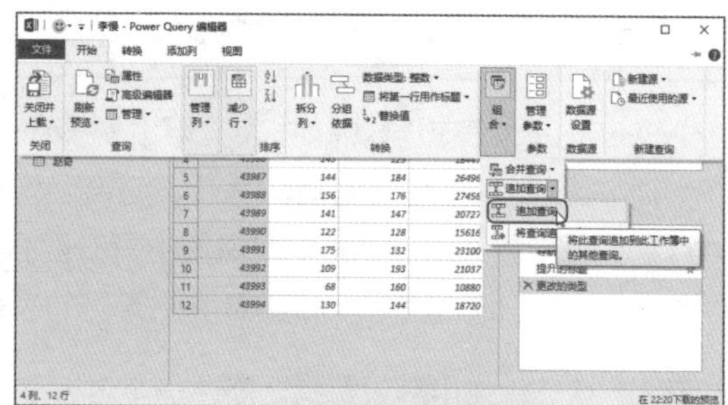

图 2-32 追加查询

第05步： 将其他三张表的数据添加到第一张表中。如图2-33所示，❶依次选中除了“李慢”外的三张表；❷单击【添加】按钮，将表添加到右边的列表框中；❸单击【确定】按钮。

第06步： 导入数据。此时另外三张表的数据已经全部添加到“李慢”表中。如图2-34所示，选择【关闭并上载】菜单中的【关闭并上载至】选项。

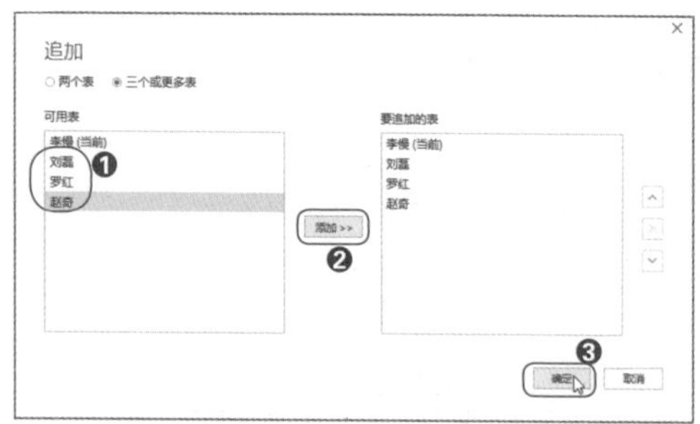

图 2-33 将其他三张表的数据添加到第一张表中

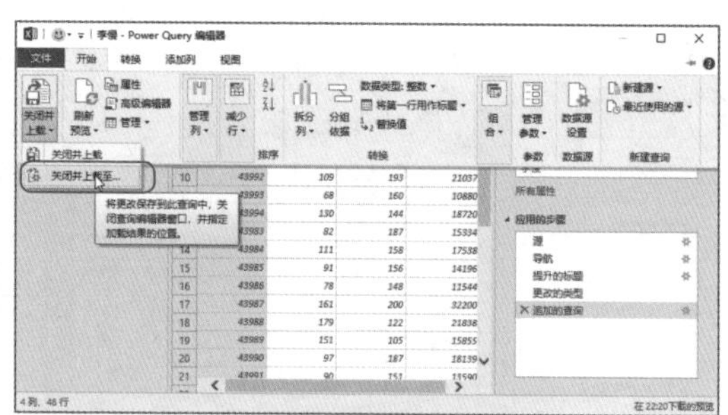

图 2-34 导入数据

第07步： 设置数据导入。如图2-35所示，❶选择【表】显示方式；❷单击【确定】按钮。

第08步： 完成数据导入。导入数据后，设置A列数据为【日期】格式，添加E列并输入业务员名称，如图2-36所示。

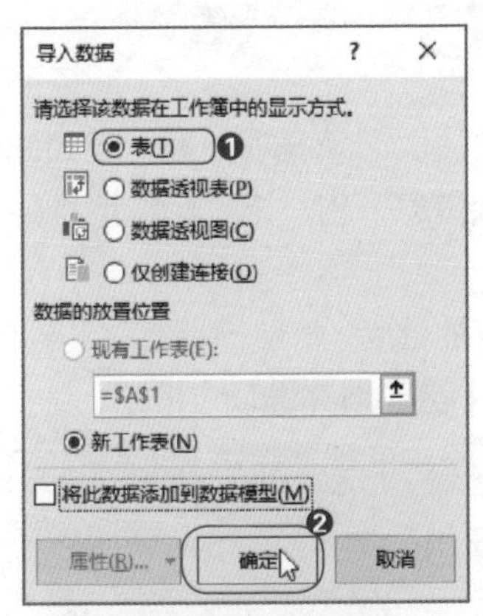

图 2-35　设置数据导入

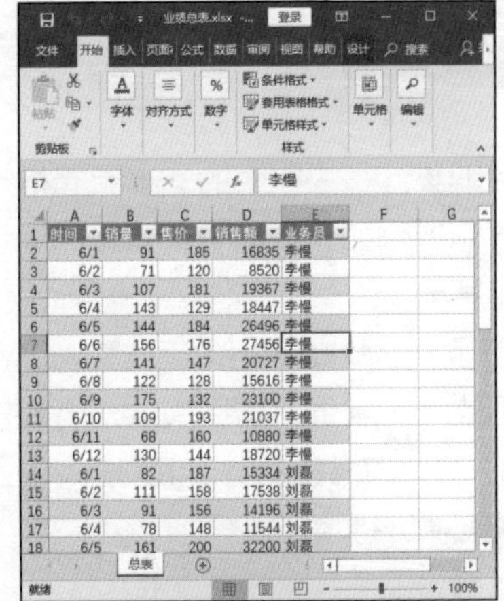

图 2-36　完成数据导入

NO.2.3　数据处理，PPT 数据完美呈现的关键

当制作出标准的原始数据表后，并不能直接将该原始表格放到 PPT 中。PPT 是演讲汇报的工具，而非可以记录大量的文字、数字信息 Word 或 Excel 软件，所以原始数据表中的数据需要被提炼、精减，有主次区分后，才能在 PPT 中完美呈现。因此，学会在 Excel 中快速处理数据，才能将冗杂数据中的精华提取出来。

· 2.3.1　快速合并、提取、重组数据

Excel 2013 及以上版本有【快速填充】功能，这个功能可以实现很多需要使用函数和公式才能实现的效果。其作用是根据数据规律自动处理数据。在处理 Excel 表格时，灵活使用这个功能，可以快速修改表格形态，以便放到 PPT 中。

第2章

· 1. 快速合并数据 ·

为了方便后期统计，表格中的一个单元格往往仅记录一项数据，但如此分散的信息不适合在 PPT 中展示。例如，表格中获奖者的地址信息，省、市、区、地址是分开输入的，需要合并在一起展示。

如图 2-37 所示，在 F2 单元格中手动输入完整地址后，将鼠标指针移动到单元格右下角，按住鼠标左键不放向下拖动。然后单击右下角的【自动填充选项】按钮，选择【快速填充】选项，如图 2-38 所示，表格就能自动识别 F 列单元格中的规律是将 B~E 列的信息合并到一起，从而自动以这个规律进行填充。

	A	B	C	D	E	F
1	获奖人	省	市	区	地址	详细地址
2	王剑	北京	北京市	朝阳区	大嘉地	北京北京市朝阳区大嘉地
3	李向华	江苏省	南京市	栖霞区	金融大厦	
4	朱朱	北京	北京市	海淀区	花园路	
5	谭轩	河南省	郑州市	金水区	教师苑	
6	黄小姐	河南省	郑州市	金水区	商务广场	
7	王甜甜	河南省	郑州市	金水区	南城花园	
8	桃夭	河南省	郑州市	金水区	天兴街	
9	朱欢欢	山西省	太原市	迎泽区	金龙路	
10	贾文波	广东省	广州市	南沙区	广都街	
11	戴女士	四川省	德阳市	旌阳区	石横路	
12	邢鸿儒	广东省	广州市	白云区	百货大楼	
13	罗梦	广东省	广州市	番禺区	大龙街	
14	李要	广东省	佛山市	禅城区	智能小区	
15	吴林	江苏省	宿迁市	宿城区	百汇大楼	

图 2-37　输入内容向下复制

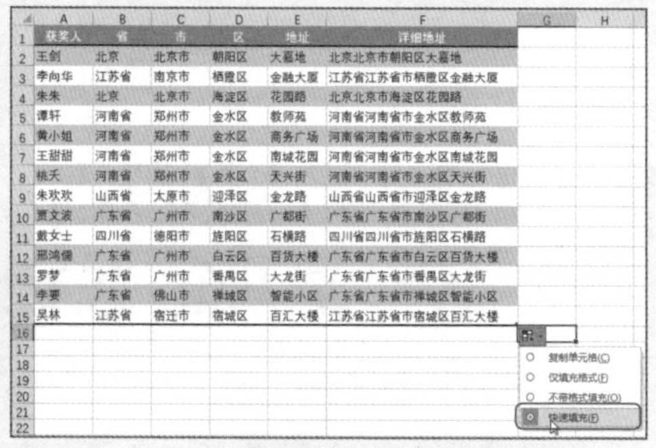

	A	B	C	D	E	F
1	获奖人	省	市	区	地址	详细地址
2	王剑	北京	北京市	朝阳区	大嘉地	北京北京市朝阳区大嘉地
3	李向华	江苏省	南京市	栖霞区	金融大厦	江苏省江苏省市栖霞区金融大厦
4	朱朱	北京	北京市	海淀区	花园路	北京北京市海淀区花园路
5	谭轩	河南省	郑州市	金水区	教师苑	河南省河南省市金水区教师苑
6	黄小姐	河南省	郑州市	金水区	商务广场	河南省河南省市金水区商务广场
7	王甜甜	河南省	郑州市	金水区	南城花园	河南省河南省市金水区南城花园
8	桃夭	河南省	郑州市	金水区	天兴街	河南省河南省市金水区天兴街
9	朱欢欢	山西省	太原市	迎泽区	金龙路	山西省山西省市迎泽区金龙路
10	贾文波	广东省	广州市	南沙区	广都街	广东省广东省市南沙区广都街
11	戴女士	四川省	德阳市	旌阳区	石横路	四川省四川省市旌阳区石横路
12	邢鸿儒	广东省	广州市	白云区	百货大楼	广东省广东省市白云区百货大楼
13	罗梦	广东省	广州市	番禺区	大龙街	广东省广东省市番禺区大龙街
14	李要	广东省	佛山市	禅城区	智能小区	广东省广东省市禅城区智能小区
15	吴林	江苏省	宿迁市	宿城区	百汇大楼	江苏省江苏省市宿城区百汇大楼

图 2-38　选择快速填充

· 2. 提取数据 ·

如果需要从数据中提取部分信息，也可以使用【快速填充】功能。

如图 2-39 所示，在 D2 单元格中输入 iPhone XS，使用【快速填充】功能向下复制，即可按规律将 C 列的奖品信息提取出来。

在这里识别到的规律是将“/”符号前面的信息提取出来。

	A	B	C	D	E	F
1	获奖人员	领奖顺序	奖品型号	奖品		
2	王龙	1	iPhone XS/64GB黑色	iPhone XS		
3	李达	2	iPhone XS Max/64GB黑色	iPhone XS Max		
4	赵梦林	3	iPhone 8 Plus/64GB 金色	iPhone 8 Plus		
5	王皓	4	iPhone 8/64GB金色	iPhone 8		
6	罗怡	5	iPhone 7/32GB金色	iPhone 7		

图 2-39　提取数据

3. 重组数据

从 Excel 不同的单元格中提取信息后进行重组，不用公式函数也可以实现。

如图 2-40 所示，在 E2 单元格中输入重组后的信息，使用【快速填充】功能向下复制，即可按规律将 B~D 列的信息进行重组。

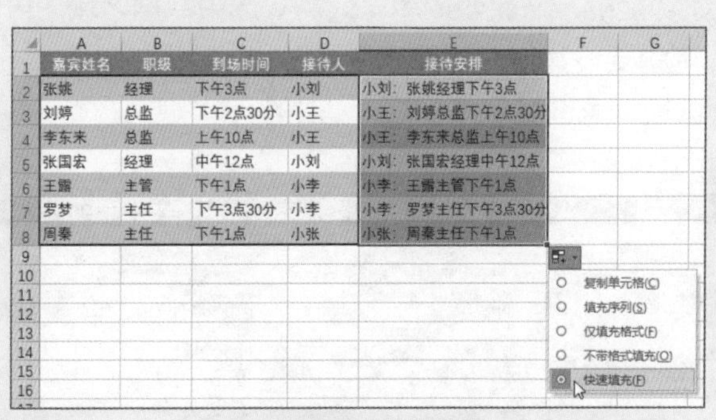

	A	B	C	D	E	F	G
1	嘉宾姓名	职级	到场时间	接待人	接待安排		
2	张姚	经理	下午3点	小刘	小刘：张姚经理下午3点		
3	刘婷	总监	下午2点30分	小王	小王：刘婷总监下午2点30分		
4	李东来	总监	上午10点	小王	小王：李东来总监上午10点		
5	张国宏	经理	中午12点	小刘	小刘：张国宏经理中午12点		
6	王露	主管	下午1点	小李	小李：王露主管下午1点		
7	罗梦	主任	下午3点30分	小李	小李：罗梦主任下午3点30分		
8	周秦	主任	下午1点	小张	小张：周秦主任下午1点		

图 2-40　重组数据

2.3.2　将枯燥的数据变得更形象

纯粹的数字是枯燥的，在阅读数字时，大脑需要用一定的时间才能处理并理解数字含义。为了让数字更形象，可以在 Excel 中使用【条件格式】功能，将表格中的重点数据突出展示或形象显示。当数据经过突出显示或形象显示处理后，再将这样的表格放到 PPT 中，必定更能恰到好处地展示数据意义并引人注意。

重点速记：条件格式规则选用两大思路

① 想要在 PPT 中突出显示重点数据，如高于某值的数据、最大数据等，使用【突出显示单元格规则】或【最前 / 最后规则】功能。

② 数据太多且没有重点数据时，可以使用【数据条】功能，通过数据条长短来形象展示数据的大小，或者使用【色阶】功能，通过填充色的不同来展示数据的大小。

· 1. 突出显示符合要求的数据 ·

【条件格式】最基本的功能，可以按照一定的条件，找出符合要求的数据并突出显示。当表格中的数据比较多时，为了更有重点地展示数据，就需要用到这项功能。

使用【条件格式】功能的方法比较简单，只需要选中数据区域，再设置条件格式即可。

如图 2-41 所示，选中要设置格式的数据区域 B2:G7 单元格，选择【条件格式】中的【突出显示单元格规则】选项，再选择具体规则，如【小于】规则。

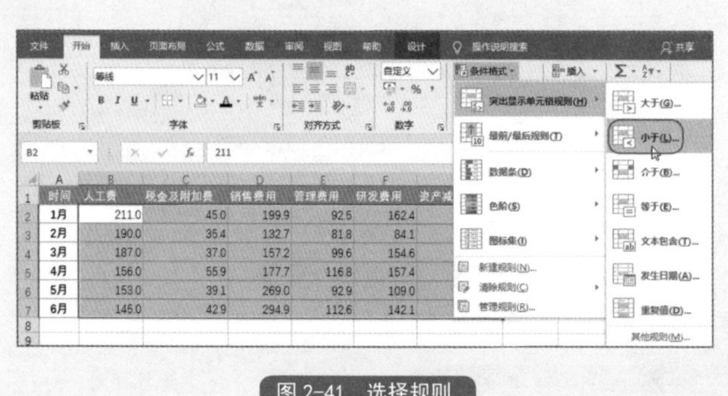

图 2-41　选择规则

如图 2-42 所示，在打开的【小于】对话框中输入规则为小于 50，并将符合规则的数据格式设置为【绿填充色深绿色文本】，单击【确定】按钮，则表格中小于 50 的数据都填充上浅绿色底色，并被突出显示，如图 2-43 所示。

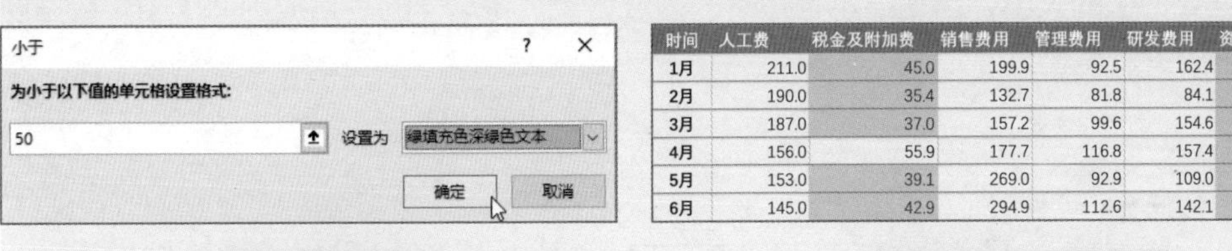

时间	人工费	税金及附加费	销售费用	管理费用	研发费用	资产减值损失
1月	211.0	45.0	199.9	92.5	162.4	19.0
2月	190.0	35.4	132.7	81.8	84.1	25.0
3月	187.0	37.0	157.2	99.6	154.6	26.0
4月	156.0	55.9	177.7	116.8	157.4	32.0
5月	153.0	39.1	269.0	92.9	109.0	25.0
6月	145.0	42.9	294.9	112.6	142.1	19.0

图 2-42　设置规则

图 2-43　数据突出显示效果

2. 突出显示最前 / 最后的数据

【条件格式】功能还可以按【最前 / 最后规则】来突出显示数据，这项功能同样用于在众多数据中强调重点数据。如图 2-44 所示，在【最前 / 最后规则】菜单中选择【前 10%】规则，设置数据格式后，效果如图 2-45 所示，表格中前 10% 的数据被突出显示出来。

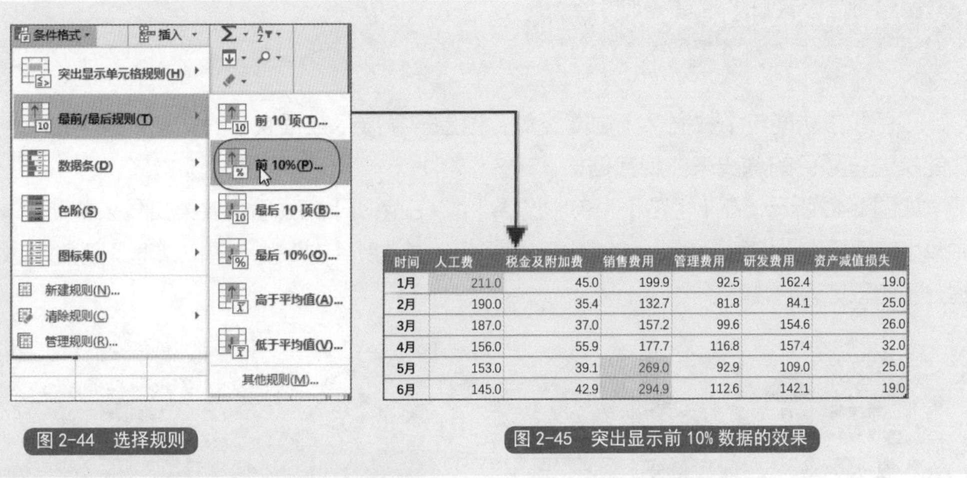

时间	人工费	税金及附加费	销售费用	管理费用	研发费用	资产减值损失
1月	211.0	45.0	199.9	92.5	162.4	19.0
2月	190.0	35.4	132.7	81.8	84.1	25.0
3月	187.0	37.0	157.2	99.6	154.6	26.0
4月	156.0	55.9	177.7	116.8	157.4	32.0
5月	153.0	39.1	269.0	92.9	109.0	25.0
6月	145.0	42.9	294.9	112.6	142.1	19.0

图 2-44　选择规则

图 2-45　突出显示前 10% 数据的效果

3. 用数据条长短形象地体现数据

如果表格中没有需要重点强调的数据，但是表格数据又比较多，为了方便阅读，可以设置【数据条】格式，通过长短不一的数据条形象地展示数据大小。

如图 2-46 所示，在【数据条】菜单中选择【橙色数据条】格式，效果如图 2-47 所示，表格根据数据值的大小，自动显示长短不一的数据条。将这样的表格放到 PPT 中，数据展示会十分形象、美观。

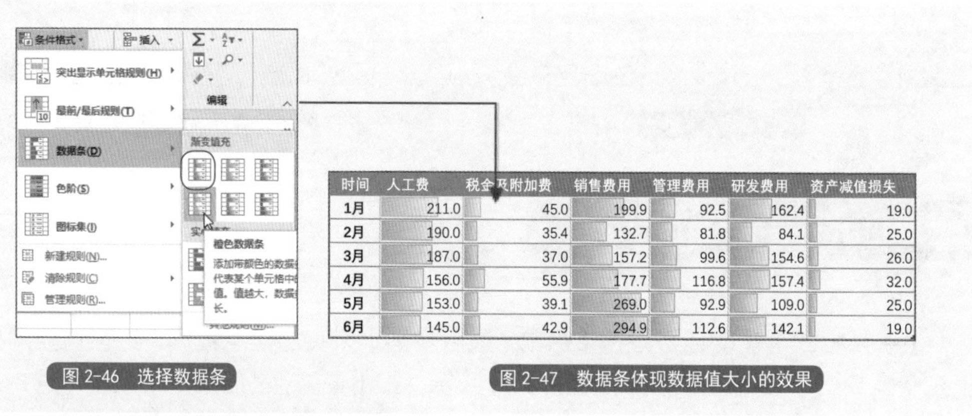

时间	人工费	税金及附加费	销售费用	管理费用	研发费用	资产减值损失
1月	211.0	45.0	199.9	92.5	162.4	19.0
2月	190.0	35.4	132.7	81.8	84.1	25.0
3月	187.0	37.0	157.2	99.6	154.6	26.0
4月	156.0	55.9	177.7	116.8	157.4	32.0
5月	153.0	39.1	269.0	92.9	109.0	25.0
6月	145.0	42.9	294.9	112.6	142.1	19.0

图 2-46　选择数据条

图 2-47　数据条体现数据值大小的效果

• 4. 用颜色深浅形象地体现数据 •

【色阶】功能与【数据条】功能类似，也是形象展示数据大小的功能。只不过【色阶】功能是通过颜色的深浅来体现数据。

如图 2-48 所示，在【色阶】菜单中选择【绿 - 白色阶】格式后，效果如图 2-49 所示，表格中较小的值填充上白色，而较大的值填充上绿色。通过颜色的深浅，可以快速识别数据的大小，提升了信息传达的效率。

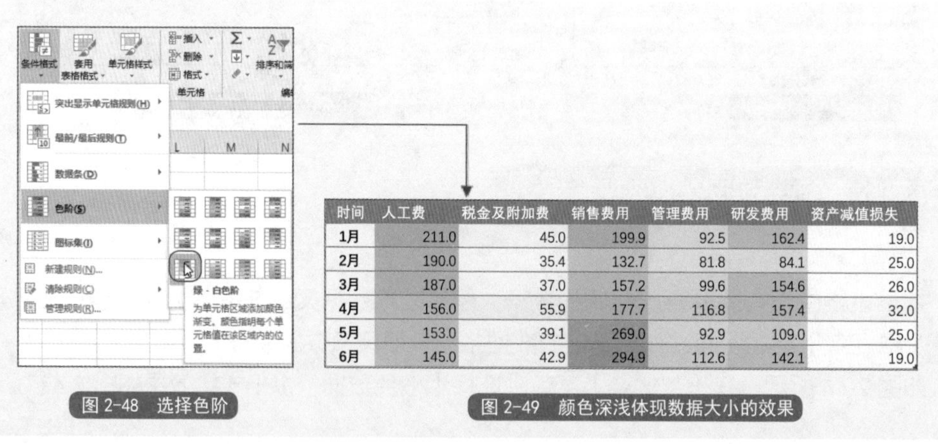

时间	人工费	税金及附加费	销售费用	管理费用	研发费用	资产减值损失
1月	211.0	45.0	199.9	92.5	162.4	19.0
2月	190.0	35.4	132.7	81.8	84.1	25.0
3月	187.0	37.0	157.2	99.6	154.6	26.0
4月	156.0	55.9	177.7	116.8	157.4	32.0
5月	153.0	39.1	269.0	92.9	109.0	25.0
6月	145.0	42.9	294.9	112.6	142.1	19.0

图 2-48　选择色阶

图 2-49　颜色深浅体现数据大小的效果

高效技巧：使用【条件格式】后的表格如何放到PPT中?

设置了【条件格式】的表格更有重点、更形象，但是如果直接复制表格到 PPT 中，则会丢失设置的条件格式。正确的做法是，复制表格后在 PPT 中以【图片】的方式进行粘贴，这样就可以保留设置好的条件格式了。

2.3.3 筛选出要展示的数据

Excel 中记录的原始数据有时候并不需要全部放到 PPT 中，PPT 中展示的数据应与 PPT 的主题密切相关。因此，在处理 Excel 数据时，需要有意识地筛选出必需的数据放到 PPT 中。

重点速记：灵活使用三种筛选方式

1. 针对某列数据以一个条件进行筛选，如筛选出售价大于 150 元的商品，用简单筛选。
2. 针对某列数据以两个条件进行筛选，如筛选出张强和李奇业务员的数据，用自定义筛选。
3. 针对两列及以上数据进行筛选，如筛选出售价大于 150 元，且手机端销量大于 500 件的数据，用高级筛选。

1. 简单筛选与自定义筛选

Excel 最常用的筛选方式是简单筛选和自定义筛选，通过这两个功能，可以按一个或两个条件进行筛选数据。

在筛选前可以选中第一行任何一个表头字段，选择【开始】选项卡下【排序和筛选】菜单中的【筛选】选项，为第一行添加【筛选】按钮，如图 2-50 所示。

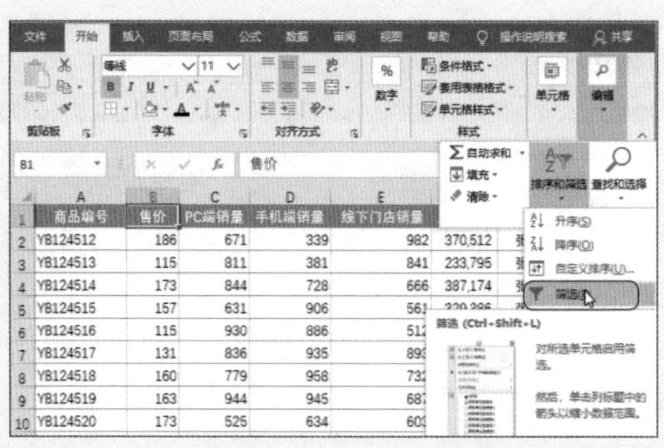

图 2-50　添加【筛选】按钮

添加【筛选】按钮后，单击【售价】筛选按钮，在打开的对话框中选择需要的筛选条件，如选择【大于】条件，如图 2-51 所示。在打开的【自定义自动筛选方式】对话框中输入 150，单击【确定】按钮，完成条件设置，如图 2-52 所示，将售价大于 150 的数据筛选出来。

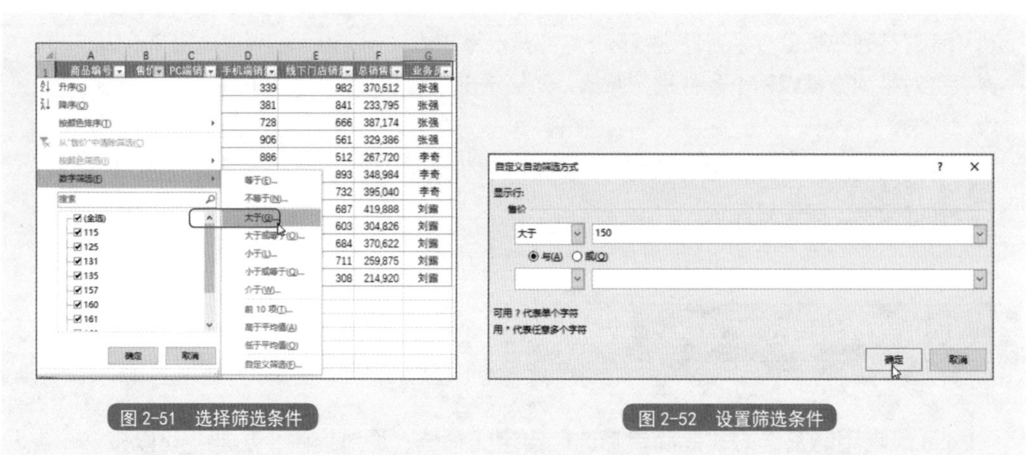

图 2-51　选择筛选条件

图 2-52　设置筛选条件

自定义筛选其实就是在简单筛选的基础上增加一个条件。如图 2-53 所示，在【文本筛选】菜单中选择【自定义筛选】选项，打开【自定义自动筛选方式】对话框，选中【或】单选按钮，再输入条件，如图 2-54 所示，表示将张强或李奇业务员的数据筛选出来。【或】指两个条件满足其一即可，【与】则要求数据同时满足两个条件才会被筛选出来。

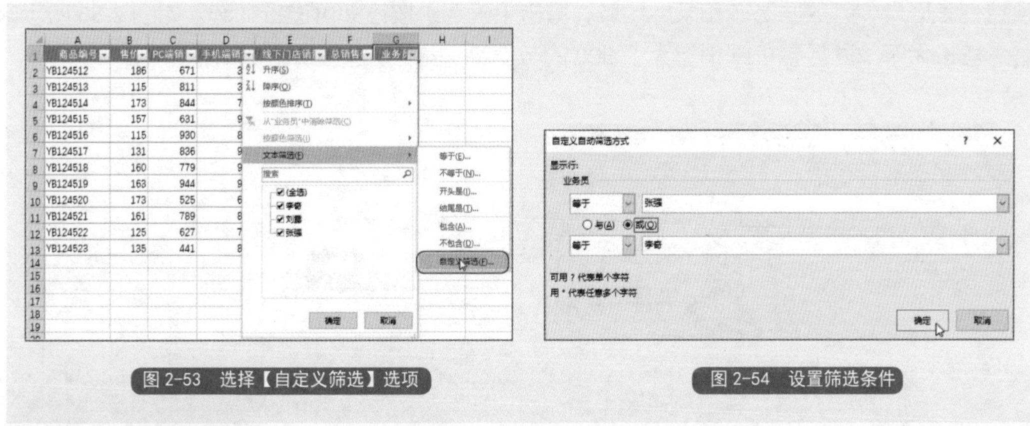

图 2-53　选择【自定义筛选】选项　　图 2-54　设置筛选条件

• 2. 高级筛选 •

简单筛选和自定义筛选只能对一列数据进行筛选，如果需要对多列数据进行筛选，且筛选条件比较复杂，则需要用到高级筛选。

使用高级筛选前，需要在空白单元格中输入筛选条件，即在数据区域之外的任意单元格中输入条件，例如，筛选出售价大于 150 且手机端销量大于 500 的数据，输入条件如图 2-55 所示。

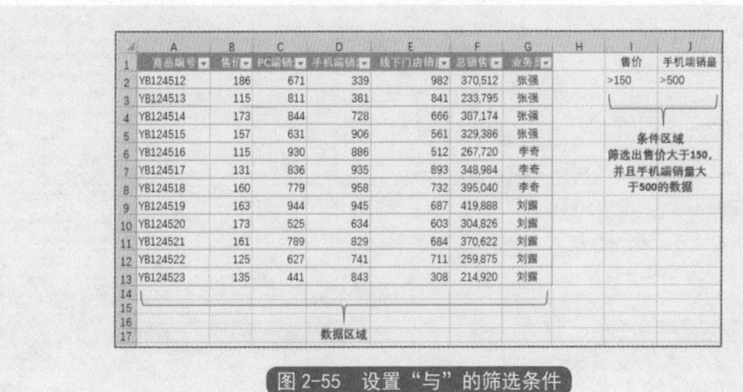

图 2-55　设置“与”的筛选条件

注意条件中的字段名称必须和表格中的字段名称相同，例如表格中是“售价”，筛选条件就不能写成“价格”。当两个条件在同一行时，表示“与”，即需要同时满足。

完成条件设置后，单击【数据】选项卡下的【高级】按钮，打开【高级筛选】对话框，设置列表区域，即数据区域和条件区域，单击【确定】按钮即可进行筛选。如图 2-56 所示。

售价大于 150 且手机端销量大于 500 的数据筛选结果如图 2-57 所示。

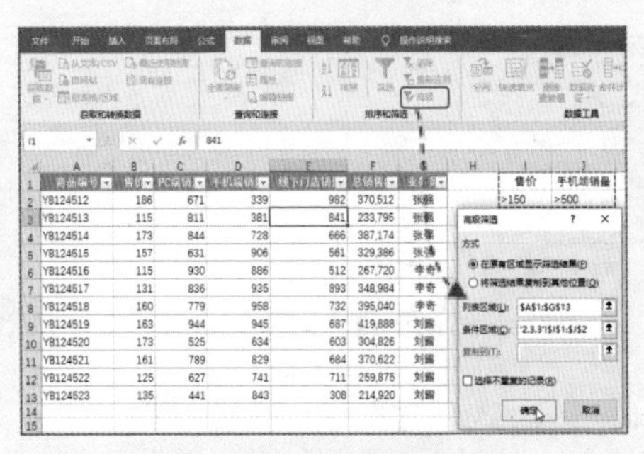

图 2-56 使用高级筛选

	A	B	C	D	E	F	G
1	商品编号	售价	PC端销量	手机端销量	线下门店销量	总销售额	业务员
4	YB124514	173	844	728	666	387,174	张强
5	YB124515	157	631	906	561	329,386	张强
8	YB124518	160	779	958	732	395,040	李奇
9	YB124519	163	944	945	687	419,888	刘露
10	YB124520	173	525	634	603	304,826	刘露
11	YB124521	161	789	829	684	370,622	刘露

图 2-57 高级筛选结果

高级筛选的条件可自由设置，当条件不在同一行时，表示“或”，即满足其中一个条件即可。例如，要筛选出手机端销量大于 700 或线下门店销量大于 800 的数据，输入条件如图 2-58 所示，将两个条件放在两行，得到如图 2-59 所示的筛选结果，即将手机端销量大于 700 或线下门店销量大于 800 的数据筛选出来。

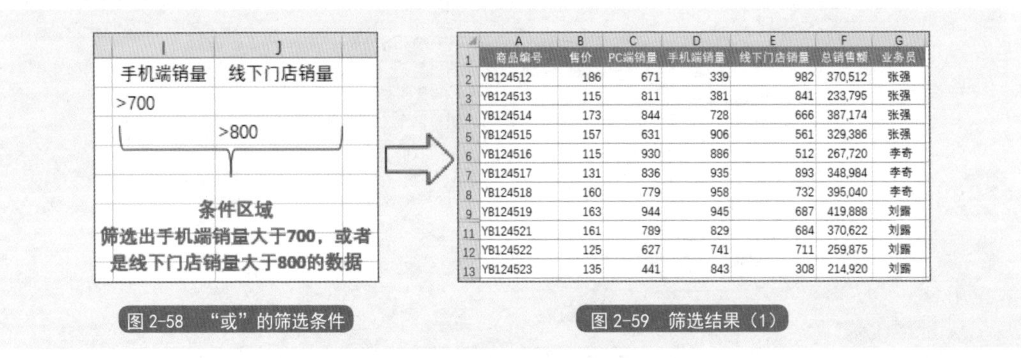

	A	B	C	D	E	F	G
1	商品编号	售价	PC端销量	手机端销量	线下门店销量	总销售额	业务员
2	YB124512	186	671	339	982	370,512	张强
3	YB124513	115	811	381	841	233,795	张强
4	YB124514	173	844	728	666	387,174	张强
5	YB124515	157	631	906	561	329,386	张强
6	YB124516	115	930	886	512	267,720	李奇
7	YB124517	131	836	935	893	348,984	李奇
8	YB124518	160	779	958	732	395,040	李奇
9	YB124519	163	944	945	687	419,888	刘露
11	YB124521	161	789	829	684	370,622	刘露
12	YB124522	125	627	741	711	259,875	刘露
13	YB124523	135	441	843	308	214,920	刘露

图 2-58 “或”的筛选条件

图 2-59 筛选结果（1）

筛选条件还可以再增加，例如增加业务员筛选条件，如图 2-60 所示，得到如图 2-61 所示的筛选结果。

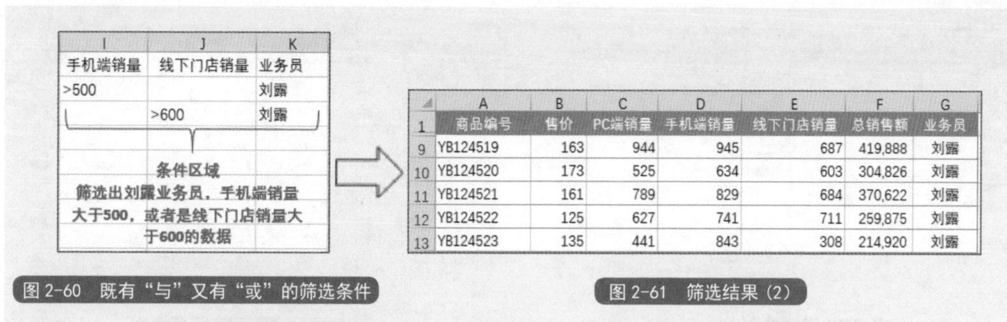

	I	J	K
	手机端销量	线下门店销量	业务员
	>500		刘露
		>600	刘露

图 2-60　既有“与”又有“或”的筛选条件

	A	B	C	D	E	F	G
1	商品编号	售价	PC端销量	手机端销量	线下门店销量	总销售额	业务员
9	YB124519	163	944	945	687	419,888	刘露
10	YB124520	173	525	634	603	304,826	刘露
11	YB124521	161	789	829	684	370,622	刘露
12	YB124522	125	627	741	711	259,875	刘露
13	YB124523	135	441	843	308	214,920	刘露

图 2-61　筛选结果（2）

• 2.3.4　排序要展示的数据

要想在 PPT 中合理展示数据，除了考虑数据展示是否形象、是否有侧重点、是否排除了冗余数据外，还需要考虑数据是否需要排序。一张简单的销售统计表，经过排序后，销售数据的高低就能一目了然，帮助观众快速获取数据信息。

重点速记：灵活使用两种排序方法

❶ 针对某一列数据进行排序，用简单排序。

❷ 需要对两列及两列以上数据排序，用自定义排序。

• 1. 简单排序 •

在 Excel 表格中添加【筛选】按钮后，可以直接选择排序方式。如图 2-62 所示，单击【总销售额】按钮，选择【降序】排序方式，即可得到如图 2-63 所示的排序结果。将数据按销售额从大到小进行排序后，数据更加主次分明，且因为排序逻辑的存在，观众更容易理解数据。

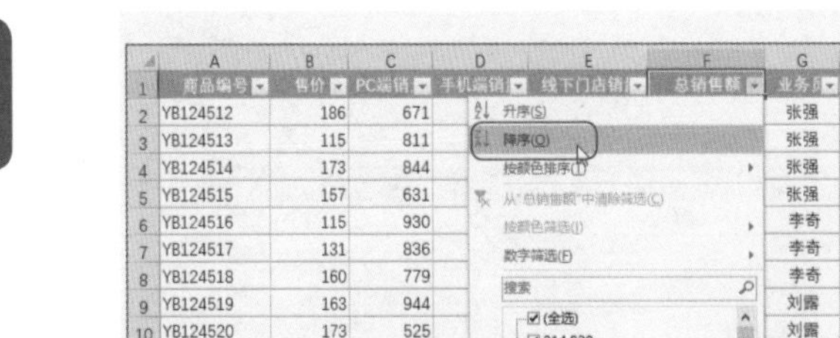

图 2-62　降序排序

	商品编号	售价	PC端销	手机端销	线下门店销	总销售额	业务员
2	YB124519	163	944	945	687	419,888	刘露
3	YB124518	160	779	958	732	395,040	李奇
4	YB124514	173	844	728	666	387,174	张强
5	YB124521	161	789	829	684	370,622	刘露
6	YB124512	186	671	339	982	370,512	张强
7	YB124517	131	836	935	893	348,984	李奇
8	YB124515	157	631	906	561	329,386	张强
9	YB124520	173	525	634	603	304,826	刘露
10	YB124516	115	930	886	512	267,720	李奇
11	YB124522	125	627	741	711	259,875	刘露
12	YB124513	115	811	381	841	233,795	张强
13	YB124523	135	441	843	308	214,920	刘露

图 2-63　降序排序结果

• 2. 自定义排序 •

当需要对多列数据进行排序时，就需要使用自定义排序了。如图 2-64 所示，选择【排序和筛选】菜单中的【自定义排序】选项，打开如图 2-65 所示的【排序】对话框。

图 2-64　选择【自定义排序】选项

【主要关键字】表示第一排序条件，【次要关键字】表示第二排序条件。这两个条件组合起来表示将相同的业务员数据排列到一起，并且对相同业务员数据按总销售额进行降序排序。如果还需要增加条件，则可单击【添加条件】按钮。

自定义排序结果如图 2-66 所示。

图 2-65　设置自定义排序条件

	A	B	C	D	E	F	G
1	商品编号	售价	PC端销	手机端销	线下门店销	总销售额	业务员
2	YB124514	173	844	728	666	387,174	张强
3	YB124512	186	671	339	982	370,512	张强
4	YB124515	157	631	906	561	329,386	张强
5	YB124513	115	811	381	841	233,795	张强
6	YB124519	163	944	945	687	419,888	刘露
7	YB124521	161	789	829	684	370,622	刘露
8	YB124520	173	525	634	603	304,826	刘露
9	YB124522	125	627	741	711	259,875	刘露
10	YB124523	135	441	843	308	214,920	刘露
11	YB124518	160	779	958	732	395,040	李奇
12	YB124517	131	836	935	893	348,984	李奇
13	YB124516	115	930	886	512	267,720	李奇

图 2-66　自定义排序结果

2.3.5　快速统计要展示的数据

Excel 原始表格中的信息量往往比较大，要想合理地提取数据到 PPT 中，难免要对数据进行运算。在运算的同时，还可能需要重新调整数据结构，以符合 PPT 表达需求。这看起来是一项比较困难的工作，因为可能要涉及复杂的函数计算、表达式修改等。

其实要想快速统计数据、调整表格结构，只要掌握数据透视表就可以大大减轻工作量，提高工作效率。图 2-67 所示的原始数据表中的信息“堆积”在一起，令人看起来很头疼。

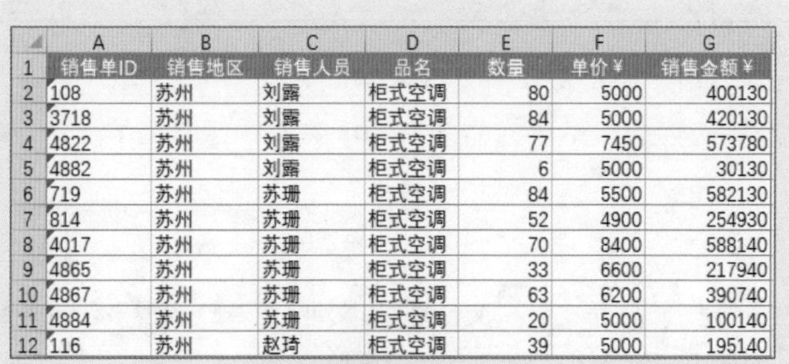

	A	B	C	D	E	F	G
1	销售单ID	销售地区	销售人员	品名	数量	单价￥	销售金额￥
2	108	苏州	刘露	柜式空调	80	5000	400130
3	3718	苏州	刘露	柜式空调	84	5000	420130
4	4822	苏州	刘露	柜式空调	77	7450	573780
5	4882	苏州	刘露	柜式空调	6	5000	30130
6	719	苏州	苏珊	柜式空调	84	5500	582130
7	814	苏州	苏珊	柜式空调	52	4900	254930
8	4017	苏州	苏珊	柜式空调	70	8400	588140
9	4865	苏州	苏珊	柜式空调	33	6600	217940
10	4867	苏州	苏珊	柜式空调	63	6200	390740
11	4884	苏州	苏珊	柜式空调	20	5000	100140
12	116	苏州	赵琦	柜式空调	39	5000	195140

图 2-67　原始数据表

但是，通过数据透视表可以将原始数据表快速调整得到如图 2-68~ 图 2-71 所示的四张表，甚至更多表。也就是说，借助数据透视表可以实现数据分类、汇总、表格结构重组等功能。

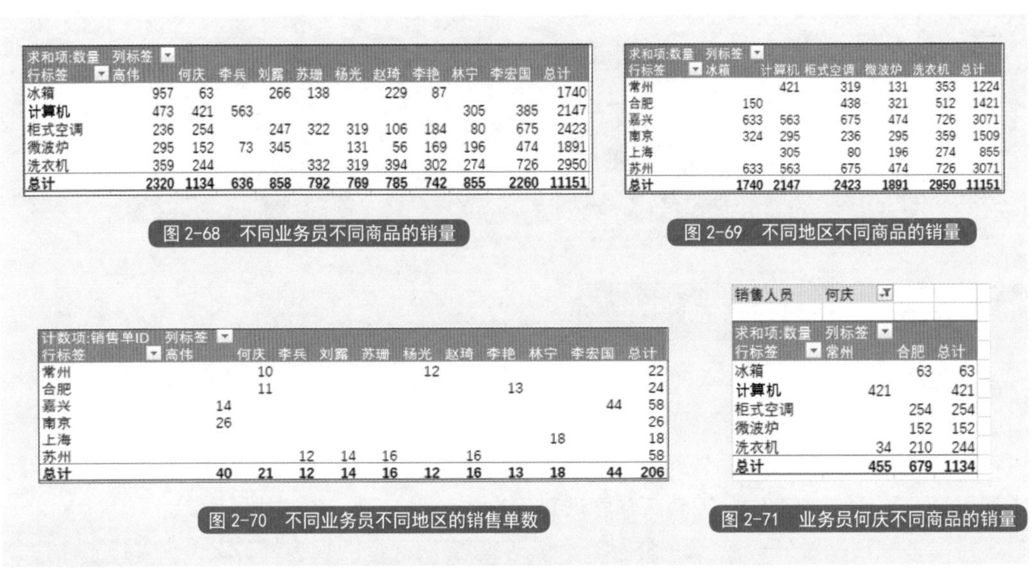

求和项:数量	列标签										
行标签	高伟	何庆	李兵	刘露	苏珊	杨光	赵琦	李艳	林宁	李宏国	总计
冰箱	957	63		266	138		229	87			1740
计算机	473	421	563						305	385	2147
柜式空调	236	254		247	322	319	106	184	80	675	2423
微波炉	295	152	73	345		131	56	169	196	474	1891
洗衣机	359	244			332	319	394	302	274	726	2950
总计	2320	1134	636	858	792	769	785	742	855	2260	11151

图 2-68　不同业务员不同商品的销量

求和项:数量	列标签					
行标签	冰箱	计算机	柜式空调	微波炉	洗衣机	总计
常州		421	319	131	353	1224
合肥	150		438	321	512	1421
嘉兴	633	563	675	474	726	3071
南京	324	295	236	295	359	1509
上海		305	80	196	274	855
苏州	633	563	675	474	726	3071
总计	1740	2147	2423	1891	2950	11151

图 2-69　不同地区不同商品的销量

计数项:销售单ID	列标签										
行标签	高伟	何庆	李兵	刘露	苏珊	杨光	赵琦	李艳	林宁	李宏国	总计
常州		10				12					22
合肥		11						13			24
嘉兴	14									44	58
南京	26										26
上海									18		18
苏州			12	14	16		16				58
总计	40	21	12	14	16	12	16	13	18	44	206

图 2-70　不同业务员不同地区的销售单数

销售人员	何庆		
求和项:数量	列标签		
行标签	常州	合肥	总计
冰箱		63	63
计算机	421		421
柜式空调		254	254
微波炉		152	152
洗衣机	34	210	244
总计	455	679	1134

图 2-71　业务员何庆不同商品的销量

技术揭秘 2-3：将海量数据统计成 PPT 需要的表格

数据透视表十分强大，且使用方法并不复杂。只需要通过原始数据创建数据透视表，然后设置数据透视表的字段及值的计算方式即可。

第01步： 插入数据透视表。打开“素材文件\原始文件\第2章\透视表统计.xlsx”文件，❶选中有数据的任意单元格；❷单击【插入】选项卡下的【数据透视表】按钮，如图2-72所示。

第02步： 选择数据透视表位置。如图2-73所示，保持默认的数据透视表位置，单击【确定】按钮。

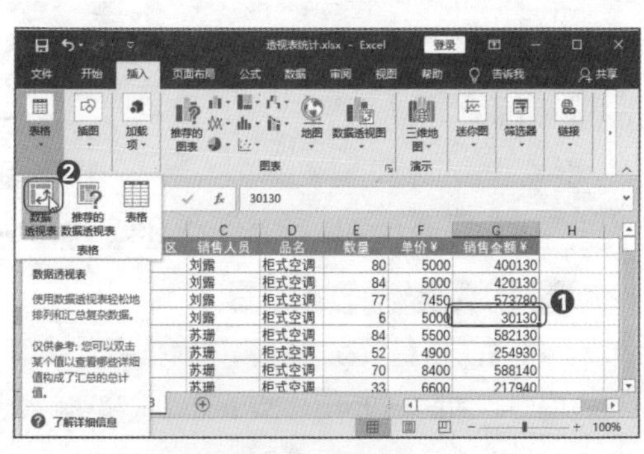

图 2-72　插入数据透视表

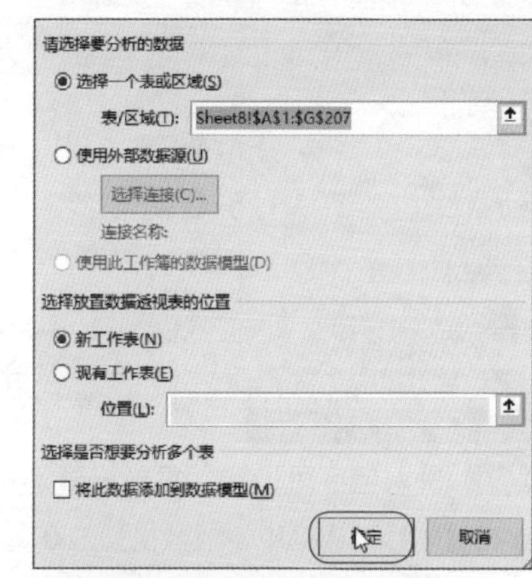

图 2-73　选择数据透视表位置

第03步： 设置数据透视表字段。如图2-74所示，❶选中【销售地区】，按住鼠标左键不放，往下拖动，将其放到【行】列表框中；❷用同样的方法，完成其他字段的位置设置，如图2-75所示。

默认情况下，放到【值】列表框中的字段会进行求和统计。

第04步： 设置数据透视表样式。如图2-76所示，在【数据透视表工具-设计】选项卡下选择数据透视表样式，此时就完成了业务员在不同地区的销量统计。

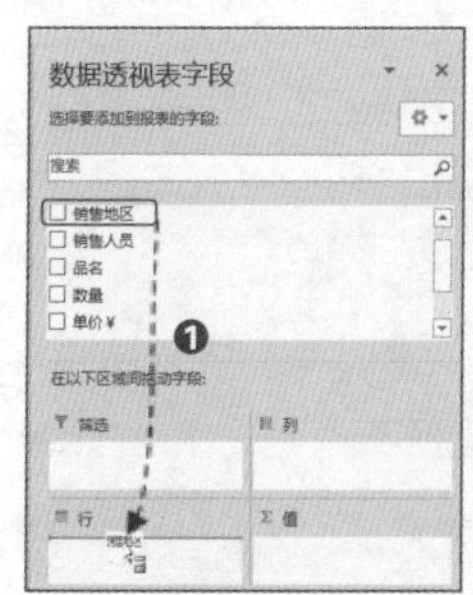

图 2-74　拖动数据透视表字段

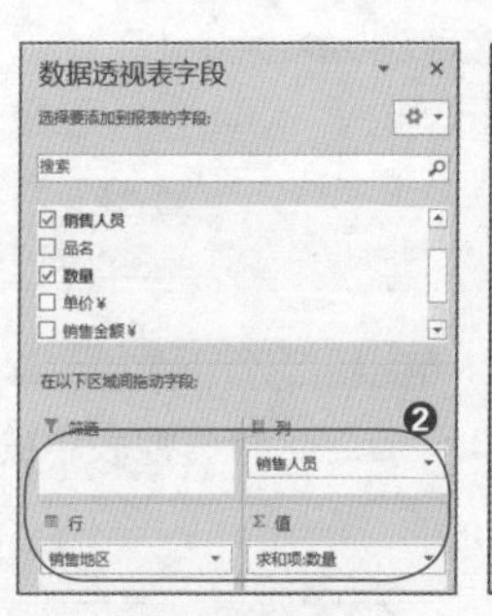

图 2-75　完成字段设置

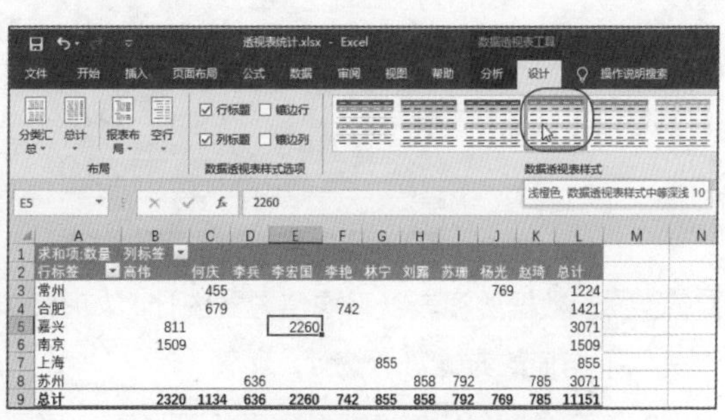

图 2-76　设置数据透视表样式

第05步： 调整数据透视表字段。此时可以重新设置字段得到一张新统计表。如图2-77所示，将字段拖动到对应的列表框中。其中【销售人员】放到了【筛选】列表框中，这样可以在数据透视表中进行人员筛选。

第06步： 在数据透视表中筛选数据。如图2-78所示，在数据透视表中进行销售人员筛选，即可得到一张新筛选过的统计表。

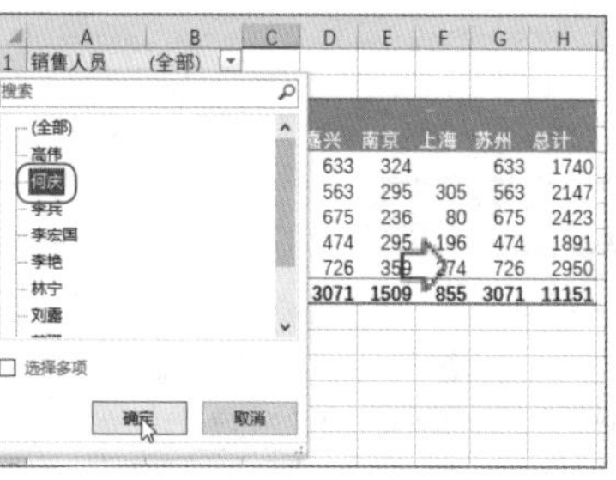

	A	B	C	D
1	销售人员	何庆		
2				
3	求和项:数量	列标签		
4	行标签	常州	合肥	总计
5	冰箱		63	63
6	计算机	421		421
7	柜式空调		254	254
8	微波炉		152	152
9	洗衣机	34	210	244
10	总计	455	679	1134

图 2-77　调整数据透视表字段　　图 2-78　在数据透视表中筛选数据

第07步： 进入值字段设置。重新设置透视表字段，将【品名】放在【行】列表框中，【销售地区】放在【列】列表框中，【数量】放在【值】列表框中。如图2-79所示，❶单击【求和项：数量】下拉按钮；❷选择【值字段设置】选项。

第08步： 选择计算类型。如图2-80所示，❶选择计算类型为【平均值】；❷单击【确定】按钮。

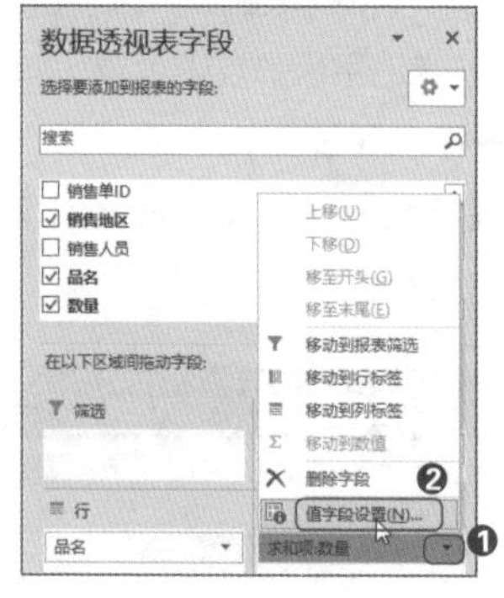

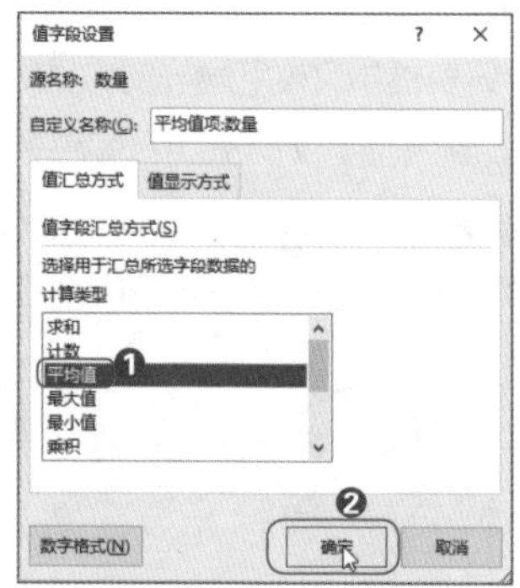

图 2-79　设置数据透视表值字段　　图 2-80　选择计算类型

第09步： 数据透视表以平均值方式统计。如图2-81所示，此时透视表中的数据不再是求和统计，而是以平均值的方式进行统计。

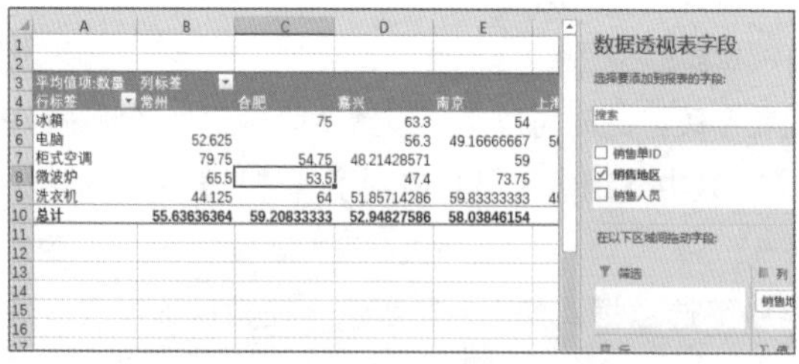

图 2-81　数据透视表中显示平均值

第 3 章

PPT 设计，将数据完美放进幻灯片的思维

思路决定制作 PPT 的速度，更决定数据在 PPT 中的呈现方式。将一张记录大量数据、看起来很头疼的 Excel 表格做成赏心悦目又极具说服力的 PPT 是一项系统性工作。

完成这项工作首先应该知道如何提炼数据，将数据转化为观点，并成为每一页 PPT 的核心内容；其次要懂得如何配色和排版。当具备宏观层面的方向后，就可以着眼于细节，将一个数据或一组数据以数字、表格或图表的形式呈现。

思路在脑，行动在手，花点时间理清思路，会发现将 Excel 工作表放进 PPT 中并不难。

通过本章你将学会

- ☞ 如何将数据较多的 Excel 梳理出 PPT 核心观点
- ☞ 如何配色才能让 PPT 美观又有内涵
- ☞ 如何设计配色方案，一键改变所有页面颜色
- ☞ 如何排版才能让数据看起来更高级
- ☞ 如何为数据量身定制模板
- ☞ 不同类型的数据应该以什么方式呈现

本章部分案例展示

不同治疗阶段的治愈概率

01 50%　02 60%　03 30%

心电图　显微镜　药物治疗

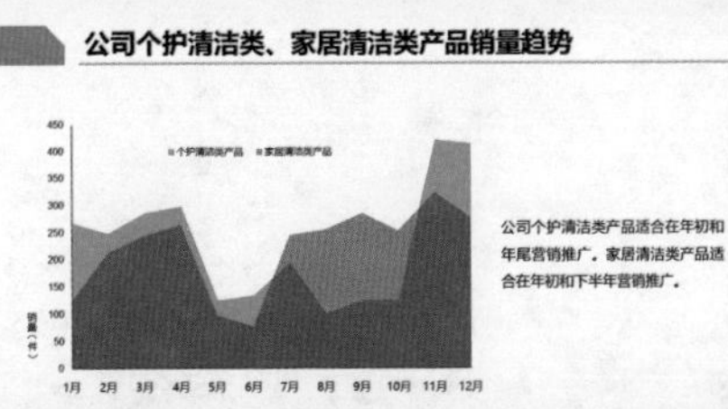

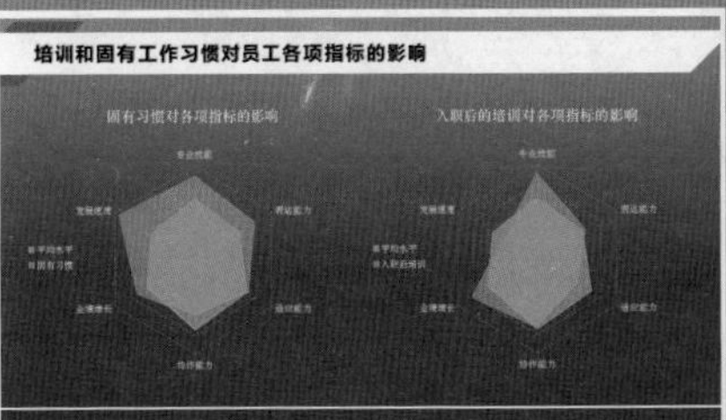

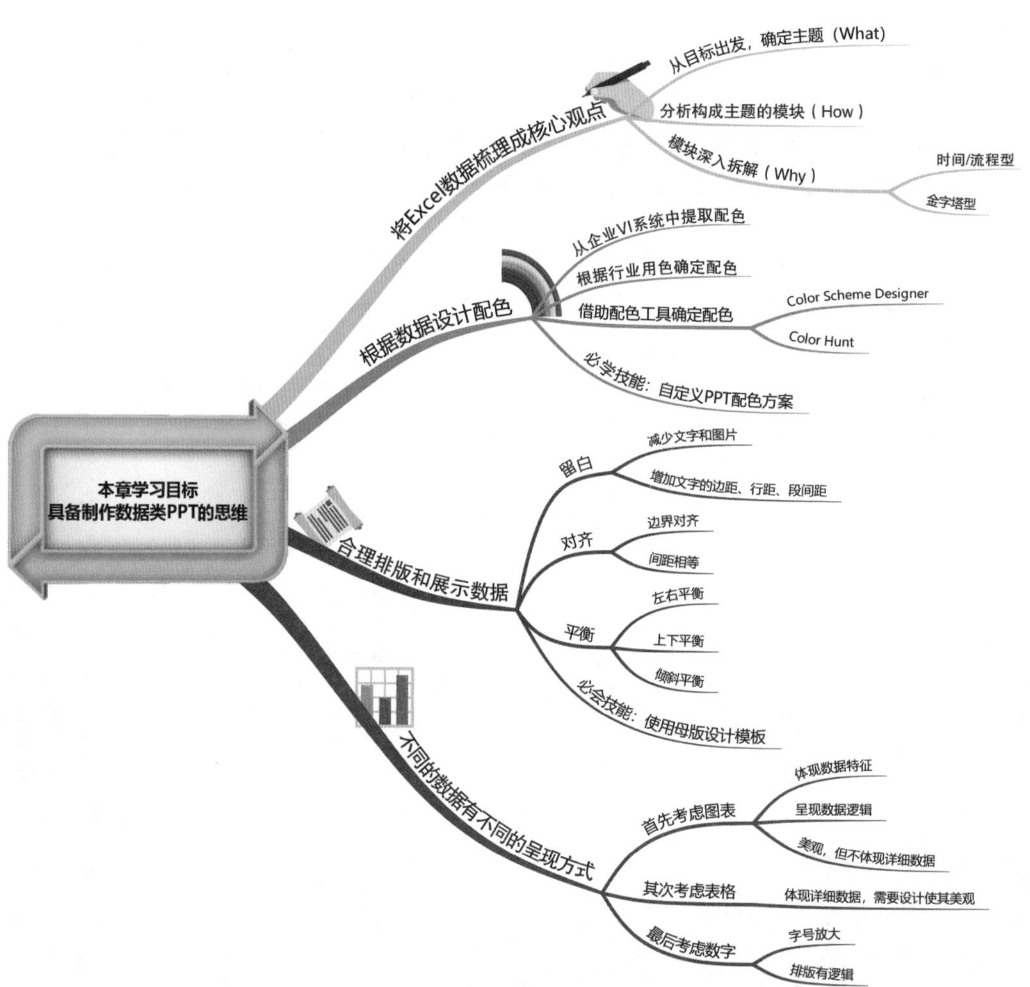
本章学习目标
具备制作数据类PPT的思维
将Excel数据梳理成核心观点
从目标出发，确定主题（What）
分析构成主题的模块（How）
模块深入拆解（Why）
时间/流程型
金字塔型
根据数据设计配色
从企业VI系统中提取配色
根据行业用色确定配色
借助配色工具确定配色
Color Scheme Designer
Color Hunt
必学技能：自定义PPT配色方案
合理排版和展示数据
留白
减少文字和图片
增加文字的边距、行距、段间距
对齐
边界对齐
间距相等
平衡
左右平衡
上下平衡
倾斜平衡
必会技能：使用母版设计模板
不同的数据有不同的呈现方式
首先考虑图表
体现数据特征
呈现数据逻辑
美观，但不体现详细数据
其次考虑表格
体现详细数据，需要设计使其美观
最后考虑数字
字号放大
排版有逻辑

NO.3.1 灵魂：将数据梳理成核心观点

重点速记：将大量 Excel 数据梳理成 PPT 框架的三个步骤

① 根据目标确定 PPT 主题。

② 根据主题梳理能说明的模块。

③ 根据每个模块，有针对性地整理、提炼 Excel 中的数据，并对数据进行设计。

严谨的数据具备说服力，是 PPT 的灵魂所在。但实际工作中，Excel 表格中往往记录了大量数据。图 3-1 所示是一张常见的销售报表，面对这样一张信息量巨大的表格，要将数据放到 PPT 中，会发现无从下手。因此，必须具备信息整理思维，借助经典的思考方法将烦琐的数据梳理出主线，才能条理清晰地将数据设计成直击人心的 PPT 页面。

	A	B	C	D	E	F	G	H	I	J	K	L	M	N
1	订单编号	选择月份	日期	选择商品	单价	成本	销量	销售额	利润	客户会员号	选择地区	性别	年龄	工作
2	E12542	9月	9/1	连衣裙	199	130	14	2786	966	PE1956	河北	女	43	银行
3	E12543	9月	9/1	针织衫	121	69	16	1936	832	PE2691	山西	女	23	上市公司
4	E12544	9月	9/1	烟筒裤	168	121	2	336	94	PE1011	辽宁	女	41	国企
5	E12545	9月	9/1	外套	259	197	2	518	124	PE2885	吉林	男	38	国企
6	E12546	9月	9/1	牛仔裤	139	79	9	1251	540	PE2821	黑龙江	女	24	私企
7	E12547	9月	9/1	连衣裙	199	130	9	1791	621	PE3409	江苏	女	20	私企
8	E12548	9月	9/1	连衣裙	199	130	2	398	138	PE1748	浙江	女	42	私企
9	E12549	9月	9/1	烟筒裤	168	121	12	2016	564	PE681	安徽	女	20	行政机构
10	E12550	9月	9/1	外套	259	197	9	2331	558	PE4234	福建	女	22	学校
11	E12551	9月	9/1	烟筒裤	168	121	1	168	47	PE1943	江西	女	40	医院
12	E12552	9月	9/2	外套	259	197	16	4144	992	PE2861	山东	男	24	个体户
13	E12553	9月	9/2	外套	259	197	7	1813	434	PE3663	河南	女	42	其他
14	E12554	9月	9/2	牛仔裤	139	79	12	1668	720	PE2342	湖北	女	38	外企
15	E12555	9月	9/2	牛仔裤	139	79	2	278	120	PE3566	湖南	女	41	外企
16	E12556	9月	9/2	连衣裙	199	130	2	398	138	PE474	广东	女	33	私企
17	E12557	9月	9/2	针织衫	121	69	17	2057	884	PE2421	河北	女	20	私企
18	E12558	9月	9/2	烟筒裤	168	121	15	2520	705	PE3586	山西	女	28	个体户
19	E12559	9月	9/2	外套	259	197	2	518	124	PE1165	辽宁	男	26	个体户
20	E12560	9月	9/2	牛仔裤	139	79	14	1946	840	PE3151	吉林	男	37	医院

图 3-1 Excel 中的数据

在梳理 Excel 数据时，可以有意识地借助一些经典的思考模型和分析方法，有规律地整理数据，从而高效地列出 PPT 框架。

黄金圈法则是经典的思维模型之一，它能对 PPT 要展示的内容由表及里地进行分析规划，犹如思考的阶梯，将纷乱的思绪引导到正确的方向上。黄金圈法则模型如图 3-2 所示。通过 PPT 传递信息时，先从表象出发，去了解这是什么，然后再探究这是由什么构成的，

最后通过数据去说明、论证。这样拆解的过程如图 3-3 所示。黄金圈法则的应用过程其实就是一个不断切割的过程，并且在切割过程中，思路始终是有所牵引且目标明确的。

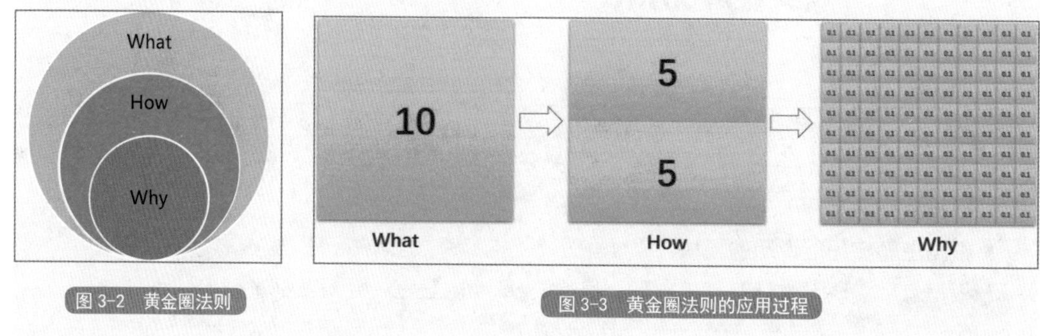

图 3-2　黄金圈法则

图 3-3　黄金圈法则的应用过程

下面以一份移动互联网数据报告为例，来看一下如何通过黄金圈法则确定这份报告的框架。

1. 确定主题（What）

一份优秀的 PPT，其主题一定是明确的。主题犹如大海中的灯塔，所有 PPT 页面中的内容均围绕主题呈现。一般来说，主题的确定可以从 PPT 展示的目的出发，思考数据、信息要传递什么内容，要实现什么效果。

主题是表象的内容，从目的出发很容易确定，如图 3- 4 所示，是三个主题的确定方式。例如，想直观地为观众呈现移动互联网行业的发展情况，那么 PPT 的主题就是移动互联网行业的数据报告。

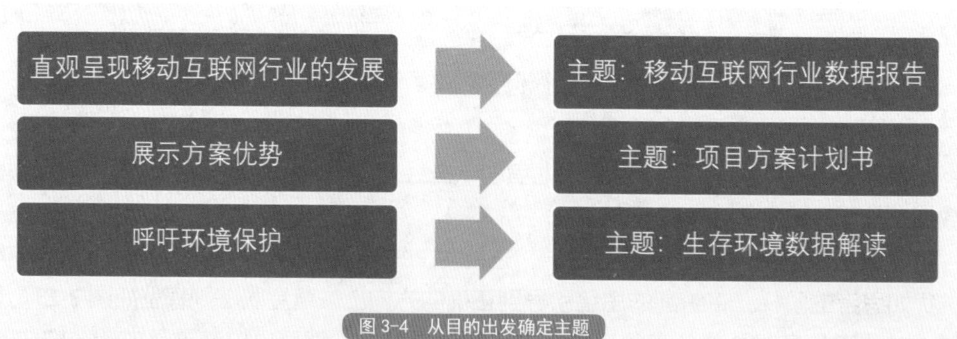

图 3-4　从目的出发确定主题

2. 构成主题的模块（How）

确定了主题后，接下来就是进一步分析哪些模块构成了主题，这些模块又如何共同说明了主题。这个步骤的目标是梳理出 PPT 的大致框架。

在梳理框架时要注意 PPT 传递信息的特征，是通过一页又一页的 PPT 向观众展示内容，也就是说，PPT 是线性传递信息的。在梳理框架时，信息的逻辑要符合 PPT 的展示特征和节奏。常见的 PPT 结构有时间 / 流程型和金字塔型两类结构。

时间 / 流程型结构如图 3-5 所示，即按照事情发展的先后顺序或特定流程梳理出重要节点，根据节点来展开 PPT 信息。这类结构通常用来展示企业发展、年终总结汇报、项目运营等数据报告。

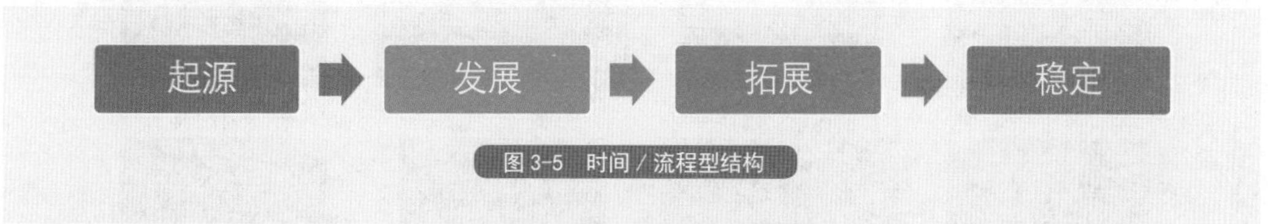

图 3-5　时间 / 流程型结构

金字塔型结构的逻辑性更强，要求对信息进行整理归类，其结构如图 3-6 所示。为了展示移动互联网行业的数据，就需要从数据概况、行业分析、应用分析、用户行为分析、发展趋势预测五个方面展开讲解。这五个模块之间存在逻辑关系：首先是展示数据概况，让观众有全面的认识；然后是分析行业、行业下对应的应用分析、用户行为分析；最后再对发展趋势进行预测。

总而言之，这一步不仅要思考主题由哪些模块构成，还要思考这些模块之间的内部关系是什么，以及应该以什么样的顺序呈现这些模块。

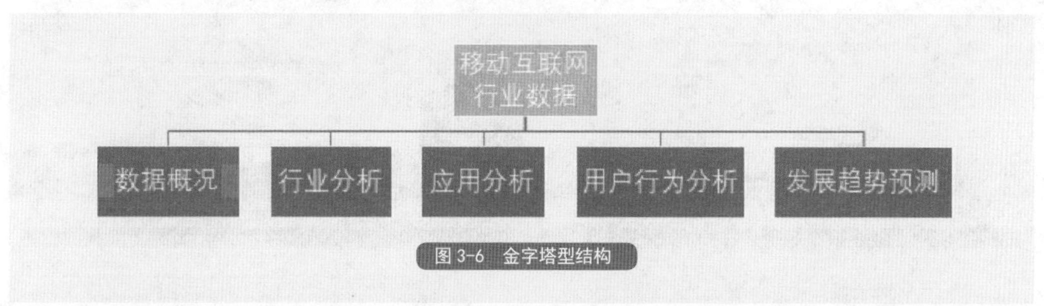

图 3-6　金字塔型结构

3. 模块的深入拆解（Why）

最后一步是分析为什么这些数据能说明这个模块的观点，也就是设计表达的过程。到了这一步，已经比较容易确定每个模块下面需要呈现的信息了。例如，深入拆解移动互联网用户行为这个模块，将其拆解为使用各类移动应用的时长、各时段使用移动设备的活跃度等需要展示的模块信息，如图 3-7 所示。这样的信息极具针对性，只需要在 Excel 中将数据提取出来即可。

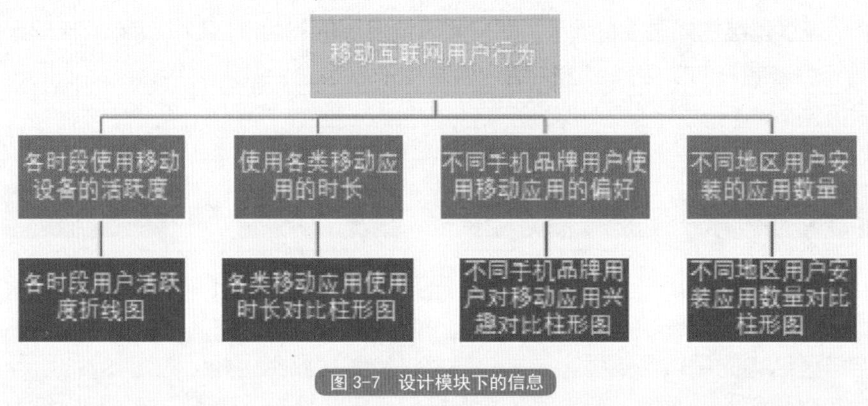

图 3-7　设计模块下的信息

有了模块下面的数据后，需要思考的就是如何将数据图形化、直观化地表达出来，设计出精美又有内涵的数据 PPT。将以上分解模块下的数据信息设计成 PPT 的效果，如图 3-8~图 3-11 所示。

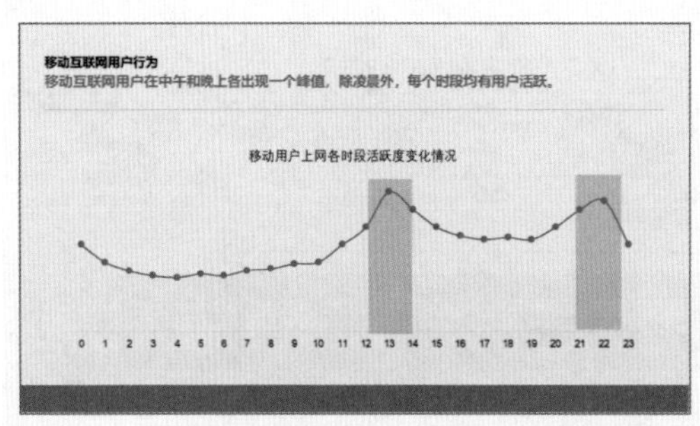

图 3-8　各时段用户活跃度折线图

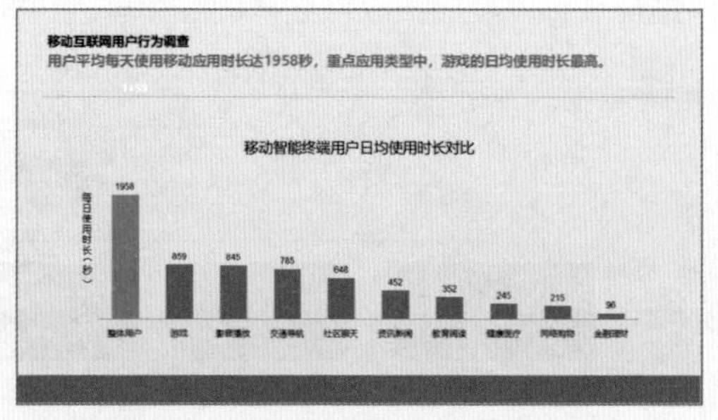

图 3-9　各类移动应用使用时长对比柱形图

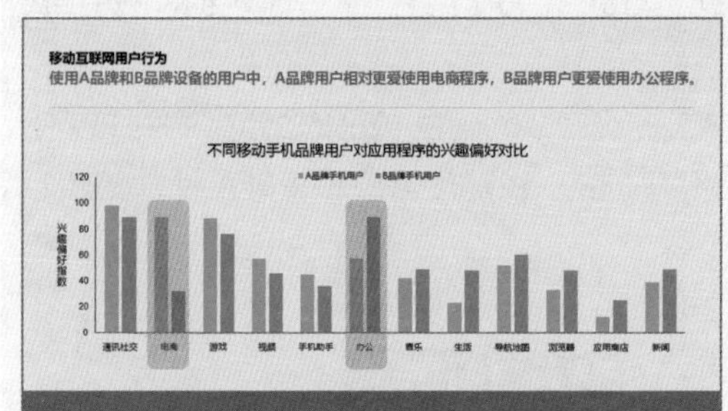

图 3-10　感兴趣的对比柱形图

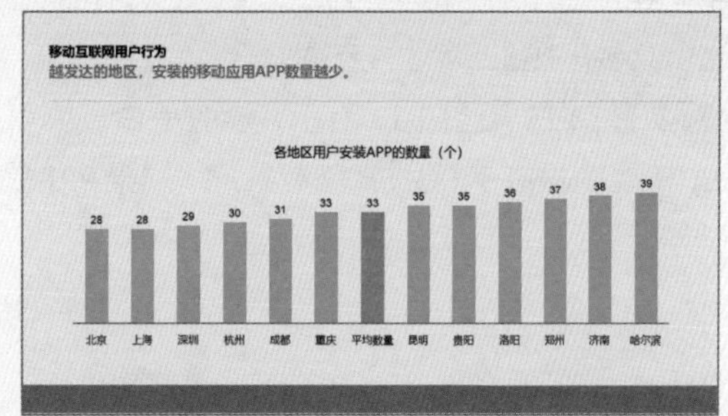

图 3-11　不同地区用户安装应用程序数量对比柱形图

NO.3.2　外表：美观的配色释放数据魅力

为了保证幻灯片的美观，和谐统一、具有视觉美感的配色必不可少。配色是一门学问，从颜色基础知识到搭配原则有诸多讲究。对于非专业人士来说，要想在短时间内精通配色比较困难。但是掌握配色的核心技巧，学会借力，从而搭配出美观的色彩并不难。

重点速记：专业配色的三个思路

① 使用企业 VI 配色。

② 根据行业用色来配色。

③ 根据企业 VI 或行业确定主色后，通过配色工具搭配出其他颜色。

· 1. 从企业 VI 系统中提取配色 ·

配色的第一原则是从企业 VI 系统中提取配色，因为大多数企业都有自己的 VI 系统，这些颜色都是经过专业设计师设计搭配的。无论 PPT 中的数据是呈现给领导看，还是呈现给客户看，对方都希望看到熟悉的设计风格。因此，在设计 PPT 配色前，不妨考虑使用自己企业或客户企业的配色方案。

如图 3-12 和图 3-13 所示，分别是 Google 和中国平安提取的配色，将配色方案用到 PPT 中，PPT 将具有极高的识别度和专属度。如果 PPT 是给客户看的，也能让客户感受到设计师的用心。

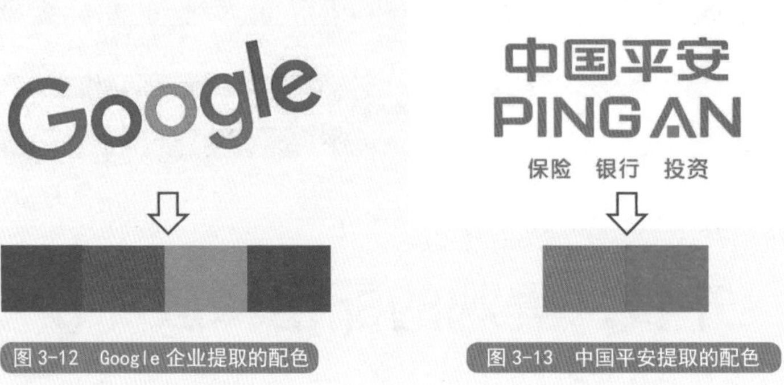

图 3-12 Google 企业提取的配色

图 3-13 中国平安提取的配色

· 2. 根据行业用色确定配色 ·

很多行业都有特定的代表色，例如科技行业的 PPT 常选择深蓝色作为主色，而医药行业则选择较浅的蓝色和绿色。当 PPT 配色不用根据企业 VI 系统来设定时，不妨考虑使用行业用色，不同行业的常用代表色如图 3-14 所示。

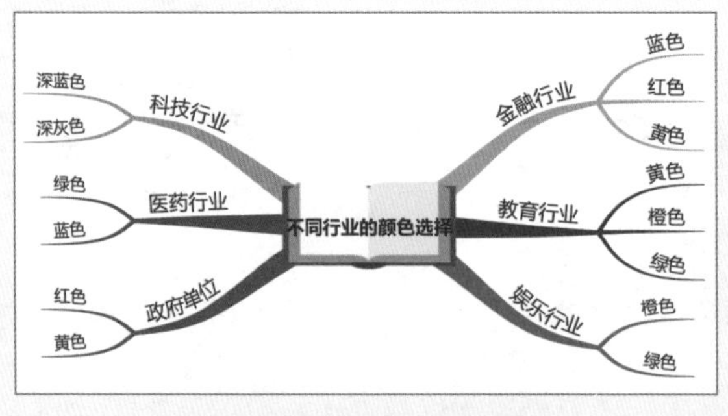

图 3-14 不同行业的常用代表色

科技行业常给人严谨的印象，通常选择较深的蓝色作为主色，效果如图 3-15 所示；而娱乐行业则常选择较为活泼鲜艳的颜色，效果如图 3-16 所示。

互联网用户增长量
增长量（亿人）
0.6
1.2
1.3
1.5
1.9
2.4
2016年
2017年
2018年
2019年
2020年
2021年

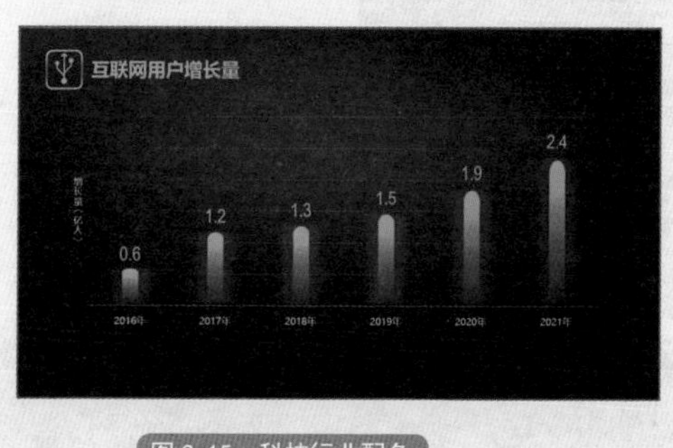

图 3-15　科技行业配色

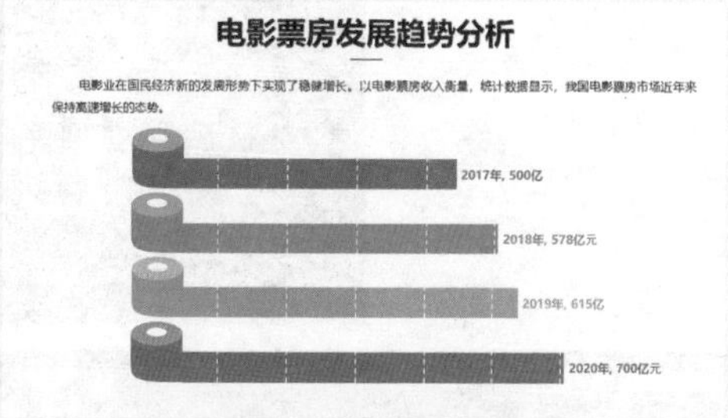

电影票房发展趋势分析
电影业在国民经济新的发展形势下实现了稳健增长。以电影票房收入衡量，统计数据显示，我国电影票房市场近年来保持高速增长的态势。
2017年，500亿
2018年，578亿元
2019年，615亿
2020年，700亿元

图 3-16　娱乐行业配色

3. 借助配色工具确定配色

对于缺乏设计经验的人来说，搭配颜色是一件头疼的事。建议借助专业工具来搭配出和谐的颜色。通过企业 VI 系统和行业用色，可能无法搭配出和谐的颜色，但至少能确定一种主要颜色，然后可以将主要颜色放到配色工具中，让配色工具来决定搭配什么颜色最和谐。

网络中有很多在线配色网站，其中 Color Scheme Designer 工具可以通过配色原理快速搭配出满足不同需求的配色，并且提供配色方案的网页演示，方便分析配色效果。

如图 3-17 所示，在 Color Scheme Designer 网站中，可选择不同的配色方式，有单色搭配、互补色搭配等。其中互补色搭配的方式中，颜色的对比最为强烈，而单色搭配和类似色搭配的方式中，色调都比较相似，整体配色和谐统一。选择好配色方式后，可选择查看高明度和低明度的网页演示，以便进一步判断这种颜色应用到 PPT 设计中的效果。

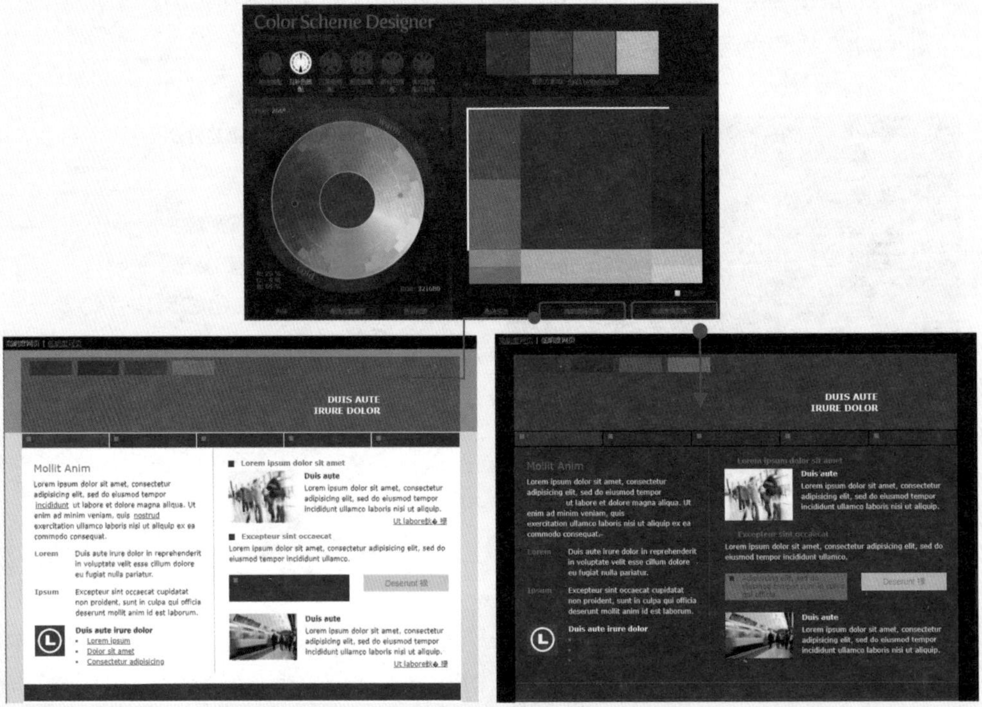

图 3-17　通过 Color Scheme Designer 配色

除了使用在线配色工具外，还可以直接使用某些网站中提供的现成的配色，如 Color Hunt 网站中提供了定时更新的配色方案。在 Color Hunt 网站中，将鼠标指针放到颜色上，会显示颜色参数，并且配色方案左下角会显示这种配色方案的受欢迎程度，如图 3-18 所示。

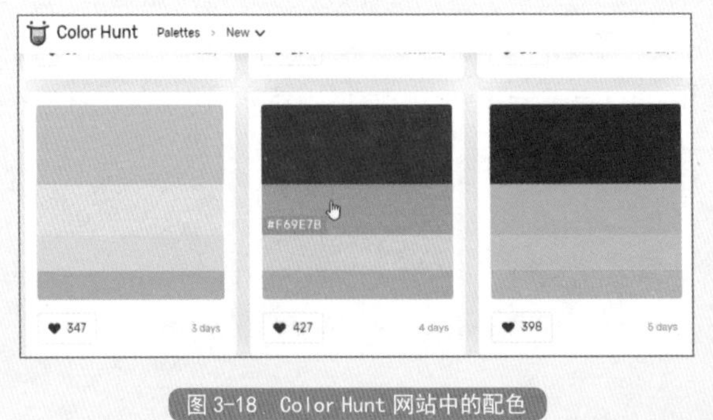

图 3-18　Color Hunt 网站中的配色

技术揭秘 3-1：设计个性化配色方案，一键改变 PPT 颜色

为 PPT 设计配色是一项系统性的工作，应该在动手设计具体页面前规划好配色方案，并进行设置，以方便后期快速选用配色或随时调整配色。当配色方案改变后，所有页面应用的配色方案也会随之改变，这是高效设计数据 PPT 的秘诀。

在【设计】选项卡下的【颜色】菜单中有不同的配色方案，选择不同的方案后，页面中的配色就会发生改变，也可以自定义配色，如图 3-19 所示。

图 3-19　选择配色方案

如图 3-20 所示，PPT 中应用了 Office 自带的配色方案，没有个性化特点，现在需要改变配色，将其变成如图 3-21 所示的配色效果。

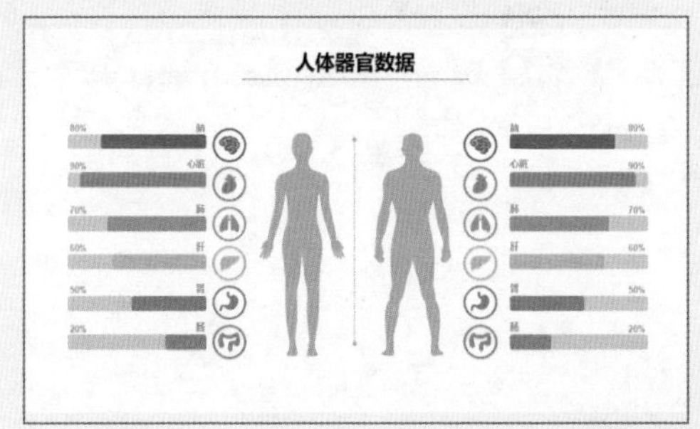

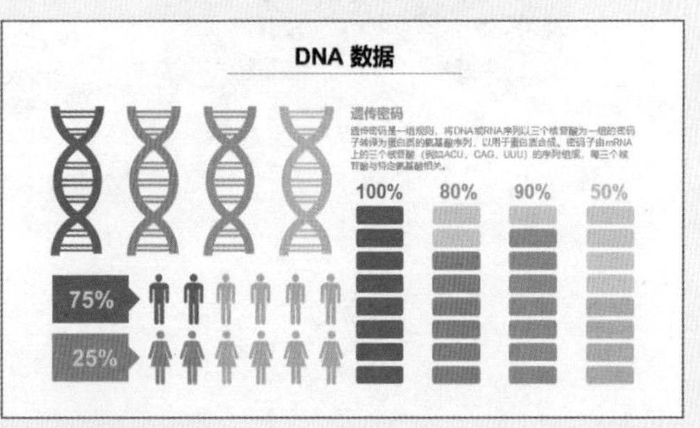

图 3-20　原有配色效果

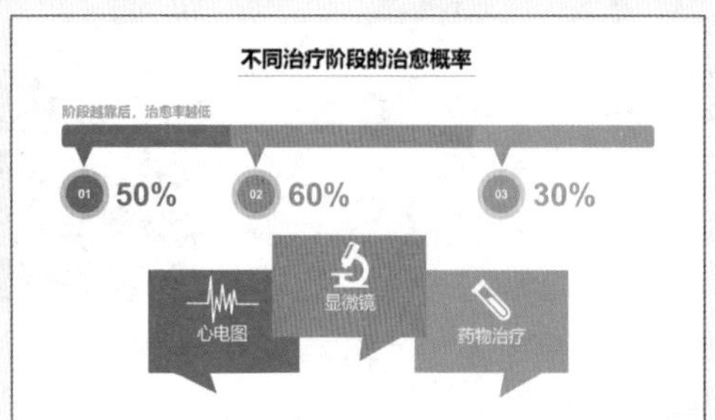

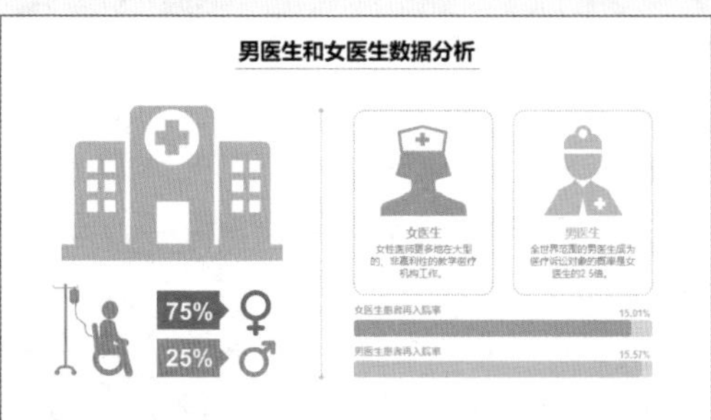

图 3-20（续）

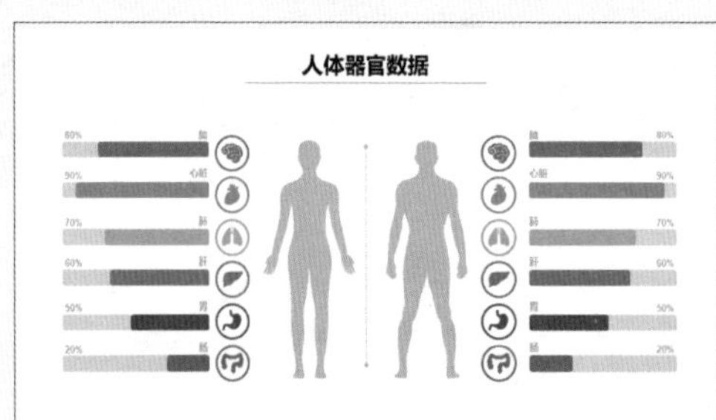

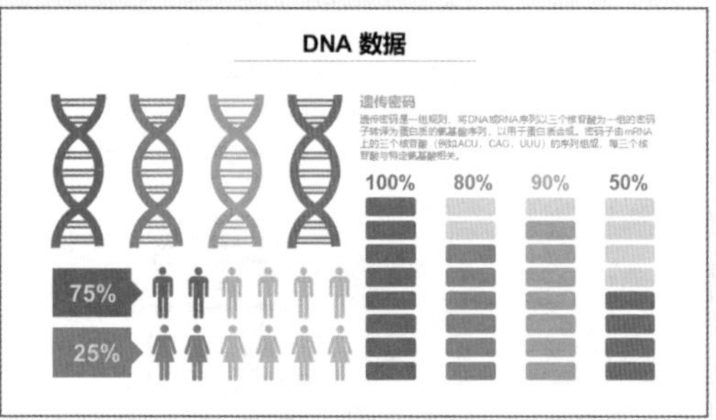

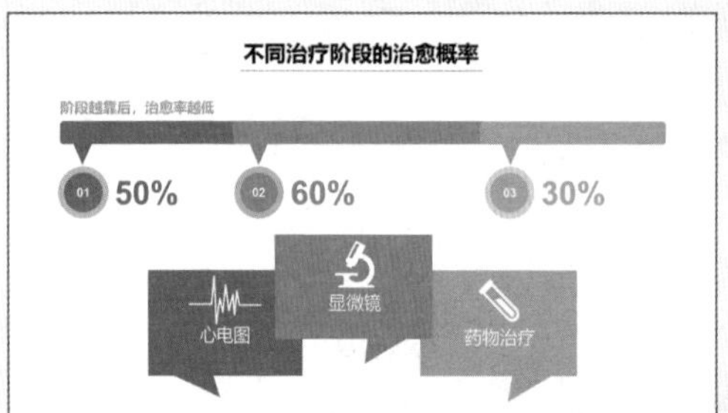

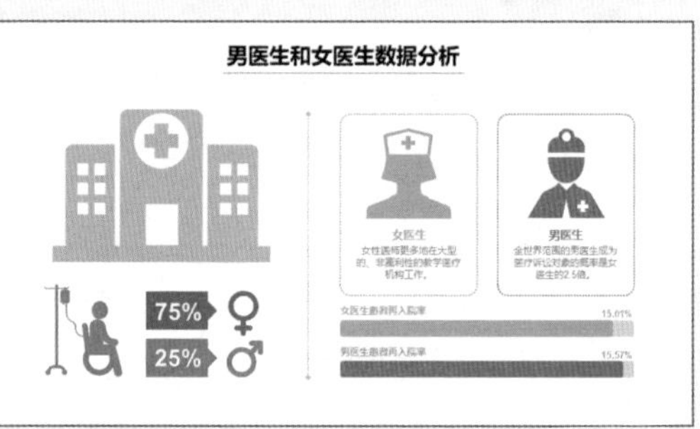

图 3-21　改变后的配色效果

第01步：打开“素材文件\原始文件\第3章\配色.pptx”文件，在第1张PPT中已经有了配色方案中颜色的RGB参数。❶选择【设计】选项卡下的【颜色】选项；❷选择【自定义颜色】选项，如图3-22所示。

第02步：打开【新建主题颜色】对话框。❶在打开的【新建主题颜色】对话框下方新命名一个名称；❷单击【着色1】下拉按钮；❸选择【其他颜色】选项，如图3-23所示。

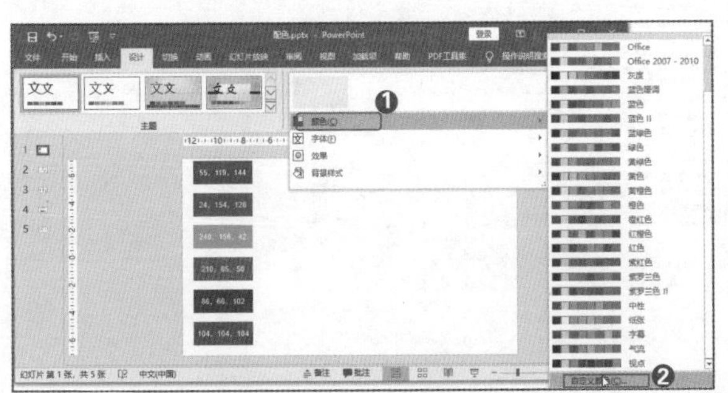

图3-22 自定义配色

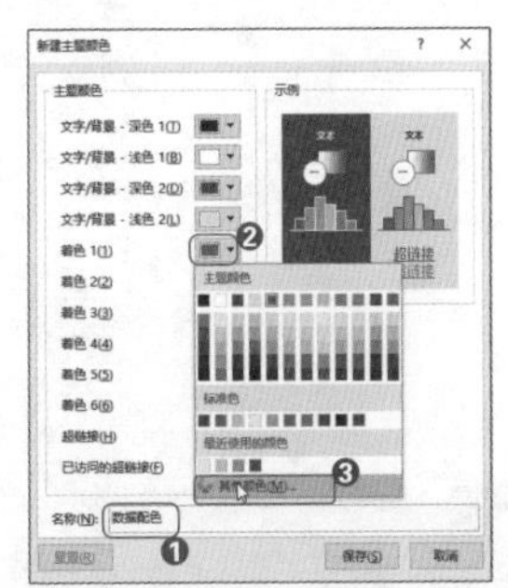

图3-23 打开【新建主题颜色】对话框

第03步：设置颜色参数。❶在【颜色】对话框中设置第一种颜色的RGB参数值；❷单击【确定】按钮，如图3-24所示。

第04步：完成颜色设置。❶用同样的方法完成【着色2】～【着色6】的颜色设置；❷单击【保存】按钮，如图3-25所示。

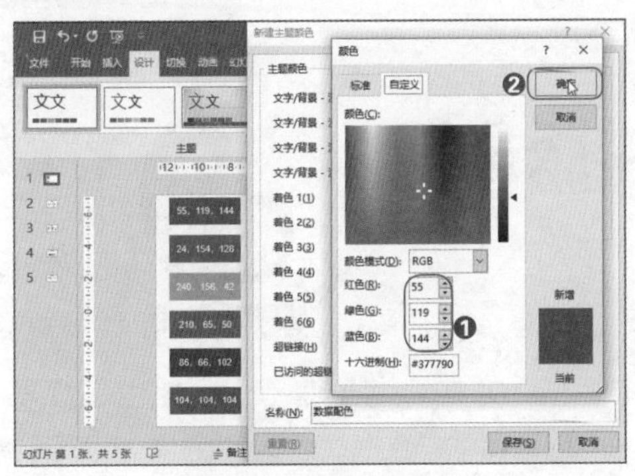

图3-24 设置颜色参数

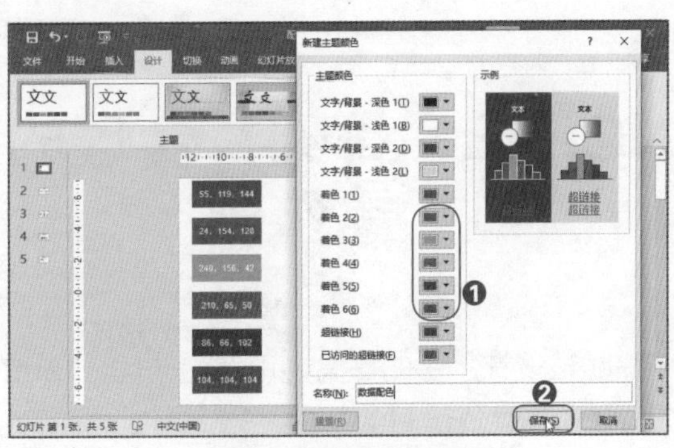

图3-25 完成颜色设置

第05步：应用配色方案。在【颜色】菜单中选择上面步骤中设置好的配色方案，即可让PPT应用该方案，且每个页面的配色都发生了改变，如图3-26所示。

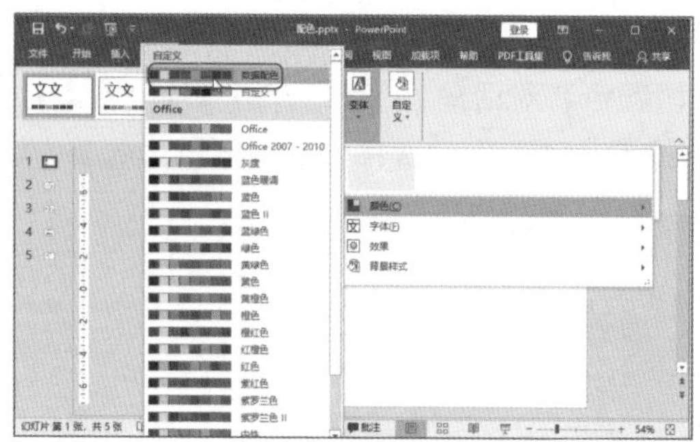

图 3-26　应用配色方案

高效技巧：为什么重新选择配色方案后颜色没有改变?

让 PPT 一键改变配色的方法就是选择或设置【颜色】菜单中的配色方案。但是如果选择配色后，PPT 页面颜色没有发生改变，说明每一页 PPT 的配色都是单独自定义的，即事先没有为 PPT 设置统一的配色。在这种情况下，无法一键改变配色。因此，最好养成事先设置配色的习惯，这样在后面的制作过程中，直接选择配色中的颜色即可。

NO.3.3　骨架：合理的排版呈现高级感

随着设计水平的提高、审美的迭代，PPT 的排版布局方式可谓千变万化。这也是合乎常理的，毕竟每份 PPT 中的数据都是独一无二的，即使是相同的数据，表达的侧重点不同，设计方式、布局方式也可能不同。但是万变不离其宗，从优秀的设计中可以总结出核心原则，这是让数据在 PPT 中高级呈现的“公式”。

重点速记：排版有高级感的三个思路

❶ 通过减少文字、设置段落间距、增加空白的方式来恰当留白。

❷ 让页面内容在边界上对齐、各内容的间距均等。

❸ 让页面保持平衡，左右平衡、上下平衡、倾斜平衡。

1. 留白之美

在设计排版布局时，切忌将内容大量地堆在页面中，使得整个版面被信息充斥，给人负担和压力。优秀的设计会在幻灯片中有留白，做到留白可以从三个方面来进行，如图 3-27 所示。

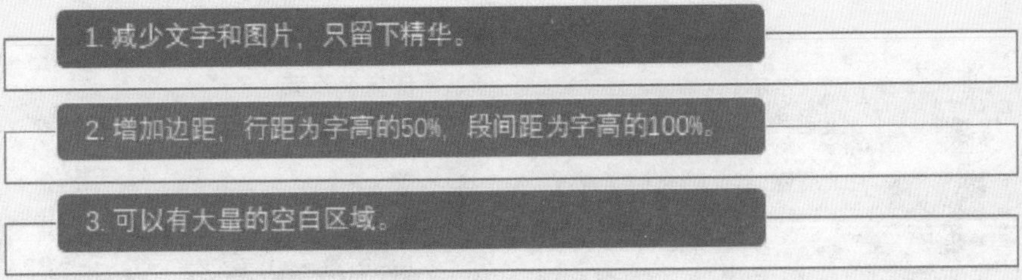

1. 减少文字和图片，只留下精华。

2. 增加边距，行距为字高的50%，段间距为字高的100%。

3. 可以有大量的空白区域。

图 3-27　留白的思路

对文字进行提炼，减少文字或图片，都是留白的基本做法。当页面中的内容足够精简后，在排版时注意让元素之间有距离，甚至可以有大面积空白。这里的空白不仅仅是指白色区域，也可以是其他颜色或有背景图片的区域。

如图 3-28 所示，页面中的文字较少，且文字的行与行之间、段与段之间均有恰当的间距。图 3-29 所示的背景虽然不是白色，但四周没有文字的区域也是留白的艺术呈现。页面中的文字内容极少，视线反而容易聚焦，从而让观众更容易抓住重点信息。

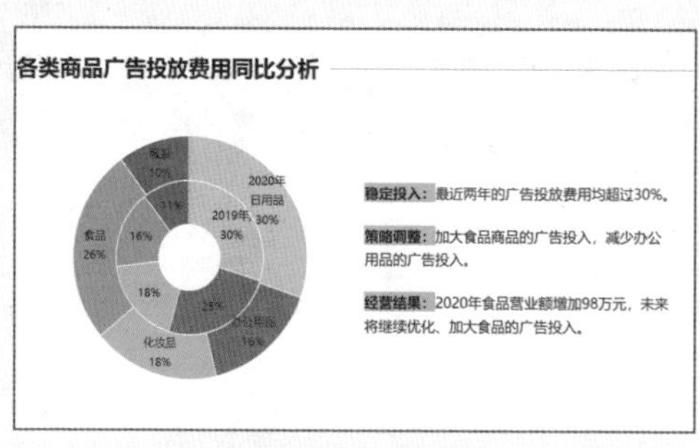

图 3-28　布局留白（1）

iPhone11 64GB

¥5499

调节白平衡 | 支持轻点或抬起唤醒 | 关联菜单 | 快捷指令 | 支持杜比全景声

图 3-29　布局留白（2）

文字的间距指的是文字与文本框或形状四周的距离。如图 3-30 所示，无论是标题还是下方的文字描述，文字与形状四周的距离太近，看起来拥挤，容易产生压迫感。增加形状尺寸、调整间距后的效果如图 3-31 所示，可以看出留白让排版布局变得轻松舒适。

图 3-30　间距较小

图 3-31　间距恰当

间距除了与文本框或形状本身的大小，以及文字大小有关外，还与间距参数的设置有关。间距的设置方法是，选中文本框或形状，右击，选择【设置形状格式】选项，打开如图 3-32 所示的【设置形状格式】窗格，在【文本选项】选项卡中设置左、右、上、下边距的参数值。

在不熟悉 PowerPoint 操作的情况下，很多人会手动在字与字之间、段与段之间敲下空格，通过空格让文字有距离。这种做法不仅效率低，后期还难以调整。正确的做法是，选中文本框，单击【段落】右下角的对话框启动器按钮，打开如图 3-33 所示的【段落】对话框，通过设置间距参数来实现文字或段落之间的留白。

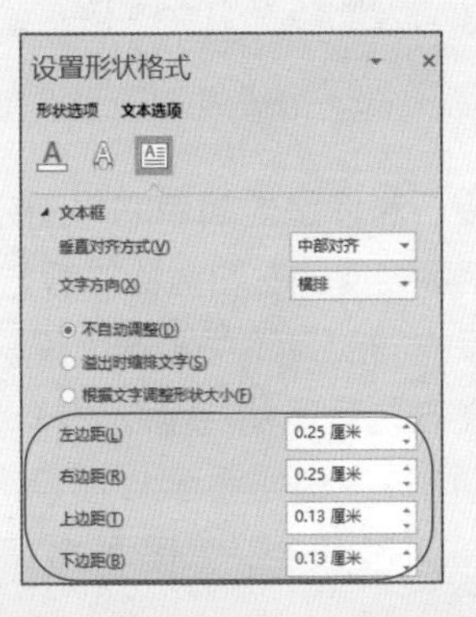

图 3-32 设置文字与文本框 / 形状的边距

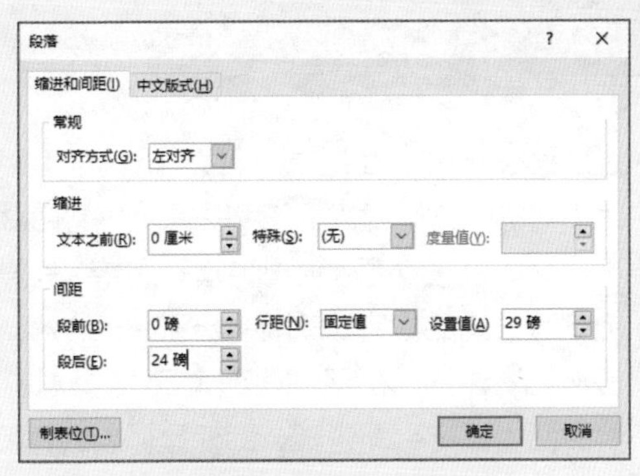

图 3-33 设置段落文字的间距

· 2. 对齐之美 ·

整齐是布局的基础，只要让页面中的内容做到边界对齐、等距均匀，就能在视觉上做到有序合理。这里需要强调的是，对齐包含了边界对齐和间距相等两个层面的概念。

可以借助 PowerPoint 中的红色参考线来判断内容是否对齐，如图 **3-34** 所示，上方的线表示这三个图形顶端对齐，下方带箭头的线表示三个图形之间的间距相等。

调整内容的对齐，最好不要手动调整，而是先选择需要对齐的内容，然后在【对齐】菜单中选择需要的对齐方式，如图 **3-35** 所示。其中【横向分布】和【纵向分布】的作用是让内容在水平方向和垂直方向的间距相等。

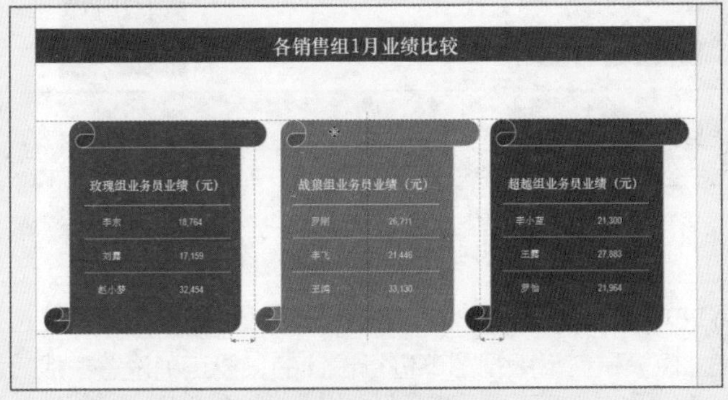

图 3-34 页面元素对齐

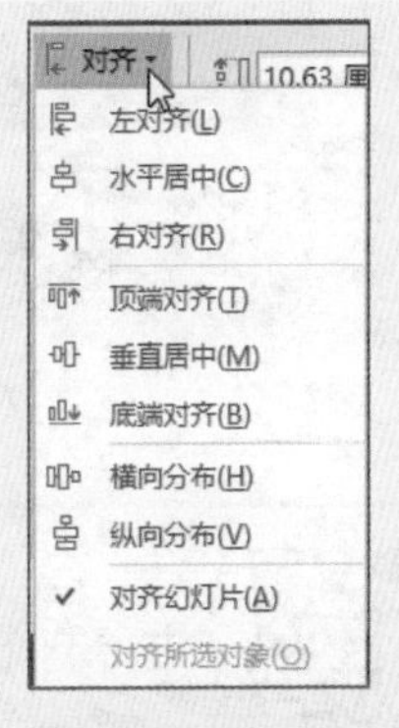

图 3-35 对齐功能

· 3. 平衡之美 ·

平衡是版面设计的内在逻辑，可以不让页面视觉失调。对称是最简单的平衡方法，左右对称、上下对称，均能让版面不失去重心。图 3-36 所示是经典的左右对称排版方式。

如果不想让版面设计显得中规中矩，希望在避免呆板的同时又不失平衡，设计原则是让左右、上下等方向的内容比例相当。如图 3-37 所示，左右内容虽然完全不一样，但是左边的文字区域和右边的图形区域面积大致相当。其平衡的内在逻辑如图 3-38 所示。同样的道理，只要页面中保持平衡逻辑，即使是倾斜式排版，也能不失重心，如图 3-39 所示。

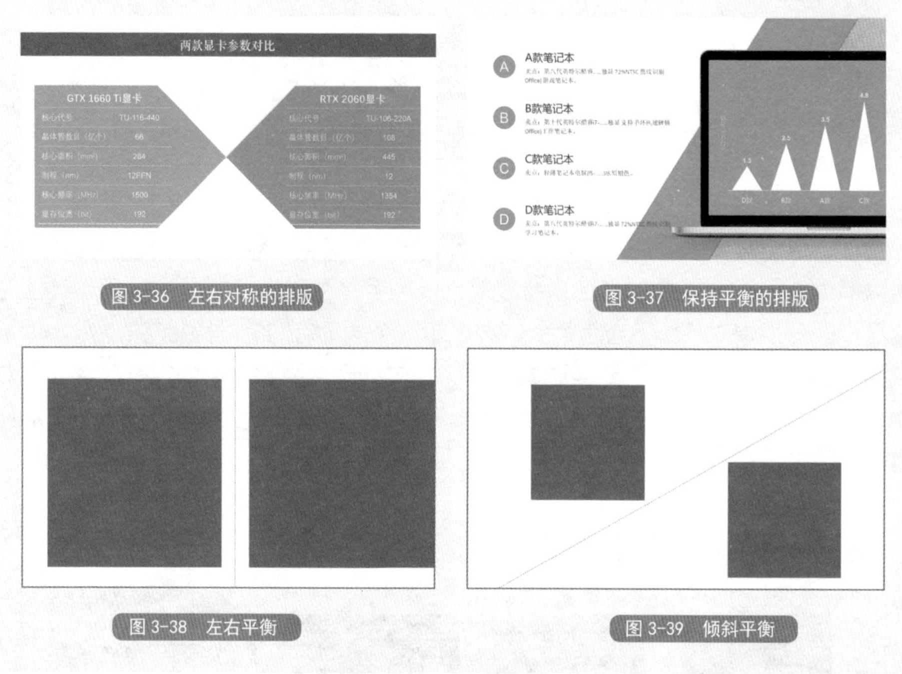

图 3-36 左右对称的排版

图 3-37 保持平衡的排版

图 3-38 左右平衡

图 3-39 倾斜平衡

技术揭秘 3-2：为数据设计量身定制的模板

为了提高 PPT 制作效率，可以事先设计好模板，在需要时直接选择模板进行制作即可。模板是在母版视图下进行设计的，要正确设置模板，就需要理解什么是母版。

如图 3-40 所示，在 PowerPoint 中插入新的幻灯片时，可以选择不同的幻灯片布局，有标题幻灯片、标题和内容等布局。不同的布局中有不同的元素，例如标题和内容布局中，可以快速输入标题文字以及选择插入图表、表格等不同的内容。

这些不同的幻灯片布局是由【幻灯片母版】视图下的母版和版式决定的。如图 3-41 所示，一张母版下面有多张版式，每张版式中都可以有不同的布局设计。母版和版式的区别是，在母版中增加的内容会在所有版式中增加，所以如果想批量在每页幻灯片中添加 LOGO 等元素，只需要添加在母版中即可。每张版式则是单独存在的，在版式中的设计不会影响到母版或其他版式。

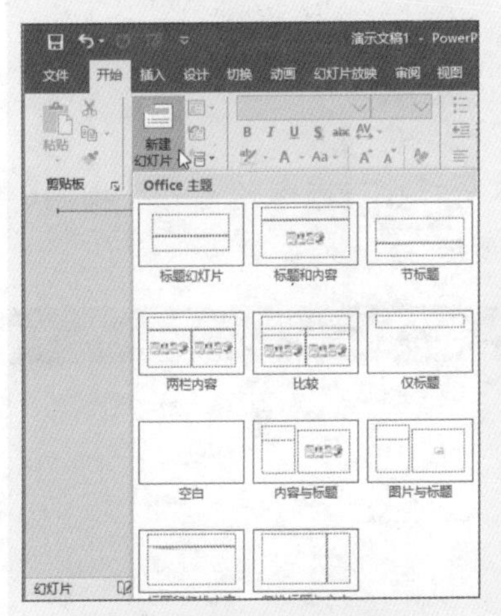

图 3-40 选择版式新建幻灯片

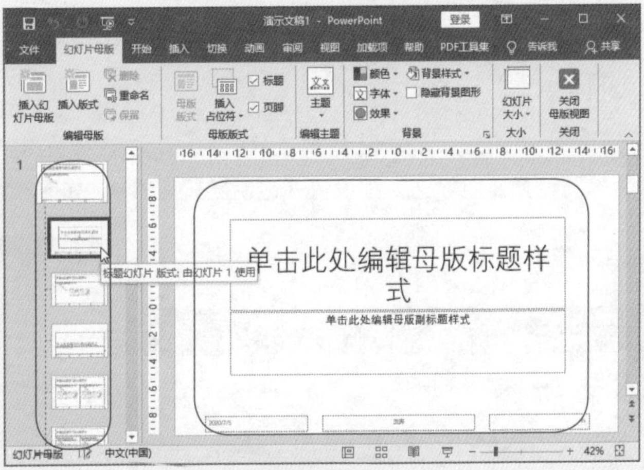

图 3-41 母版和版式

理解了母版和版式的含义后，接下来需要做的是设计一份简单的数据 PPT 模板。只需要设计标题页版式和内容页版式即可。其中这份 PPT 需要在多张页面的左边插入图表，因此需要再设计一张左边带有图表的版式。

第01步： 进入母版视图。启动PowerPoint软件，新建文件。单击【视图】选项卡下的【幻灯片母版】按钮，如图3-42所示。

第02步： 删除布局元素。❶选择第1张版式；❷按【Ctrl+A】快捷键选中所有布局，再按【Delete】键将其全部删除，如图3-43所示。

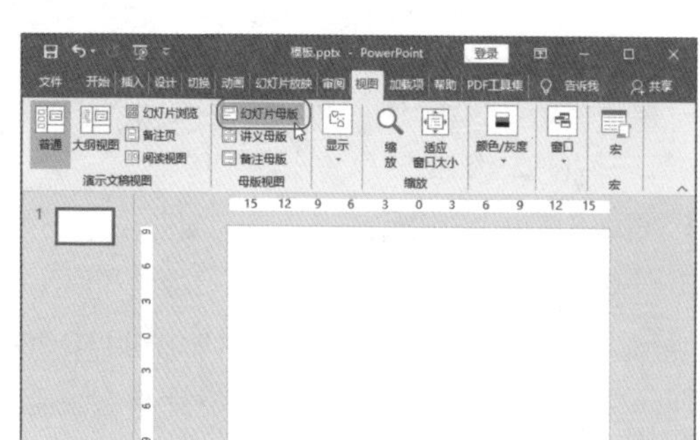

图 3-42 进入母版视图

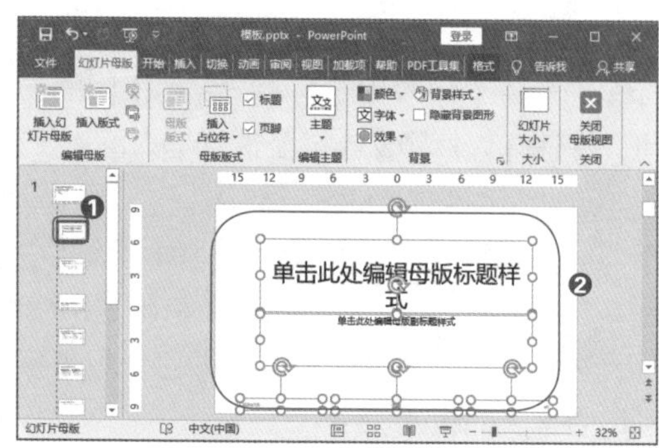

图 3-43 删除布局元素

第03步： 选择形状。❶单击【插入】选项卡下的【形状】按钮；❷选择【椭圆】形状，如图3-44所示。

第04步： 绘制形状并设置填充色。❶按住鼠标左键不放，在页面中绘制一个椭圆；❷为椭圆设置蓝色填充，并设置【透明度】为58%，如图3-45所示。

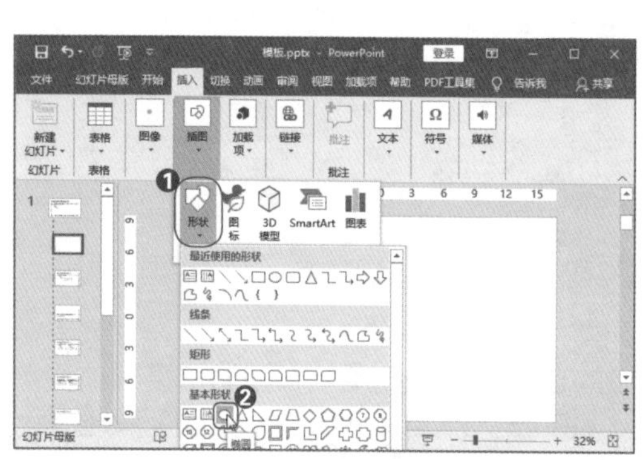

图 3-44 选择形状

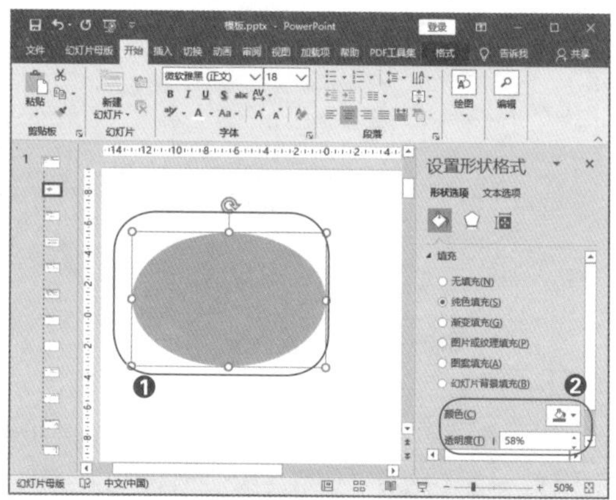

图 3-45 绘制形状并设置填充色

第05步： 复制形状并调整位置。选中前面步骤制作好的椭圆，连续按三次【Ctrl+D】快捷键进行复制，并调整椭圆之间的位置，如图3-46所示。

第06步： 复制并组合形状。选中四个椭圆，按【Ctrl+D】快捷键进行复制，再选中复制后的四个椭圆，右击，在快捷菜单中依次选择【组合】→【组合】选项，如图3-47所示。

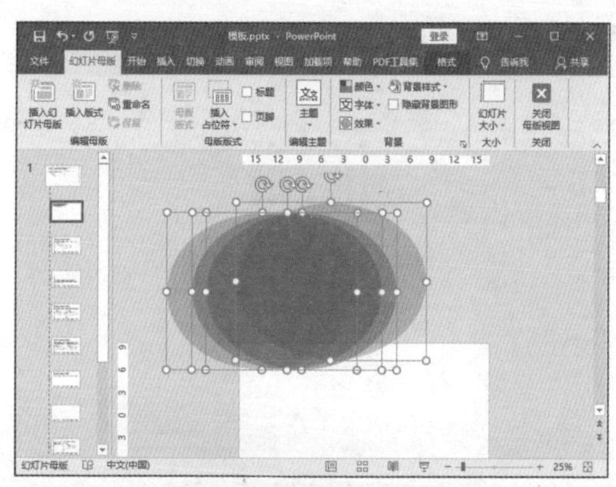

图 3-46 复制形状并调整位置

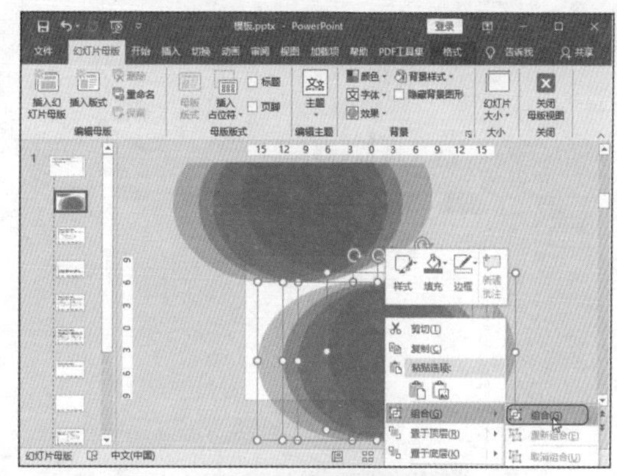

图 3-47 复制并组合形状

第07步： 调整形状位置。将组合后的形状移动到页面右下角，并按住旋转按钮，旋转形状，如图3-48所示。此时便完成了标题页版式的设计。

第08步： 绘制形状。❶选择第2张版式；❷在页面左上角绘制【矩形：剪去单角】形状，如图3-49所示。

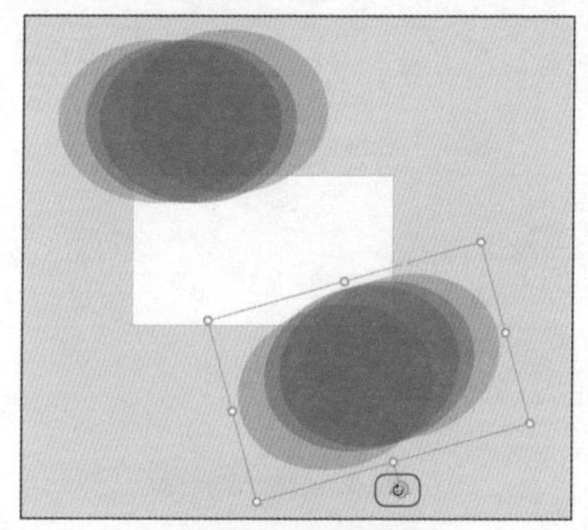

图 3-48 调整形状位置

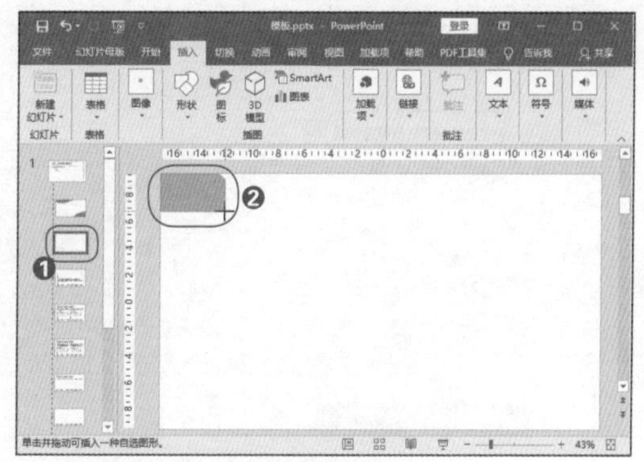

图 3-49 绘制形状

第09步： 设置形状颜色。❶单击【形状填充】按钮；❷选择【青绿】填充色，如图3-50所示。

第10步： 绘制并设置横线格式。在页面上方绘制一条横线，❶设置横线轮廓颜色为【白色，背景1，深色35%】；❷选择线的粗细为【3磅】，如图3-51所示。

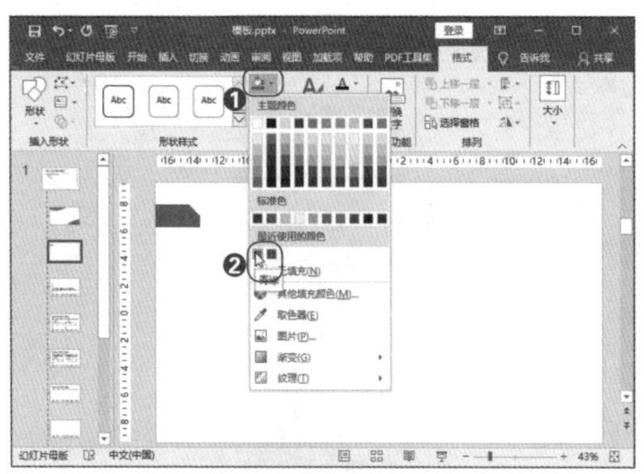

图 3-50　设置形状颜色

图 3-51　绘制并设置横线格式

第11步： 添加标题。❶勾选【标题】复选框；❷移动标题到恰当的位置，并设置标题的字号为32号，微软雅黑，加粗格式，如图3-52所示。此时便完成了第2张版式设计。

第12步： 复制版式。选中完成设计的版式，右击，选择【复制版式】选项，如图3-53所示。

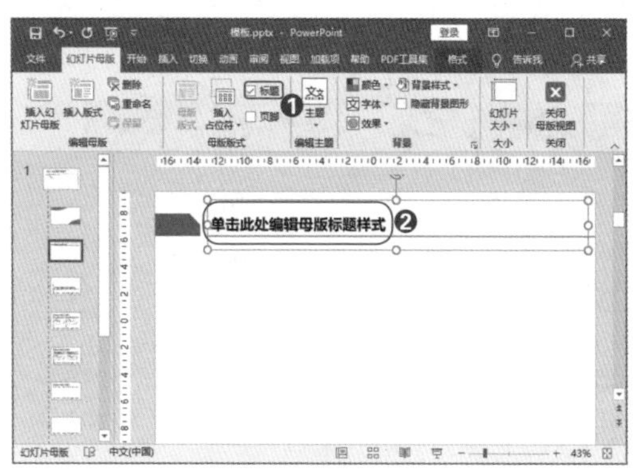

图 3-52　添加标题

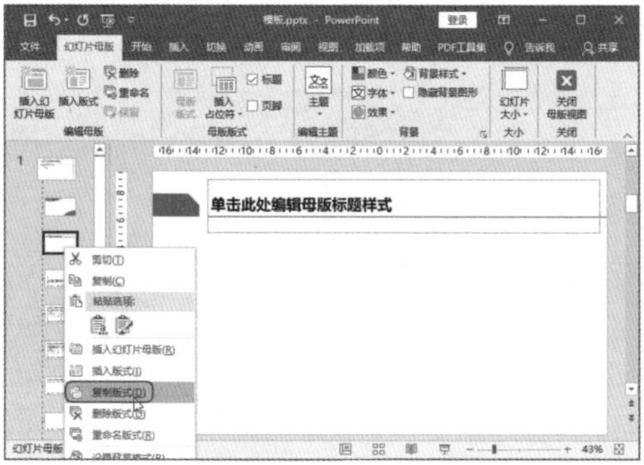

图 3-53　复制版式

第13步： 选择图表占位符。❶单击【插入占位符】按钮；❷选择【图表】占位符，如图3-54所示。

第14步： 绘制图表占位符。❶按住鼠标左键不放，在页面左边绘制图表占位符；❷此时完成了图表版式设计，单击【关闭母版视图】按钮，退出母版视图，如图3-55所示。

图 3-54　选择图表占位符

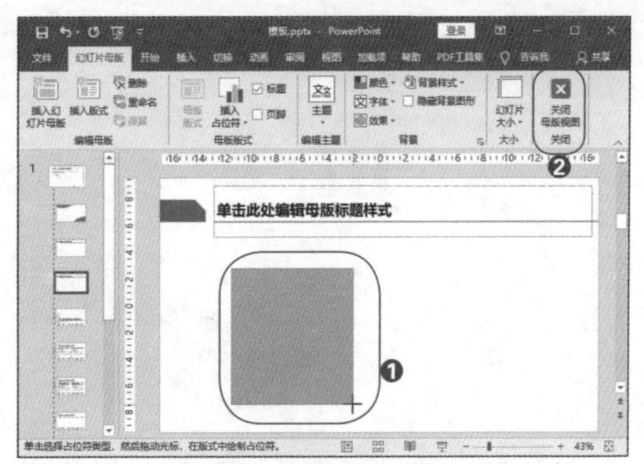

图 3-55　绘制图表占位符

第15步： 新建幻灯片。❶在普通视图下单击【新建幻灯片】按钮，此时出现前面步骤中设计好的三张版式；❷单击【标题幻灯片】就能插入一张为标题页设计的版式，如图3-56所示。

第16步： 利用占位符插入图表。❶新建一页图表版式；❷页面左边有图表占位符，单击占位符就能快速插入图表，如图3-57所示。

图 3-56　新建幻灯片

图 3-57　利用占位符插入图表

利用版式的好处是，相同的内容不用重复设计。例如，选择插入标题版式，再输入标题文字就可以完成标题页制作，如图 3-58 所示。插入图表版式，可以快速完成如图 3-59 所示的图表幻灯片设计。

图 3-58　标题版式制作的幻灯片

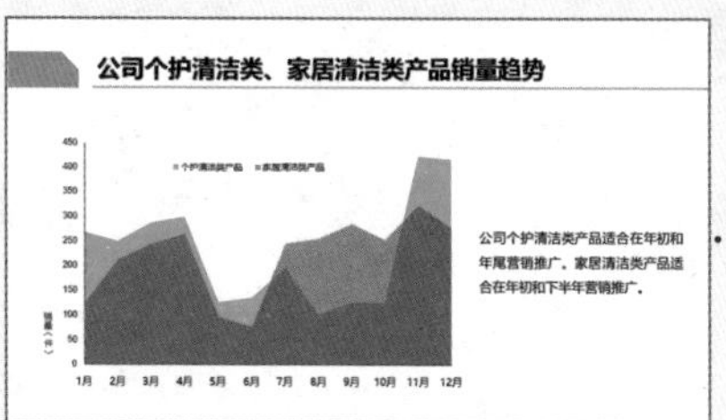

图 3-59　图表版式制作的幻灯片

高效技巧：如何高效套用网上下载的模板？

每张数据 PPT 都是独一无二的，因此在幻灯片中展示数据时，会发现模板的作用比较小，很多模板都无法满足需求。但这并不代表模板没有用。借鉴优秀模板的版式设计的具体方法是：将模板中的版式复制到自己的母版和版式中，在设计 PPT 时，直接套用版式设计即可。

NO.3.4　内核：不同数据的最佳呈现方式

如果说内容结构是 PPT 的灵魂，版式设计是 PPT 的骨架，那么数据的具体表现形式就是 PPT 的内核。版式设计得再漂亮也只是表象，唯有能正确呈现数据，才能打动人、说服人。将数据放到 PPT 中，无非就是三种呈现方式：图表、表格、数字。正确选择并设计数据的呈现方式是设计出精彩数据 PPT 的关键所在。

重点速记：图表、表格、数字的选择

1. 图表不体现详细数据，但是能直观呈现数据特征，且美观有逻辑。
2. 表格能精确体现详细数据，但需要在设计上下功夫。
3. 数字在页面中的字号尽可能放大，且需要理清数字间的逻辑后再进行排版。

· 1. 首先，考虑能否用图表 ·

文不如图，图不如表，与图片、图形相比，图表更具逻辑性，能够将关系复杂的数据直观地呈现出来。图表既能客观地呈现数据，又能将数据的内在特征表达出来。关于图表的选择和具体设计方法请参阅本书第 6 章。

在大多数情况下，Excel 中的数据是可以直接或者经过简单计算、提炼后将其作为图表的原始数据。如图 3-60 ～图 3-62 所示，表格中的数据制作成 PPT 中的图表后，数据更加形象、更美观。

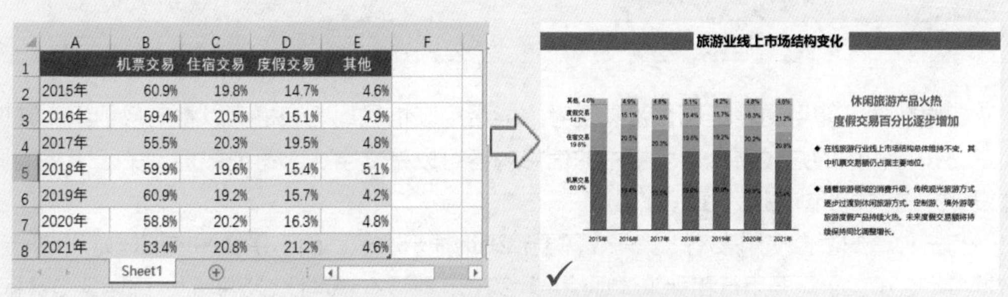

	机票交易	住宿交易	度假交易	其他
2015年	60.9%	19.8%	14.7%	4.6%
2016年	59.4%	20.5%	15.1%	4.9%
2017年	55.5%	20.3%	19.5%	4.8%
2018年	59.9%	19.6%	15.4%	5.1%
2019年	60.9%	19.2%	15.7%	4.2%
2020年	58.8%	20.2%	16.3%	4.8%
2021年	53.4%	20.8%	21.2%	4.6%

图 3-60　将 Excel 中的数据做成百分比堆积柱形图

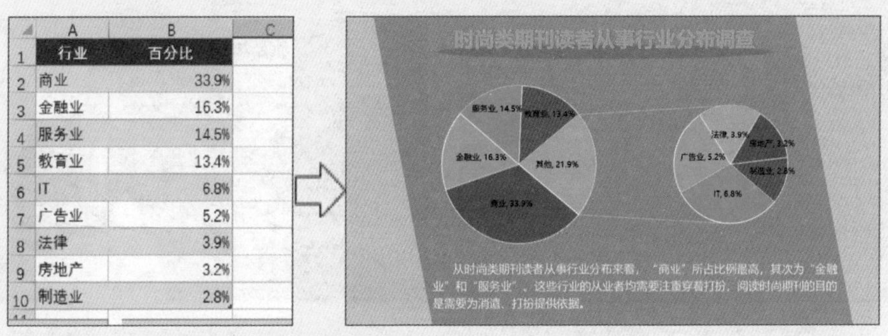

行业	百分比
商业	33.9%
金融业	16.3%
服务业	14.5%
教育业	13.4%
IT	6.8%
广告业	5.2%
法律	3.9%
房地产	3.2%
制造业	2.8%

图 3-61　将 Excel 中的数据做成子母饼图

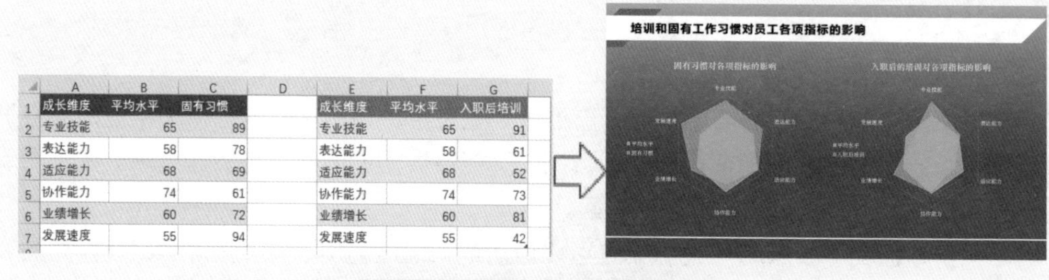

	A	B	C	D	E	F	G
1	成长维度	平均水平	固有习惯		成长维度	平均水平	入职后培训
2	专业技能	65	89		专业技能	65	91
3	表达能力	58	78		表达能力	58	61
4	适应能力	68	69		适应能力	68	52
5	协作能力	74	61		协作能力	74	73
6	业绩增长	60	72		业绩增长	60	81
7	发展速度	55	94		发展速度	55	42

图 3-62　将 Excel 中的数据做成雷达图

2. 其次，考虑能否用表格

如果数据不能用图表呈现，就需要考虑能否用表格呈现。表格可以将信息组织、整理起来，按行和列的方式展示。表格中的信息内容可以是文字、字符或数值。关于表格的具体设计方法请参阅本书第 5 章。

有三种情况适合使用表格：第一，需要精确地显示数值，而不是像图表那样直观地展示数据特征；第二，需要用行和列来体现信息；第三，需要在精准比较数据时，强调重点数据。

Excel 表格和 PPT 中的表格虽然都是表格，但是 PPT 表格可以具有更多的设计形式，也应更具美感。图 3-63~ 图 3-66 所示是 PPT 中的表格展示效果。

体育服务业
保持良好发展势头

从体育产业结构看，体育服务业保持良好发展势头，增加值为4096亿元。

分类名称	总产出（亿元）	增加值（亿元）
体育管理活动	747	390
体育竞赛表演活动	292	103
体育健身休闲活动	1,028	477
体育场地和设施管理	2,632	855
体育教育与培训	1,722	1,425
体育传媒与信息服务	500	230
其他体育服务	1,377	616

图 3-63　PPT 中的表格（1）

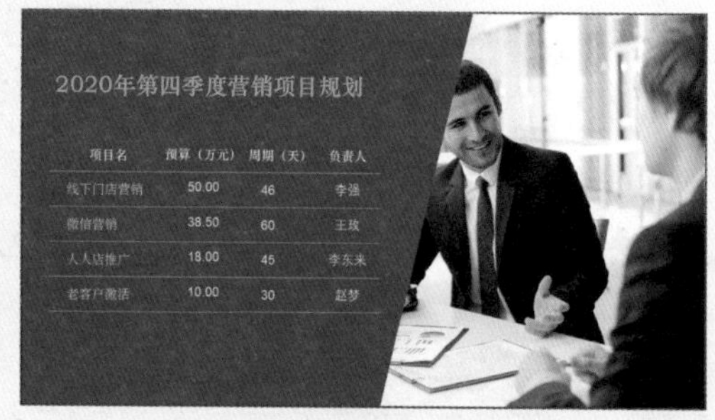

图 3-64　PPT 中的表格（2）

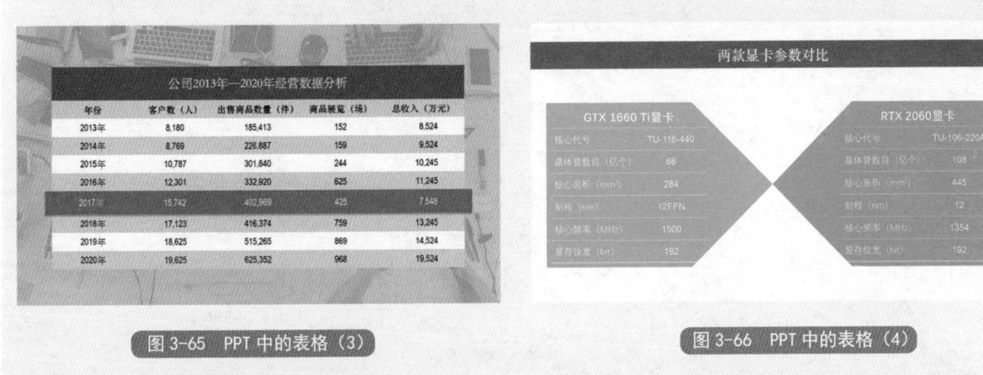

公司2013年—2020年经营数据分析				
年份	客户数（人）	出售商品数量（件）	商品展览（场）	总收入（万元）
2013年	8,180	185,413	152	8,524
2014年	8,769	226,887	159	9,524
2015年	10,787	301,840	244	10,245
2016年	12,301	332,920	625	11,245
2017年	15,742	402,969	425	7,548
2018年	17,123	416,374	759	13,245
2019年	18,625	515,265	869	14,524
2020年	19,625	625,352	968	19,524

图 3-65　PPT 中的表格（3）

两款显卡参数对比

GTX 1660 Ti显卡	
核心代号	TU-116-440
晶体管数目（亿个）	66
核心面积（mm²）	284
制程（nm）	12FFN
核心频率（MHz）	1500
显存位宽（bit）	192

RTX 2060显卡	
核心代号	TU-106-220A
晶体管数目（亿个）	108
核心面积（mm²）	445
制程（nm）	12
核心频率（MHz）	1354
显存位宽（bit）	192

图 3-66　PPT 中的表格（4）

3. 最后，用数字呈现数据

有时候既不需要将 Excel 中的数据做成图表，将数据整体特征呈现出来，也不需要用表格来展示详细的数据，仅需要将表格中的重点数据、关键数据放到 PPT 中，此时就要对数字进行设计。关于数字的设计方法请参阅本书第 4 章。

如果数字较少，就尽可能地将数字放大，让单调的数字也能吸引目光，如图 3-67 所示。如果数字较多，就应在设计前分析数据间的逻辑关系，根据数据的主次来设计排版，让页面既美观又有内涵，如图 3-68 所示。

图 3-67　数字较少的 PPT

图 3-68　数字较多的 PPT

第 3 篇
实战技术篇

第 4 章

让枯燥的数字成为页面焦点

与文字相比，数字更具辨识度，更容易让人识别、记住。但是当数字不能用图表或表格体现时，数字在 PPT 中就显得有点“令人讨厌”。文本框中的数字既不美观又不出彩。如何让枯燥的数字变得生动美观，又能让观众快速明白数字的含义呢？

优秀的数字设计在 PPT 中犹如点睛之笔。在设计之前，需要根据 Excel 表格对数据进行提炼，然后根据数据的内在逻辑进行排版设计。只要掌握 5 种左右的设计方法，再加上排版技巧，就能制作出精彩的数据 PPT。

通过本章你将学会

- ☞ 如何找到 Excel 数据间的关系
- ☞ 如何将简单的数字设计出高级感
- ☞ 如何通过 PowerPoint 自带功能设计数字
- ☞ 如何整齐排版数字
- ☞ 如何使用 SmartArt 图形快速排版数字
- ☞ 如何突出强调数字

本章部分案例展示

50万+用户享受星空音箱带来的美妙

500000

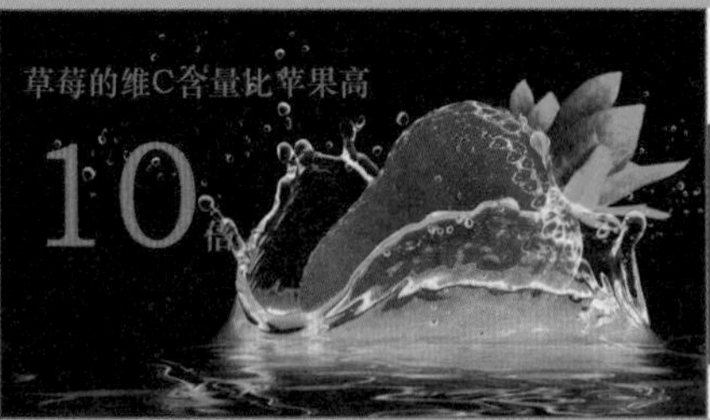

中国大数据智能行业市场规模和结构

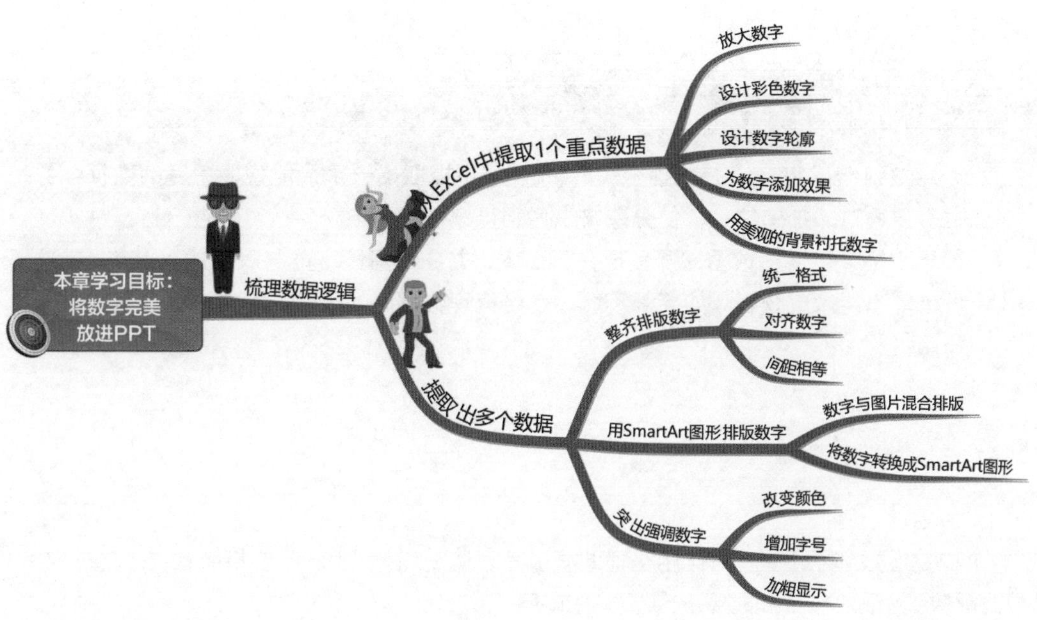
本章学习目标：
将数字完美
放进PPT
梳理数据逻辑
从Excel中提取1个重点数据
放大数字
设计彩色数字
设计数字轮廓
为数字添加效果
用美观的背景衬托数字
提取出多个数据
整齐排版数字
统一格式
对齐数字
间距相等
用SmartArt图形排版数字
数字与图片混合排版
将数字转换成SmartArt图形
突出强调数字
改变颜色
增加字号
加粗显示

NO.4.1 学会梳理数据逻辑

Excel 表格中记录的数据不止一项，要想合理地将数据放到 PPT 中，需要思考数据间的逻辑，首先应该找出最能体现 PPT 主题的关键数据，以便设计页面的视觉焦点；然后分析数据间的逻辑关系，以便选择恰当的数据体现形式，从而将页面排版设计得既有内涵又美观。

重点速记：梳理 Excel 数据的两个要点

1. 尽量做到一页 PPT 一个主题，从 Excel 表格中提取出一个最能说明主题的数据。数据需要通过添加单位、千位分隔符来增强可读性。
2. 如果表格中有多项数据需要呈现在页面中，首先考虑能不能将表格放入 PPT，其次考虑能不能做成图表。如果都不能，就要梳理数据间的逻辑关系，根据关系来设计排版。

4.1.1 提取核心数据

PPT 是汇报演示工具，其作用是辅助演讲者表达观点。因此，不要将所有要表达的文字、数据都放到页面中，页面中只放最精华的内容。

此时应思考：表格中什么数据最能直接、有力地论证 PPT 主题？一页 PPT 中最好有一个重要观点，方便设计视觉焦点。千万不要贪心，企图将多个重要观点放在一页 PPT 中。

图 4-1 所示是一张表格数据，根据 PPT 主题表达需求，将“56,892 万人”这一核心数据提取出来。

年份	网络用户规模（万人）	网络购物用户规模（万人）	网络购物用户增长人数(万人)	网络购物用户占总用户比例（%）
2018	89,005	48,953	-	55
2019	86,019	53,332	4,379	62
2020	80,130	56,892	3,560	71

PPT的主题是体现当前中国网购用户的数量规模稳步增长的情况，因此最新的网购用户数“56,892万人”是核心数据，表示增长结果。

为了进一步说明网购用户数量的增长状态，可再提取2020年比2019年的网购用户增长人数“3,560万人”及网购用户占总用户比例“71%”。

图 4-1　从表格中提取核心数据

有了核心数据后，将数据放到最显眼的位置处，如页面上方、右上角等，并突出设计，效果如图 4-2 所示。其他数据直接用文字呈现即可。

图 4-2　根据核心数据设计 PPT

如果表格中只有一项数据需要展示，其他数据都可以不用，那么完全可以将数字放得更大，让 PPT 页面中仅呈现一个数据即可，这是现在比较流行的做法。

需要注意的是，页面中核心数据的表现形式需要优化处理，目的是增强可读性、强化数据感受。对于数量级较小的数据，直接呈现数据即可。但是对数量级特别大的数据，如千万、亿等，就需要通过增加单位来简化数据呈现形式，以方便阅读。如图 4-3 所示，PPT 中用的是“6500 万”而非“65 000 000”。图 4-4 所示的 PPT 中用的是“10 亿”，单位“亿”既能说明数量庞大，又比“1 000 000 000”更容易阅读。

图 4-3　小米发布会 PPT

图 4-4　华为发布会 PPT

4.1.2　整理数据间的关系

如果表格中没有核心数据，而是用多项数据或全部数据共同说明一个主题时，首先思考这张表格能否直接放进 PPT。如果确实需要用表格来体现数据间的关系，那么请参照本书第 5 章的做法，将表格完美放进 PPT 中，其次再考虑用图表呈现数据。图表是体现数据的利器，能有条有理地表现数据间的对比关系、组成关系、分布情况等。此时可按照本书第 6 章的方法将表格数据做成精美的 PPT 图表。

当多项数据无法做成图表或没必要做成图表，并且也没必要以表格形式放进 PPT 中时，就需要进一步分析数据间的逻辑关系，根据关系进行排版设计。

数据间较为常见的关系是并列关系。如图 4-5 所示，表格中每位客服人员的具体数据不需要全部展示，只需要展示客服数据的总体概况即可。从该公司的实际情况出发，结合 PPT 主题，计算出总销量、平均好评率、平均换货率和客户平均流失率共 4 项数据，数据间属于并列关系。

对于并列关系的数据，只需要整齐地排列在 PPT 中，并设置相同的字号和设计风格，以及相等的间距即可。效果如图 4-6 所示。

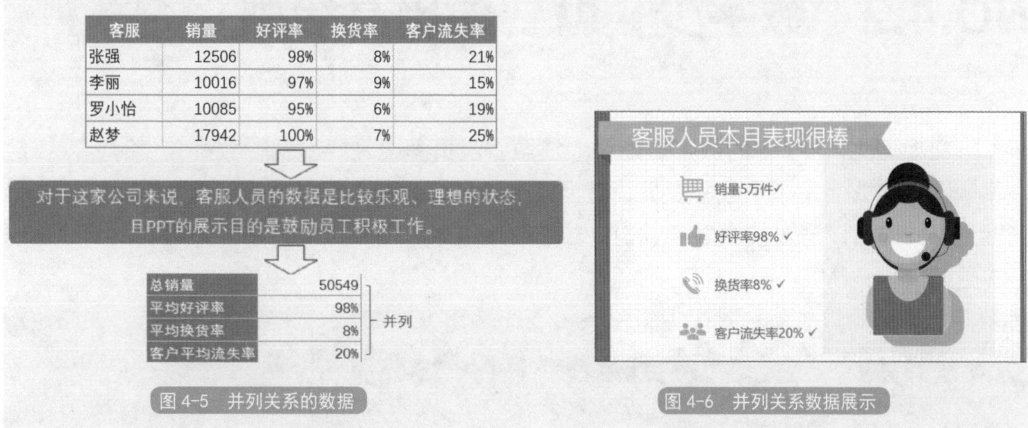

图 4-5　并列关系的数据　　图 4-6　并列关系数据展示

在少数情况下，数据间存在其他关系，如对比、递进等，此时就需要通过设计将数据间的逻辑关系体现出来。如图 4-7 所示，从公司的实际情况出发，提取后的数据中既存在并列关系又存在对比关系。因此，在设计时就不能将总销量、平均好评率、平均换货率和客户平均流失率这 4 项数据用如图 4-5 所示的方法排列。

从整体来看，数据分为两个部分，一部分是优点，一部分是缺点，所以在规划版面时自然可以将页面分为两个区域。为了体现对比关系，还可添加分隔线、箭头等元素。效果如图 4-8 所示。

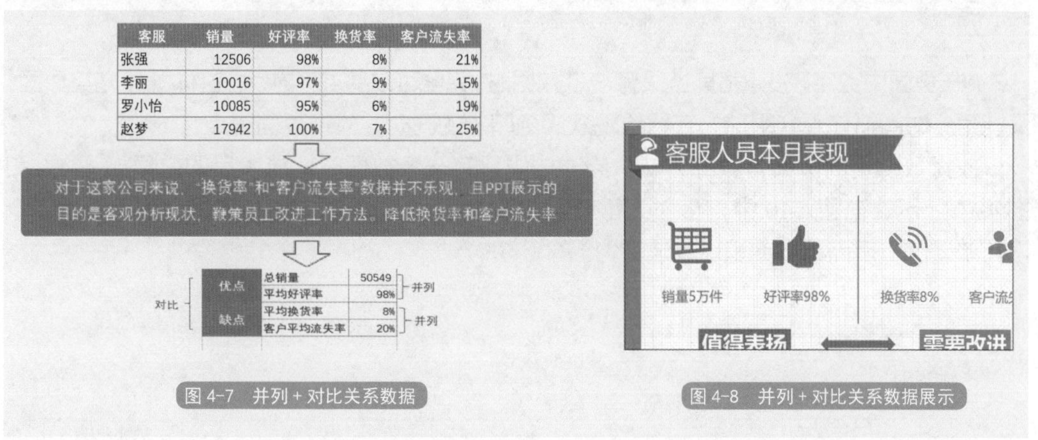

图 4-7　并列 + 对比关系数据　　图 4-8　并列 + 对比关系数据展示

NO.4.2　数字少，就要做出高级感

与文字相比，PPT 中的数字更能引人注意。当页面中需要呈现的数据较少时，视线更能聚焦到数字。但是如果数据太少，甚至只有一个数据时，容易造成页面太空、枯燥无聊的现象。此时可以通过放大数字、设计数字展示效果、使用页面背景等方法让数字的呈现方式更加精彩、高级。

重点速记：让数据高级的三个方法

① 放大页面中数字的字号，并且使用较粗的字体。
② 制作彩色字体，可以通过【合并形状】功能将数字变成形状，再为不同的部分填充颜色，也可以直接使用彩色形状将数字设置为【图片】填充格式。
③ 为数字设置轮廓的颜色、粗细格式，也可以添加效果，常用的效果有阴影、映像、发光、棱台。

• 4.2.1　放大数字，简单好用

PPT 页面中数字较少，尤其当只有一个数据时，完全可以将数字放大，这样既能充实页面，又能第一时间抓住观众眼球，在留给观众深刻印象的同时，体现页面重点。

放大数字是简单又有效的方法。当 PPT 中只有一个数据时，放大后的效果如图 4-9 和图 4-10 所示。在图 4-10 中，整个页面完全是靠“5499”这个数字给填满的，但是页面完全没有单调感，反而重点突出、简洁有力。

图 4-9 放大一个数据（案例一）

图 4-10 放大一个数据（案例二）

当页面中存在两个同样重要的数据时，也可以直接放大，效果如图 4-11 和图 4-12 所示。两个数据的存在虽然不能像一个数据那样放得特别大，但是只要数字被放大，观众的注意力就会被引导到数据上。

图 4-11 放大两个数据（案例一）

图 4-12 放大两个数据（案例二）

在 PPT 中放大数字的方法比较简单，如图 4-13 所示，选中文本框，在【开始】选项卡的【字体】组中设置字号大小即可。

图 4-13 放大数字的方法

• 4.2.2 彩色数字，艺术范儿十足

主题与设计、童趣等内容相关的 PPT，页面效果需要更具设计感、更活泼。单纯地放大数字，页面的表现力会不足，此时不妨将数字做成彩色填充，PPT 将更具视觉冲击力。

对比如图 4-14 和图 4-15 所示的两个案例效果，数字的大小、位置、字体均是相同的，但进行彩色填充后的图片确实更能吸引目光，整体效果也比较出彩。

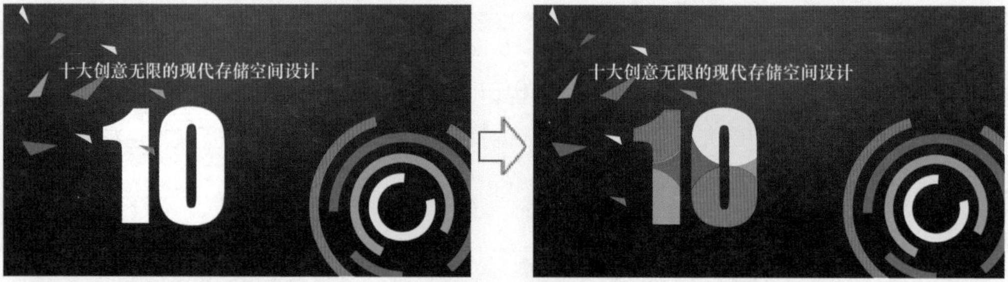

图 4-14 彩色数字案例一

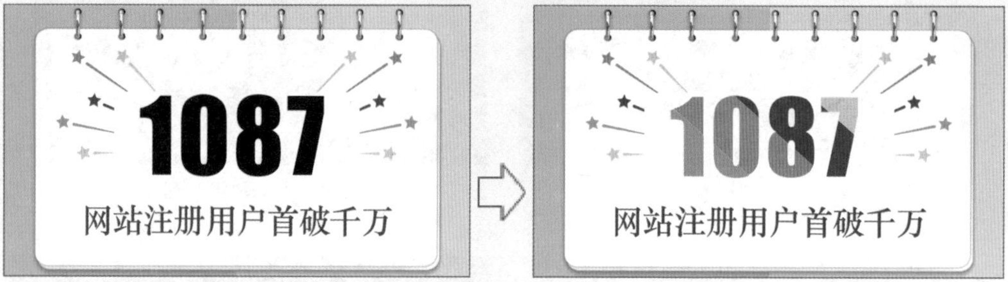

图 4-15 彩色数字案例二

在 PPT 中，输入数字前需要先插入文本框，然后在文本框中输入数字。选中整个文本框，可以设置文本框中所有数字的格式，选中单独的数字则可以设置数字的格式。数字的填充方式有多种，可以填充纯色，也可以填充渐变色、图片或纹理等。用渐变色的方法虽然可以为数字填充不同颜色，却不太灵活。

如果要想快速做出效果美观的彩色数字，可以有两种思路，分别如图 4-16 和图 4-17 所示。

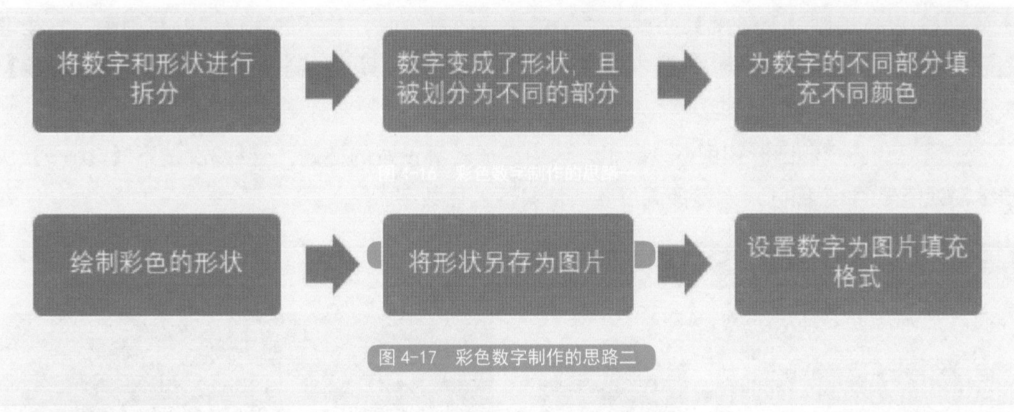

图 4-16 彩色数字制作的思路一

图 4-17 彩色数字制作的思路二

技术揭秘 4-1：两种方法做出吸睛彩色数字

制作彩色数字的两种思路中，第一种是将数字和形状进行拆分后，数字便不再是文字的格式，而是变成了形状格式，所以可以单独设置填充色，但无法修改、增加数字。第二种思路中，数字依然是数字，只不过填充的图片是彩色的，此时可修改数字、添加数字。

第01步： 选择【椭圆】形状。打开“素材文件\原始文件\第4章\彩色数字.pptx”文件。❶选中第1张PPT；❷选择【插入】选项卡下【形状】菜单中的【椭圆】形状，图4-18所示。

第02步： 绘制椭圆。如图4-19所示，按住鼠标左键不放，绘制椭圆。

图 4-18 选择【椭圆】形状

图 4-19 绘制椭圆

第03步： 设置椭圆【无轮廓】格式。为了避免后面拆分时，数字的组成部分有间隙，这里取消形状轮廓。如图4-20所示，❶选中椭圆；❷单击【绘图工具-格式】选项卡下的【形状轮廓】按钮；❸选择【无轮廓】选项。

第04步： 复制3个椭圆。如图4-21所示，选中完成轮廓设置的椭圆，连续3次按下【Ctrl+D】快捷键，就能复制3个椭圆，调整椭圆位置，使其覆盖住数字。

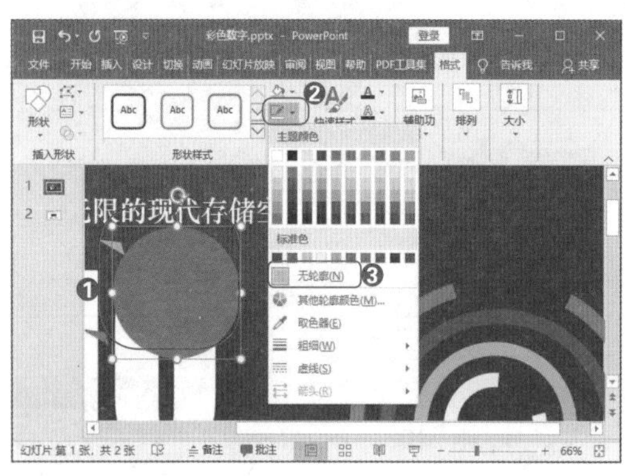

图 4-20 设置椭圆【无轮廓】格式

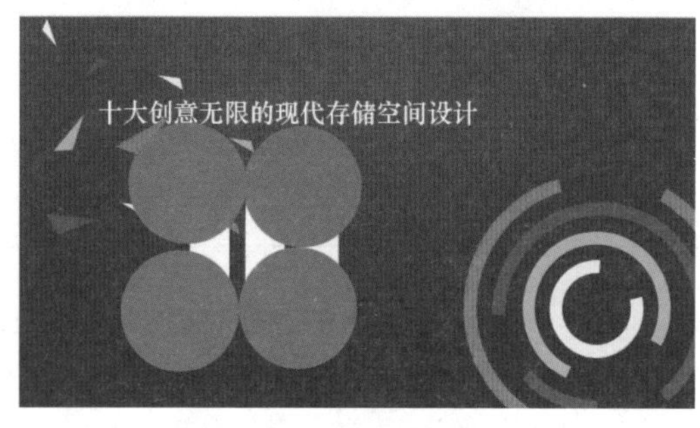

图 4-21 复制 3 个椭圆

第05步： 拆分椭圆和数字。如图4-22所示，❶按住【Ctrl】键的同时选中4个椭圆和数字；❷选择【绘图工具-格式】选项卡下【合并形状】菜单中的【拆分】选项。此时数字就被形状分割开来。

第06步： 选择【取色器】选项。删除多余的形状，❶选中数字左上角的部分；❷选择【绘图工具-格式】选项卡下【形状填充】菜单中的【取色器】选项，如图4-23所示。

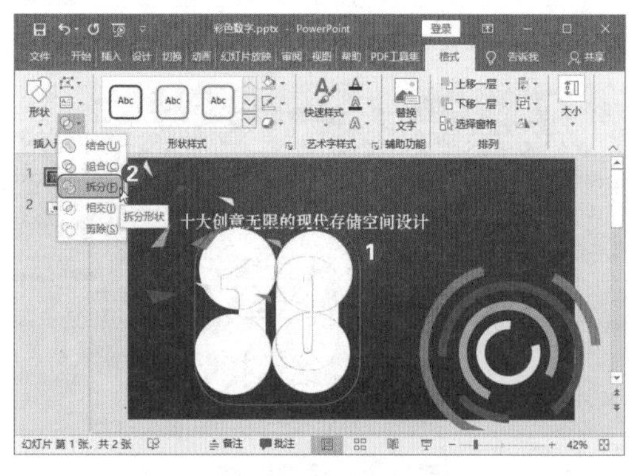

图 4-22 拆分椭圆和数字

图 4-23 选择【取色器】选项

第07步： 吸取颜色。此时光标变成了吸管形状，将其放到页面中红色的形状上，单击，此时数字左上角的部分即可应用这种填充色，如图4-24所示。

第08步： 完成数字颜色设置。使用同样的方法为数字的其他部分吸取页面颜色，效果如图4-25所示。

图 4-24 吸取颜色

图 4-25 完成数字颜色设置

第09步： 选择【矩形】形状。❶切换到第2张PPT中；❷选择【形状】菜单中的【矩形】形状，如图4-26所示。

第10步： 绘制并调整矩形角度。在页面中绘制矩形，并将光标放到矩形上方的旋转按钮上，按住鼠标左键不放，调整矩形倾斜角度，如图4-27所示。

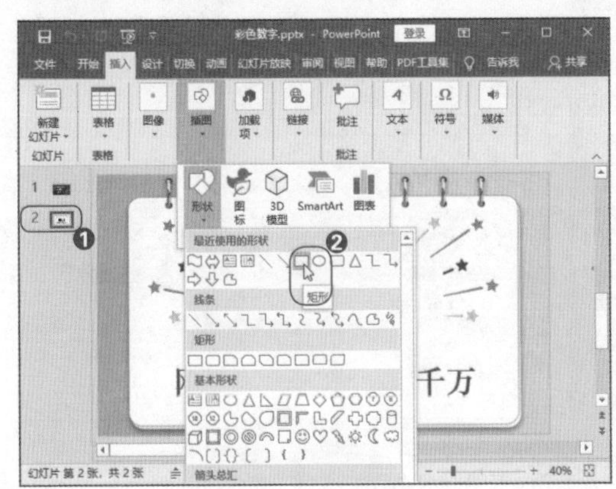

图 4-26 选择【矩形】形状

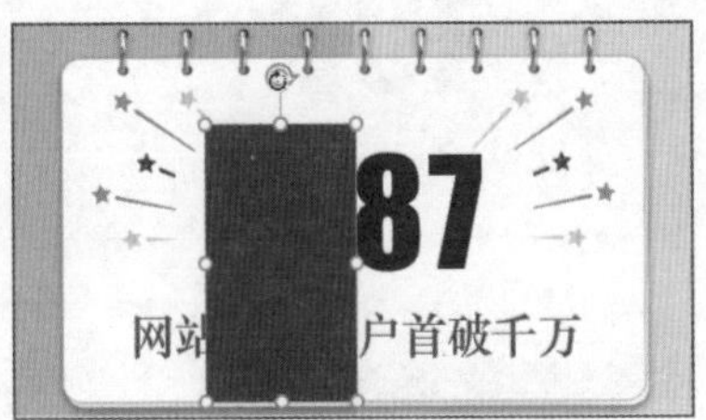

图 4-27 绘制并调整矩形角度

第11步：复制矩形。按【Ctrl+D】快捷键复制矩形，并调整矩形位置，如图4-28所示。

第12步：设置矩形填充色并保存为图片。再复制2个矩形，并为4个矩形设置不同的填充色，按住【Ctrl】键的同时选中4个矩形，右击，选择【另存为图片】选项，随后将形状保存到计算机中，如图4-29所示。

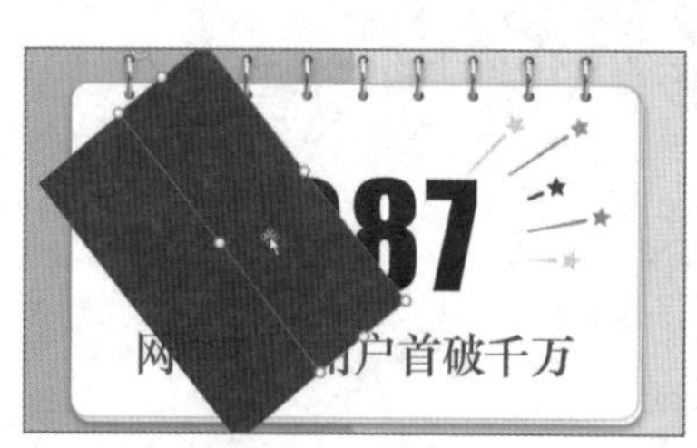

图 4-28 复制矩形

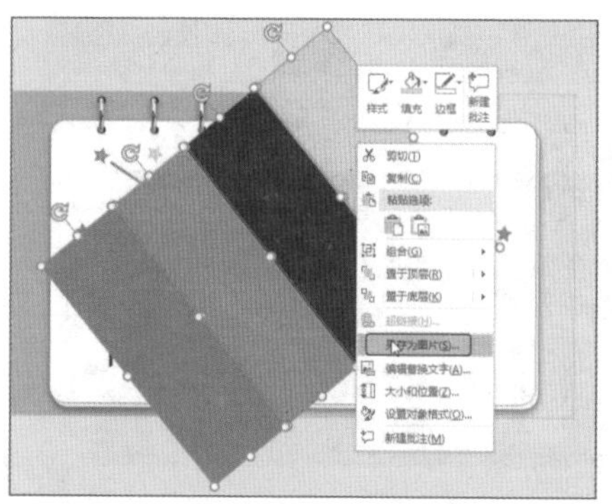

图 4-29 设置矩形填充色并保存为图片

第13步：图片填充数字。❶选中数字，单击【绘图工具-格式】选项卡下的【文本填充】按钮；❷选择【图片】选项，如图4-30所示。

第14步：选择图片来源。在如图4-31所示的对话框中选择【来自文件】选项。

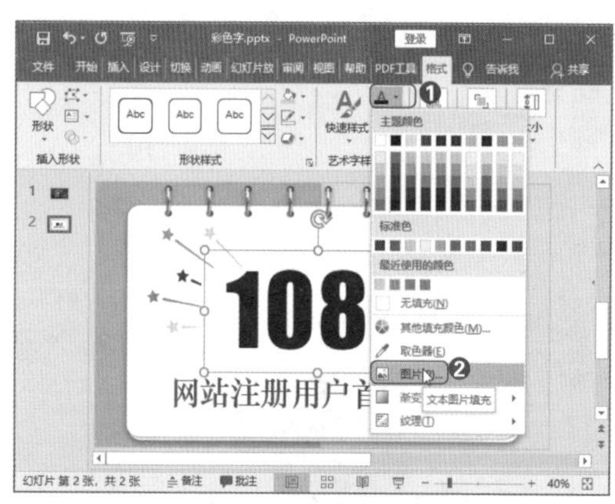

图 4-30 图片填充数字

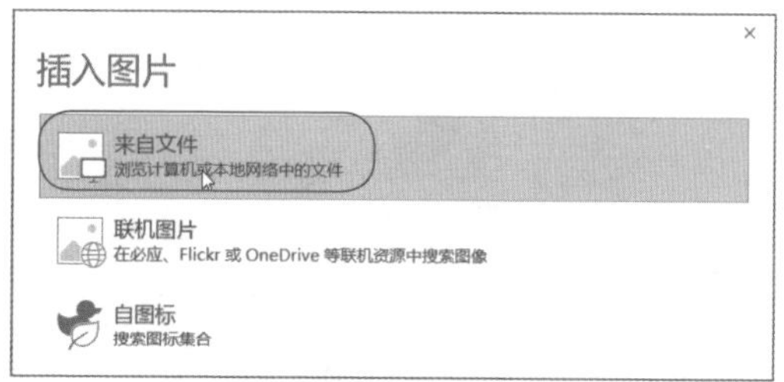

图 4-31 选择图片来源

第15步：选择保存的彩色矩形图片。❶选择前面步骤中保存好的图片；❷单击【插入】按钮，如图4-32所示。

第16步： 设置填充格式。图片填充后，效果可能会不理想，此时需要设置填充的格式。选中数字，右击，选择【设置形状格式】后，❶选择【文本选项】的【文本填充与轮廓】选项卡；❷勾选【将图片平铺为纹理】复选框；❸设置【偏移量X】和【偏移量Y】参数，如图4-33所示。

填充图片的大小和数字的大小都会影响填充效果，因此参数设置没有固定值，需要多调整，直到呈现最佳效果为止。

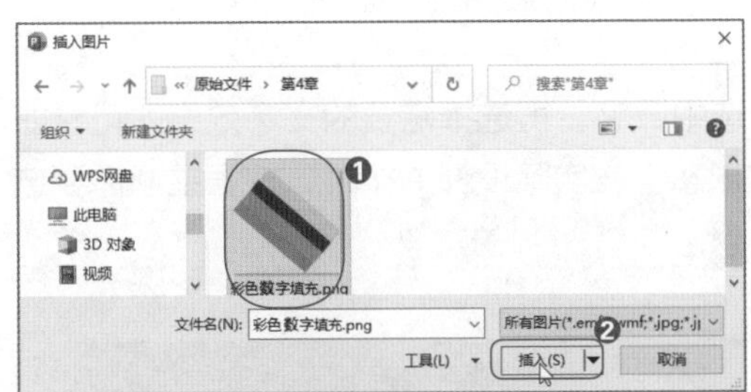

图 4-32　选择保存的彩色矩形图片

图 4-33　设置填充格式

高效技巧：设计彩色数字有什么诀窍吗?

要想实现较理想的彩色数字效果，数字的字号应比较大，且选择粗字体，如 Impact 字体。尤其是利用形状拆分制作彩色数字时，字体较粗，拆分后每个部分的面积也较大，方便单独填充颜色。

此外，彩色数字的颜色最好不要另外搭配，而是直接使用【吸管工具】选择 PPT 页面中已有的颜色，这样能保证页面配色的和谐。

4.2.3　轮廓、效果设计，百看不厌

PPT 中的数字可以设置填充格式、轮廓格式和效果格式。除了填充格式外，在文本轮廓格式和文本效果格式上也可以花心思进行巧妙设计，用软件自带的简单功能将数字做出质感。

选中数字，在【绘图工具 - 格式】选项卡下，可以看到如图 4-34 所示的【文本轮廓】和【文本效果】选项。其中【文本轮廓】可以设置数字的轮廓颜色、粗细和线型。而【文本效果】则提供了不同的效果选择。需要注意的是，最好不要为数字同时应用两种以上效果，效果太多反而显得花哨。

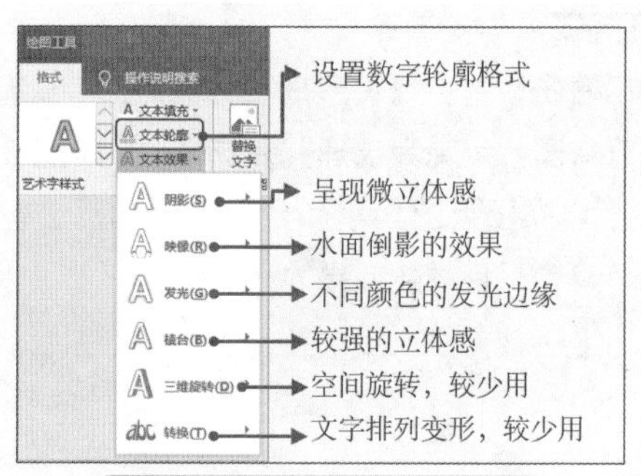

图 4-34　文本轮廓和文本效果设计

为数字应用效果的方法比较简单，只需要选中数字，再选择需要的文本效果即可。如图 4-35~ 图 4-40 所示是应用不同效果后的数字形态。在实际设计 PPT 时，根据主题需要选择相应的效果即可。

图 4-35　阴影效果

图 4-36　映像效果

图 4-37　发光效果

图 4-38　棱台效果

图 4-39 设置轮廓格式

图 4-40 轮廓格式 + 阴影效果

4.2.4 好的背景，事半功倍

在页面中将数字放大，难免显得有点单调，数字的存在或多或少也影响了美感。为了增强 PPT 的吸引力，可以给数字加一个背景图。在添加背景图时不能只考虑美观，而是根据主题表达需求来选择。这样图文结合的页面不仅美观，而且更有意义。

如图 4-41 所示，背景图是美丽的星空，象征着音箱营造的梦幻音境。图 4-42 则是直接使用主题相关的事物。

图 4-41 带背景图的数字（案例一）

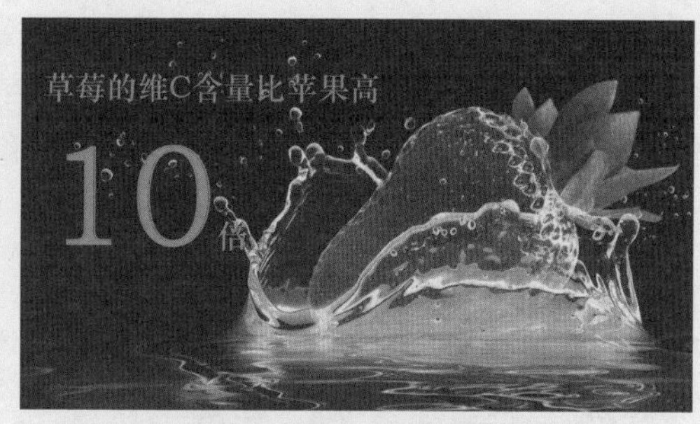

图 4-42 带背景图的数字（案例二）

要想找到美观的好图，除了使用公司拍摄的产品图片外，还可以考虑在网络上寻找。一般常用的图片搜索渠道主要有以下几种。

第4章

1. Bing 图片：优秀图片搜索引擎

Bing 图片搜索引擎能搜索到优秀的图片，其分为国内版和国外版，同时还可以对搜索结果进一步进行筛选，如尺寸、颜色、授权等方面的筛选，这是一款比较理想的图片搜索引擎。图 4-43 所示是 Bing 图片搜索结果。

图 4-43　Bing 图片搜索引擎

2. pixabay：免费的图片网站

在 pixabay 网站中，可以找到免费的高质量好图。该网站支持中文和英文搜索，但是使用英文的搜索结果更为理想，还可以对搜索结果进行图像类型、方向、类别、尺寸、颜色方面的筛选。图 4-44 所示是 pixabay 网站的搜索结果，图片质量明显高于普通的搜索引擎。

图 4-44　pixabay 网站

3. Pexels：免费图片网站，提供多种尺寸

Pexels 也是一个免费的高品质图片下载网站，和 pixabay 不同的是，该网站中同一张图片提供了不同的尺寸，可以自由选择尺寸进行下载，并且网站的图片每周都会定量更新，所有的图片都会显示详细的信息。Pexels 同样支持中文和英文搜索。图 4-45 所示是 Pexels 网站搜索图片的结果。

图 4-45 Pexels 网站

4. 图虫网：海量摄影图片

图虫网中有海量的高清摄影图，都是摄影爱好者共同分享的图片。在图虫网可以找到许多构图优秀、意境深刻的图片。该网站图片分为付费和免费。图 4-46 所示是图虫网图片搜索的结果。

图 4-46 图虫网

5. 多搜搜：综合图片搜索网站

多搜搜是一个综合的图片搜索引擎，包含了前面介绍的 pixabay 网站和 Pexels 网站。输入搜索关键词后，还可以自动翻译为多种语言，并且显示多个网站的搜索结果，也可以单独选定一个网站进行搜索。图 4-47 所示是多搜搜综合搜索页面，左边列出了可选择的网站及网站类型。

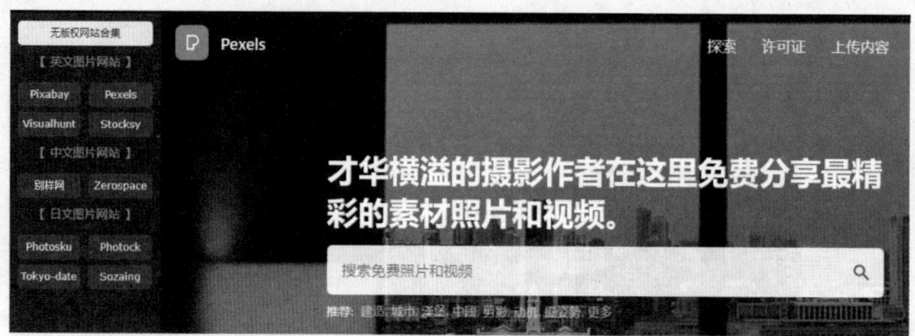

图 4-47　多搜搜网站

NO.4.3　数字多，也能做到不乱

当 Excel 中有较多数据内容需要呈现在 PPT 中时，首先思考能不能用图表进行体现。因为图表既能条理清晰地展示较多的数据及数据间的关系，又能呈现较好的视觉效果。图表展示案例如图 4-48 所示。

有时候数据比较多，却因为数据类型不同等原因无法呈现在图表中时，可以考虑用表格来体现。如图 4-49 所示，案例展现了时间、金额、轮次、估值 4 种不同类型的数据。

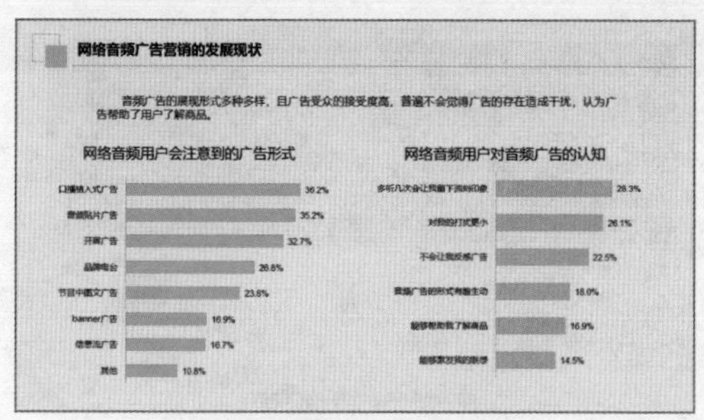

图 4-48　图表体现较多数字

主要网络音频平台融资概况

网络音频行业已打造出属于自身较为成熟和稳定的商业模式，在不段提升行业价值的同时，也受到资本市场的关注。

音频平台	最近一次融资时间	最近一次融资金额	融资轮次	估值
蜻蜓FM	2020年3月	亿元以上	战略投资	60亿元
荔枝	2020年1月	4510万美元	IPO上市	5.2亿美元
懒人听书	2019年8月	1亿元	D轮	20亿美元
喜马拉雅	2018年8月	4.6亿美元	E轮	34亿美元

图 4-49　表格体现较多数字

如果数据确实没办法放到图表或表格中，那么接下来要做就是整齐排版。整齐排版的方法除了对齐数字文本框外，还可以使用 PowerPoint 中的 SmartArt 功能来一键设计，前提是清楚数据内在的逻辑关系。最后可以再分析一下是否需要对数字进行强调，突出重点，这样一页完美的数据 PPT 就完成了。

重点速记：三个思路将较多的数据完美放进 PPT

① 统一数字字体、字号，对齐数字文本框、让数字文本框间距相等。

② 使用 SmartArt 图形将包含数字的文本框一键排版。

③ 将数字突出显示，方法是改变颜色、加粗、增加字号。

4.3.1　三招实现整齐排版

将数据整齐排列到 PPT 中，并不是将文字对齐。如图 4-50 所示，文字十分整齐，但是大段的文字却让人抓不住重点。这是将 Excel 中的数据放到 PPT 中容易出现的错误，如果 Excel 中的数据没办法用图表或表格体现时，很多人就会对数据进行详细描述，这是错误的做法。

正确的做法是，将核心数据提炼出来，用词语或短句对数据进行说明即可，如图 4-51 所示。

图 4-50　大段的文字

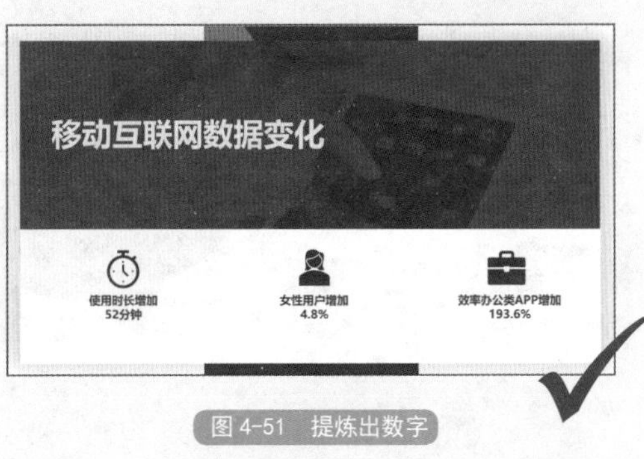

图 4-51　提炼出数字

要保持版面整齐，需要考虑三个要素，如图 4-52 所示。PPT 中的数字和文字一样，可以在文本框或形状中输入。所以，让数据对齐和间距相等常常是指让文本框或形状对齐、间距相等。

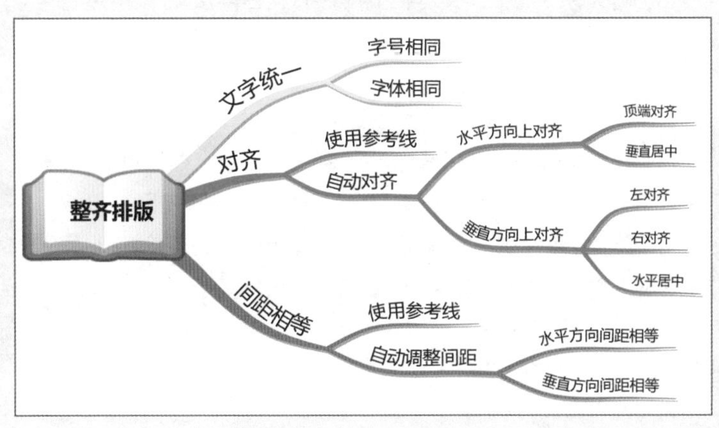

图 4-52　整齐排版的三个要素

PowerPoint 是智能的办公软件，可以利用参考线对齐文本框。如图 4-53 所示，移动中间的文本框，当它与其他文本框在水平方向对齐时会出现一条水平的红色虚线。同样的道理，垂直方向的红色虚线表示这个文本框与上方的图标垂直对齐。

也可以使用【对齐】功能来一键对齐文本框。如图 4-54 所示，选中三个文本框，使用【顶端对齐】功能，文本框就会顶端对齐。

参考线也可以用来调整间距，当文本框之间的间距相等时，会出现带箭头的红色虚线，但是建议使用【对齐】功能中的【横向分布】和【纵向分布】功能来实现。前者能让文本框在水平方向上间距相等，后者能让文本框在垂直方向上间距相等。

图 4-53 利用参考线对齐

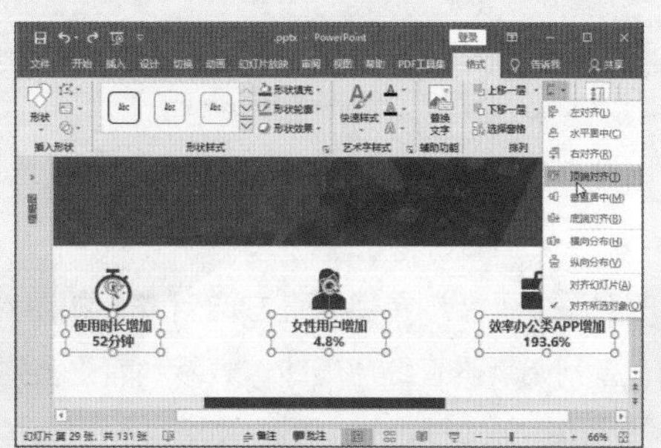

图 4-54 自动对齐，调整间距

技术揭秘 4-2：三步完成数据排版

让数据整齐呈现在 PPT 中只需要三个步骤，首先调整字号和字休，其次对齐文本框，最后让间距相等。

第01步： 统一文字。打开“素材文件\原始文件\第4章\整齐排版.pptx”文件，❶按住【Ctrl】键的同时选中三个文本框；❷在【开始】选项卡下的【字体】组中设置文本框为相同的字体、字号和颜色，如图4-55所示。

第02步： 对齐图标。❶选中三个图标，单击【绘图工具-格式】选项卡下的【对齐】按钮；❷选择【顶端对齐】选项；❸选择【横向分布】选项，如图4-56所示。

这样三个图标就会顶端对齐，且在水平方向上间距相等。

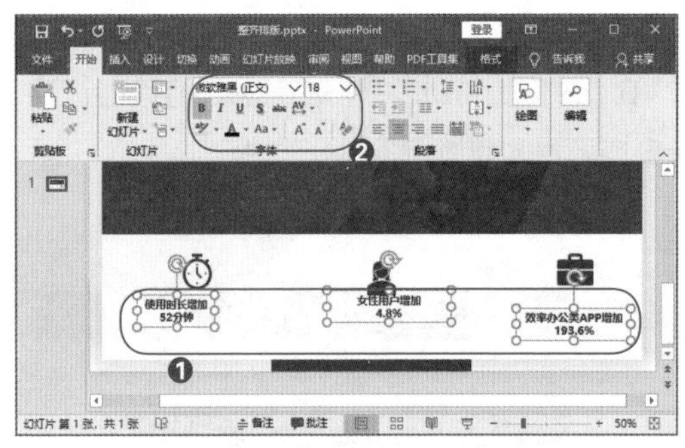
图 4-55 统一文字

图 4-56 图标顶端对齐且水平方向间距相等

第03步：图标与文字垂直方向对齐。如图4-57所示，以图标为参照，选中第一个文本框，左右移动，直到出现垂直红色虚线，表示两者垂直对齐。使用同样的方法对齐另外两个图标和文本框。

第04步：文本框顶端对齐。如图4-58所示，选中三个文本框，选择【对齐】菜单中的【顶端对齐】选项。

图 4-57 图标与文字垂直方向对齐

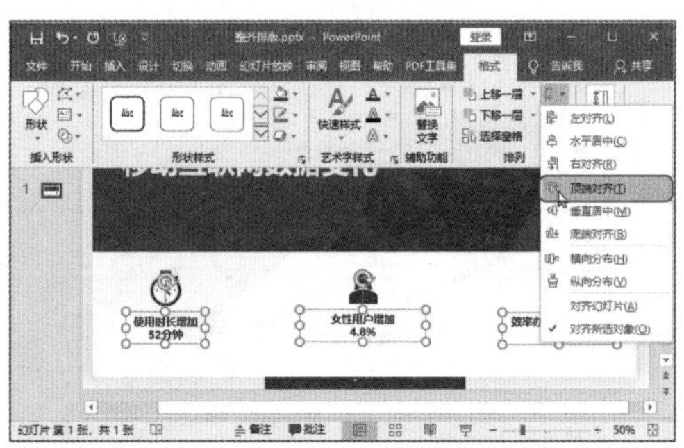
图 4-58 文本框顶端对齐

4.3.2 巧用 SmartArt 图形一键设计

虽然有辅助线及【对齐】功能，但是对齐有数字的文本框依然让人觉得麻烦。另外文本框在 PPT 中是“丑陋”的存在，也让人不知如何设计。这些难题可以借助 SmartArt 图形功能一键解决。

SmartArt 图形的作用是，通过图形传达信息和观点。且根据信息逻辑的不同，可以选择不同的图形布局，还可以将文本框一键转换成 SmartArt 图形，大大提高了排版效率。

图 4-59 所示是 SmartArt 图形布局。选择布局时，一定要根据数据间的内在逻辑来选。例如【列表】表示并列关系；【流程】表示递进、顺序关系。

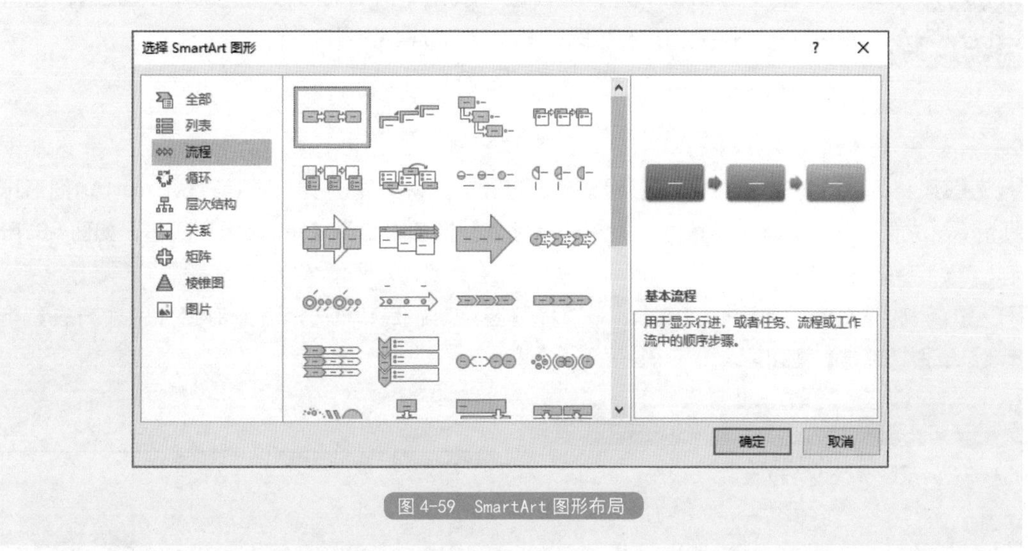

图 4-59　SmartArt 图形布局

图 4-60 所示的三项数据和图片其实是通过 SmartArt 图形排版的，数据之间的关系是并列的，没有轻重之分，也没有顺序之分。

在浏览 PPT 时，视线的规律是先上后下、先左后右。因此，放在上方和左边的内容通常是重点内容。图 4-61 中所示的数据中，数字的大小有主次区分。通常越大的数字，表示越好的成绩，需要重点强调，因此放在最上面，而小的数字则放在下方。

图 4-60　并列关系的数据　　图 4-61　主次分明的数据

技术揭秘 4-3：使用 SmartArt 图形一键排版

通过 SmartArt 图形排版，可以先插入 SmartArt 图形再输入数据，也可以先在文本框中输入数据，再选择 SmartArt 图形。

第01步： 打开【选择SmartArt图形】对话框。打开“素材文件\原始文件\第4章\SmartArt图形排版.pptx”文件，❶选中第1张幻灯片；❷单击【插入】选项卡下的【SmartArt】按钮，如图4-62所示。

第02步： 选择布局。如图4-63所示，❶选择【图片】布局；❷选择【蛇形图片题注列表】类型；❸单击【确定】按钮。

图 4-62　打开【选择 SmartArt 图形】对话框（一）

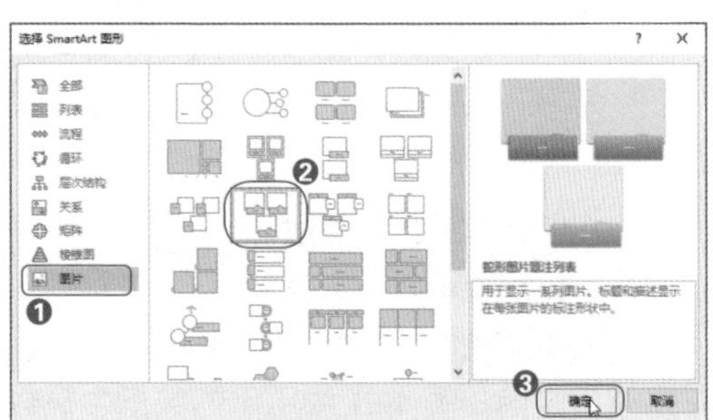

图 4-63　选择布局（一）

第03步： 输入文字并单击图片按钮。如图4-64所示，❶在SmartArt图形中输入文字；❷单击图片按钮。

第04步： 选择图片。如图4-65所示，❶选择“素材文件\原始文件\第4章\图1.png”图片；❷单击【插入】按钮即可将图片放到SmartArt图形对应的位置。

使用同样的方法插入另外两张图片，并设置SmartArt图形的文字格式、图形颜色，即可完成这张幻灯片的制作。

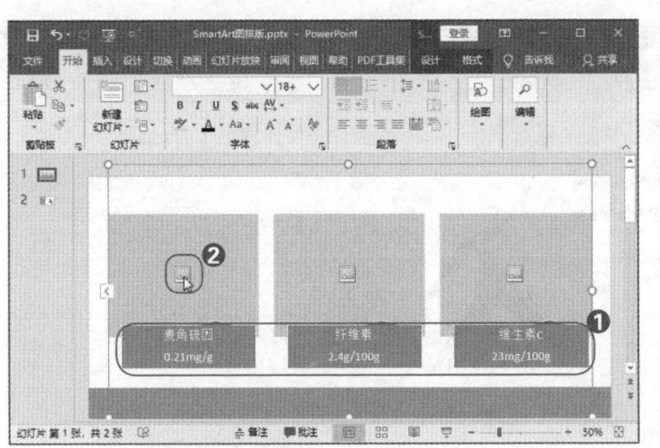

图 4-64　输入文字并单击图片按钮

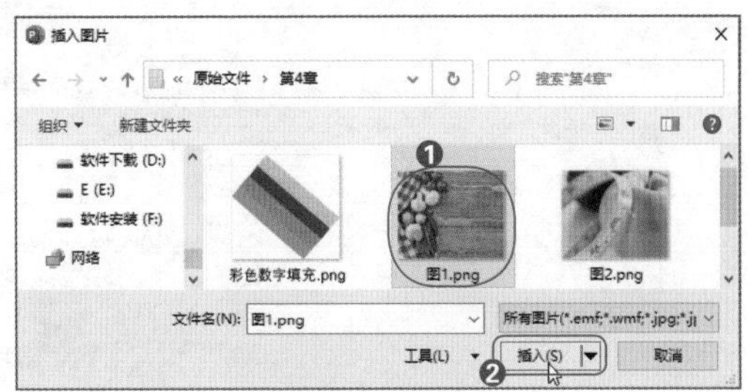

图 4-65　选择图片

第05步：打开【选择SmartArt图形】对话框。如图4-66所示，❶切换到第2张幻灯片中；❷选中文本框；❸选择【开始】选项卡下【转换为SmartArt】菜单中的【其他SmartArt图形】选项。

第06步：选择布局。如图4-67所示，❶选择【棱锥图】类型；❷选择【棱锥型列表】类型；❸单击【确定】按钮。

图 4-66　打开【选择 SmartArt 图形】对话框（二）

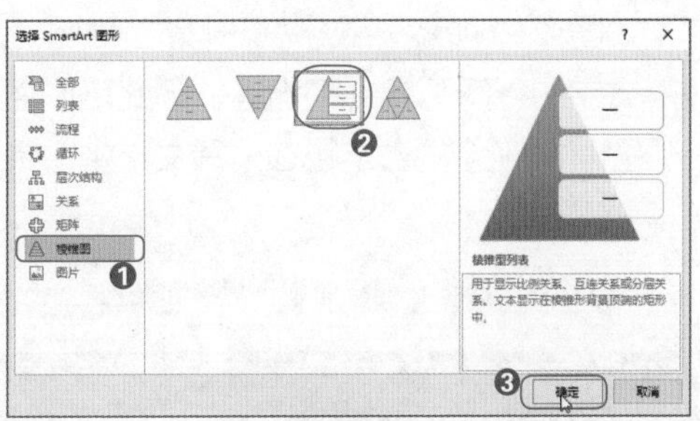

图 4-67　选择布局

第07步：设置SmartArt图形格式。如图4-68所示，选中棱锥中的大三角形，设置【形状填充】为【白色，背景1】。

用同样的方法设置其他形状的格式以及文字格式，即可完成SmartArt图形的排版设计。

图 4-68　设置 SmartArt 图形格式

• 4.3.3　突出数字，重点分明

PPT 中的数字如果确实需要和文字排列在一起，为了突出重点，可通过设置数字格式来突出显示数字。

如图 4-69 所示，数字在一段文字中，所以没有增加数字字号，否则数字字号增加后，段落文字的行间距就会不均等。因此可以通过改变数字颜色且加粗显示来强调数字。

图 4-70 所示的数字也在一段文字中，是通过增加字号和改变颜色的方法来强调的。

图 4-69　改变数字颜色 + 加粗显示

图 4-70　放大数字 + 改变数字颜色

第 5 章

丑陋的表格也能美观有内涵

Excel 表格是精确记录数据的工具，而 PPT 表格是完美展示数据的工具。将 Excel 表格放到 PPT 中，既要保持数据的严谨、准确，又要兼顾外形美观。

PPT 表格设计，数据第一，外形第二。永远记住——本末倒置的设计是为了设计而设计！ PPT 表格美化的核心目的是清晰、明确地表达数据，用数据说服观众。

优秀的 PPT 表格设计，首先要保证合理展示数据；其次要保证数据容易阅读、容易被理解；最后才是保证有赏心悦目的设计效果，如果表格能突出重点，那更好不过。升级表格设计，做出更有趣、符合主题表达需求的表格，则是锦上添花的工作。

通过本章你将学会

- ☞ 知道什么数据适合放在表格中
- ☞ 高效地将 Excel 表格复制到 PPT 中
- ☞ 优化 PPT 表格数据表达
- ☞ 设置 PPT 表格尺寸、页面对齐方式
- ☞ 合并、拆分单元格
- ☞ 设置表格字体、字号
- ☞ 对齐表格中的文字、数据
- ☞ 设计美观的表格填充色
- ☞ 设计简洁高级的表格边框线
- ☞ 强调表格数据
- ☞ 制作有趣形象的表格

本章部分案例展示

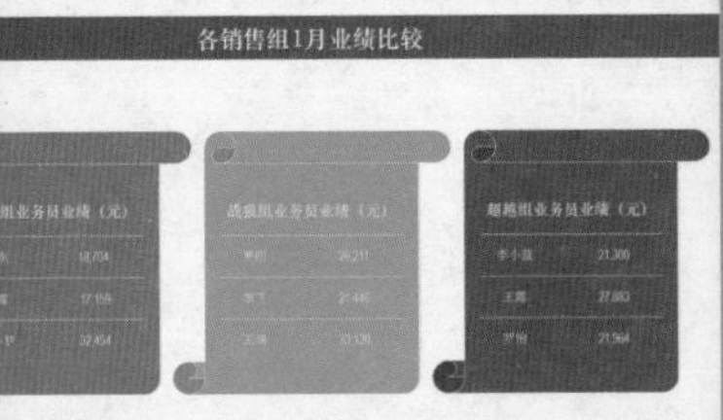

本章学习目标：
将Excel数据
完美放进PPT表格
学会选择
恰当的粘贴方式
需要重新设计
【使用目标格式】粘贴
需要保留Excel表格原格式
【保留源格式】粘贴
防止他人修改
【图片】粘贴
修改Excel数据，PPT表格自动修改
【粘贴链接-Microsoft Exced 工作表对象】粘贴
单击链接文字打开表格
【附加超链接】粘贴
学会设计
专业美观的表格
第1步：让数据正确有内涵
完善表格标题
让表格有清晰、易懂的结构
让数据严谨表达
单位、小数位数、千位分隔符
空单元格处理
术语统一
让数据容易阅读
改变单位，不让数字太长
排序，方便分析
信息分级，多而不乱
第2步：让表格美观简洁
表格整体
尺寸合适
对齐页面
表格内部
中文、英文、数字字体的选择
字体大小合理设置
对齐
所有内容均要【垂直居中】
长文字【左对齐】
短文字、字数相同的文字【居中】对齐
数字【右对齐】，且设置边距
表格底纹填充色
切忌
不要“土味蓝色”
不要填满颜色
经典配色
灰色+主题色，灰色+白色，间隔填充
隔行/列填充主题色
表头填充主题色，其他单元格无填充
表格边框
原则
少线、线细一点、线颜色淡一点
经典设计
外框线+表头横线
只要横线
三线表
上、下粗，其余细
无线表
第3步：让表格有重点
加粗、改变数据颜色、改变填充色
放大行/列
将重点数据放在表格最上方或最左边
第4步：创意表格设计
使用图片、图标增强表格可读性
改变表格形状，设计出形象有趣的表格

NO.5.1 Excel 数据到 PPT 表格，你需要知道

将 Excel 表格中的数据放到 PPT 表格中，你是否思考过：表格真的是最佳呈现方式吗？ Excel 表格和 PPT 表格究竟有什么不同？如何才能将 Excel 表格高效地复制粘贴到 PPT 中？

• 5.1.1 这三类数据适合放到表格中

数据在 Excel 中是以表格的方式呈现，而将 Excel 中的数据放到 PPT 中却不一定要放在表格中。在 PPT 中设计数据的呈现方式前，应该分析：这些数据的特点是什么？除了表格，有没有其他更好的呈现方式？

PPT 是视觉导向的展示工具，对数据可视化程度要求更高。这就是为什么表格被称为 PPT 的“敌人”。与图表相比，表格虽然枯燥，但也不是一无是处。表格可以将信息组织、整理起来，按行和列的方式展示。表格中的信息内容可以是文字、字符或数值。有三类数据最适合用表格来呈现。

重点速记：适合用表格呈现的三类数据

❶ 精确显示定量和详细信息，包括在表格中呈现具体的数值、详细的文字内容。

❷ 体现信息关系，通过行和列的维度来体现信息集合。

❸ 比较数据，强调个别重点数据。

• 1. 定量和详细信息 •

表格中可以精确呈现定量信息，如具体的数值大小。当 PPT 中内容的展示重点是具体数值时，即需要让观众了解数据大小，而非数据特征时，适合选用表格。

图 5-1 所示的表格显示了具体的目标业绩、实际业绩、完成率和业绩缺口数据。通过这些具体的数据，可以让观众客观地了解经营现状。

将表格中的数据做成图表，如图 5-2 所示。图表与表格的不同之处在于，图表很难同时体现目标业绩、实际业绩、完成率、业绩缺口这几种不同类型的数据，并且图表的作用是通过图形的方式表现数据。通过图表可以分析数据特征，但不可能了解具体数据大小。

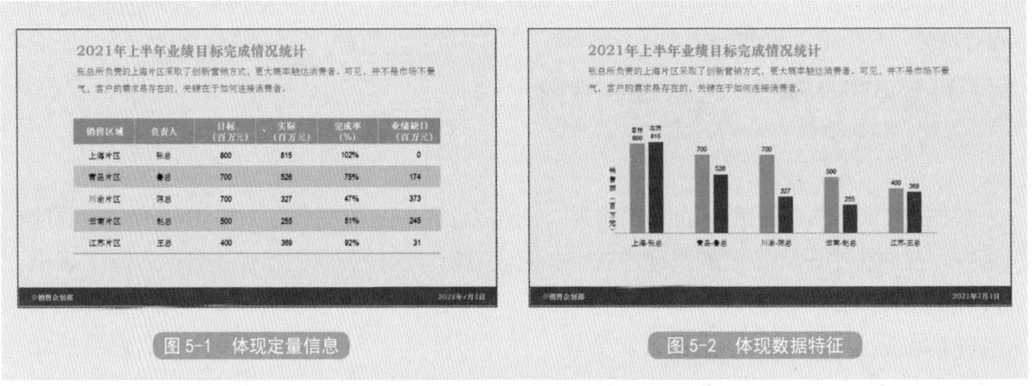

2021年上半年业绩目标完成情况统计

张总所负责的上海片区采取了创新营销方式，更大概率触达消费者。可见，并不是市场不景气，客户的需求是存在的，关键在于如何连接消费者。

销售区域	负责人	目标（百万元）	实际（百万元）	完成率（%）	业绩缺口（百万元）
上海片区	张总	800	815	102%	0
青岛片区	鲁总	700	526	75%	174
川渝片区	陈总	700	327	47%	373
云南片区	赵总	500	255	51%	245
江苏片区	王总	400	369	92%	31

©销售企划部 2021年7月1日

图 5-1　体现定量信息

图 5-2　体现数据特征

表格可以体现详细信息，尤其是文字类信息。如图 5-3 所示，文字信息有组织地在表格中展示，显得井井有条。这种以文字为主的信息是没有办法用图表来展示的。

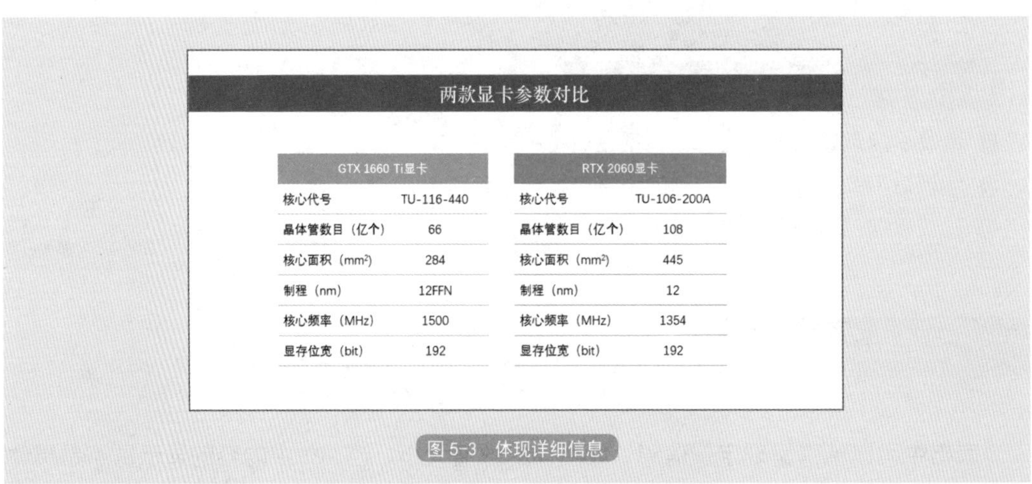

两款显卡参数对比

GTX 1660 Ti显卡	
核心代号	TU-116-440
晶体管数目（亿个）	66
核心面积（mm²）	284
制程（nm）	12FFN
核心频率（MHz）	1500
显存位宽（bit）	192

RTX 2060显卡	
核心代号	TU-106-200A
晶体管数目（亿个）	108
核心面积（mm²）	445
制程（nm）	12
核心频率（MHz）	1354
显存位宽（bit）	192

图 5-3　体现详细信息

2. 体现信息关系

当需要表达的信息存在不同的维度时，除了表格，似乎很难找到其他的工具能将信息清晰地表达。将信息放到表格中，不仅可以体现信息关系，而且通过行与列的交叉点可以轻松获取特定信息。如图 5-4 所示，该表格体现了一定的信息关系，例如“刘东”的作品，定位第 4 行第 3 列，结果是“宇宙穿梭器”。

用表格来整合信息间的关系是一种高效的、让信息更容易被理解的方法。

3. 比较、强调个别数据

表格能显示详细、具体的信息，也能通过行或列对数据进行横向或纵向比较。在展示具体信息时，还能强调个别数据，引起观众注意。

如图 5-5 所示，将需要强调的信息用不同的颜色标注出来，观众可以在了解具体数据时，有意识地分析这两个特别的数据。

科技作品展参赛选手名单

姓名	年龄（岁）	作品名称	展览位置
[illegible]	9	[illegible]	1号厅
[illegible]	9	[illegible]	3号厅
刘东	10	宇宙穿梭器	1号厅
李梦	11	时光倒流钟	2号厅
周文	12	[illegible]	1号厅

图 5-4　体现信息关系

公司2013年~2020年经营数据分析

年份	客户数（人）	出售商品数量（件）	商品展览（场）	总收入（万元）
2013年	8,180	185,413	152	8,524
2014年	8,769	226,887	159	9,524
2015年	10,787	301,840	244	10,245
2016年	12,301	332,920	625	11,245
2017年	15,742	402,969	425	7,548
2018年	17,123	416,374	759	13,245
2019年	18,625	515,205	869	14,524
2020年	19,625	625,352	968	19,524

图 5-5　强调个别数据

5.1.2　Excel 表格和 PPT 表格的不同

Excel 表格和 PPT 表格虽然都是表格，表面上看似乎也差不多，但有不同之处。Excel 表格的作用是精准记录数据，以便后续计算、分析数据；而 PPT 表格的作用是美观地呈现数据，让观众明白数据含义。因此，两者的区别主要有三点。

重点速记：Excel 表格和 PPT 表格的三大不同点

① Excel 表格的数据需要方便后续计算，因此不需要合并单元格。PPT 为了清晰地展示数据，可以合并单元格。

② Excel 表格需要精确记录数据，因此要严格按要求保留小数位数等详细信息。PPT 为了方便观众快速阅读数据，可省略不必要的小数等太过详细的信息。

③ Excel 表格无法改变形状。PPT 表格需要有美观的设计，可以改变形状，甚至数据结构。

图 5-6 所示是 Excel 中的表格，表格中虽然销售组的名称有重复，但是为了后续计算方便，并没有轻易合并单元格。而为了后续统计的精度，业绩类数据也没有随意舍去后面两位小数。

图 5-7 所示是 PPT 中的表格，为了实现表格的美观和信息的条理性，将相同组名的单元格合并，并且设计了填充色、线框等，使 PPT 表格更美观。

销售组	业务员	1月业绩（元）	2月业绩（元）	3月业绩（元）	4月业绩（元）
玫瑰组	李东	18,763.67	16,751.33	17,846.00	25,857.33
玫瑰组	刘露	17,159.33	18,685.67	29,563.33	25,110.00
玫瑰组	赵小梦	32,453.67	24,194.00	22,052.67	20,854.33
战狼组	罗刚	26,210.67	26,170.33	25,517.00	19,768.00
战狼组	李飞	21,446.00	17,808.00	20,662.00	22,280.00
战狼组	王鸿	33,130.33	23,232.33	29,470.33	19,697.33
超越组	李小蓝	21,299.67	28,238.33	31,243.33	24,321.67
超越组	王露	27,883.33	27,324.67	33,036.00	25,412.00
超越组	罗怡	21,964.33	32,584.00	18,590.67	27,489.33

图 5-6 Excel 表格

各销售组1~4月业绩比较

销售组	业务员	1月业绩（元）	2月业绩（元）	3月业绩（元）	4月业绩（元）
玫瑰组	李东	18,764	16,751	17,846	25,857
	刘露	17,159	18,686	29,563	25,110
	赵小梦	32,454	24,194	22,053	20,854
战狼组	罗刚	26,211	26,170	25,517	19,768
	李飞	21,446	17,808	20,662	22,280
	王鸿	33,130	23,232	29,470	19,697
超越组	李小蓝	21,300	28,238	31,243	24,322
	王露	27,883	27,325	33,036	25,412
	罗怡	21,964	32,584	18,591	27,489

图 5-7 PPT 表格（1）

出于不同的表达目的，在制作 PPT 时，还可以将 Excel 表格中的数据进行重新组合，并改变表格形状，效果如图 5-8 所示，这样的表格在 PPT 中更有趣美观。

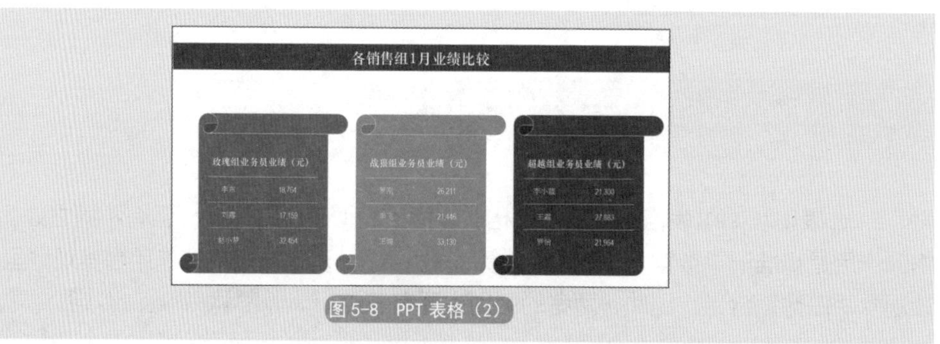

图 5-8 PPT 表格（2）

5.1.3　Excel 表格复制到 PPT 中会出现的问题

为了提高 PPT 设计效率，减少工作量，可直接复制 Excel 表格数据，将其粘贴到 PPT 中。可是在 Excel 复制数据后，在 PPT 中粘贴时，会发现粘贴出来的效果和 Excel 表格中的效果不一样。原因是 PPT 中有多种粘贴方式，默认的粘贴方式是【使用目标格式】，这种格式会自动匹配 PPT 中的设计效果，自然与 Excel 原表不一样。

复制 Excel 表数据后，在 PPT 的【粘贴】菜单中提供了 5 种粘贴方式，如图 5-9 所示。

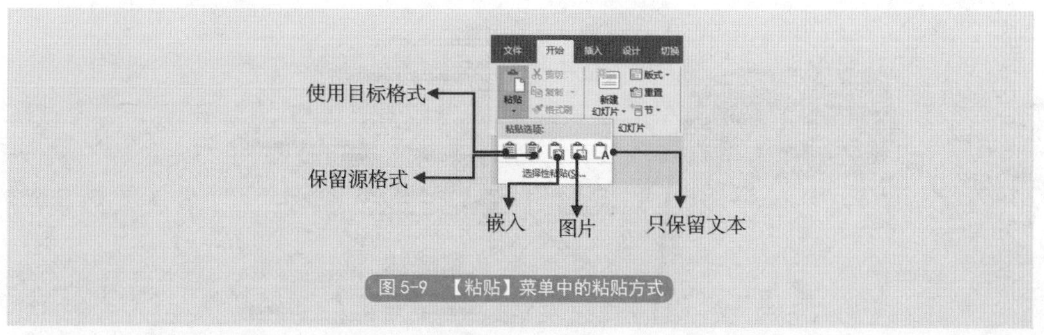

图 5-9　【粘贴】菜单中的粘贴方式

单击【选择性粘贴】按钮可打开【选择性粘贴】对话框，选择更多的粘贴方式，分别如图 5-10 和图 5-11 所示。

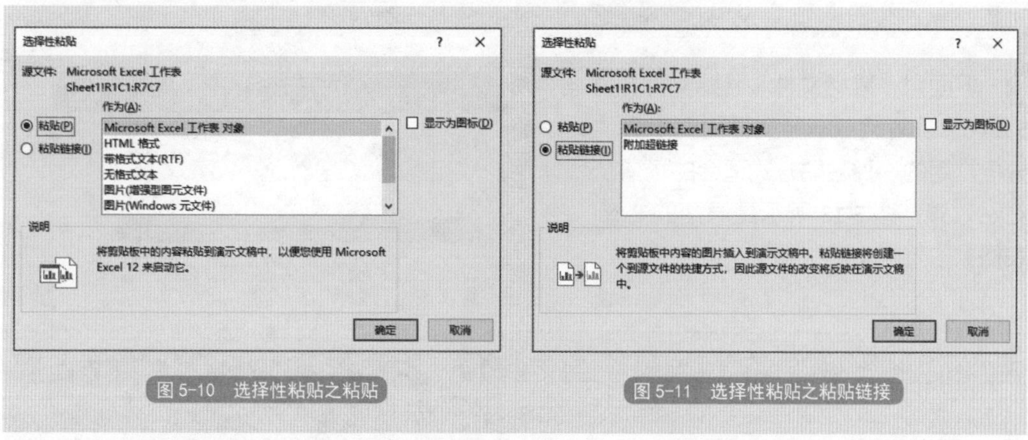

图 5-10　选择性粘贴之粘贴

图 5-11　选择性粘贴之粘贴链接

面对如此多样的粘贴方式选择，不少人已经晕了头。其实将粘贴方式进行归类总结，就能快速选择符合需求的粘贴方式了。图 5-12 所示是粘贴方式总结，其中带✪号表示的是使用频率较高的方式。

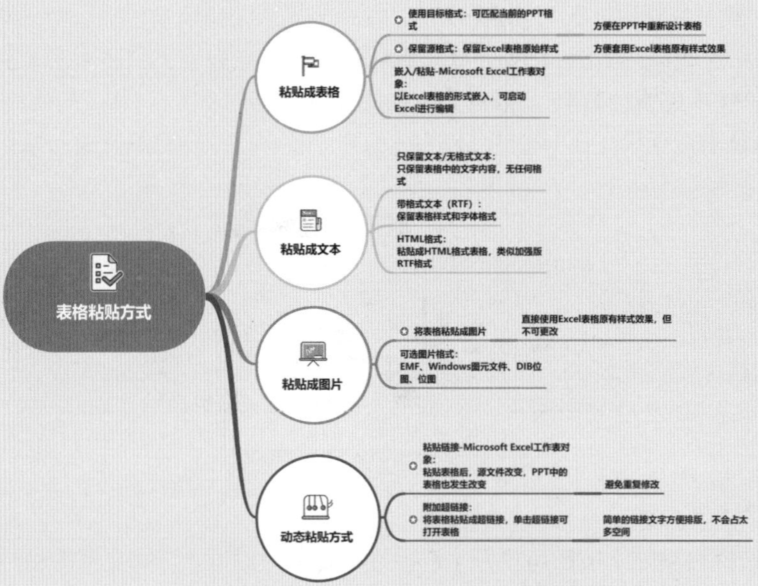

表格粘贴方式

粘贴成表格
- ✪ 使用目标格式：可匹配当前的PPT格式 —— 方便在PPT中重新设计表格
- ✪ 保留源格式：保留Excel表格原始样式 —— 方便套用Excel表格原有样式效果
- 嵌入/粘贴-Microsoft Excel工作表对象：以Excel表格的形式嵌入，可启动Excel进行编辑

粘贴成文本
- 只保留文本/无格式文本：只保留表格中的文字内容，无任何格式
- 带格式文本（RTF）：保留表格样式和字体格式
- HTML格式：粘贴成HTML格式表格，类似加强版RTF格式

粘贴成图片
- ✪ 将表格粘贴成图片 —— 直接使用Excel表格原有样式效果，但不可更改
- 可选图片格式：EMF、Windows图元文件、DIB位图、位图

动态粘贴方式
- ✪ 粘贴链接-Microsoft Excel工作表对象：粘贴表格后，源文件改变，PPT中的表格也发生改变 —— 避免重复修改
- ✪ 附加超链接：将表格粘贴成超链接，单击超链接可打开表格 —— 简单的链接文字方便排版，不会占太多空间

图 5-12　Excel 表格复制粘贴到 PPT 表格中的方式

下面以“素材文件 \ 原始文件 \ 第 5 章 \Excel 表格 .xlsx”文件为例来具体分析常用的 5 种粘贴方式适合的场景及粘贴效果。图 5-13 所示是原始的 Excel 表格。

业务员	一季度（万元）	二季度（万元）	三季度（万元）	四季度（万元）	年度总计	个人全年业绩占比
张金红	¥27	¥20	¥29	¥52	¥128	12%
刘东	¥47	¥74	¥19	¥15	¥155	15%
李梦兰	¥79	¥61	¥58	¥16	¥214	20%
赵双	¥16	¥62	¥62	¥27	¥167	16%
罗磊	¥45	¥48	¥31	¥76	¥200	19%
王磊	¥69	¥20	¥60	¥35	¥184	18%

图 5-13　Excel 原始表格

• 1. 使用目标格式：方便重新设计 PPT 表格 •

【使用目标格式】粘贴表格会失去 Excel 表格中的原有设计效果，自动匹配 PPT 中的设计效果。粘贴结果如图 5-14 所示。

这种粘贴方式虽然比较丑，但是建议首选这种粘贴方式。因为这种方式可以方便在 PPT 中重新对表格进行设计。毕竟几乎所有的 Excel 表格都需要在 PPT 中重新设计，以便符合审美需求。

以这种方式粘贴后，请按照本章 5.2~5.5 节的内容进行表格美化设计。

• 2. 保留源格式：需要直接使用 Excel 原表设计效果 •

【保留源格式】粘贴表格会完全保留 Excel 表格的设计效果，包括底纹填充色、边框、字体和字号。效果如图 5-15 所示。

这种粘贴方式适合的场景：已经在 Excel 中完成了表格设计，后续不需要有任何更改，直接放到 PPT 中就可以使用。

业务员	一季度（万元）	二季度（万元）	三季度（万元）	四季度（万元）	年度总计	个人全年业绩占比
张企红	¥27	¥20	¥29	¥52	¥128	12%
刘东	¥47	¥74	¥19	¥15	¥155	15%
李梦兰	¥79	¥61	¥58	¥16	¥214	20%
赵双	¥16	¥62	¥62	¥27	¥167	16%
罗懿	¥45	¥48	¥31	¥76	¥200	19%
王磊	¥69	¥20	¥60	¥35	¥184	18%

图 5-14 【使用目标格式】粘贴的表格

业务员	一季度（万元）	二季度（万元）	三季度（万元）	四季度（万元）	年度总计	个人全年业绩占比
张企红	¥27	¥20	¥29	¥52	¥128	12%
刘东	¥47	¥74	¥19	¥15	¥155	15%
李梦兰	¥79	¥61	¥58	¥16	¥214	20%
赵双	¥16	¥62	¥62	¥27	¥167	16%
罗懿	¥45	¥48	¥31	¥76	¥200	19%
王磊	¥69	¥20	¥60	¥35	¥184	18%

图 5-15 保留源格式粘贴的表格

• 3. 图片：保留 Excel 原有样式，但不可修改 •

【图片】粘贴表格会完全保留 Excel 表格的设计效果，但是粘贴在 PPT 中的表格是一张图片，无法进行二次编辑设计。效果如图 5-16 所示。选中表格后，菜单栏中显示【图片工具】，此时不再有表格编辑的相关功能。

这种粘贴方式适合的场景是，已经在 Excel 中完成了设计，直接使用表格即可，且可以避免他人对表格内容进行修改编辑。

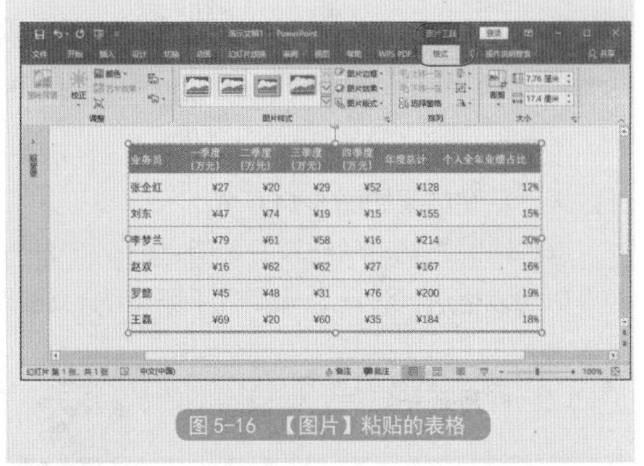

业务员	一季度（万元）	二季度（万元）	三季度（万元）	四季度（万元）	年度总计	个人全年业绩占比
张企红	¥27	¥20	¥29	¥52	¥128	12%
刘东	¥47	¥74	¥19	¥15	¥155	15%
李梦兰	¥79	¥61	¥58	¥16	¥214	20%
赵双	¥16	¥62	¥62	¥27	¥167	16%
罗懿	¥45	¥48	¥31	¥76	¥200	19%
王磊	¥69	¥20	¥60	¥35	¥184	18%

图 5-16 【图片】粘贴的表格

4. 粘贴链接 -Microsoft Excel 工作表对象：修改 Excel 表格，PPT 表格自动更改

【粘贴链接 -Microsoft Excel 工作表对象】粘贴表格会保留 Excel 表格的设计效果，且在 PPT 中无法修改表格内容。但是修改 Excel 表格中的内容，包括设计效果时，PPT 表格会自动同步修改。

如图 5-17 所示，在 Excel 中将表头填充色改成蓝色，将 B2 单元格数据改成 47，PPT 中的表格自动同步修改。

这种粘贴方式适合的场景：需要在 PPT 中展示的数据不是最终数据，后面可能还有变动。粘贴成链接表格后，直接在 Excel 表格中修改即可，不用重复打开 PPT 进行修改。

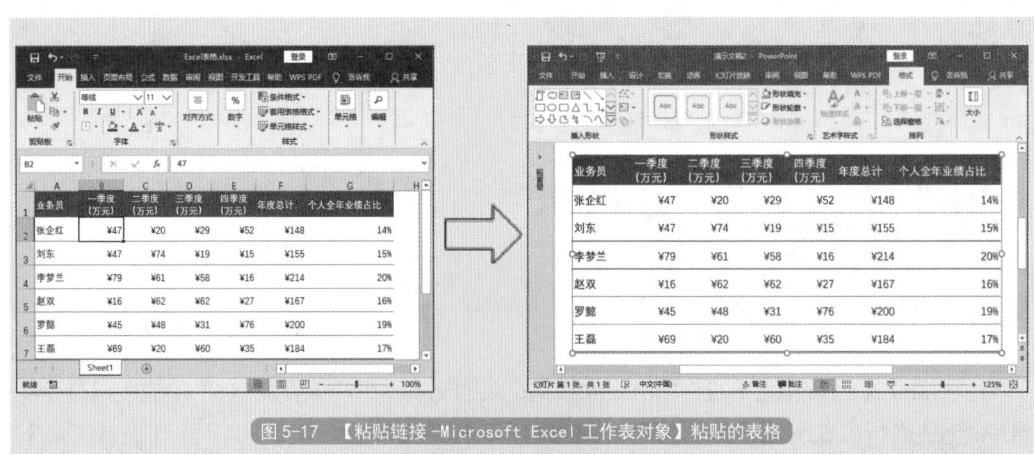

业务员	一季度（万元）	二季度（万元）	三季度（万元）	四季度（万元）	年度总计	个人全年业绩占比
张企红	¥47	¥20	¥29	¥52	¥148	14%
刘东	¥47	¥74	¥19	¥15	¥155	15%
李梦兰	¥79	¥61	¥58	¥16	¥214	20%
赵双	¥16	¥62	¥62	¥27	¥167	16%
罗懿	¥45	¥48	¥31	¥76	¥200	19%
王磊	¥69	¥20	¥60	¥35	¥184	17%

业务员	一季度（万元）	二季度（万元）	三季度（万元）	四季度（万元）	年度总计	个人全年业绩占比
张企红	¥47	¥20	¥29	¥52	¥148	14%
刘东	¥47	¥74	¥19	¥15	¥155	15%
李梦兰	¥79	¥61	¥58	¥16	¥214	20%
赵双	¥16	¥62	¥62	¥27	¥167	16%
罗懿	¥45	¥48	¥31	¥76	¥200	19%
王磊	¥69	¥20	¥60	¥35	¥184	17%

图 5-17 【粘贴链接 -Microsoft Excel 工作表对象】粘贴的表格

5. 附加超链接：将表格粘贴成超链接文字

【附加超链接】粘贴表格会将表格粘贴成超链接文字。效果如图 5-18 所示。在放映幻灯片的时候，单击链接文字，可打开 Excel 表格。

这种粘贴方式适合的场景：表格不是幻灯片的主要信息，只是在需要时能调用表格信息。

图 5-18　附加超链接粘贴的表格

NO.5.2　表格变美第 1 步：数据正确，有内涵

PPT 中优秀的表格首先要满足的第一要素是能清晰、明确地传达数据信息。所有的表格美化工作都是建立在数据结构和内容正确的前提下才有意义。

有时候可能需要根据幻灯片页面设计微调表格数据结构，此时更要注意保持数据信息的规范性、正确性。

在美化表格前，请用下面的 4 条标准检查表格数据是否严谨正确，目的是让表格数据有内涵、容易被理解。

5.2.1　容易遗忘的标题

通常不建议在规范的 Excel 表格单元格中输入数据标题，而是以工作簿或工作表为数据命名。因此，将 Excel 表格复制粘贴到 PPT 中，首先要考虑的是为表格添加标题，以便让观众在第一时间知道表格数据表达的主题。

第5章

重点速记：PPT 表格标题的两种形式

1. 当一页 PPT 中只有一张表格，且表格数据主题与这页 PPT 的内容主题完全相同时，这页 PPT 的标题就是表格的标题。
2. 当表格表达的主题与 PPT 主题不完全相同时，或者是一页 PPT 中不止一张表格时，需要单独为表格添加标题，此时标题通常位于表格上方。

通常情况下，建议一页 PPT 中只放一张表，这样能让页面信息集中统一，且方便排版。图 5-19 所示的这页 PPT 中，表格所表达的内容主题与这页 PPT 的主题相同。因此，省略表格标题，直接用 PPT 页面小标题即可。

在特殊情况下，一页 PPT 中需要用两张甚至更多表格来共同说明一个事实，如图 5-20 所示。此时，为了不混淆表格，让观众明确每张表格的数据含义，需要在表格上方添加表格标题。

同样的道理，一页 PPT 中既有表格，又有其他元素时，表格只是构成 PPT 的一部分内容，也需要为表格添加标题。

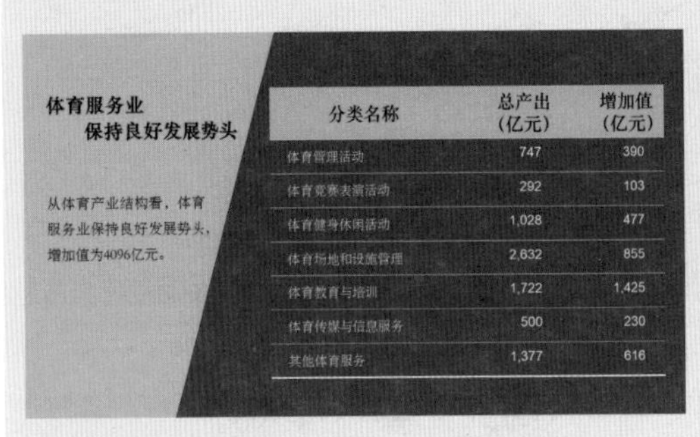

分类名称	总产出（亿元）	增加值（亿元）
体育管理活动	747	390
体育竞赛表演活动	292	103
体育健身休闲活动	1,028	477
体育场地和设施管理	2,632	855
体育教育与培训	1,722	1,425
体育传媒与信息服务	500	230
其他体育服务	1,377	616

图 5-19　表格标题就是 PPT 标题

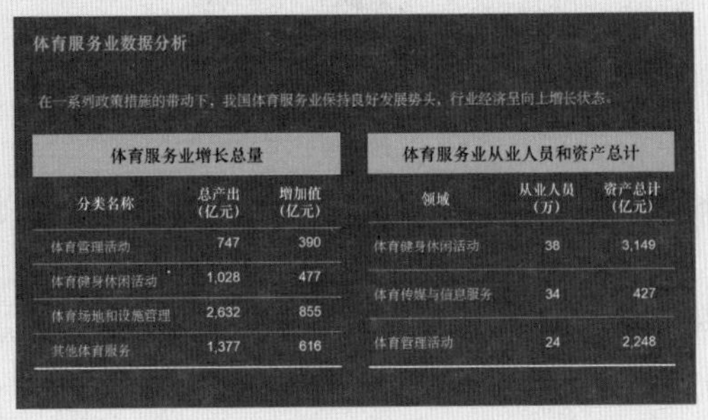

体育服务业增长总量

分类名称	总产出（亿元）	增加值（亿元）
体育管理活动	747	390
体育健身休闲活动	1,028	477
体育场地和设施管理	2,632	855
其他体育服务	1,377	616

体育服务业从业人员和资产总计

领域	从业人员（万）	资产总计（亿元）
体育健身休闲活动	38	3,149
体育传媒与信息服务	34	427
体育管理活动	24	2,248

图 5-20　在表格上方单独写出标题

• 5.2.2　为表格加分的数据结构

有的 PPT 表格凌乱不堪，看得人疑惑不解；有的 PPT 表格却专业简洁，一眼就能看出数据含义。这与表格结构有极大的关系。

表格结构是数据框架，决定了数据呈现的雏形，是数据展示能否专业、清晰的关键因素。设计表格要记住一点，表格越简单越好，不要想着将所有数据都放进一张表中。

表格可以体现一个维度的数据，也可以体现两个维度的数据。

表格在横向或纵向呈现数据，即为一维表。图 5-21 所示是纵向一维表，每一列是一个维度。

Excel 的原始数据表格最好是一维表，方便增加数据、灵活统计数据。专业制表请回顾本书 2.1 节。

二维表格横向和纵向的交叉点定位一个数据。在如图 5-22 所示的二维表中，纵向是日期维度，横向是地区维度，横纵交叉的单元格就是某日期某地区对应的数据。

因为结构简单、表义明确，二维表在 PPT 中比较常见。

理解了表格的结构后，在设计表格时，只需要分析表格横向、纵向维度分别表示什么数据，就能发现不合理之处，从而改进优化。

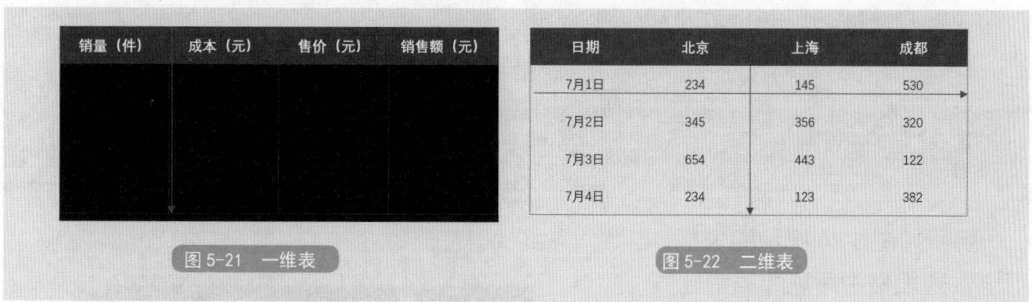

销量（件）	成本（元）	售价（元）	销售额（元）

图 5-21　一维表

日期	北京	上海	成都
7月1日	234	145	530
7月2日	345	356	320
7月3日	654	443	122
7月4日	234	123	382

图 5-22　二维表

如图 5-23 所示，表格最开始的结构混乱，横向有业务员和商品名称两个维度，纵向则更为混乱。改进后，从纵向来看，第一列为业务员，第二列为商品名称，后面几列均为月度数据，表格结构清晰易懂。

业务员	张晓强	张晓强	刘东	刘东
商品名称	电子产品A	电子产品B	电子产品A	电子产品B
1月	145	356	443	123
2月	530	320	122	382
3月	152	251	245	536
4月	98	85	751	425

业务员	商品名称	1月	2月	3月	4月
张晓强	电子产品A	145	530	152	98
	电子产品B	356	320	251	85
刘东	电子产品A	443	122	245	751
	电子产品B	123	382	536	425

图 5-23　调整表格结构

• 5.2.3 严谨表达数据

美观的 PPT 表格是建立在数据严谨表达的基础上，可惜的是，日常工作中太多表格的数据表达不严谨，后果轻则让人糊涂，重则产生误会。

重点速记：PPT 表格数据严谨的五个重点

❶ 必须重视单位。单位最好在表头中用括号“（）”或斜杠“/”来注明。如果单位不同，也可单独增加一列单元格来填写单位。表格只有一个单位名称时，也可在表格标题中注明。

❷ 表格中相同类型的数据，小数位数要统一。能取整的数据就取整，舍去多余的无意义的小数。

❸ 三位以上的数据用千位分隔符，这是制表规范，也是为了阅读方便。

❹ 当单元格中无数据填写时，需要填入 N/A、N/M 或“-”“\”符号。

❺ 同一张表格、同一份 PPT 中的表格，术语应统一。例如，在一张表格中不要既有“女士”又有“女性”。

• 1. 表格单位、小数位数、千位分隔符 •

观察如图 5-24 所示的表格，可以发现表格中每项数据都能找到对应的单位，不会让人疑惑单位究竟是“瓶”还是“箱”，也不会疑惑销售额究竟是“元”还是“万元”。

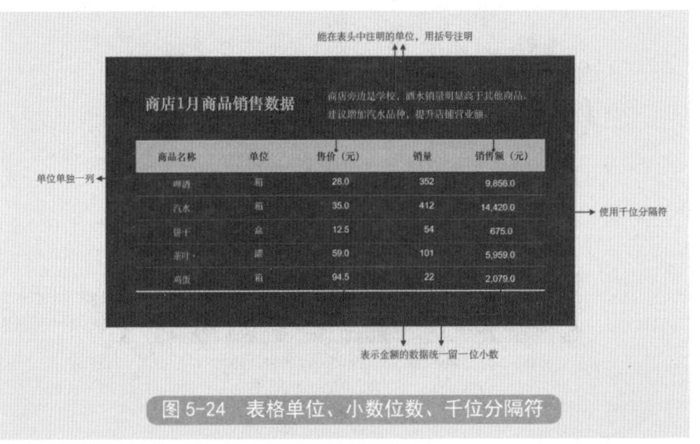

图 5-24 表格单位、小数位数、千位分隔符

在小数位数上，由于售价保留一位小数，所以销售额这种与钱相关的数据统一保留一位小数，而销量则取整。

由于销售额数据较大，超过了三位数，所以添加了英文“,”作为千位分隔符，方便读数。

2. 表格中的空单元格

当单元格中不需要填入数据或数据无意义时，千万不要空着，否则会让人误会这里是不是漏填了数据。一般来说，填入“-”或“\”就可以让人明白这里没有数据。

如果想要更严谨，可以填入 N/A，这是 not applicable（不适用）的缩写，表示这里不适合填入数据。如在计算平均值时，当分母为 0 时，就没有必要填入计算结果。

除了 N/A 外，还有 N/M，表示 not meaningful（无意义）。如图 5-25 所示，因为项目取消，所以项目的净收入数据不存在，因此填写 N/M，表示计算结果无意义。

3. 表格中的术语

表格中的术语最容易被疏忽，在设计表格时要注意：不仅要让同一张表格中的术语统一，还要让同一份 PPT 中所有表格的术语统一。

如图 5-26 所示，表格中使用了“商品”为统一术语，而没有同时使用“商品”“货物”“产品”等这些虽然意思相同但文字却不同的词。

图 5-26 中的表格只是 PPT 中的一张表格，在这份 PPT 中的其他页面中，也应该保持使用相同的术语描述。

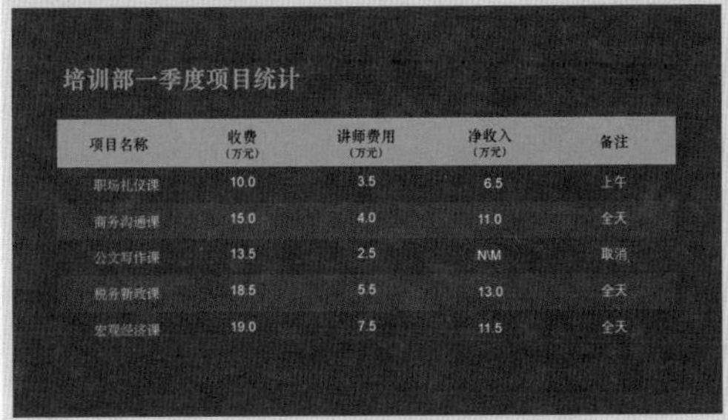

培训部一季度项目统计

项目名称	收费（万元）	讲师费用（万元）	净收入（万元）	备注
职场礼仪课	10.0	3.5	6.5	上午
商务沟通课	15.0	4.0	11.0	全天
公文写作课	13.5	2.5	N\M	取消
税务新政课	18.5	5.5	13.0	全天
宏观经济课	19.0	7.5	11.5	全天

图 5-25　空单元格填写方法

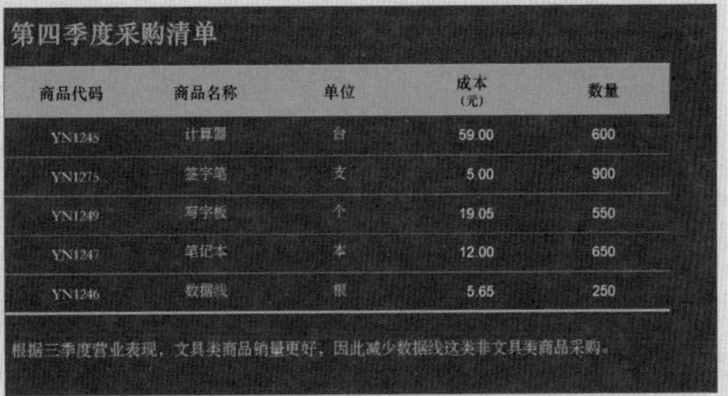

第四季度采购清单

商品代码	商品名称	单位	成本（元）	数量
YN1245	计算器	台	59.00	600
YN1275	签字笔	支	5.00	900
YN1249	写字板	个	19.05	550
YN1247	笔记本	本	12.00	650
YN1246	数据线	根	5.65	250

根据三季度营业表现，文具类商品销量更好，因此减少数据线这类非文具类商品采购。

图 5-26　注意统一术语

高效技巧：如何一键统一表格用语？

修改同一张表格中的术语比较简单，但如果要统一一份几十页的 PPT 时，就不要手动修改了，可以使用【替换】功能一键修改。

单击 PowerPoint 中【开始】选项卡下的【替换】按钮。打开如图 5-27 所示的【替换】对话框，分别输入错误的术语如“产品”和正确的术语“商品”，单击【全部替换】按钮，就可以一键统一术语了。

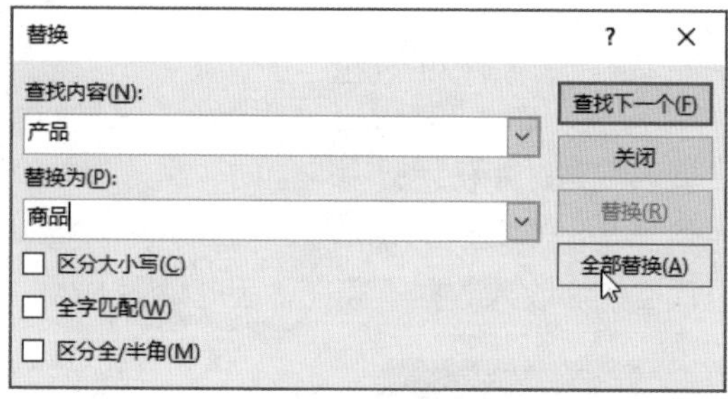

图 5-27　替换内容

5.2.4　让数据变得容易被阅读的技巧

让 Excel 表格在 PPT 中严谨呈现，只能保证数据没有原则性错误，离优秀的 PPT 表格似乎还差点什么。优秀的设计师一定是贴心的，能设计出人性化作品。优秀的表格也是如此，一定要站在观众的角度去优化表格，让表格数据容易被阅读。

重点速记：让 PPT 表格数据容易被阅读的三个改进点

❶ 对数量级太大的数据添加千位分隔符也不能减轻阅读障碍，可考虑改变数据单位，如将“元”变成“万元”。

❷ 能排序的数据尽量排序，不要增加观众分析数据的工作量。

❸ 表格信息量大且信息间的级别不同，需要让细分项目缩进显示或合并单元格。

1. 改变单位，方便读数

在 Excel 中不会为了方便阅读改变数据单位，因为 Excel 的作用是严格按要求记录数据，方便后续统计。而 PPT 的作用是展示汇报，不涉及后续运算，因此，适当优化单位、减少数据位数是可行的举措。

如图 5-28 所示，表格最开始使用“元”为单位，数字位数较多，让人难以快速了解数据的数量级。但是将单位改成“万元”后，读数变得轻松多了。

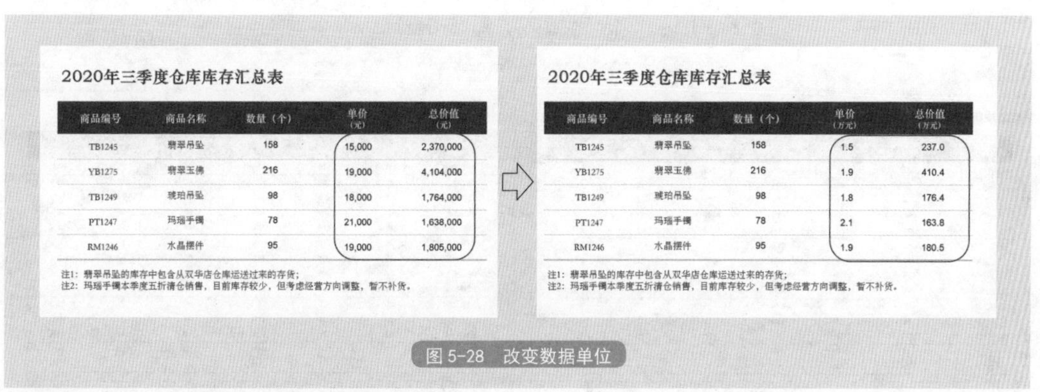

2020年三季度仓库库存汇总表

商品编号	商品名称	数量（个）	单价（元）	总价值（元）
TB1245	翡翠吊坠	158	15,000	2,370,000
YB1275	翡翠玉佛	216	19,000	4,104,000
TB1249	琥珀吊坠	98	18,000	1,764,000
PT1247	玛瑙手镯	78	21,000	1,638,000
RM1246	水晶摆件	95	19,000	1,805,000

注1：翡翠吊坠的库存中包含从双华店仓库运送过来的存货；
注2：玛瑙手镯本季度五折清仓销售，目前库存较少，但考虑经营方向调整，暂不补货。

2020年三季度仓库库存汇总表

商品编号	商品名称	数量（个）	单价（万元）	总价值（万元）
TB1245	翡翠吊坠	158	1.5	237.0
YB1275	翡翠玉佛	216	1.9	410.4
TB1249	琥珀吊坠	98	1.8	176.4
PT1247	玛瑙手镯	78	2.1	163.8
RM1246	水晶摆件	95	1.9	180.5

注1：翡翠吊坠的库存中包含从双华店仓库运送过来的存货；
注2：玛瑙手镯本季度五折清仓销售，目前库存较少，但考虑经营方向调整，暂不补货。

图 5-28　改变数据单位

2. 尽量排序，方便数据分析

大多数人在设计 PPT 表格时不会考虑排序问题。事实上，排序后的数据更容易进行数据分析。

在输入表格数据时，首先思考一下有没有特定的顺序要求。如果没有，再考虑是否能按重要程度、数据大小进行排序。

如图 5-29 所示，将项目按预算从大到小排序，能让人一目了然地分析各项目预算高低。

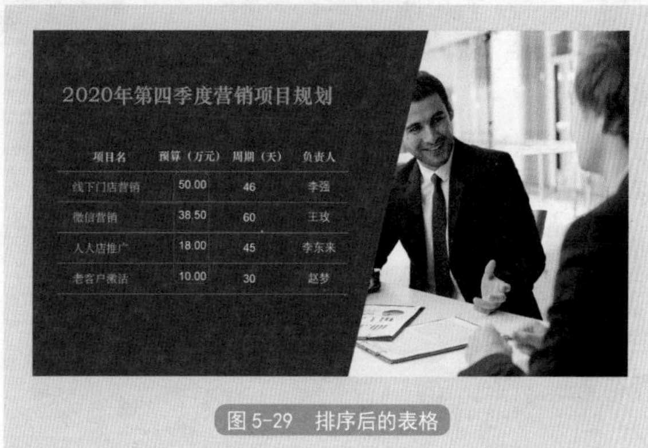

2020年第四季度营销项目规划

项目名	预算（万元）	周期（天）	负责人
线下门店营销	50.00	46	李强
微信营销	38.50	60	王玫
人人店推广	18.00	45	李东来
老客户激活	10.00	30	赵梦

图 5-29　排序后的表格

· 3. 信息分级，多而不乱 ·

当表格的信息量大，又必须要用 PPT 展示时，需要考虑信息间的层级，将层级较低的信息缩进显示。

如图 5-30 所示，虽然表格中添加了横线来区分每个类别的项目，但是由于信息太多，依然难以分辨。

现将每个大类下的项目进行缩进，如图 5-31 所示，信息层级显示明显了不少，再对大类数据加粗显示，使得整张表格虽然信息量大，却多而不乱。

2020年9月各项目完成投资情况

类别	新项目年度预算（千万元）	新项目9月完成值（千万元）	新项目9月完成率（%）	老项目年度预算（千万元）	老项目9月完成值（千万元）	老项目9月完成率（%）
一、移动通信网	203	178	88%	186	95	51%
1.核心网	97	84	87%	40	19	48%
2.无线网	9	3	33%	90	62	69%
3.其他配置	97	29	30%	56	14	25%
二、传输与承载网	226	174	77%	166	150	90%
1.数据与承载网	75	72	96%	75	75	100%
2.传输省内干线	99	36	36%	61	62	102%
3.集客接入网	52	66	127%	30	13	43%
三、支撑网	98	81	83%	119	82	69%
1.网络支撑网	70	20	29%	95	71	75%
2.业务支撑网	28	12	43%	24	11	46%
四、其他	107	78	73%	65	42	65%
1.零购	18	8	44%	8	3	38%
2.公共库存	89	18	20%	57	14	25%

图 5-30 没有缩进的表格

2020年9月各项目完成投资情况

类别	新项目年度预算（千万元）	新项目9月完成值（千万元）	新项目9月完成率（%）	老项目年度预算（千万元）	老项目9月完成值（千万元）	老项目9月完成率（%）
一、移动通信网	**203**	**178**	**88%**	**186**	**95**	**51%**
1.核心网	97	84	87%	40	19	48%
2.无线网	9	3	33%	90	62	69%
3.其他配置	97	29	30%	56	14	25%
二、传输与承载网	**226**	**174**	**77%**	**166**	**150**	**90%**
1.数据与承载网	75	72	96%	75	75	100%
2.传输省内干线	99	36	36%	61	62	102%
3.集客接入网	52	66	127%	30	13	43%
三、支撑网	**98**	**81**	**83%**	**119**	**82**	**69%**
1.网络支撑网	70	20	29%	95	71	75%
2.业务支撑网	28	12	43%	24	11	46%
四、其他	**107**	**78**	**73%**	**65**	**42**	**65%**
1.零购	18	8	44%	8	3	38%
2.公共库存	89	18	20%	57	14	25%

图 5-31 有缩进的表格

在 Excel 中不可随意合并单元格，避免影响后续计算。但是在 PPT 中，合并单元格能减少信息重复出现，帮助观众分清信息间的从属关系。

当表格较高层级的信息没有数据时，可直接合并单元格。如图 5-32 所示，将左侧“一、移动通信网”和上方“新项目”等信息合并单元格，表格层级一目了然，结构合理而有条理。

2020年9月各项目完成投资情况

类别		新项目			老项目		
		年度预算（千万元）	9月完成值（千万元）	9月完成率（%）	年度预算（千万元）	9月完成值（千万元）	9月完成率（%）
一、移动通信网	1.核心网	97	84	87%	40	19	48%
	2.无线网	9	3	33%	90	62	69%
	3.其他配置	97	29	30%	56	14	25%
二、传输与承载网	1.数据与承载网	75	72	96%	75	75	100%
	2.传输省内干线	99	36	36%	61	62	102%
	3.集客接入网	52	66	127%	30	13	43%
三、支撑网	1.网络支撑网	70	20	29%	95	71	75%
	2.业务支撑网	28	12	43%	24	11	46%
四、其他	1.零购	18	8	44%	8	3	38%
	2.公共库存	89	18	20%	57	14	25%

图 5-32 合并单元格

技术揭秘 5-1：表格缩进的设置方法

对如图 5-31 所示的表格内容进行缩进，并不是通过在单元格中敲空格的方式控制文字位置，而是设置单元格内容在单元格中上、下、左、右的边距参数。其方法如下。

第01步： 打开【单元格文本布局】设置对话框。打开“素材文件\原始文件\第5章\内容缩进.pptx”文件，❶选中需缩进的内容，❷单击【表格工具-布局】选项卡下的【单元格边距】按钮，❸单击【自定定边距】按钮，如图5-33所示。

第02步： 设置边距。在打开的如图5-34所示的对话框中，❶设置【向左】的内边距为“1.2厘米”；❷单击【确定】按钮。

这里可以设置好参数后单击【预览】按钮，查看表格中的效果符合需求后，再单击【确定】按钮。

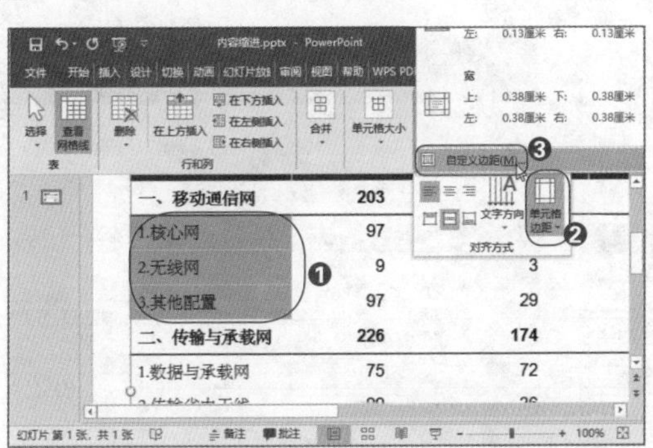

图 5-33　打开【单元格文本布局】对话框

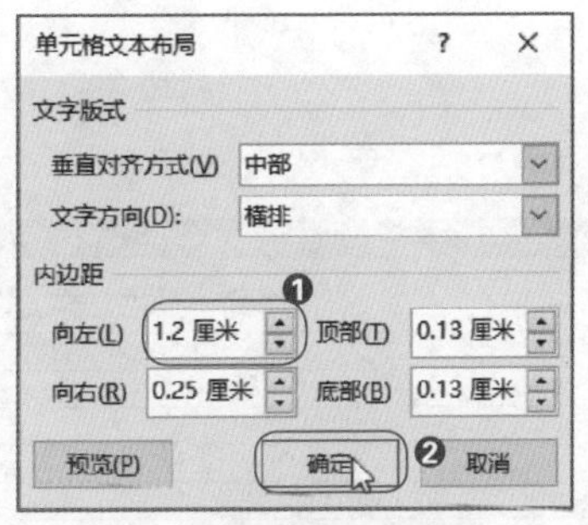

图 5-34　设置边距

第03步： 查看效果。如图5-35所示，此时选中的文字与单元格左边就有了距离，实现了向右缩进的效果。用这样的方法可完成其他单元格的缩进设置。

图 5-35　查看效果

技术揭秘 5-2：将销售报表数据修改得严谨易读

将 Excel 表格中的数据复制到 PPT 中，第一步是处理数据，让数据严谨正确地显示，这时需要考虑表格是否合理、术语是否统一、单位是否完善、数字是否严谨显示、是否需要合并单元格。

第01步： 分析表格。打开“素材文件\原始文件\第5章\销售报表.xlsx”文件，如图5-36所示，如果直接把这张Excel中的原始表格复制到PPT中，存在的问题是最左列需要合并单元格，没有单位，小数位数不统一，没有千位分隔符，存在空单元格等。

第02步： 插入单位列。将Excel中的表格复制后，以【使用目标格式】的方式粘贴到PPT中。因为商品单位不一样，所以需要单独一列显示单位。如图5-37所示，❶将光标放到“售价”单元格中；❷单击【表格工具-布局】选项卡下的【在左侧插入】按钮。

商品分类	商品名称	售价	销量	销售额	备注
饮品	维C饮料	3.5	152	532	
饮品	可乐	3.0	425	1275	
饮品	牛奶	5.5	625	3437.5	有坏包情况
饼干	奥利奥	7.5	415	3112.5	
饼干	牛奶小饼	6.0			缺货
饼干	手指饼	5.0	12	60	
膨化食品	薯片	4.5	95	427.5	
膨化食品	虾条	3.5	75	262.5	
膨化食品	米果卷	6.5	425	2762.5	
膨化食品	爆米花	8.0	35	280	需补货

图 5-36 Excel 中的表格

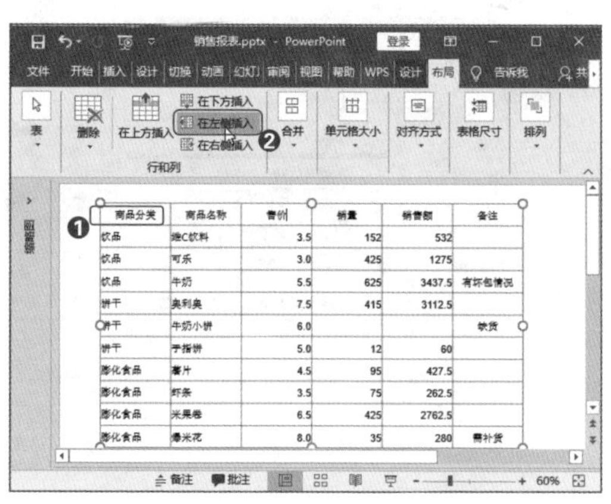

图 5-37 复制表格到 PPT 中并插入列

第03步： 添加单位。如图5-38所示，在新插入的列中添加单位，同时在“售价”和“销售额”单元格中添加单位。

第04步： 处理数字。如图5-39所示，统一“售价”和“销售额”的小数位数为一位；添加千位分隔符；在空单元格中添加“-”符号。

商品分类	商品名称	单位	售价（元）	销量	销售额（元）	备注
饮品	维C饮料	瓶	3.5	152	532	
饮品	可乐	瓶	3.0	425	1275	
饮品	牛奶	盒	5.5	625	3437.5	有坏包情况
饼干	奥利奥	袋	7.5	415	3112.5	
饼干	牛奶小饼	袋	6.0			缺货
饼干	手指饼	袋	5.0	12	60	
膨化食品	薯片	袋	4.5	95	427.5	
膨化食品	虾条	袋	3.5	75	262.5	
膨化食品	米果卷	袋	6.5	425	2762.5	
膨化食品	爆米花	袋	8.0	35	280	需补货

图 5-38 添加单位

商品分类	商品名称	单位	售价（元）	销量	销售额（元）	备注
饮品	维C饮料	瓶	3.5	152	532.0	_
饮品	可乐	瓶	3.0	425	1,275.0	_
饮品	牛奶	盒	5.5	625	3,437.5	有坏包情况
饼干	奥利奥	袋	7.5	415	3,112.5	_
饼干	牛奶小饼	袋	6.0	_	_	缺货
饼干	手指饼	袋	5.0	12	60.0	_
膨化食品	薯片	袋	4.5	95	427.5	_
膨化食品	虾条	袋	3.5	75	262.5	_
	米果卷	袋	6.5	425	2,762.5	_
膨化食品	爆米花	袋	8.0	35	280.0	需补货

图 5-39 处理数字

第05步： 合并单元格。如图5-40所示，❶删除重复的两个“饮品”文字，选中这三个单元格；❷单击【表格工具-布局】选项卡下的【合并单元格】按钮。

第06步： 完成数据调整。使用同样的方法完成其他单元格的合并，此时表格数据完成调整，效果如图5-41所示。

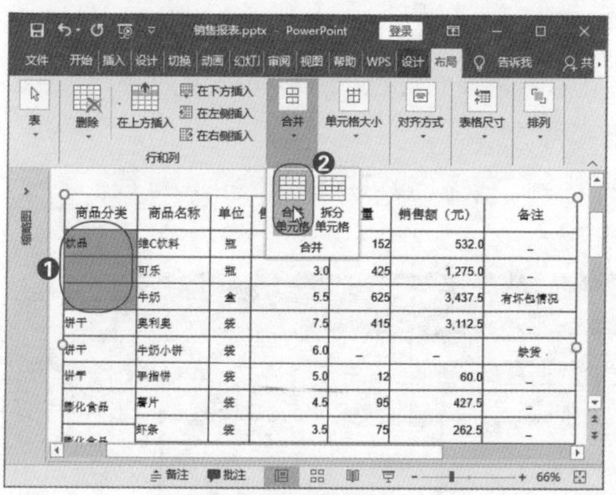

图 5-40 合并单元格

商品分类	商品名称	单位	售价（元）	销量	销售额（元）	备注
饮品	维C饮料	瓶	3.5	152	532.0	_
	可乐	瓶	3.0	425	1,275.0	_
	牛奶	盒	5.5	625	3,437.5	有坏包情况
饼干	奥利奥	袋	7.5	415	3,112.5	_
	牛奶小饼	袋	6.0	_	_	缺货
	手指饼	袋	5.0	12	60.0	_
膨化食品	薯片	袋	4.5	95	427.5	_
	虾条	袋	3.5	75	262.5	_
	米果卷	袋	6.5	425	2,762.5	_
	爆米花	袋	8.0	35	280.0	需补货

图 5-41 完成数据调整效果

接下来就需要对表格和 PPT 页面的其他元素进行设计，具体设计方法将在 5.3 节讲解，最终效果如图 5-42 所示。

图 5-42 完成表格设计

NO.5.3　表格变美第 2 步：外表美观又简洁

数据是表格的核心，当数据被正确严谨地表达后，接下来的工作便是美化表格。美化工作需要从表格内的文字、表格底纹填充色、表格框线、对齐方式等方面来进行设计。

在 PowerPoint 中，美化表格设计功能分别在【设计】和【布局】选项卡下。下面先来认识一下这些功能，以便后面在讲解设计理念时，能快速选择恰当的功能来完成表格美化。

图 5-43 所示是【表格工具 - 设计】选项卡下的功能分布。

» 套用系统自带的表格样式，可快速美化表格，但是这样的表格容易与别人的表格"撞衫"，且无法让表格设计与主题设计完成匹配。

» 应用【底纹】功能可为单元格设置填充色。选择【边框】菜单中不同的边框，可为表格设置不同位置的边框线。应用【效果】功能可为表格设置凹凸、阴影和映像效果，但不建议轻易选择这种效果，因为可能会让表格变得"土味"。

» 在【绘制边框】功能组中可设置边框颜色、粗细、线型，也可绘制或擦除边框线。

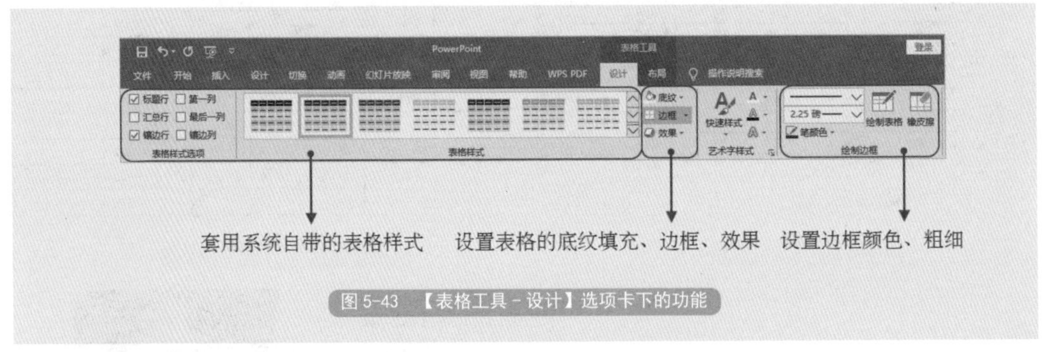

图 5-43　【表格工具 - 设计】选项卡下的功能

图 5-44 所示是【表格工具 - 布局】选项卡下的功能分布。

» 【行和列】功能可删除、插入行和列。

» 【合并】功能可合并或拆分单元格。

» 【单元格大小】功能可设置单元格的高度和宽度。其中【分布行】和【分布列】是十分有用的功能，可使表格的行或列均匀分布，保持一样的宽度或高度。

» 【对齐方式】功能可设置文字在单元格中的位置。

» 【排列】组中的【对齐】功能可以控制整张表格在 PPT 中的对齐方式。

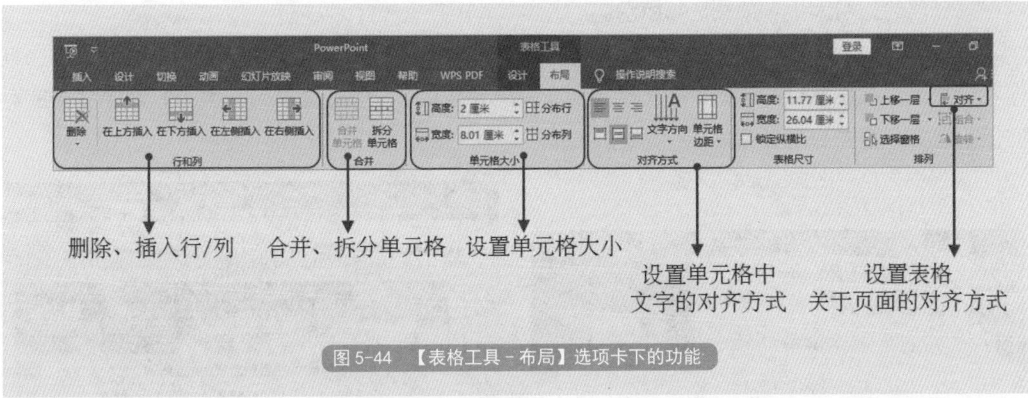

图 5-44 【表格工具 - 布局】选项卡下的功能

5.3.1 设置整齐均匀的尺寸

开始设计表格的首要动作是确定表格的尺寸及单元格尺寸。这样才能根据尺寸来调整文字大小及其他设计工作。

在【表格工具 - 布局】选项卡下可设置单元格大小，但通常不建议手动去设置单元格的高度和宽度参数。因为美观的表格一定是行与行、列与列尺寸均匀统一的。

快速调整尺寸的方法如图 5- 45 所示。

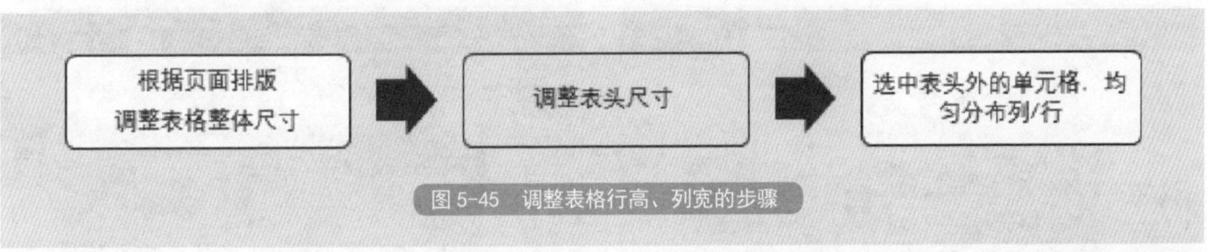

图 5-45 调整表格行高、列宽的步骤

技术揭秘 5-3：快速调整表格尺寸的方法

根据图 5-45 所示的思路，下面来看看如何快速调整一张原始表格的尺寸，使其变得美观均匀。

第01步： 调整表格整体尺寸。打开“素材文件\原始文件\第5章\尺寸调整.pptx”文件，选中表格左、右、上、下任意一个角，按住鼠标左键不放，拖动调整表格整体尺寸，使表格在PPT页面中占据合理的空间大小，如图5-46所示。

第02步： 设置表头尺寸。表头可能是表格的标题、数据名称等，需要醒目显示，高度应该比其他单元格大。如图5-47所示，❶将光标放到表头单元格中；❷单击【单元格大小】组中【高度】向上的箭头，增加高度参数。

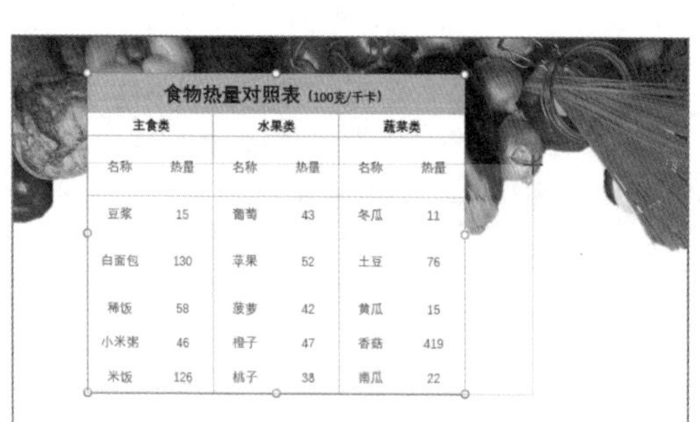

图 5-46　调整表格整体尺寸

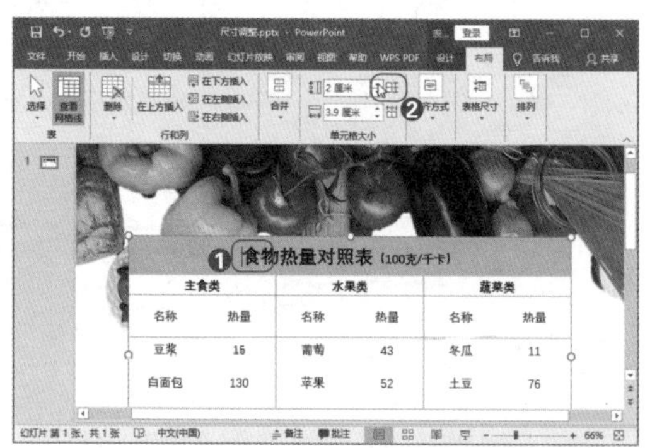

图 5-47　设置表头尺寸

第03步： 均匀分布行。如图5-48所示，❶选中除表头外的所有单元格；❷单击【分布行】按钮，此时选中的所有行便具有相同的高度尺寸。

第04步： 均匀分布列。如图5-49所示，❶选中表头外的所有单元格；❷单击【分布列】，所有列便具有相同的宽度尺寸。

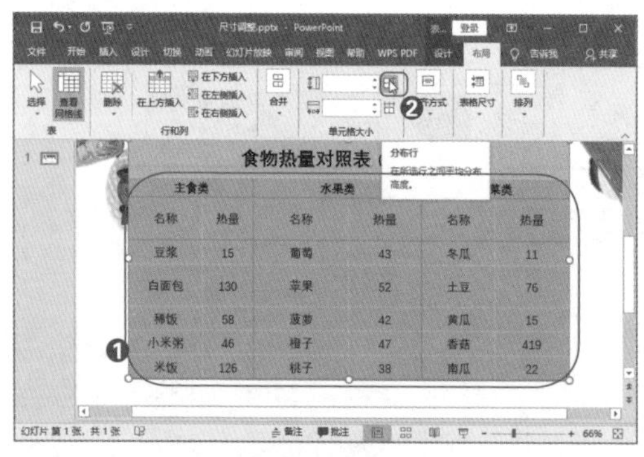

图 5-48　统一行的高度

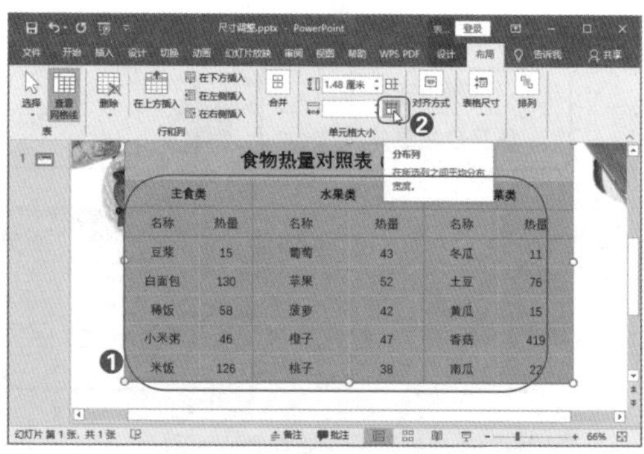

图 5-49　统一列的宽度

第05步：查看效果。图5-50所示是完成尺寸调整的表格，十分整齐美观。

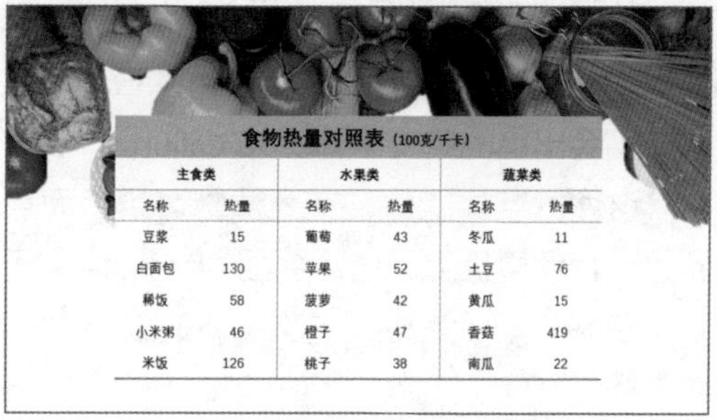

食物热量对照表（100克/千卡）

主食类		水果类		蔬菜类	
名称	热量	名称	热量	名称	热量
豆浆	15	葡萄	43	冬瓜	11
白面包	130	苹果	52	土豆	76
稀饭	58	菠萝	42	黄瓜	15
小米粥	46	橙子	47	香菇	419
米饭	126	桃子	38	南瓜	22

图5-50　完成尺寸调整

5.3.2　选择恰当的字体、字号

表格字体、字号的错误随处可见。为了让文字清晰可见，将文字放得很大，让表格失去精致的美感；为了追求个性，选择特别的字体，导致无法清晰辨认表格信息；为了强调重点信息，将某一个数字放得很大，使表格失去平衡。

为了杜绝以上低级错误，请牢记字体、字号设计的四个原则。

重点速记：字体、字号设计四原则

1. 选择容易阅读的字体，不要为了追求独特而选择标新立异的字体，注意为数字、英文、中文选择不同的字体。
2. 注意让表格字体和PPT页面其他内容字体统一。
3. 中文不要使用倾斜效果，解释说明作用的英文可用倾斜效果。
4. 除表头外，字号选择要保证上、下均有恰当留白，且所有内容的字号要保持一致。

1. 数字、中文、英文字体不同，慎用斜体字

Office软件在安装后，自带多种不同的字体，观察这些字体可发现，有的字体名称是中文，有的是英文。其实从名称中就可以知道这些字体究竟是为中文设计的字体还是为英文设计的字体。选中需要设置字体的文字，在【开始】选项卡下【字体】组中的字体列表中，

光标指向某一字体，选中的文字就会出现应用这种字体后的效果。

图 5-51 所示是应用英文字体的效果。在设计 PPT 表格时，如果没有特别的灵感，不妨选择不会出错的英文字体，如 Calibri、Times New Roman。

这两款字体能保证英文清晰可辨，而且基本所有系统都有这两款字体，即使 PPT 复制到另一台计算机上，也不会因为缺少字体而无法正常显示。

图 5-52 所示是应用中文字体的效果。不会出错的中文字体有“华文宋体”“微软雅黑”“黑体”等。

图 5-53 所示是数字应用 Arial 字体后的效果。通常情况下，数字选择 Arial、Calibri 会有不错的效果。如果想强调数字，则建议选择 Arial Black 或 Impact 粗体字。

图 5-51　英文字体　　图 5-52　中文字体　　图 5-53　适合数字的字体

在 PPT 中设置表格字体时，最忌讳的就是选择不能清晰辨认的字体。如图 5-54 所示，选择了“不寻常”的字体后，很难阅读表格中的信息，设计重点本末倒置。

如图 5-55 所示，表格中的中文和这页 PPT 的标题均选择“华文中宋”字体，数字选择 Arial 字体，页面整体和谐统一，且容易阅读。

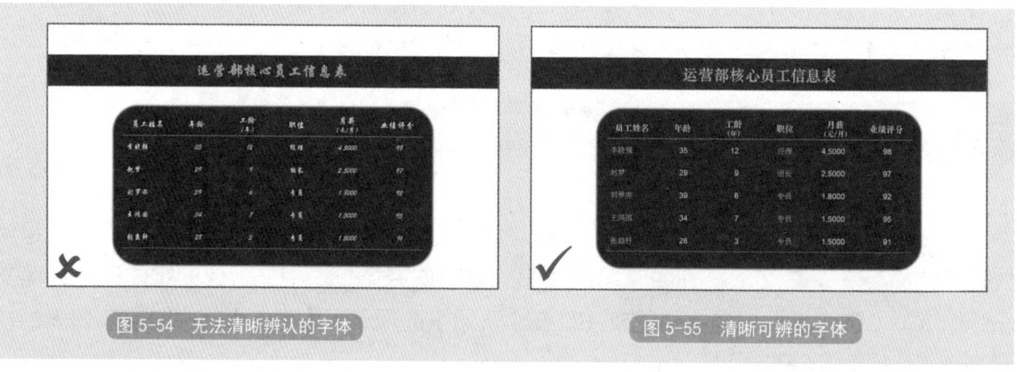

图 5-54　无法清晰辨认的字体　　图 5-55　清晰可辨的字体

如果为英文选择了中文字体，初看之下可能觉得没有问题，细看却能发现不协调之处。如图 5-56 所示，页面中的英文是楷体字，仔细观察可发现单词字母的间距不一致。

调整英文字体设置，选择 Gadugi 字体，效果如图 5-57 所示，文字效果变得美观又容易阅读。

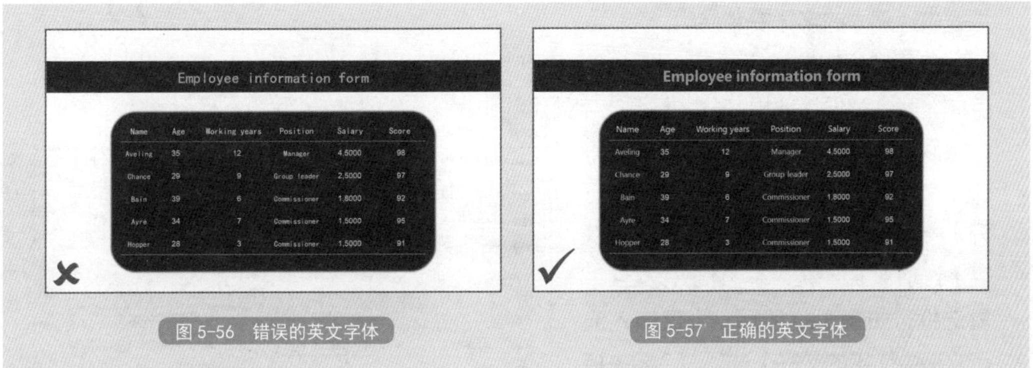

图 5-56　错误的英文字体　　图 5-57　正确的英文字体

除了以上字体选择的基本原则外，需要注意不要为中文字体设置倾斜效果。因为文字的倾斜效果最开始是为英文设计的，如果应用在中文字体上，会出现如图 5-58 所示的效果，文字被生硬拉扯，笔画出现锯齿。这样的效果既不美观，也不方便阅读。

如果出于设计考虑，一定要使用倾斜效果，正确的做法是安装有倾斜效果的字体，通过合理的字体设计来达到目的。

图 5-58　中文字体应用倾斜效果

第5章

高效技巧：换台计算机播放PPT时，如何保证字体不变？

Office 自带的字体有时可能无法满足设计需求。此时可在网络中购买、下载更能满足主题表达需求的字体安装使用。

使用自行安装的字体后，将 PPT 复制到其他计算机中，如果其他计算机中没有这种字体，就会让设计效果减分，甚至文字显示乱码。

解决方法是将字体嵌入文件。单击【文件】菜单中的【选项】按钮，打开【PowerPoint 选项】对话框，在【保存】选项卡下选中【将字体嵌入文件】复选框，如图 5-59 所示。【仅嵌入演示文稿中使用的字符】选项适合用来播放 PPT；而【嵌入所有字符】适合用来修改 PPT，保证在另一台计算机中修改文字也能使用原有字体。

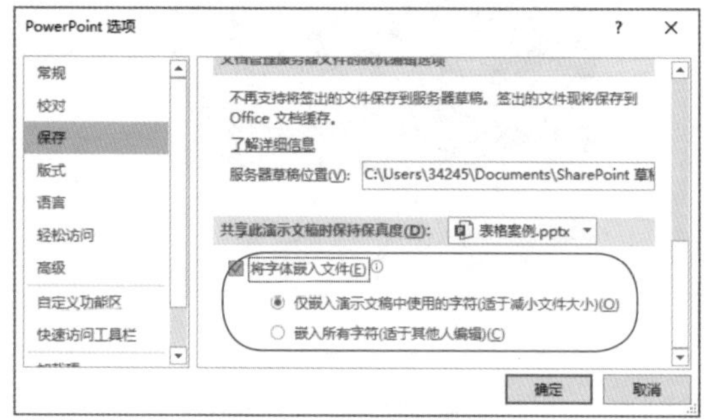

图 5-59 字体嵌入文件

· 2. 字号选择，上下有留白 ·

表格文字大小没有标准字号，需要根据表格尺寸、字数来设置。

只要保证文字在单元格中能清晰辨认，且上、下有 0.5~1 个字符高度的留白即可，效果如图 5-60 所示。

2021年施工项目计划表

项目	级别	计划开始时间	计划完成时间
建设工程施工许可证	一级	2021年1月5日	2021年2月5日
完成一层地下结构	一级	2021年3月1日	2021年4月1日
完成二层地下结构	二级	2021年5月2日	2021年9月1日
完成地下室施工	二级	2021年9月2日	2021年10月1日
完成一~三层施工	一级	2021年10月5日	2021年12月20日

图 5-60 表格字号大小

技术揭秘 5-4：精准设置表格文字字体、字号的方法

在设置表格字体、字号时，操作要点是选中需要设置的文字，在【字体】组中选择字体和字号，但为了提高效率，不同的情况有不同的选择方法。

第01步： 设置整张表格的字体、字号。如图5-61所示，❶将光标放到表格最上面的边框上，当光标变成4个箭头时，单击选中整张表格；❷在【字体】组中选择字体和字号，即可快速为整张表格设置统一的字体和字号。

第02步： 设置部分单元格的字体、字号。如图5-62所示，❶按住鼠标左键不放，拖动选中部分单元格；❷在【字体】组中选择字体和字号，即可为选中的这些单元格设置相同的字体和字号。

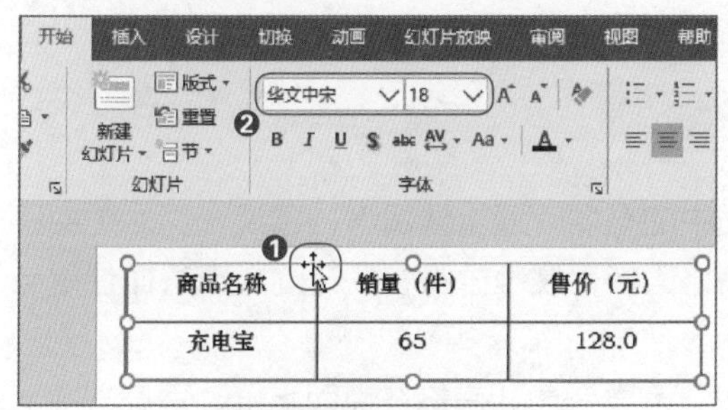

图 5-61 选中整张表格

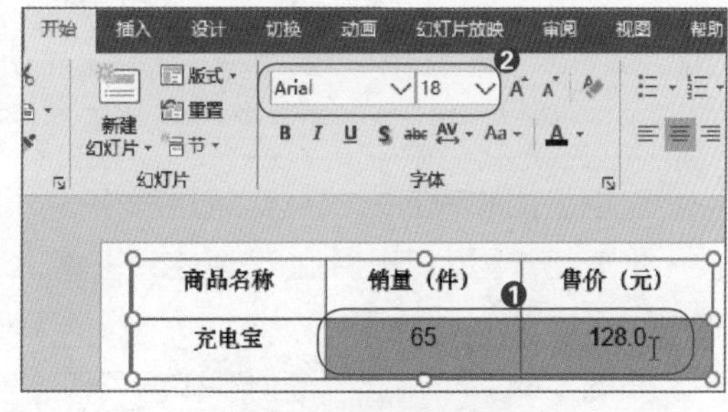

图 5-62 选择部分单元格

第03步： 设置单元格中部分内容的字体、字号。如图5-63所示，❶按住鼠标左键不放，拖动选中单元格中的部分文字内容；❷在【字体】组中选择字体和字号，即可为选中的这些内容单独设置字体和字号。

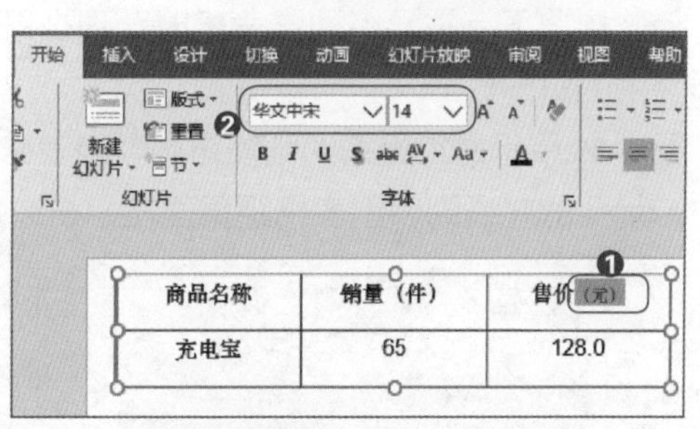

图 5-63 选择单元格中的部分内容

5.3.3 牢记对齐表格的四个原则

表格凌乱不堪很大程度上是因为没有对齐。设置数据在单元格中的对齐方式功能一共

有六个，再加上表格的对齐功能，实在让人眼花缭乱。其实不用伤脑筋，记住这四个原则，就可以轻松让表格对得整整齐齐。

重点速记：表格对齐四原则

❶ 只有一张表格时，表格居于页面中间。有两张表格时，注意表格与表格间的对齐。

❷ 表格中所有内容均要【垂直居中】对齐。

❸ 文字：字数相同，【居中】对齐，四个字以上的长文字【左对齐】。

❹ 数字：【右对齐】才能方便读数，但是为了美观起见要设置单元格左、右边距。

1. 表格整体的对齐方式

表格整体的对齐方式其实就是表格在页面中的布局。通常情况下，建议一页 PPT 中只放一张表格，因为表格中的信息比较密集，表格太多，既难排版，又让观众无法抓住重点信息。

如图 5-64 所示，当页面中只有一张表格时，需要考虑让表格在页面水平、垂直方向上的居中对齐。当表格居于页面水平、垂直方向的中间时，会出现红色的虚线。

特殊情况下，需要有两张表格时，那么既需要考虑两张表格间的对齐，又要考虑表格在页面中的对齐。

图 5-65 所示是常见的两张表布局，当表格上、下对齐时，表格上、下会出现红色虚线。图中带箭头的虚线则表示表格距页面左、右边距的距离相等。

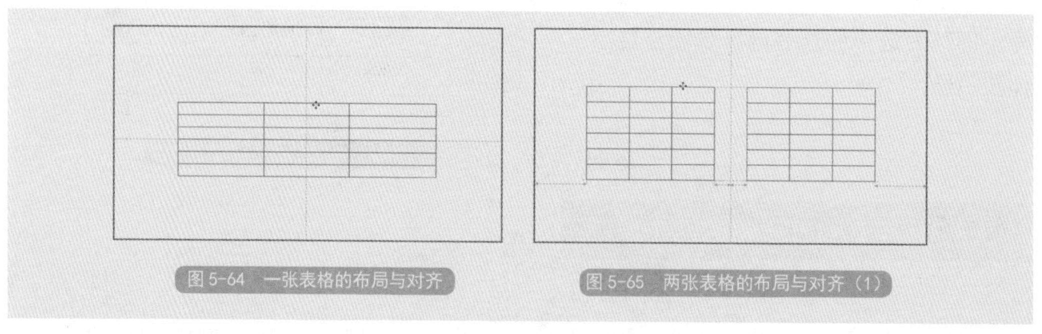

图 5-64 一张表格的布局与对齐

图 5-65 两张表格的布局与对齐（1）

两张表格也可以采用如图 5-66 和图 5-67 所示的布局方式。在对齐表格时，注意观察红色虚线，让表格对齐即可。

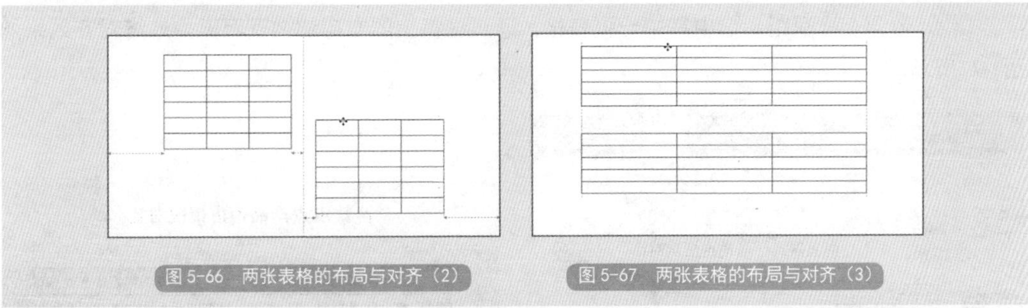

图 5-66　两张表格的布局与对齐（2）

图 5-67　两张表格的布局与对齐（3）

技术揭秘 5-5：设置表格整体的对齐方式

在对齐表格时，可以通过红色参考线来对齐表格，但是如果 PPT 页面中有较多的设计元素，可能会干扰参考线显示，此时也可以通过【对齐】功能来控制表格的对齐方式。

第01步： 让表格在页面水平方向居中对齐。打开“素材文件\原始文件\第5章\表格整体对齐.pptx”文件，❶选择第1张幻灯片；❷选中整张表格；❸选择【表格工具-布局】选项卡下【对齐】菜单中的【水平居中】选项，如图5-68所示。

注意此时选择的是【对齐幻灯片】选项，表示与幻灯片水平居中对齐。

第02步： 查看对齐效果。如图5-69所示，此时表格在水平方向上居于页面中间，十分整齐。

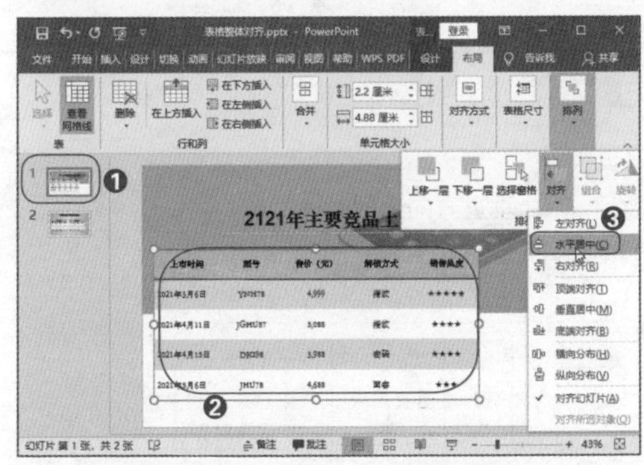

图 5-68　让表格在页面水平方向的中间

2121年主要竞品上市情况调查

上市时间	型号	售价（元）	解锁方式	销售热度
2021年3月6日	YNH78	4,999	指纹	★★★★★
2021年4月11日	JGHU87	5,088	指纹	★★★★
2021年4月15日	DKI98	3,988	密码	★★★★
2021年5月6日	JHU78	4,688	面容	★★★

图 5-69　对齐效果

第03步： 两张表格底端对齐。如图5-70所示，❶选择第2张幻灯片；❷按住【Ctrl】键的同时选中两张表格，选择【绘图工具-格式】选项卡下的【底端对齐】选项。

第04步： 微调表格间距。选中其中一张表格，通过键盘上的方向键微调距离，最终对齐效果如图5-71所示。

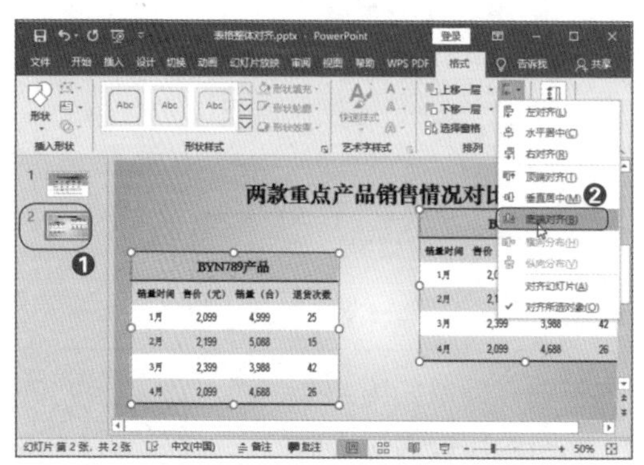

图5-70　两张表格底端对齐

两款重点产品销售情况对比

BYN789产品			
销量时间	售价（元）	销量（台）	退货次数
1月	2,099	4,999	25
2月	2,199	5,088	15
3月	2,399	3,988	42
4月	2,099	4,688	26

BYN789产品			
销量时间	售价（元）	销量（台）	退货次数
1月	2,099	4,999	25
2月	2,199	5,088	15
3月	2,399	3,988	42
4月	2,099	4,688	26

图5-71　对齐效果

2. 单元格中内容的对齐方式

表格中一个又一个的小方格被称为单元格。在【表格工具 - 布局】选项卡下有六个控制对齐方式的功能，如图 5-72 所示。

其实这六个功能的作用就是控制文字内容在单元格水平和垂直方向上的位置。在这些对齐方式中，需要特别注意【垂直居中】方式。一般来说，单元格中的内容在垂直方向上需要居于中间，这样才不会产生上下不平衡的失重感。

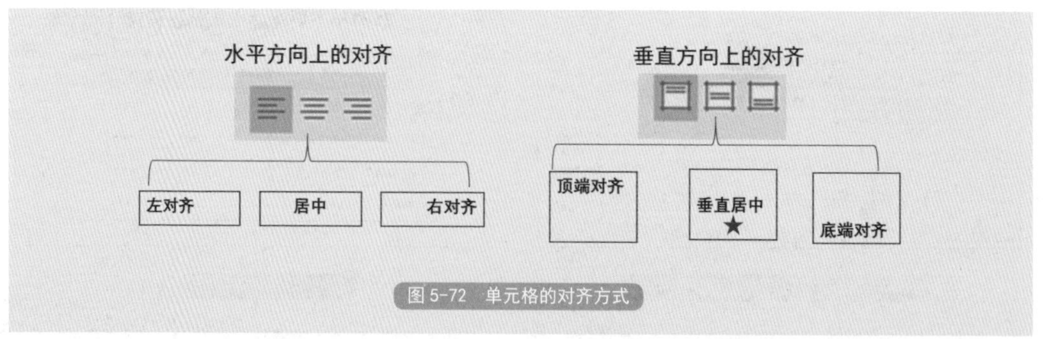

图5-72　单元格的对齐方式

调整表格的对齐方式时，首先选中整张表格，设置所有内容【垂直居中】后，再根据内容的具体情况设置左、中、右对齐方式。下面通过案例来看看对齐方式的设置原理。

如图 5-73 所示，很多人都会将表格内容设置为【居中】对齐，但是表格效果并不理想。观察后可发现以下问题。

- 在垂直方向上，使用的是默认的【顶端对齐】方式，导致单元格下部留白太多。这就是为什么要让表格所有内容【垂直居中】的原因所在。
- 最左列文字较多，显得参差不齐。人们习惯从左往右阅读，因此长文字应该【左对齐】。
- 数字【居中】对齐初看没有问题，细看却发现个、十、百、千这样的计算单位没有对齐，容易误读数据。因此，数据需要【右对齐】才能解决这个问题。

各销售组第一季度销售表现

各销售组勇创业绩，在一季度完美收官，业绩较同期增长5%。

销售组	组长	1月销量	2月销量	3月销量
铿锵野玫瑰组	李峰	5,425	958	6,124
战狼冲锋组	刘晓露	1,125	458	2,325
业绩第一组	赵梦来	958	1,245	21,524
激流勇进组	李笑笑	2,325	3,654	958
红旗组	罗怡	6,425	977	1,263
战狼组	杨天凤	6,958	1,025	10,245

图 5-73　对齐方式有问题的表格

根据原则，设置表格所有内容【垂直居中】，长文字【左对齐】，数字【右对齐】，其他内容【居中】后，效果如图 5-74 所示。该表格还是存在问题，即数字单元格太靠右，不美观。

解决方法是设置数字单元格的右边距参数，最终效果如图 5-75 所示。

各销售组第一季度销售表现

各销售组勇创业绩，在一季度完美收官，业绩较同期增长5%。

销售组	组长	1月销量	2月销量	3月销量
铿锵野玫瑰组	李峰	5,425	958	6,124
战狼冲锋组	刘晓露	1,125	458	2,325
业绩第一组	赵梦来	958	1,245	21,524
激流勇进组	李笑笑	2,325	3,654	958
红旗组	罗怡	6,425	977	1,263
战狼组	杨天凤	6,958	1,025	10,245

图 5-74　调整对齐方式后的表格

各销售组第一季度销售表现

各销售组勇创业绩，在一季度完美收官，业绩较同期增长5%。

销售组	组长	1月销量	2月销量	3月销量
铿锵野玫瑰组	李峰	5,425	958	6,124
战狼冲锋组	刘晓露	1,125	458	2,325
业绩第一组	赵梦来	958	1,245	21,524
激流勇进组	李笑笑	2,325	3,654	958
红旗组	罗怡	6,425	977	1,263
战狼组	杨天凤	6,958	1,025	10,245

图 5-75　设置数字单元格的右边距参数

5.3.4 填充色决定表格“土不土”

在 PPT 中做表格是让人头疼的事，一不小心就会让表格很“土”、很丑。究其原因，很多时候是颜色填充的错。选择没有高级感的颜色，如“土味”蓝色，效果如图 5-76 所示；或是将颜色填得太满，如图 5-77 所示，均是最容易犯的错。

1月各分公司收益统计

公司	总经理	利润（万元）	利润同比增长（%）	负债（万元）
得胜分公司	赵奇	528	12	0
龙润分公司	李华想	429	5	12
爱科技分公司	王鸿刚	326	-2	36
旗进分公司	刘婷	98	16	129

图 5-76 “土味”蓝色

1月各分公司收益统计

公司	总经理	利润（万元）	利润同比增长（%）	负债（万元）
得胜分公司	赵奇	528	12	0
龙润分公司	李华想	429	5	12
爱科技分公司	王鸿刚	326	-2	36
旗进分公司	刘婷	98	16	129

图 5-77 颜色填得太满

为了避免在配色上出错，可以套用四个配色公式。

重点速记：四个表格配色公式

不变的前提，深色填充 + 浅色文字，或浅色填充 + 深色文字，千万不要蓝底黑字。

① 经典配色法，灰色 + 主题色、灰色 + 白色，形成间隔行 / 列，便于阅读。

② 和谐配色法，隔行或隔列填充主题色，其他行和列无填充色，或与背景色一致，可最大限度保持表格配色与 PPT 其他元素配色一致。

③ 简洁配色法，表头使用主题色填充，其他单元格无填充色或与背景色一致。

1. 灰色 + 主题色

要想不出错又搭配出好看的颜色，灰色是秘密武器。在众多颜色中，黑白灰都是无彩色系，但是与黑色和白色相比，灰色又不会太过于纯粹，不会给人强烈的颜色感受。因为没有感官情绪的冲突，灰色给人的感受是低调、优雅、沉静。在没有配色灵感时，不妨使用灰色来进行搭配。

表格配色之所以会考虑隔行、隔列填充，是为了在观看时让视线区分行与行、列与列，避免误读。

选用灰色 + 主题色填充时，如果表头填充的也是主题色，那么下面的单元格中的主题色应该更淡，如图 5-78 所示，否则会导致表格填充色太满。

也可以考虑让表头填充白色或无填充色，效果如图 5-79 所示。

1月各分公司收益统计

公司	总经理	利润（万元）	利润同比增长（%）	负债（万元）
得胜分公司	赵奇	528	12	0
龙润分公司	李华想	429	5	12
爱科技分公司	王鸿刚	326	-2	36
旗进分公司	刘婷	98	16	129

图 5-78　灰色 + 主题色隔行填充

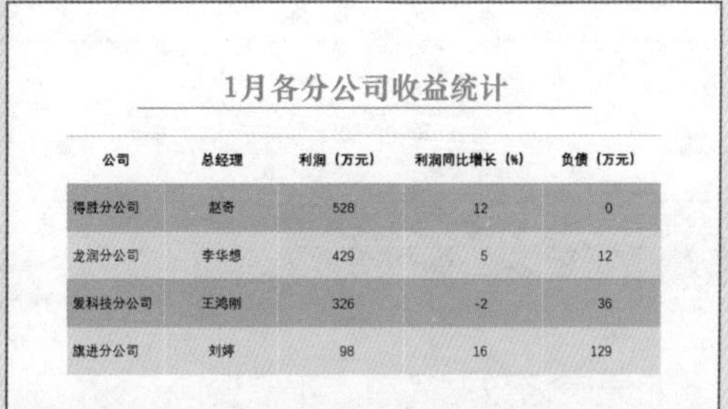

1月各分公司收益统计

公司	总经理	利润（万元）	利润同比增长（%）	负债（万元）
得胜分公司	赵奇	528	12	0
龙润分公司	李华想	429	5	12
爱科技分公司	王鸿刚	326	-2	36
旗进分公司	刘婷	98	16	129

图 5-79　表头填充白色

当主题色比较鲜艳时，灰色 + 主题色可能导致表格颜色太满。此时灰色 + 白色填充也是不错的选择，效果如图 5-80 所示。

1月各分公司收益统计

公司	总经理	利润（万元）	利润同比增长（%）	负债（万元）
得胜分公司	赵奇	528	12	0
龙润分公司	李华想	429	5	12
爱科技分公司	王鸿刚	326	-2	36
旗进分公司	刘婷	98	16	129

图 5-80　灰色 + 白色隔行填充

2. 隔行填充主题色

表格中只使用主题色进行填充，可让 PPT 整体配色和谐有序。图 5-81 所示是隔行填充主题色的效果，只不过表头下方的主题色比较淡。如果表头没有填充色，图 5-82 所示的填充方式也是可以的。

第5章

1月各分公司收益统计

公司	总经理	利润（万元）	利润同比增长（%）	负债（万元）
得胜分公司	赵奇	528	12	0
龙润分公司	李华想	429	5	12
爱科技分公司	王鸿刚	326	-2	36
旗进分公司	刘婷	98	16	129

图 5-81　隔行填充主题色

1月各分公司收益统计

公司	总经理	利润（万元）	利润同比增长（%）	负债（万元）
得胜分公司	赵奇	528	12	0
龙润分公司	李华想	429	5	12
爱科技分公司	王鸿刚	326	-2	36
旗进分公司	刘婷	98	16	129

图 5-82　表头无填充色 + 隔行填充主题色

· 3. 表头填充主题色 ·

如果表格数据简单，不需要隔行、隔列填充，仅需要设计出极简风格的表格。让表头填充主题色，其他单元格填充白色或保持与背景色一致。效果如图 5-83 所示。

1月各分公司收益统计

公司	总经理	利润（万元）	利润同比增长（%）	负债（万元）
得胜分公司	赵奇	528	12	0
龙润分公司	李华想	429	5	12
爱科技分公司	王鸿刚	326	-2	36
旗进分公司	刘婷	98	16	129

图 5-83　表头填充主题色

技术揭秘 5-6：为表格填充深浅不同的主题色

PowerPoint 2016 及以上版本有【取色器】功能，通过这个功能可快速拾取页面中的颜色。如果想填充上深浅不同的主题色，只需要在【颜色】对话框中微调颜色即可。

第01步：使用【取色器】。打开“素材文件\原始文件\第5章\颜色填充.pptx”文件，❶选中表格第一行，单击【表格工具-设计】选项卡下的【底纹】按钮；❷选择【取色器】选项，如图5-84所示。

第02步：拾取主题色。如图5-85所示，此时光标变成吸管形状，在有主题色的地方单击。

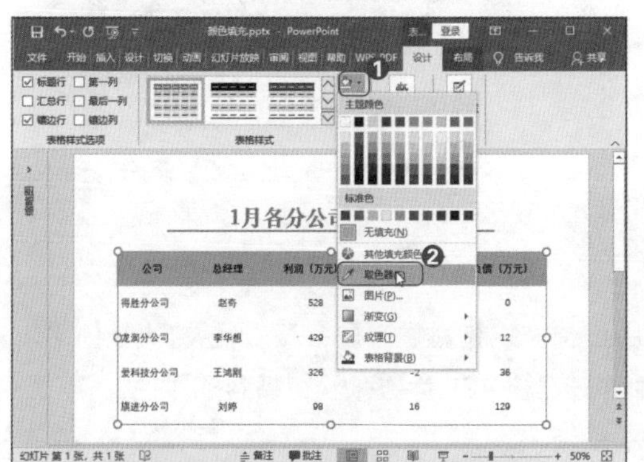

图 5-84　选择【取色器】

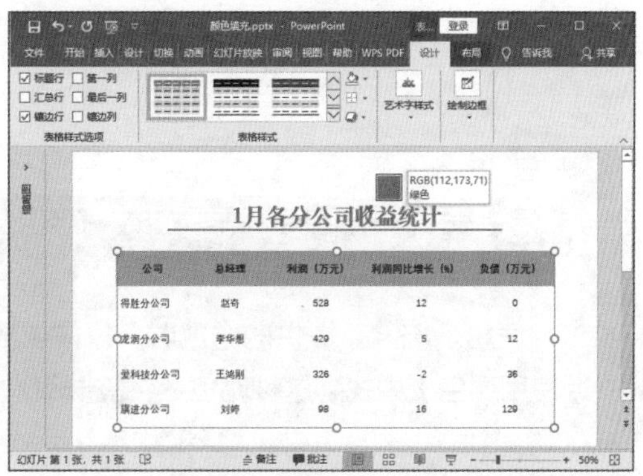

图 5-85　拾取主题色

第03步：打开【颜色】对话框。此时表格第一行填充上了主题色，将文字改成白色，并让表格第三行也填充上这种颜色。如图5-86所示，❶选中表格第三行，单击【底纹】按钮；❷选择【其他填充颜色】选项，打开【颜色】对话框。

第04步：选择较淡的颜色。如图5-87所示，❶在【自定义】选项卡下，往上拖动三角形滑块，选择较淡的颜色；❷单击【确定】按钮。此时第三行就会应用这种较淡的绿色。

图 5-86　打开【颜色】对话框

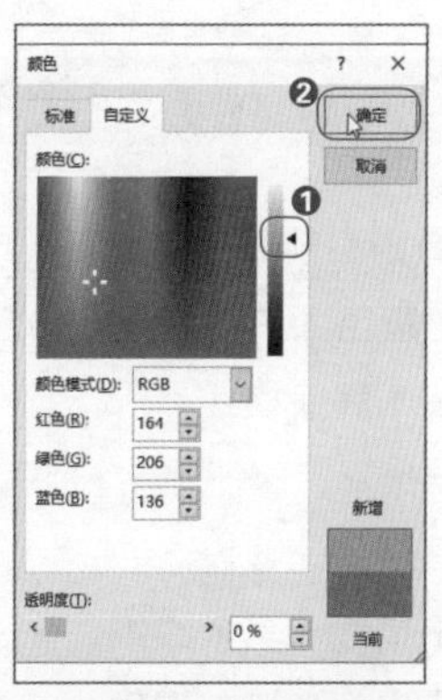

图 5-87　选择较淡的颜色

第05步： 完成表格填充。选中表格最后一行，填充上较淡的绿色底纹，效果如图5-88所示。

1月各分公司收益统计

公司	总经理	利润（万元）	利润同比增长（%）	负债（万元）
得胜分公司	赵奇	528	12	0
龙润分公司	李华想	429	5	12
爱科技分公司	王鸿刚	326	-2	36
旗进分公司	刘婷	98	16	129

图 5-88　完成表格填充

高效技巧：如何快速应用颜色

使用系统没有提供的颜色时，只需要应用过一次这种颜色，就会在颜色菜单的【最近使用颜色】中找到这种颜色，不需要每次都通过设置 RGB 参数来获得特定的颜色。

• 5.3.5　边框决定表格精不精致

解决了表格填充色问题后，使表格变美的工作还没有大功告成。表格的边框设计看似不起眼，却至关重要。与【底纹】填充功能相比，【边框】功能要复杂得多，既要考虑颜色、线型、粗细，还要精确到为单元格上、下、左、右设置边框线。

边框线设计千万不能复杂，越简单越好。套用五种设计方法，表格边框美观简洁。

重点速记：五种常用的边框线设计方法

基本原则：能不用边框的地方就不要用，即使有边框，也要细一点，颜色淡一点。边框颜色应在主题色、白色、黑色中选择其一。

1. 外框线 + 表头横线。
2. 只有横线。
3. 严谨简洁的三线表。
4. 上、下粗线，其余线细。
5. 无线表用颜色填充来区分。

1. 外框线 + 表头横线

遵循极简原则，不需要线的地方尽量不用线。仅为表格添加外框线，表示这里是一张表，然后横线区分表头，效果如图 5-89 所示。由此可见，该表格不仅没有影响表格读数，还非常干净。

3月重要订单数据分析

需要增加4号运货商这样的合作伙伴，否则大批货物无法按时送出。

日期	订单编号	运货商编号	运费（元）	货物数量（箱）	客户名称
3月3日	YB1452	2	98.00	6	李小天
3月4日	YB1453	3	68.00	5	张乐
3月4日	YB1454	4	125.00	20	王梦华
3月5日	YB1455	4	316.05	52	赵衣青
3月6日	YB1456	2	98.00	3	刘婷婷
3月7日	YB1457	4	210.00	26	王宏
3月8日	YB1458	4	300.00	37	陈丽

图 5-89　外框线 + 表头横线

2. 只有横线

大多数情况下，表格都是从上往下阅读的，每一行显示一组数据，因此垂直线是没有必要存在的。只有横线的表已经成为一种设计趋势，既能区分行与行，又简洁美观。图 5-90 所示是只添加横线的效果。

如果觉得表格只有横线无法很好地突出表头，可以为表头填充颜色，效果如图 5-91 所示。

3月重要订单数据分析

需要增加4号运货商这样的合作伙伴，否则大批货物无法按时送出。

日期	订单编号	运货商编号	运费（元）	货物数量（箱）	客户名称
3月3日	YB1452	2	98.00	6	李小天
3月4日	YB1453	3	68.00	5	张乐
3月4日	YB1454	4	125.00	20	王梦华
3月5日	YB1455	4	316.05	52	赵衣青
3月6日	YB1456	2	98.00	3	刘婷婷
3月7日	YB1457	4	210.00	26	王宏
3月8日	YB1458	4	300.00	37	陈丽

图 5-90　只有横线的表

3月重要订单数据分析

需要增加4号运货商这样的合作伙伴，否则大批货物无法按时送出。

日期	订单编号	运货商编号	运费（元）	货物数量（箱）	客户名称
3月3日	YB1452	2	98.00	6	李小天
3月4日	YB1453	3	68.00	5	张乐
3月4日	YB1454	4	125.00	20	王梦华
3月5日	YB1455	4	316.05	52	赵衣青
3月6日	YB1456	2	98.00	3	刘婷婷
3月7日	YB1457	4	210.00	26	王宏
3月8日	YB1458	4	300.00	37	陈丽

图 5-91　表头填充颜色 + 横线

3. 严谨简洁的三线表

在财务、咨询管理、医学等行业中，表格制作要求严谨简洁。此时三线表是不错的选择。

如图 5-92 所示，为表格上、下框设置较粗的线，表头下设置较细的线。简单的三线表勾勒出表格框架和结构，呈现极度干练和严肃的态度。

3月重要订单数据分析

需要增加4号运货商这样的合作伙伴，否则大批货物无法按时送出。

日期	订单编号	运货商编号	运费（元）	货物数量（箱）	客户名称
3月3日	YB1452	2	98.00	6	李小天
3月4日	YB1453	3	68.00	5	张乐
3月4日	YB1454	4	125.00	20	王梦华
3月5日	YB1455	4	316.05	52	赵衣冉
3月6日	YB1456	2	98.00	3	刘婷婷
3月7日	YB1457	4	210.00	26	王宏
3月8日	YB1458	4	300.00	37	陈蕾

图 5-92　三线表

4. 上、下粗线，其余线细

设计表格时，不必包含所有框线，横线和垂直线可以舍弃其中一种。

当剩下所有横线时，可以为表格上、下线设置较粗的线，其他线设置较细的线。这样可以让线条的存在不会影响表格的精致感。效果如图 5-93 所示。

3月重要订单数据分析

需要增加4号运货商这样的合作伙伴，否则大批货物无法按时送出。

日期	订单编号	运货商编号	运费（元）	货物数量（箱）	客户名称
3月3日	YB1452	2	98.00	6	李小天
3月4日	YB1453	3	68.00	5	张乐
3月4日	YB1454	4	125.00	20	王梦华
3月5日	YB1455	4	316.05	52	赵衣冉
3月6日	YB1456	2	98.00	3	刘婷婷
3月7日	YB1457	4	210.00	26	王宏
3月8日	YB1458	4	300.00	37	陈蕾

图 5-93　上、下粗线，其余细线

5. 无线表用颜色填充来区分

表格线的作用为确定数据所在的位置，帮助区分行和列。因此，当为不同的行填充上不同的颜色后，行与行之间已经能够清晰区分了，此时线便是多余的存在。

如图 5-94 所示，表格取消了框线，仅隔行填充了不同的颜色，效果也很不错。

3月重要订单数据分析

需要增加4号运货商这样的合作伙伴，否则大批货物无法按时送出。

日期	订单编号	运货商编号	运费（元）	货物数量（箱）	客户名称
3月3日	YB1452	2	98.00	6	李小天
3月4日	YB1453	3	68.00	5	张乐
3月4日	YB1454	4	125.00	20	王梦华
3月5日	YB1455	4	316.05	52	赵衣冉
3月6日	YB1456	2	98.00	3	刘婷婷
3月7日	YB1457	4	210.00	26	王宏
3月8日	YB1458	4	300.00	37	陈蕾

图 5-94　无线表

技术揭秘 5-7：为表格设计粗细不同的边框线

设置 PPT 表格的边框线时需要理解设置逻辑，否则边框设计效果往往与想象的不同。

当需要为某些单元格设置边框线时，首先选中这些单元格，然后选择边框的颜色、磅值、线型，最后在【边框】菜单中选择需要的边框线，如图 5-95 所示。例如选择了【上框线】，那么选中的单元格上方就会出现边框线，且颜色等格式和事先选择的一致。下面来看三线表的制作案例。

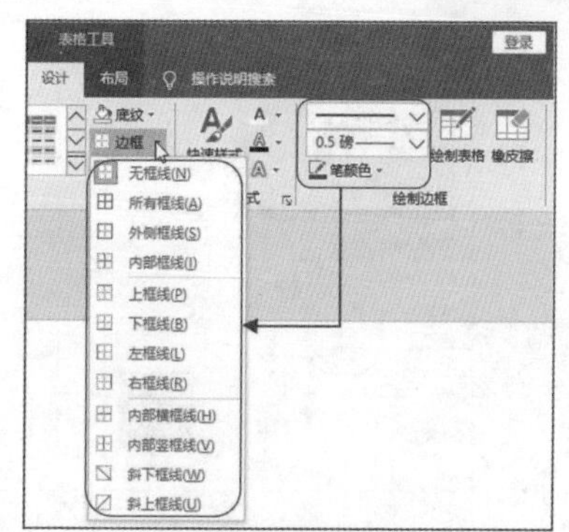

图 5-95　边框设置逻辑

第01步： 取消所有边框线。打开“素材文件\原始文件\第5章\三线表.pptx”文件，选中表格，选择【边框】菜单中的【无框线】选项，让表格没有任何边框线，如图5-96所示。

第02步： 打开【颜色】对话框。如图5-97所示，❶选中表格第一行，单击【笔颜色】按钮；❷选择【其他边框颜色】选项，打开【颜色】对话框。

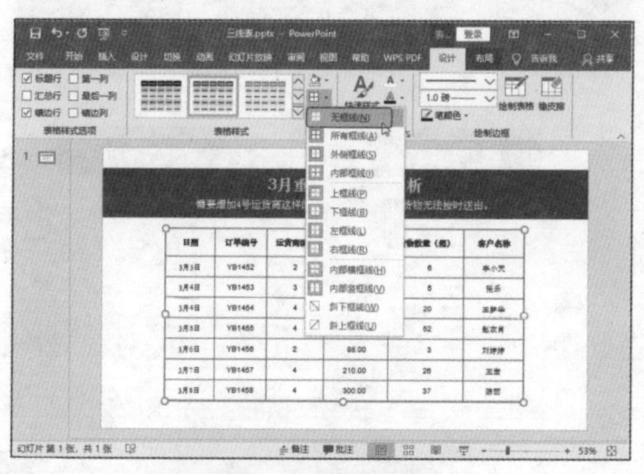

图 5-96　取消所有边框线

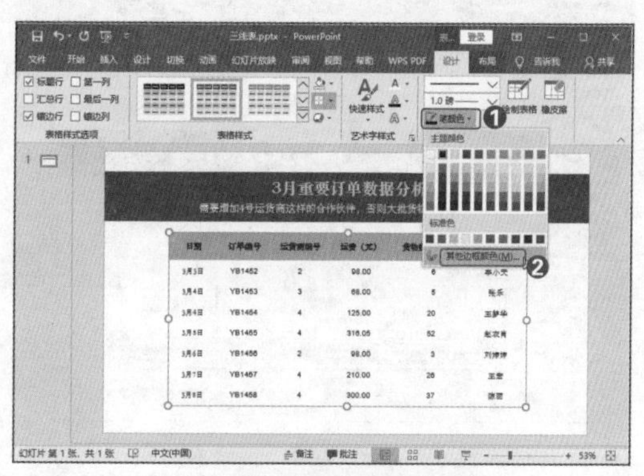

图 5-97　打开【颜色】对话框

第03步：设置颜色参数。如图5-98所示，❶在【颜色】对话框中设置RGB参数值；❷单击【确定】按钮。

第04步：选择磅值、边框线。完成边框线的颜色设置后，如图5-99所示，❶选择【2.25磅】参数值；❷在【边框】菜单中选择【上框线】选项。此时选中的第一行上方就完成了较粗的上框线设置。

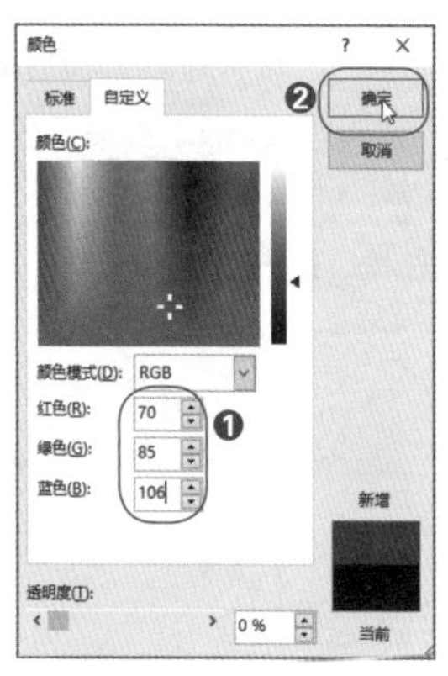

图 5-98 设置颜色参数

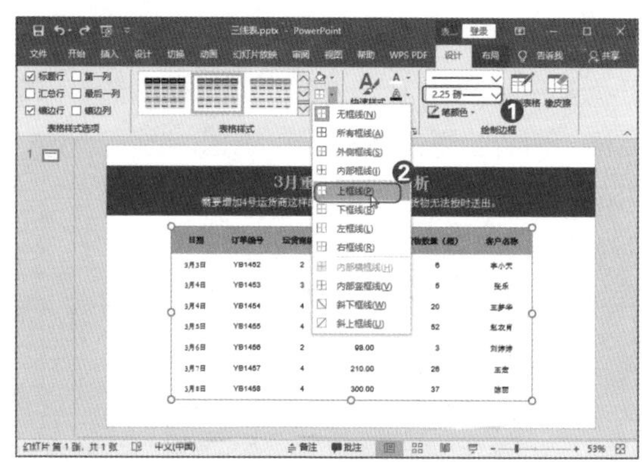

图 5-99 选择磅值、边框线

第05步：设置下框线。边框颜色、磅值都保持之前的设置状态，直接设置下框线。如图5-100所示，❶选中最后一行；❷选择【下框线】选项。

第06步：设置表头下方细线。如图5-101所示，选中第一行，❶选择【0.75磅】参数；❷选择【下框线】选项，就能为第一行下方设置较细的线。

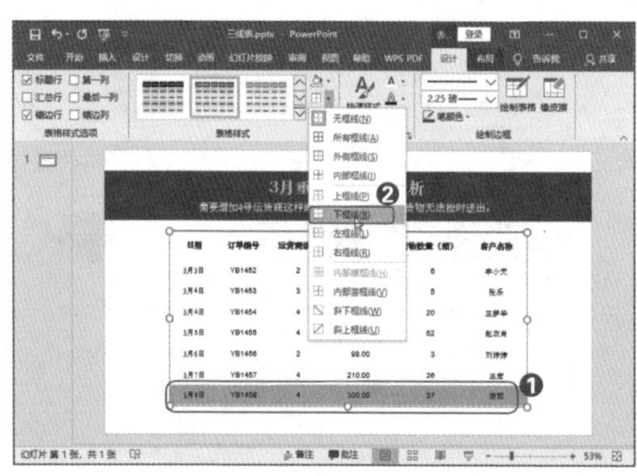

图 5-100 设置下框线

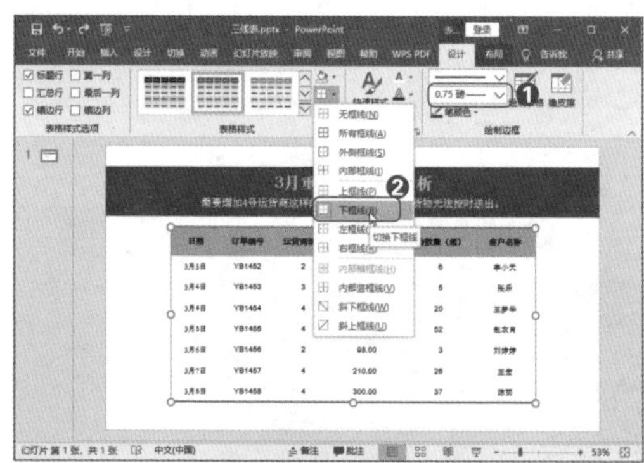

图 5-101 设置表头下方细线

第07步： 查看效果。此时完成了三线表制作，效果如图5-102所示。

3月重要订单数据分析

需要增加4号运货商这样的合作伙伴，否则大批货物无法按时送出。

日期	订单编号	运货商编号	运费（元）	货物数量（箱）	客户名称
3月3日	YB1452	2	98.00	6	李小天
3月4日	YB1453	3	68.00	5	张乐
3月4日	YB1454	4	125.00	20	王梦华
3月5日	YB1455	4	316.05	52	赵衣肖
3月6日	YB1456	2	98.00	3	刘婷婷
3月7日	YB1457	4	210.00	26	王宏
3月8日	YB1458	4	300.00	37	陈丽

图 5-102　完成三线表制作

高效技巧：如何快速优化表格设计，使效果达到及格线

新手在设计表格时，可能越设计，效果越差。此时不妨直接套用系统提供的表格样式。

图 5-103 所示是系统提供的表格样式，在这些样式中，选择【浅色】和【中等色】组中没有垂直线，且填充方式比较简单的样式，往往会比大多数人自己设计的效果要好。

运用这个方法，也可以在没时间设计表格时，将普通表格快速优化到及格效果。

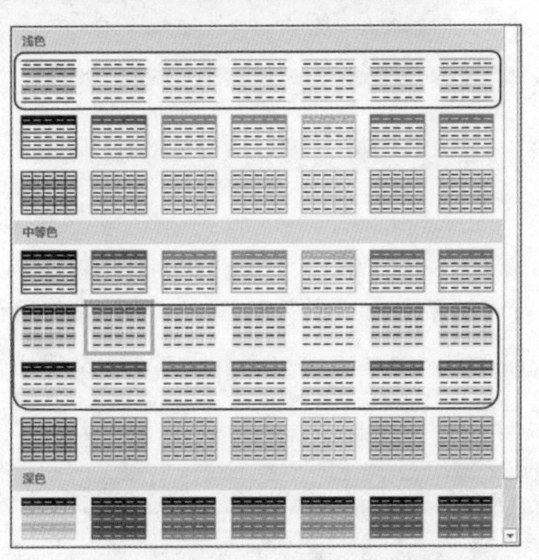

图 5-103　系统提供的表格样式

技术揭秘 5-8：将丑陋的表格美化成高级商务汇报表

美化表格，首先确定表格整体尺寸及位置；然后确定表格内部行、列的尺寸；接着设置字体和字号，对齐单元格中的内容；最后设计填充色和边框线。

下面通过一个连贯的案例来看看，如何将一张“辣眼睛”的表格美化成高级商务汇报表。

第01步： 调整表格尺寸及位置。打开“素材文件\原始文件\第5章\汇报表.pptx”文件，手动调整表格尺寸，然后移动表格位置，使其位于页面水平方向的中间，如图5-104所示。

第02步： 分布行。如图5-105所示，❶选中第2~6行；❷单击【分布行】按钮，让行的尺寸相同。

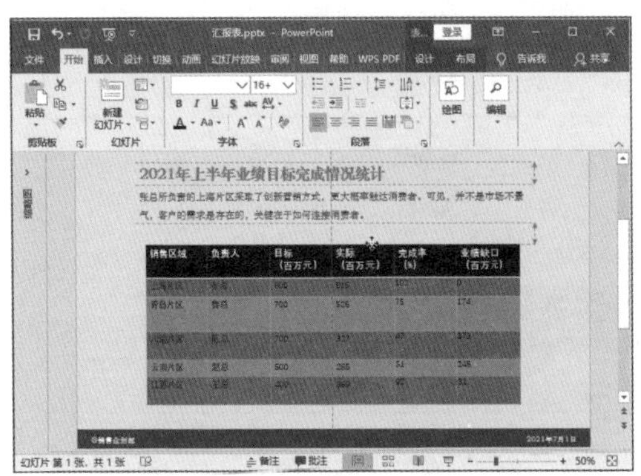

图 5-104　调整表格尺寸及位置

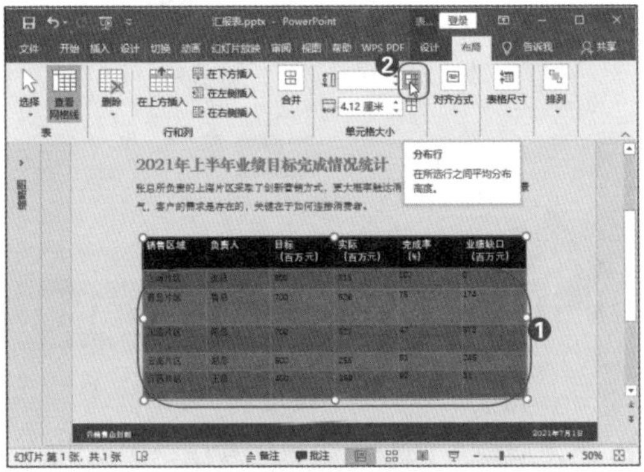

图 5-105　分布行

第03步： 设置字体和字号。如图5-106所示，设置表头字体为“华文中宋”，字号为18号；第2~6行中的中文为“华文宋体”，字号为16号；数字为Arial Narrow，字号为16号。

第04步： 设置【垂直居中】对齐方式。如图5-107所示，选中整张表格，单击【垂直居中】对齐方式。

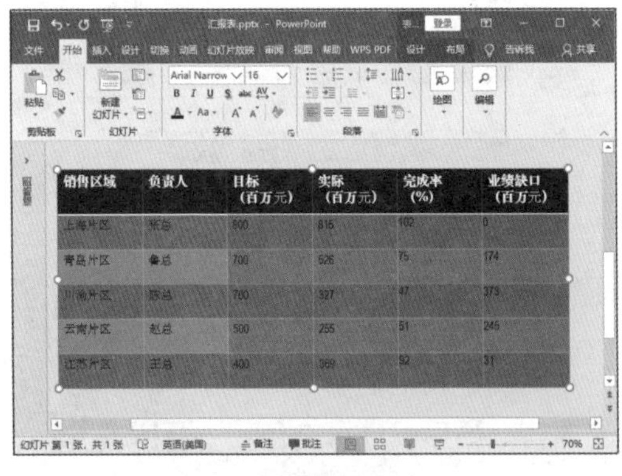

图 5-106　设置字体和字号

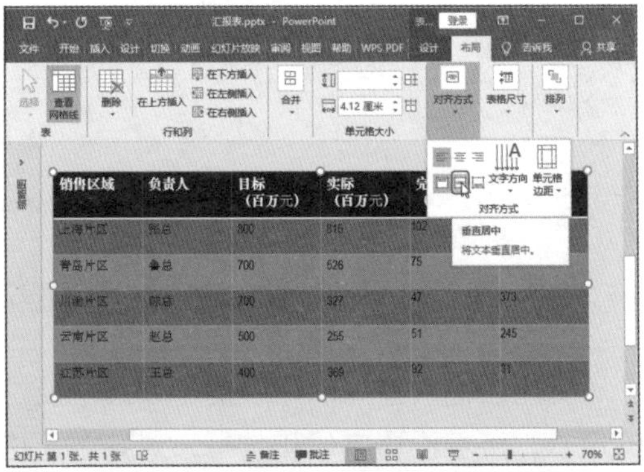

图 5-107　设置【垂直居中】对齐方式

第05步： 打开【单元格文本布局】对话框。如图5-108所示，设置表头和中文内容【居中】对齐，❶设置数字【右对齐】，保持选中数字单元格；❷选择【单元格边距】菜单中的【自定义边距】选项，打开【单元格文本布局】对话框。

第06步： 设置数字右边距。如图5-109所示，❶设置【向右】内边距为【1.5厘米】；❷单击【预览】按钮确定距离符合要求后，单击【确定】按钮。

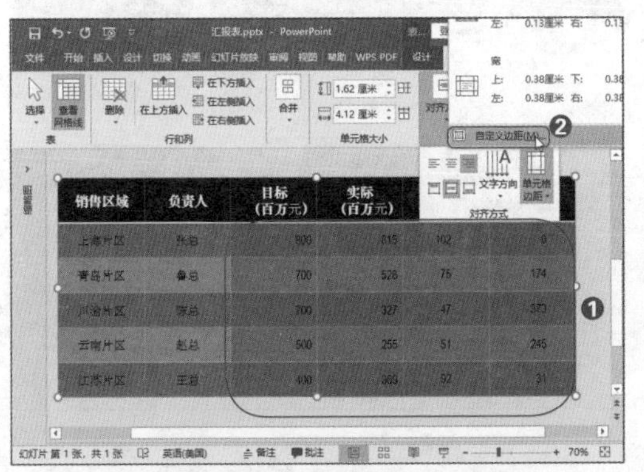

图 5-108　打开【单元格文本布局】对话框

图 5-109　设置数字右边距

第07步： 设置表头填充色。如图5-110所示，❶选中表头；❷选择【底纹】菜单中的【取色器】选项，然后拾取标题中的绿色。

第08步： 设置填充色。如图5-111所示，选中第二行，选择【底纹】菜单中的【白色，背景1】选项。用同样的方法为第四行、第六行设置【白色，背景1】底纹。为第三行、第五行设置【浅灰色，背景2，深色10%】填充色。

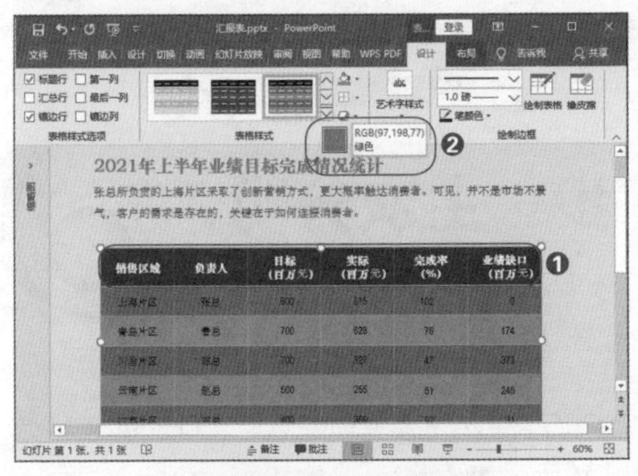

图 5-110　设置表头填充色

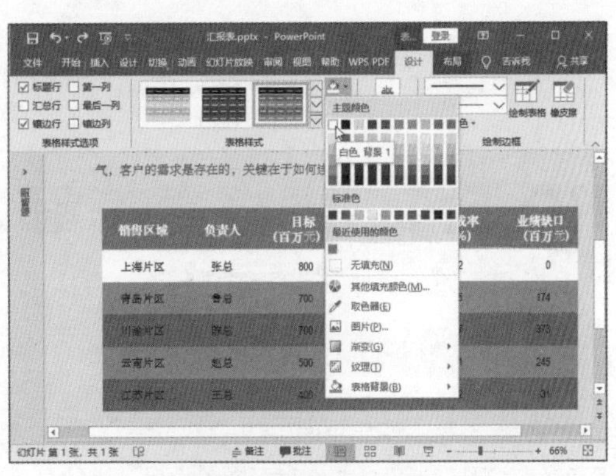

图 5-111　设置填充色

第09步： 设置表头竖线。如图5-112所示，选中第一行表头，❶设置【笔颜色】为白色，1.0磅；❷在【边框】菜单中选择【内部竖框线】选项。

第10步： 设置表格下框线。如图5-113所示，❶选中最后一行；❷设置【笔颜色】为表头填充的绿色，2.25磅；❸选择【下框线】选项。

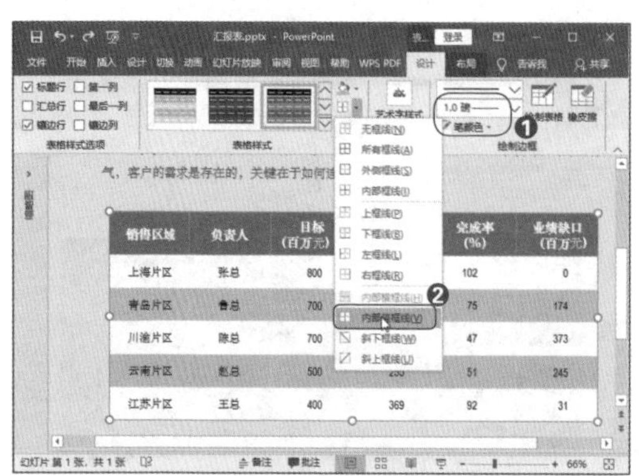

图 5-112 设置表头竖线

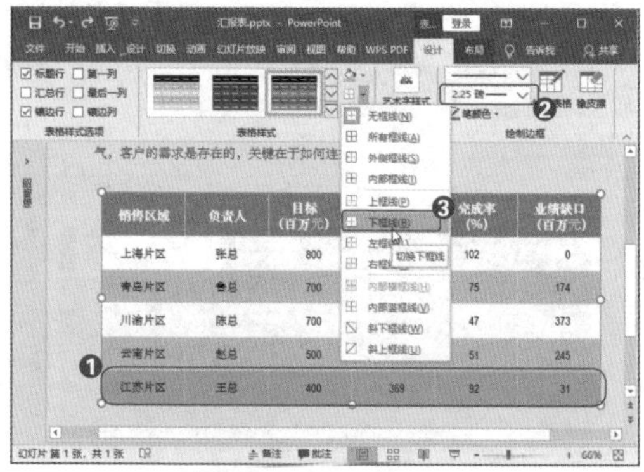

图 5-113 设置表格下框线

第11步： 查看效果。此时便完成了表格美化，效果如图5-114所示。表格颜色与PPT主题匹配，而且没有多余框线，隔行填充灰色，整体效果简洁美观。

2021年上半年业绩目标完成情况统计

张总所负责的上海片区采取了创新营销方式，更大概率触达消费者。可见，并不是市场不景气，客户的需求是存在的，关键在于如何连接消费者。

销售区域	负责人	目标（百万元）	实际（百万元）	完成率（%）	业绩缺口（百万元）
上海片区	张总	800	815	102	0
青岛片区	鲁总	700	526	75	174
川渝片区	陈总	700	327	47	373
云南片区	赵总	500	255	51	245
江苏片区	王总	400	369	92	31

©销售企划部　　2021年7月1日

图 5-114 完成表格美化

NO.5.4　表格变美第 3 步：主次分明，有重点

做好表格美化的前面两个步骤，即保证数据正确严谨、外表美观简洁后，此时的表格效果已经不错了。但还缺画龙点睛之处，那就是强调表格中的重点数据，让表格主次分明、有重点。

5.4.1 通过加粗和颜色强调数据

强调表格数据可以通过加粗数据或改变数据颜色来实现。通常情况下，不会通过增加字号来强调数据，因为要保持表格表头下方的内容字号一致。

需要注意的是，不要有太多需要强调的数据，太多的重点等于没有重点。

可以将需要强调的数据加粗显示，如图 5-115 所示。如果觉得加粗显示不能有效地强调数据，改变数据颜色也是不错的方法，如图 5-116 所示。

公司2013年–2020年经营数据分析

年份	客户数（人）	出售商品数量（件）	商品展览（场）	总收入（万元）
2013年	8,180	185,413	152	8,524
2014年	8,769	226,887	159	9,524
2015年	10,787	301,840	244	10,245
2016年	12,301	332,920	625	11,245
2017年	15,742	402,969	**425**	**7,548**
2018年	17,123	416,374	759	13,245
2019年	18,625	515,265	869	14,524
2020年	19,625	625,352	968	19,524

图 5-115 加粗强调数据

公司2013年–2020年经营数据分析

年份	客户数（人）	出售商品数量（件）	商品展览（场）	总收入（万元）
2013年	8,180	185,413	152	8,524
2014年	8,769	226,887	159	9,524
2015年	10,787	301,840	244	10,245
2016年	12,301	332,920	625	11,245
2017年	15,742	402,969	425	7,548
2018年	17,123	416,374	759	13,245
2019年	18,625	515,265	869	14,524
2020年	19,625	625,352	968	19,524

图 5-116 改变颜色强调数据

除了改变数据颜色外，还可以改变底纹填充色，效果如图 5-117 所示。

加粗、改变数据颜色和改变底纹填充色，这三者的强调效果依次增强，可视具体情况选择其中一种强调方式。

公司2013年–2020年经营数据分析

年份	客户数（人）	出售商品数量（件）	商品展览（场）	总收入（万元）
2013年	8,180	185,413	152	8,524
2014年	8,769	226,887	159	9,524
2015年	10,787	301,840	244	10,245
2016年	12,301	332,920	625	11,245
2017年	15,742	402,969	425	7,548
2018年	17,123	416,374	759	13,245
2019年	18,625	515,265	869	14,524
2020年	19,625	625,352	968	19,524

图 5-117 改变底纹填充色强调数据

第5章

5.4.2 放大行 / 列强调数据

如果需要强调整行或整列数据，可以单独放大表格中的行或列，并为这一行或列填充上特别的颜色，效果如图 5-118 所示。图中需要强调的 2017 年的经营数据变得十分醒目。

公司2013年–2020年经营数据分析

年份	客户数（人）	出售商品数量（件）	商品展览（场）	总收入（万元）
2013年	8,180	185,413	152	8,524
2014年	8,769	226,887	159	9,524
2015年	10,787	301,840	244	10,245
2016年	12,301	332,920	625	11,245
2017年	15,742	402,969	425	7,548
2018年	17,123	416,374	759	13,245
2019年	18,625	515,265	869	14,524
2020年	19,625	625,352	968	19,524

图 5-118 放大行

技术揭秘 5-9：如何放大表格的行

在 PowerPoint 中设计表格并没有直接放大行或列的功能。在如图 5-118 所示的效果中，放大的一行其实是单独的表格覆盖住这一行的数据。

第01步： 设置行的高度。打开“素材文件\原始文件\第5章\放大表格行.pptx”文件。如图5-119 所示，❶选中需要强调的这一行；❷设置高度参数为“1.6厘米”。

第02步： 插入表格。如图5-120所示，❶单击【插入】选项卡下的【表格】按钮；❷选择“5×1表格”。

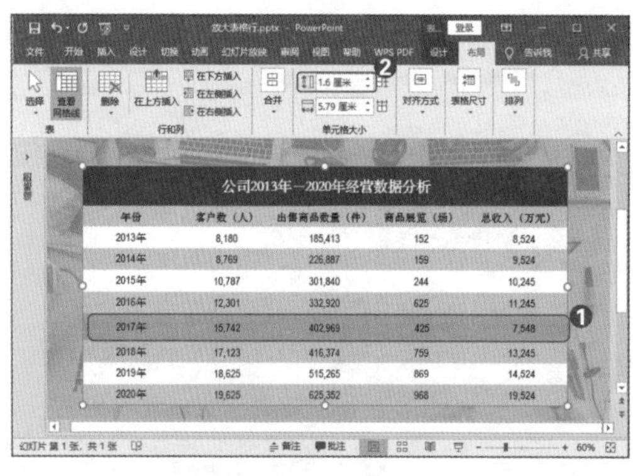

图 5-119 设置行的高度

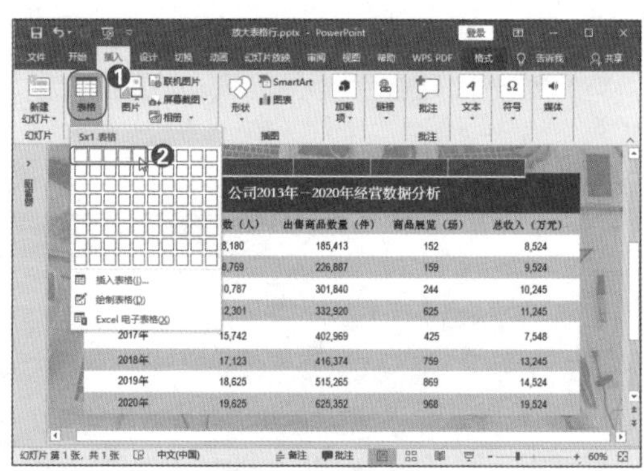

图 5-120 插入表格

第03步：复制表格数据。如图5-121所示，❶将“2017年”所在行的数据复制粘贴到新插入的表格中；❷删除原来表格中的数据。

第04步：添加阴影效果。移动插入表格的位置，覆盖在之前的表格上，并设置填充色、调整文字对齐位置。为了使这一行有立体感，可以添加阴影效果。如图5-122所示，❶单击【表格工具-设计】选项卡下的【效果】按钮；❷选择【阴影】菜单中的【偏移：下】效果。此时便制作出了具有放大行效果的表格。

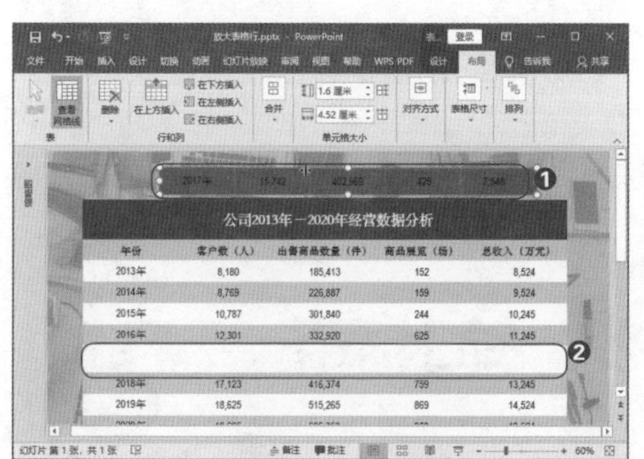

图5-121　复制表格数据

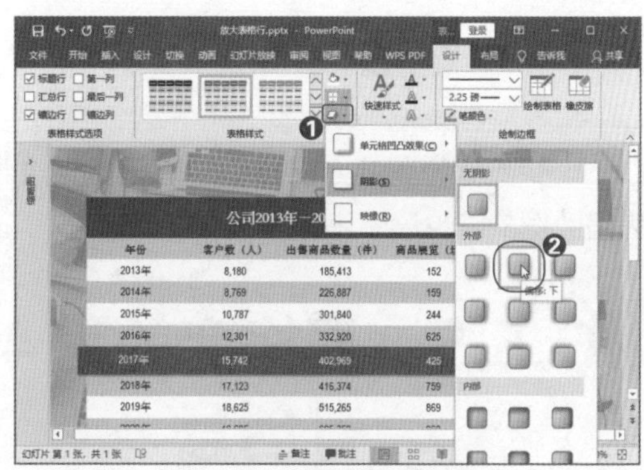

图5-122　添加阴影效果

5.4.3　改变位置强调数据

PPT是展示工具，不像Excel那样要求数据严格按规范填写。当要强调的重点数据需要观众第一时间注意到时，可以对表格数据进行重新梳理、提炼和总结。将重点数据放到表格最上面或最左边。因为人们的视线习惯是从上往下，或从左往右。因此，最上面或最左面的数据会第一时间被注意到。

如图5-123所示，需要强调的数据是“合计”行数据，即使为数据加粗显示，还是不够显眼。因为这一行数据位于表格的最下面，观众会先阅读表格上方的内容，最后才会注意到这里的数据。

将表格“合计”行数据放到第一行单元格中，效果如图5-124所示，既能让观众第一时间注意到数据，又不会打乱表格原有结构。

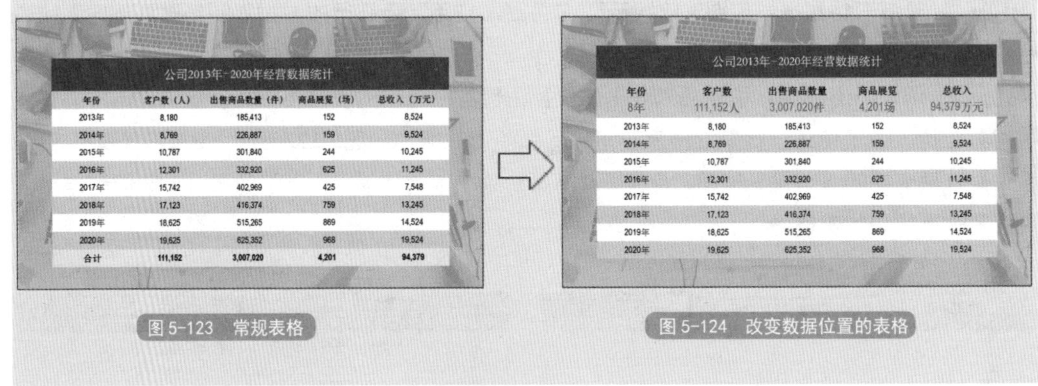

公司2013年-2020年经营数据统计

年份	客户数（人）	出售商品数量（件）	商品展览（场）	总收入（万元）
2013年	8,180	185,413	152	8,524
2014年	8,769	226,887	159	9,524
2015年	10,787	301,840	244	10,245
2016年	12,301	332,920	625	11,245
2017年	15,742	402,969	425	7,548
2018年	17,123	416,374	759	13,245
2019年	18,625	515,265	869	14,524
2020年	19,625	625,352	968	19,524
合计	111,152	3,007,020	4,201	94,379

图 5-123　常规表格

公司2013年-2020年经营数据统计

年份 8年	客户数 111,152人	出售商品数量 3,007,020件	商品展览 4,201场	总收入 94,379万元
2013年	8,180	185,413	152	8,524
2014年	8,769	226,887	159	9,524
2015年	10,787	301,840	244	10,245
2016年	12,301	332,920	625	11,245
2017年	15,742	402,969	425	7,548
2018年	17,123	416,374	759	13,245
2019年	18,625	515,265	869	14,524
2020年	19,625	625,352	968	19,524

图 5-124　改变数据位置的表格

改变数据位置的方法需要对表格数据进行分析、总结，可能会涉及计算。目的就是将表格数据的结论展示出来。

NO.5.5　表格变美第 4 步：锦上添花，有创意

5.2~5.4 节的表格变美三步法其实已经可以将一张普通表格变成专业、美观的表格了。但是，这样循规蹈矩的表格可能无法满足所有的场合。例如与儿童相关的 PPT 主题，需要更能吸引观众，此时就需要在表格设计上花点心思，让表格更有创意。

• 5.5.1　添加配图让表格瞬间高大上

常规的表格中只有字符内容，枯燥的文字、数据让人提不起兴趣。但是在表格中简单地搭配上一些与主题相关的图片或图标，表格效果就会顿时加分不少。

扁平风设计是现在流行的设计趋势，在表格中添加扁平化设计的图标不会让页面显得复杂，但是能增加趣味性。

图 5-125 所示是在表格中添加图标的效果。选择与主题相关的图标可以减轻文字的枯燥感。

在表格中添加与主题相关的图片也是可行的方法。例如直接将图片作为单元格的背景，效果如图 5-126 所示。

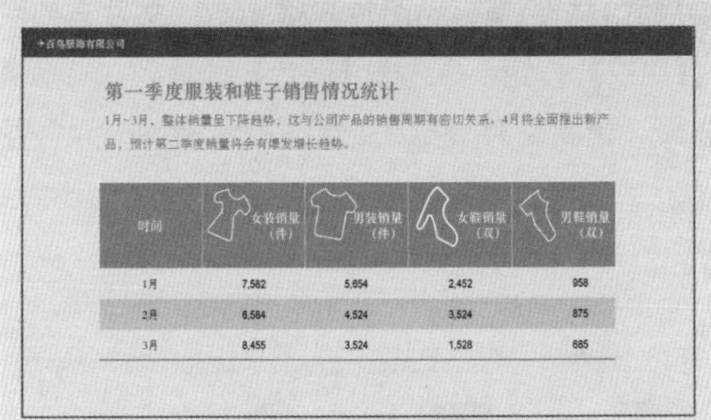

图 5-125　在表格中添加图标

图 5-126　在表格中添加图片

高效技巧：使用PowerPoint自带的图标库

PowerPoint 2016 及以上版本带有图标库，可从中直接选择图标插入，无须去网上下载，并且插入的图标还可以改变颜色。

单击【插入】选项卡下的【图标】按钮，弹出如图 5-127 所示的图标库后，可搜索图标或根据分类寻找图标。选中需要的图标后，单击【插入】按钮即可将图标成功插入到幻灯片中。

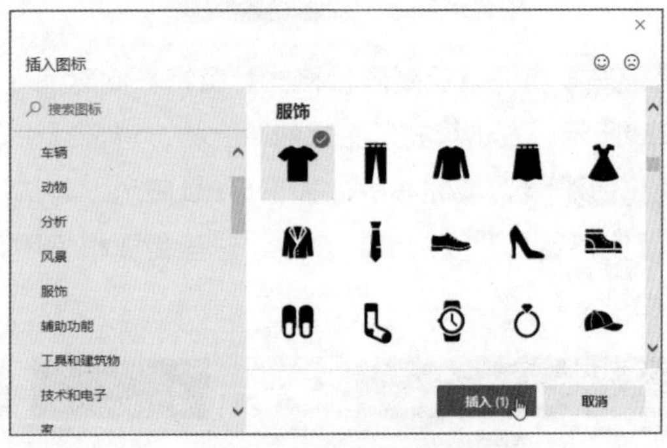

图 5-127　插入图标

技术揭秘 5-10：在表格中添加图片的方法

在表格中添加图片的方法是将图片作为背景填充到单元格中。但是由于图片尺寸与单元格尺寸不同，往往导致图片拉伸变形，失去原有纵横比，此时要对图片填充格式进行调整。为了避免图片影响文字显示，最好在图片上覆盖一个透明的形状。

第01步： 选择单元格填充方式。打开“素材文件\原始文件\第5章\图片表格.pptx”文件，如图5-128所示；❶将光标放到左上角单元格中，单击【底纹】按钮；❷选择【图片】选项。

第02步： 选择填充图片。如图5-129所示，❶选择“素材文件\原始文件\第5章\手机.jpg”图片；❷单击【插入】按钮。

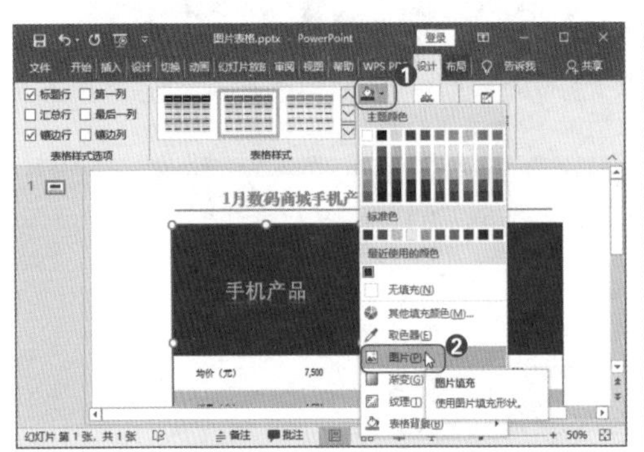

图 5-128 选择单元格填充方式

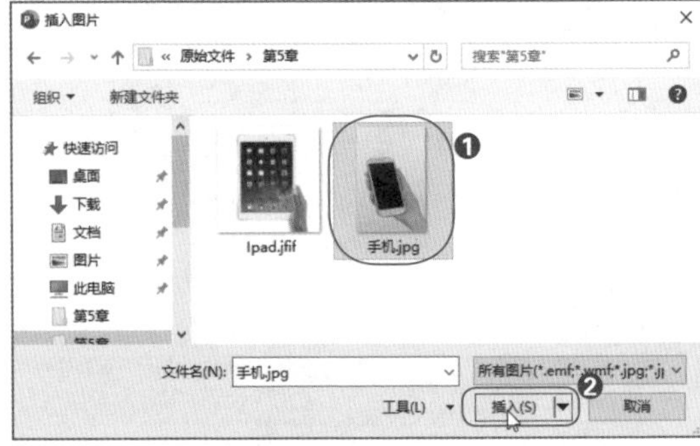

图 5-129 选择填充图片

第03步： 打开【设置形状格式】窗格。此时插入的图片被拉伸变形，需要设置填充参数。如图5-130所示，右击填充了图片的单元格，选择【设置形状格式】选项。

第04步： 设置填充参数。如图5-131所示，勾选【将图片平铺为纹理】复选框，然后设置下方的【偏移量】和【刻度】参数。这里需要根据图片尺寸和单元格尺寸不断尝试，直到图片能理想地显示。

图 5-130 打开【设置形状格式】窗格

图 5-131 设置填充参数

第05步： 设置其他单元格图片的填充参数。如图5-132所示，使用同样的方法，在右上角单元格中填充“素材文件\原始文件\第5章\ipad.jfif”图片。

第06步： 绘制矩形并设置填充色。现在绘制一个透明矩形覆盖在图片上。绘制一个矩形后，如图5-133所示，❶设置颜色RGB参数值；❷设置【透明度】为25%。

图 5-132　设置其他单元格图片的填充参数

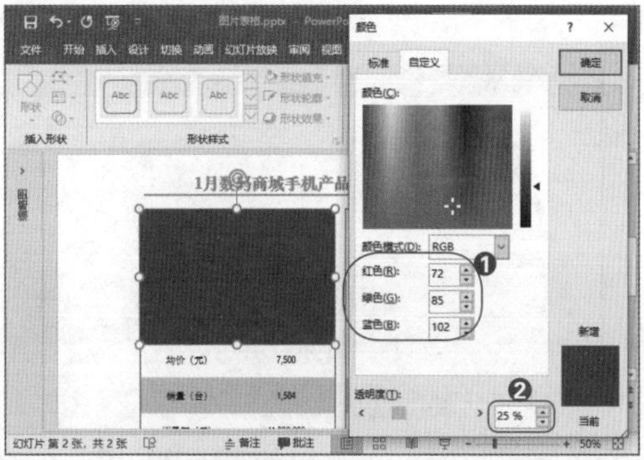

图 5-133　绘制矩形并设置填充色

第07步： 在矩形上输入文字。在矩形上输入文字，删除单元格中原有的文字，并复制一个矩形，放在右上角的单元格中。效果如图5-134所示。

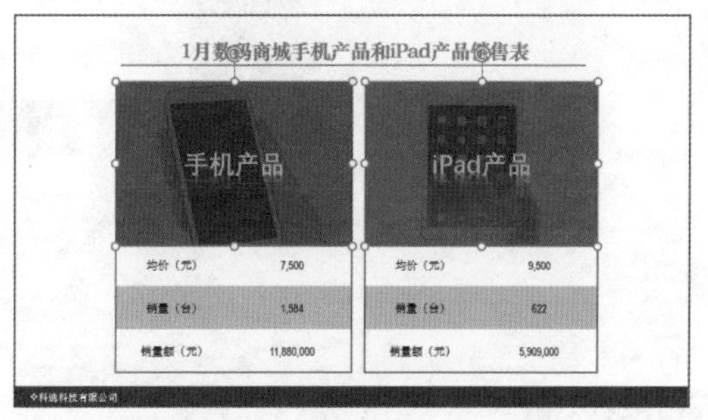

图 5-134　设置完成后的效果

5.5.2　外形改变让表格趣味十足

在表格中添加图标或图片后能增加趣味性，但是表格始终是表格。矩形的表格，棱角分明，似乎很难融入幻灯片页面中。其实可以换一种思路，让表格变形成与主题相关的形状，例如汽车销售数据表用汽车形状的表格、手机销售数据表用手机形状的表格。

图 5-135~ 图 5-137 所示分别是梯形、箭头形、手机形表格。这种表格的制作思路并不改变表格本身的形状，而是设置表格为无底纹填充格式，同时在表格下方放上其他形状。由于表格没有填充色，是透明的，因此能看到表格下方的形状。通过表格与形状位置的巧妙结合，制作出形状各异的表格效果。

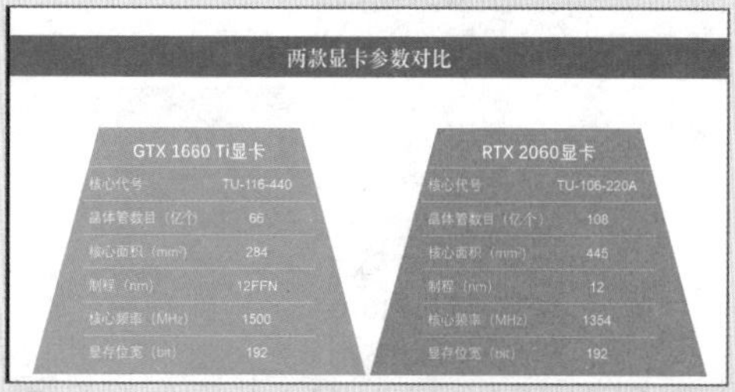

两款显卡参数对比

GTX 1660 Ti显卡	
核心代号	TU-116-440
晶体管数目（亿个）	66
核心面积（mm^2）	284
制程（nm）	12FFN
核心频率（MHz）	1500
显存位宽（bit）	192

RTX 2060显卡	
核心代号	TU-106-220A
晶体管数目（亿个）	108
核心面积（mm^2）	445
制程（nm）	12
核心频率（MHz）	1354
显存位宽（bit）	192

图 5-135　梯形表格

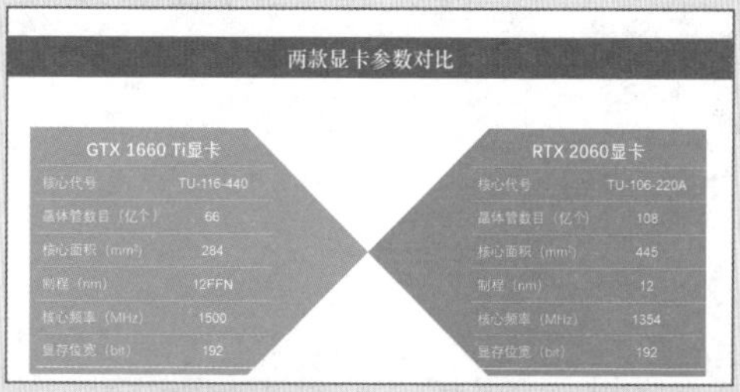

两款显卡参数对比

GTX 1660 Ti显卡	
核心代号	TU-116-440
晶体管数目（亿个）	66
核心面积（mm^2）	284
制程（nm）	12FFN
核心频率（MHz）	1500
显存位宽（bit）	192

RTX 2060显卡	
核心代号	TU-106-220A
晶体管数目（亿个）	108
核心面积（mm^2）	445
制程（nm）	12
核心频率（MHz）	1354
显存位宽（bit）	192

图 5-136　箭头形表格

机型	iPhone 11 Pro	iPhone 11
发布日期	2018年09月	217年09月
尺寸	5.8英寸	6.1英寸
材质	亚光质感玻璃	玻璃搭配铝金属设计
摄像头	三摄：1200万像素	双摄：1200万像素
抗水性能	4米深水停留30分钟	2米深水停留30分钟
容量	64GB、256GB、512GB	64GB、128GB、256GB
显示屏	超视网膜XDR显示屏	Liquid视网膜高清显示屏

图 5-137　手机形表格

技术揭秘 5-11：制作箭头形表格

图 5-136 所示的箭头形表格有助于主题表达，因为该幻灯片主题是对比两款显卡。两个针锋相对的箭头形状含有“对比”的含义。其制作方法如下。

第01步： 选择形状。打开“素材文件\原始文件\第5章\箭头形表格.pptx”文件，如图5-138所示，❶单击【插入】选项卡下的【形状】按钮；❷选择【箭头：五边形】形状。

第02步：绘制并复制形状。按住鼠标左键不放，在页面中拖动绘制形状，并设置填充色。如图5-139所示，❶按下【Ctrl+D】快捷键，复制一个形状；❷选中复制的形状，选择【旋转】菜单中的【水平翻转】选项。

图 5-138　选择形状

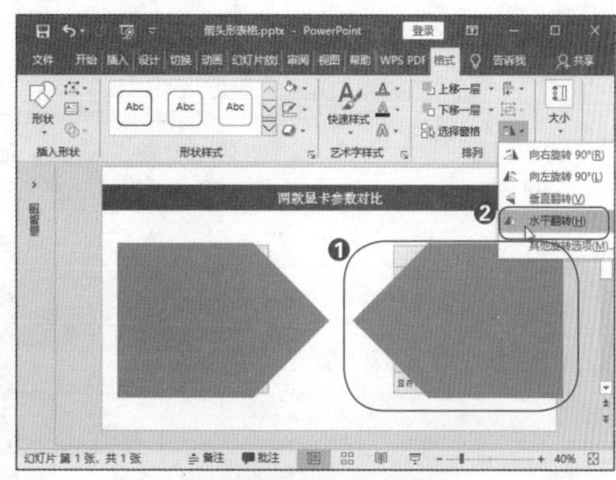

图 5-139　绘制并复制形状

第03步：将形状置于底层。如图5-140所示，按住【Ctrl】键的同时选中两个形状，右击，选择菜单中的【置于底层】选项。这样就可以让形状位于表格下方了。

第04步：设置表格无填充。如图5-141所示，❶选中左边的表格；❷选择【底纹】菜单中的【无填充】选项，让表格变得透明。

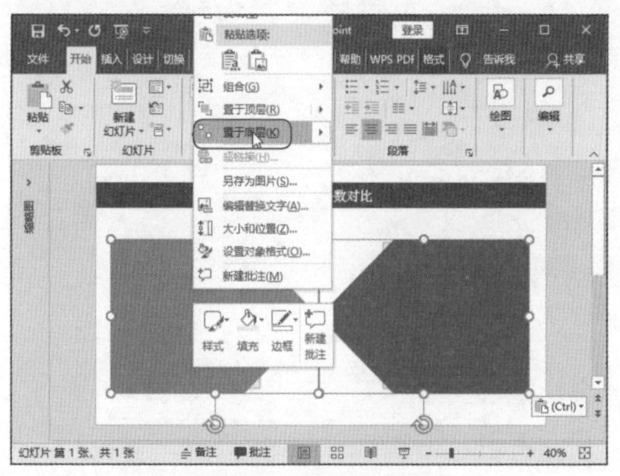

图 5-140　将形状置于底层

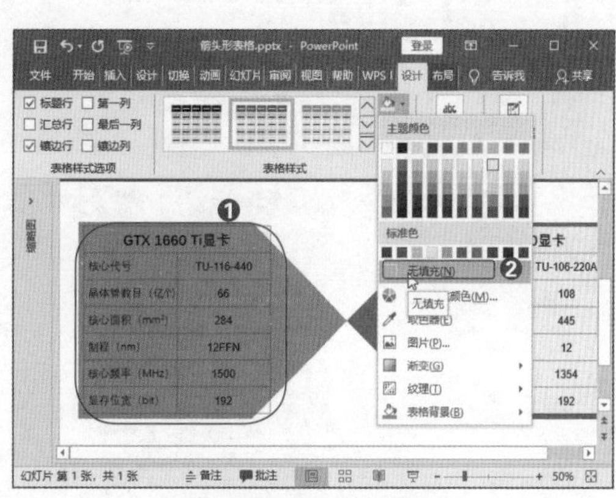

图 5-141　设置表格无填充

第05步：设置表格边框线。如图5-142所示，设置表格的边框线为白色。使用同样的方法完成右边表格的设置，即可做出这张箭头形表格。

图 5-142　设置表格边框线

第 6 章 Excel 数据秒变专业商务图表

随着大数据时代的发展，人们对数据可视化的要求越来越高。图表能将 Excel 中烦琐、枯燥的数据转化成形象的“语言”，直观体现数据的特征，既能增加 PPT 的趣味性，又能让 PPT 更具说服力。将 Excel 中的数据放到 PPT 中时，图表是首选。然而图表类型动辄几十种，根据表达侧重点的不同，又可以在细节上进行不同的设计。因此，图表似乎是 PPT 设计的一大障碍。

其实无须纠结于图表类型，直接从目的出发：需要对比数据，就用柱形图、条形图、雷达图；需要体现数据趋势，就用折线图、面积图；需要展示数据百分比或组成结构，就用饼图、树状图、旭日图；需要呈现数据关系或分布，就用散点图、气泡图、雷达图。

通过本章你将学会

☞ 如何根据目的选择图表
☞ 如何编辑图表布局
☞ 如何制作专业商务图表
☞ 如何制作九种对比类图表
☞ 如何制作五种趋势类图表
☞ 如何制作六种百分比或组成结构类图表
☞ 如何制作三种数据关系或分布类图表
☞ 如何制作带平均线的图表
☞ 如何在图表中强调重点数据
☞ 如何设计有趣的信息图表

本章部分案例展示

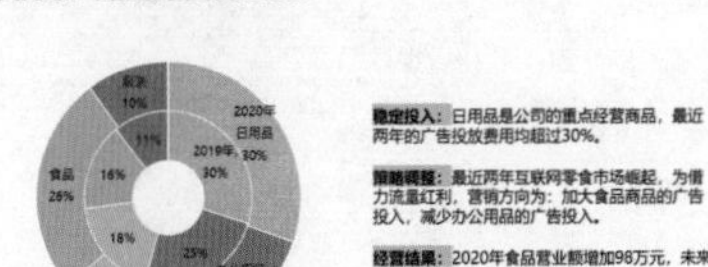

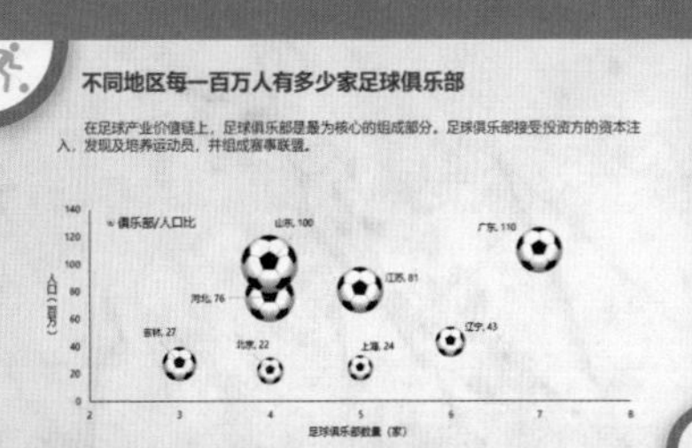

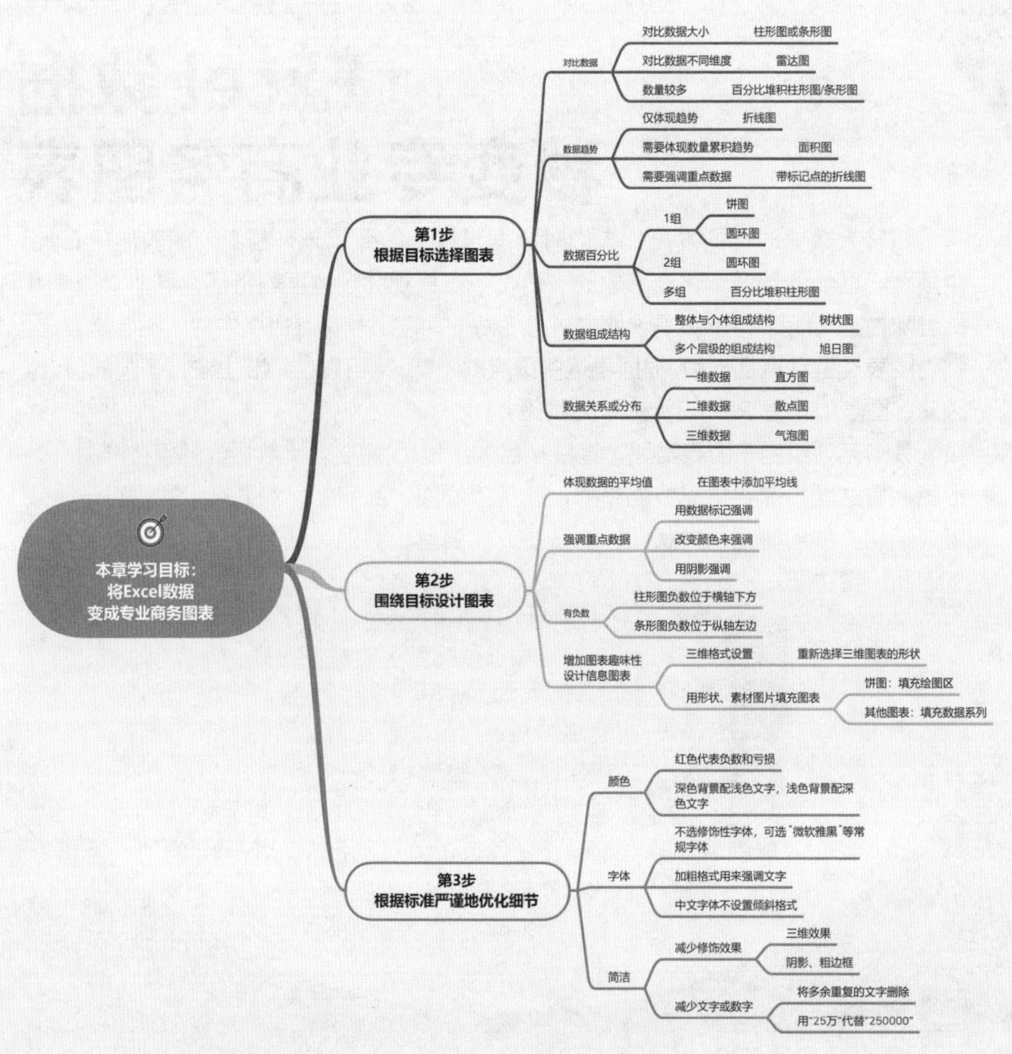
本章学习目标：
将Excel数据
变成专业商务图表
第1步
根据目标选择图表
对比数据
对比数据大小
柱形图或条形图
对比数据不同维度
雷达图
数量较多
百分比堆积柱形图/条形图
数据趋势
仅体现趋势
折线图
需要体现数量累积趋势
面积图
需要强调重点数据
带标记点的折线图
数据百分比
1组
饼图
圆环图
2组
圆环图
多组
百分比堆积柱形图
数据组成结构
整体与个体组成结构
树状图
多个层级的组成结构
旭日图
数据关系或分布
一维数据
直方图
二维数据
散点图
三维数据
气泡图
第2步
围绕目标设计图表
体现数据的平均值
在图表中添加平均线
强调重点数据
用数据标记强调
改变颜色来强调
用阴影强调
有负数
柱形图负数位于横轴下方
条形图负数位于纵轴左边
增加图表趣味性
设计信息图表
三维格式设置
重新选择三维图表的形状
用形状、素材图片填充图表
饼图：填充绘图区
其他图表：填充数据系列
第3步
根据标准严谨地优化细节
颜色
红色代表负数和亏损
深色背景配浅色文字，浅色背景配深色文字
字体
不选修饰性字体，可选"微软雅黑"等常规字体
加粗格式用来强调文字
中文字体不设置倾斜格式
简洁
减少修饰效果
三维效果
阴影、粗边框
减少文字或数字
将多余重复的文字删除
用"25万"代替"250000"

NO.6.1 Excel 数据变 PPT 图表，三步搞定

当 Excel 中有较多数据，且需要体现数据间的逻辑关系和数据特征时，适合选用图表进行展示。图表可以通过图形将数据可视化表达，客观呈现数据的规律特点。将 Excel 数据做成 PPT 图表，可以按照三个步骤来进行，即选表、设计、优化。

重点速记：三个步骤专业制表

❶ 根据目标选择图表类型，目标可分为对比数据、体现数据趋势、百分比或组成结构、体现数据分布或关系。

❷ 围绕目标设计图表，主要是对图表的布局元素进行设计。在图表的布局中，标题的作用是体现图表主题，图例的作用是显示数据系列名称，坐标轴标题体现数据维度的名称或单位，横纵坐标轴构成坐标系并显示数据刻度，网格线辅助读数，数据标签显示具体数值大小或数据名称。

❸ 在细节上让图表更严谨、更美观。在配色上，不同的颜色有不同的含义，因此同一数据系列要填充相同颜色，且注意颜色的象征意义；字体不要超过两种，且要选择容易阅读的字体，不要轻易设置文字的加粗、倾斜格式；减少图表的修饰效果，如三维、阴影等，减少重复文字和小数位数。

6.1.1 根据目标选择图表

当确定数据需要使用图表呈现后，首先面临的是图表选择问题。如图 6-1 所示，在 PowerPoint 的【插入图表】对话框中有 17 类图表，且每种类型的图表中又有不同形式的选择。例如在【柱形图】中可以选择【簇状柱形图】。

如果方向错了，后面做再多努力也没有用。正确选择图表类型是做出专业商务图表的第一步。正确选择的秘诀是根据目标来进行。即使是同一份 Excel 数据，根据不同的目标，也可以做出不同的图表。

图 6-2 所示是 Excel 的原始数据，现在要从不同的目标出发制作图表。

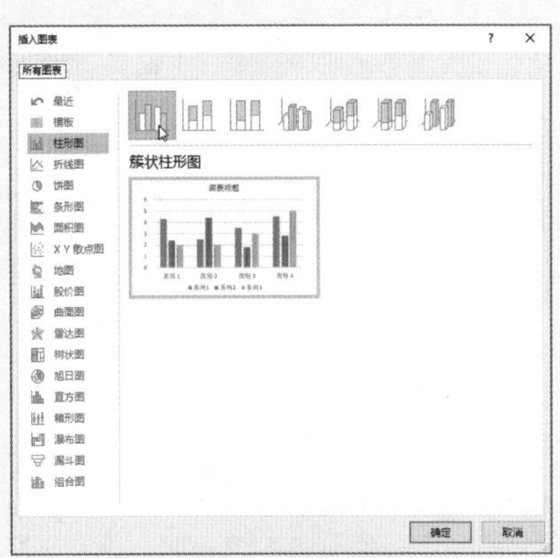

图 6-1 PowerPoint 图表类型

时间	胜利店	双龙店	芙蓉店
1月	975	929	518
2月	917	575	876
3月	607	987	589
4月	770	841	838
5月	702	661	922
6月	567	948	754
7月	915	558	664
8月	930	517	848
9月	610	957	585
10月	788	545	838
11月	968	930	550
12月	843	602	571

图 6-2 Excel 原始数据

• 1. 对比第一季度不同月份分店销量

选择【簇状柱形图】，如图 6-3 所示，通过柱形图高低直观对比各分店的月份销量。

• 2. 对比分店第一季度不同月份销量 •

如图 6-4 所示，设置水平轴显示为分店名称，从而直观对比每个分店在不同月份下的销量。

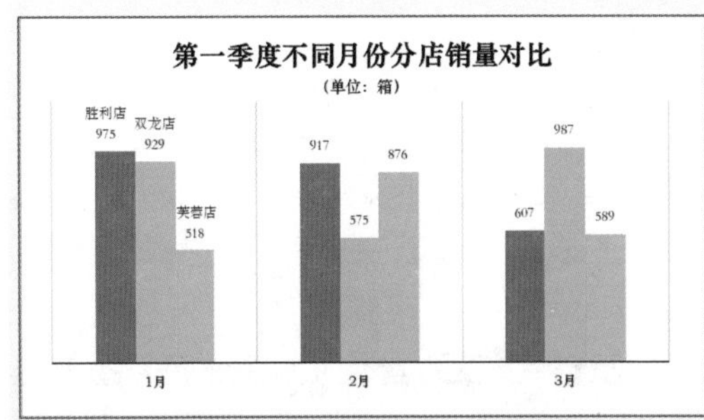

图 6-3 对比第一季度各分店销量

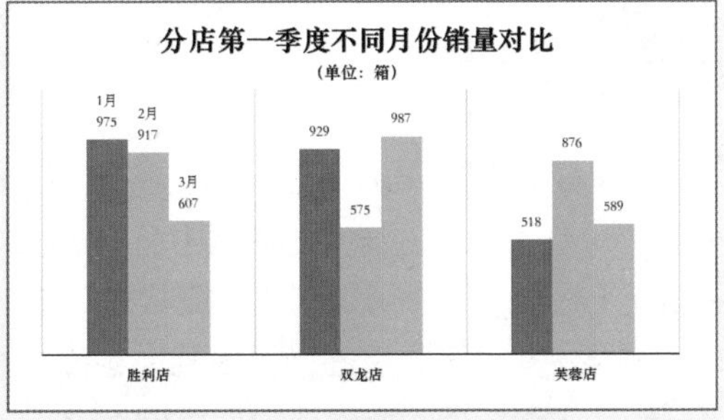

图 6-4 对比月份销量

• 3. 体现分店销量趋势 •

如果只想体现趋势，而非对比销量，则选择如图 6-5 所示的【折线图】。

• 4. 体现全年销量趋势，强调量 •

如果想体现三个分店全年的销量趋势，且强调量，则选择如图 6-6 所示的【面积图】。代表三个分店的面积重叠在一起，面积强调了销量。通过三块面积整体的大小变化，可分析所有分店的全年销量趋势。

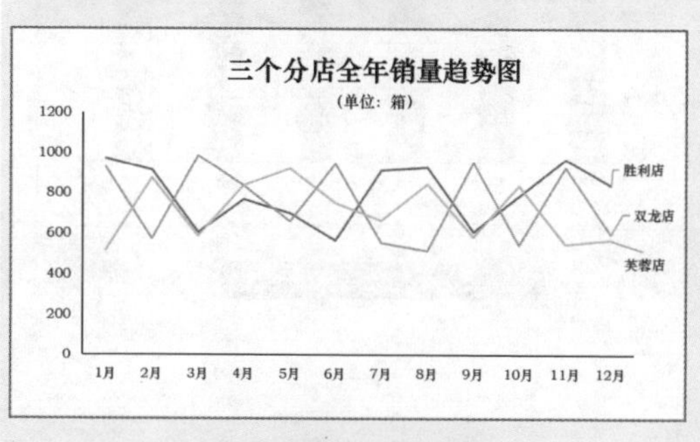

图 6-5　不同分店销量趋势

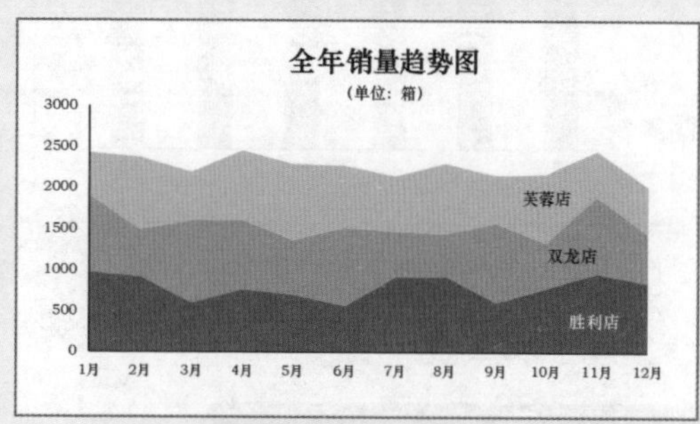

图 6-6　全年销量趋势

• 5. 体现上半年不同月份销量，且强调月度销量构成 •

图 6-7 所示的【堆积柱形图】传达了两个信息，其一是对比不同月份的销量，其二是对比不同月份下三个分店的销量大小，即每个月的总销量中，三个分店各占多少。

【堆积柱形图】更适合显示较多的数据，所以这里显示了 6 个月的数据也不会拥挤。而在如图 6-3 所示的【簇状柱形图】中，如果数据增加到 6 个月，就会特别拥挤。

• 6. 体现上半年分店销量 •

图 6-8 所示的【百分比堆积柱形图】，初看之下和堆积柱形图区别不大。细看会发现，所有月份的柱形图都是等高的，代表 100%。因此，这张图表的目标并不是对比不同月份的销量，而是对比每个月的分店销量百分比，即体现月底销量的百分比构成。

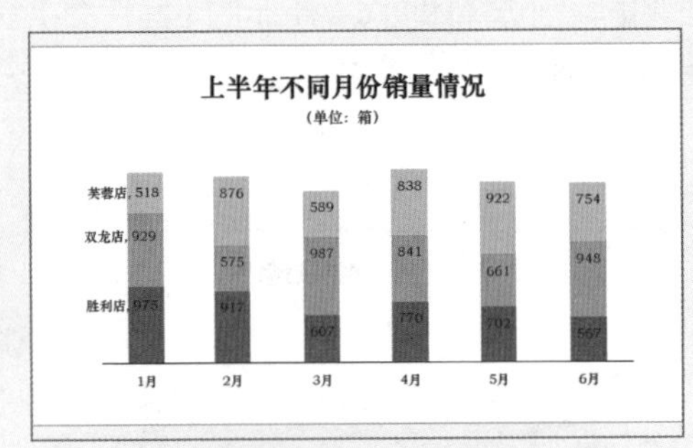

图 6-7　不同月份销量对比

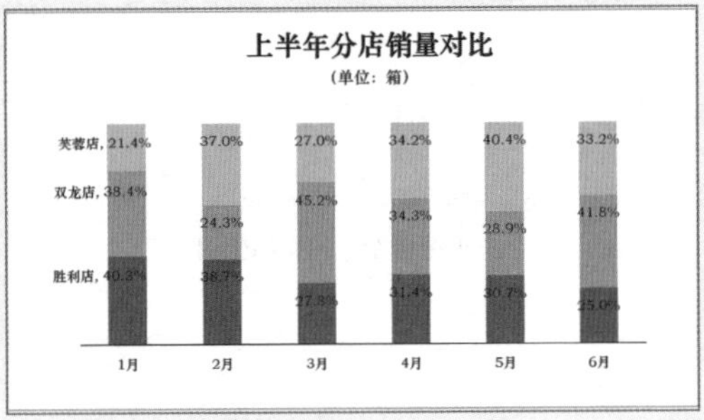

图 6-8　不同分店销量对比

• 7. 体现分店销量百分比 •

如果只有一个分店的月度百分比需要体现，则选择如图 6-9 所示的【饼图】，通过扇区的大小直观呈现百分比大小。

• 8. 从全年和月度的维度对比分店销量 •

图 6-10 所示的【雷达图】可以对比出每个月份的分店销量。同时从不同颜色线圈的大小又可对比出全年各分店的总销量大小。

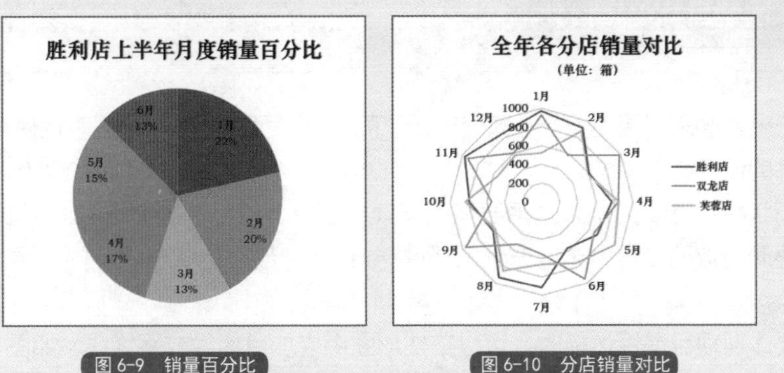

图 6-9 销量百分比

图 6-10 分店销量对比

通过前面的分析不难发现，目标不同，最终的图表效果也不同。但是，要想快速准确地选择图表似乎很困难。本章从制表目标出发，总结了常用图表的选择思路，如图 6-11 所示，根据需求选择即可。这些图表的具体制作方法和应用场合均在本章后面的小节进行了详细讲解。

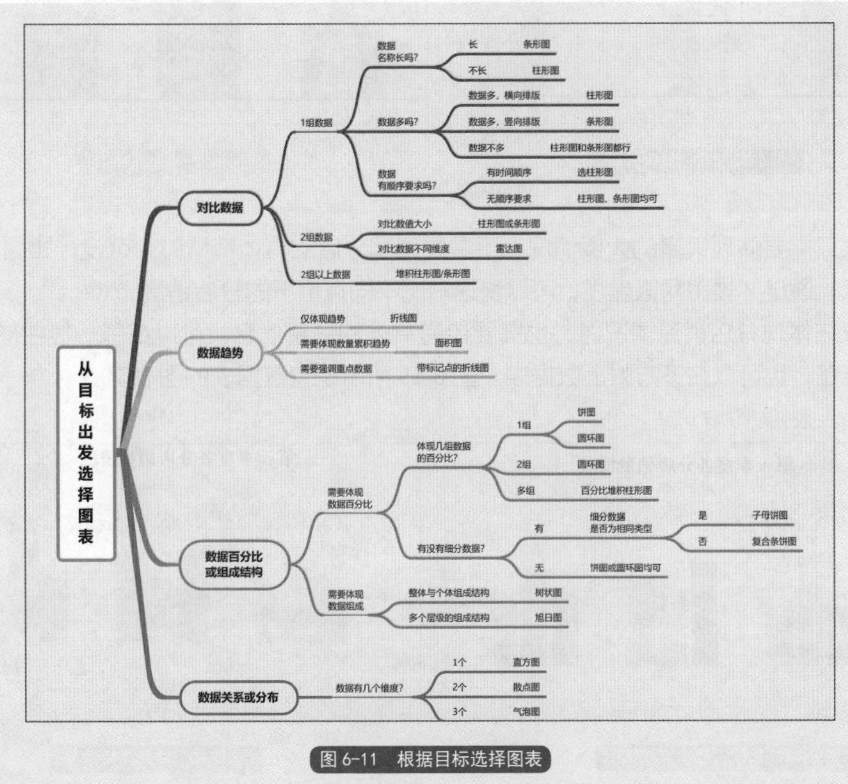

图 6-11 根据目标选择图表

· 6.1.2 围绕目标编辑设计

选择正确的图表只是第一步，即使选择了同一种类型的图表，根据表达侧重点的不同，也会有不同的设计。

以【簇状柱形图】为例，当需要强调某项数据时，可设计如图 6-12 所示的图表。将其他不需要强调的数据设置为无填充颜色，而需要强调的数据有填充色，并且让数据标签更大、文字加粗。

当需要体现项目是否达标时，可以在柱形图中增加目标线或平均线，如图 6-13 所示。

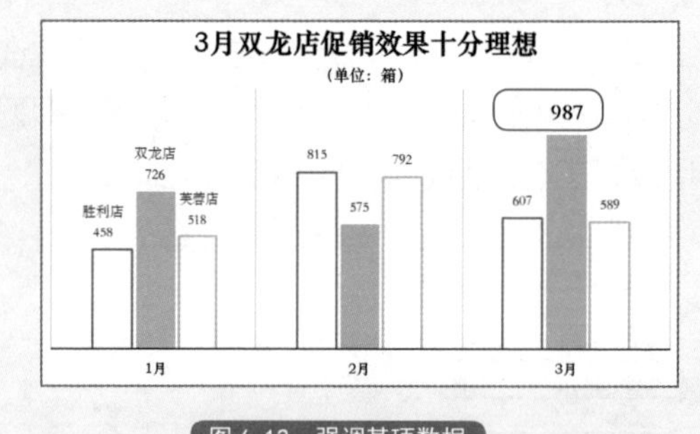

图 6-12　强调某项数据

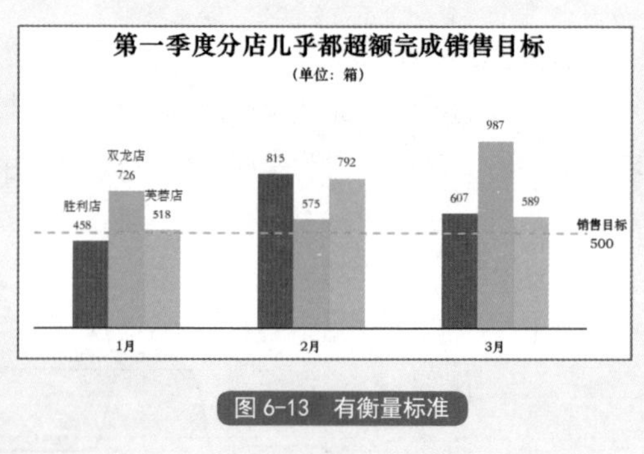

图 6-13　有衡量标准

如果只需要体现销量的大概情况，不需要强调分店的具体销量时，可设计如图 6-14 所示的图表。通过 Y 轴和网格虚线，可以快速对比不同月份下的分店销量。

如果在体现分店销量情况时，也需要传递具体的销量信息，可以在每一根柱形上方添加数据标签，也可以在下方附上数据表。图 6-15 所示是有数据表的图表。

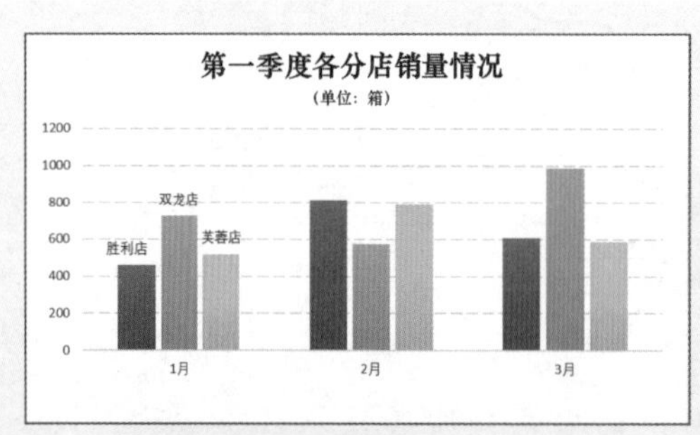

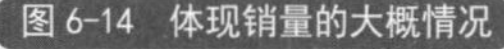
图 6-14　体现销量的大概情况

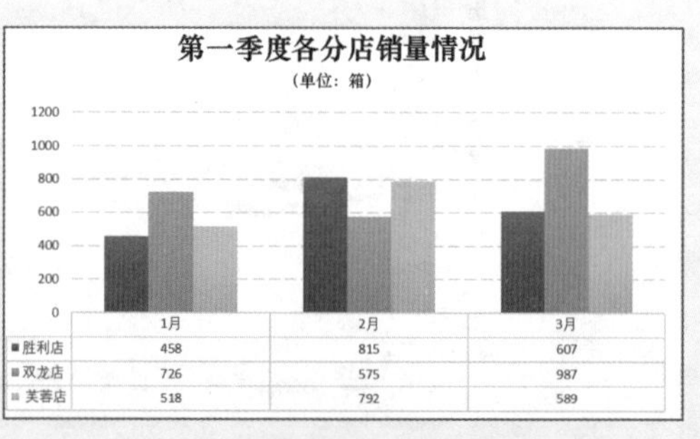

	1月	2月	3月
■胜利店	458	815	607
■双龙店	726	575	987
■芙蓉店	518	792	589

图 6-15　体现详细销量

1. 图表设计的思路

根据目标对图表进行细节上的优化设计时，究竟要设计什么？其实设计的就是图表的布局元素。在 PPT 中插入图表后，可以增加或减少图表布局。【添加图表元素】菜单中的可选择布局元素如图 6-16 所示，在不同的布局元素选项菜单中又可以进一步选择布局的形式。如果布局元素的选项是灰色的，表示这种布局无法添加到当前选择的图表中。

因此，围绕目标设计图表的思路如图 6-17 所示。先理解布局元素的作用，才能选择最能体现制表目标的布局，然后对布局进行设计，让图表更具表现力、更美观。

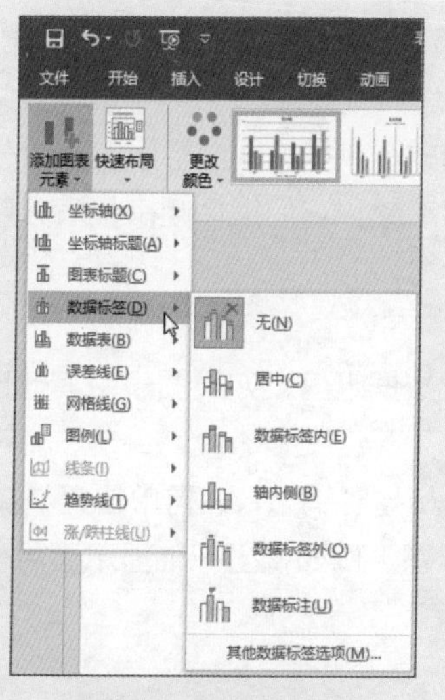

图 6-16　图表布局元素

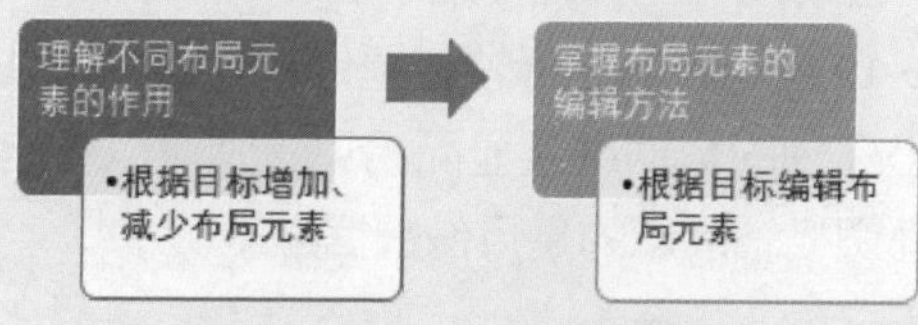

图 6-17　设计图表的思路

高效技巧：如何快速编辑图表布局元素?

编辑图表布局元素的前提是准确找到布局元素编辑的功能区。

当右边的【图表格式编辑】窗格没有打开时，双击要编辑的布局，即可打开格式设置窗格。例如需要编辑图表的主要网格线，双击网格线就会在右边打开【设置主要网格线格式】窗格。同样的道理，双击图例，可打开【设置图例格式】窗格。

当右边的【图表格式编辑】窗格打开时，只需要单击图表中的布局元素，窗格就会自动切换到相应的功能编辑菜单中。

2. 图表布局的作用

接下来将分析每项图表布局元素的作用。关于布局元素的具体编辑方法，将在 6.2~6.6 节中进行讲解。

（1）图表标题

图表标题是放在图表最上方的内容，它描述了图表主题，是图表的中心思想。

（2）图例

图例的作用是通过颜色、符号显示图表中数据系列所代表的内容，帮助他人更好地理解图表。如图 6-18 所示，右边的图例帮助理解不同颜色的线圈代表的是哪个分店的销量数据。

（3）坐标轴

通常情况下，图表由横纵交叉的两条坐标轴线构成图表区空间坐标系。一个坐标轴代表一个数据维度，例如横轴代表月份，纵轴代表分店销量，它们组合起来代表分店在不同月份的销量。

（4）坐标轴标题

坐标轴标题指的是横坐标轴、纵坐标轴所指代的数据维度。如果图表中其他地方没有体现单位，也可以在坐标轴标题中加上数据单位。

如图 6-19 所示，纵坐标轴标题传达的信息为纵坐标是“销量”，且单位为“箱”。

如果坐标轴的数据维度显而易见，则可以省略标题。例如横坐标轴显示了月份，则不用再刻意强调横轴表示的是月份数据维度。

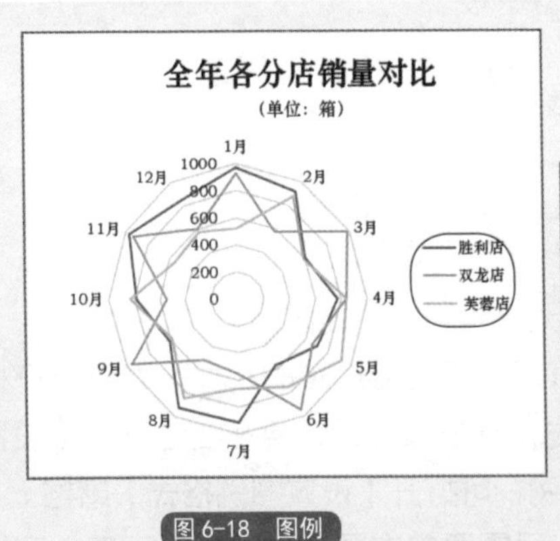

图 6-18　图例

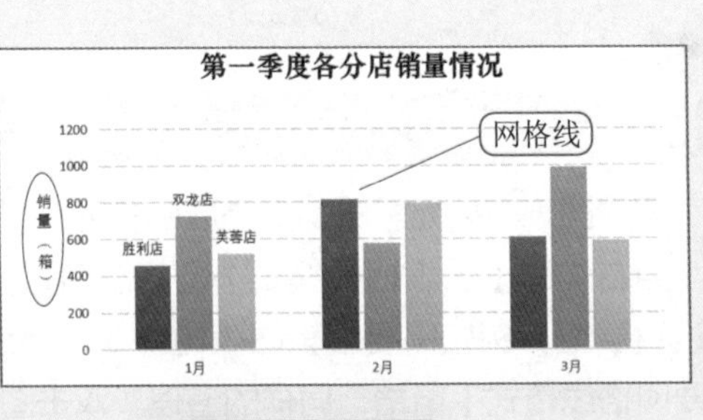

图 6-19　坐标轴标题

（5）网格线

网格线是坐标轴刻度线的延伸。在阅读图表时，通过网格线可确定数据系列的高度和位置，从而更加准确地判断数据的大小。

如图 6-19 所示，因为图表中没有数据标签，所以通过网格线来引导视线，从而更精准地对比柱形高低。

（6）数据标签

图表中的数据标签显示在每项数据附近，其作用是清楚明确地标注这项数据的具体内容。它可以是系列名称、类别名称、数值大小，也可以显示指定单元格的内容。

如图 6-20 所示，柱形上方的数据标签显示了具体的销量大小，并且最左边三根柱形的标签还显示了数据名称，因此这张图表中没有图例，通过数据标签就能知道不同颜色的柱形代表什么。

图 6-21 所示的折线图在折线尾部显示数据标签，只不过标签中没有数据，只有数据名称。

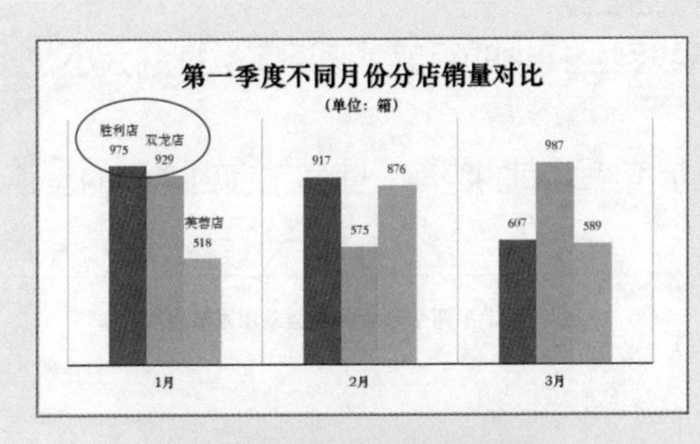

图 6-20　柱形图中的数据标签

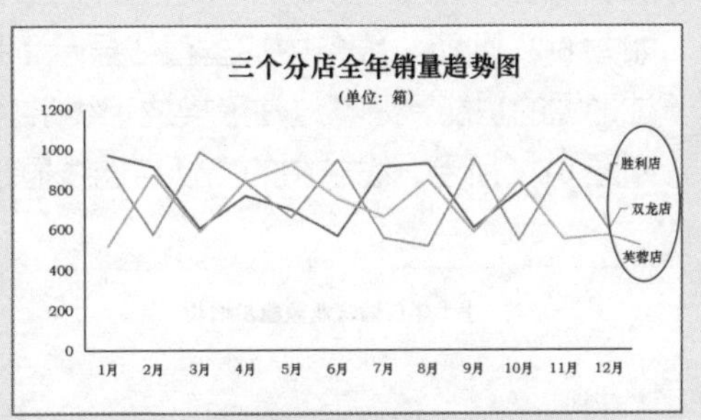

图 6-21　折线图中的数据标签

（7）数据表

图表在特定场合下，如需要精确显示数据值时才会添加数据表。通常情况下，建议不要添加数据表，否则图表会显得拥挤，失去数据可视化的意义。

（8）误差线

当图表的统计数据存在一定的误差时，从数据表达的严谨性考虑，可用误差线显示数据的误差范围。如图 6-22 所示，柱形上方的短线就是误差线，误差线表示“3.4mm”的统计误差。

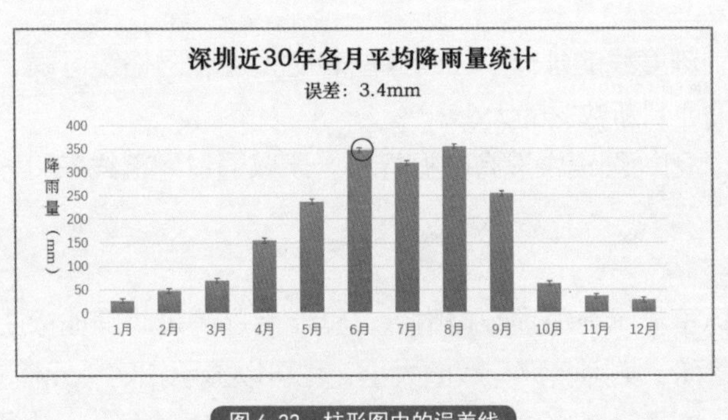

图 6-22　柱形图中的误差线

（9）线条

线条是折线图特有的布局元素，显示折线到坐标轴距离、折线之间距离的线段。图表在添加线条后，可强调折线的值或数据项目之间的差异。

如图 6-23 所示，线条中的垂直线显示了折线到坐标轴的距离，强调了数据的大小，类似于柱形图的功能，只不过柱形换成了线条。

如图 6-24 所示，线条中的高低点连线显示了折线之间的距离，强调了项目之间的差距。

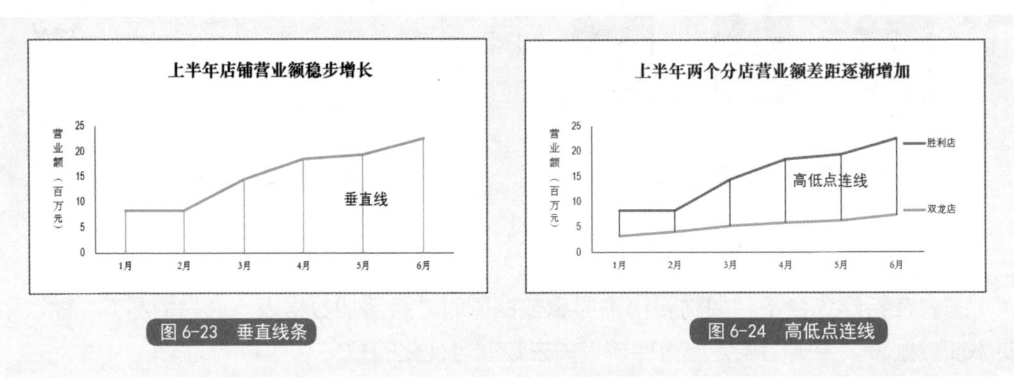

图 6-23　垂直线条

图 6-24　高低点连线

（10）趋势线

趋势线的作用是显示数据趋势。它可以添加在散点图、气泡图中，用于指明散点、气泡的分布趋势，也可以添加在柱形图中，用于指明数据变化趋势。

如图 6-25 所示，散点图中没有趋势线时，散点分布比较乱，不容易看出数据趋势。但是增加趋势线后，如图 6-26 所示，可以看出随着售价降低，销量趋势是略微上升的。

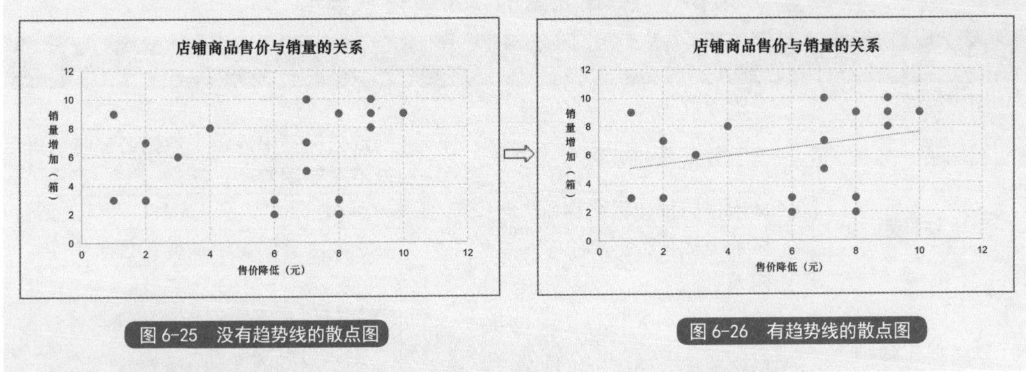

图 6-25　没有趋势线的散点图

图 6-26　有趋势线的散点图

（11）涨 / 跌柱线

涨 / 跌柱线可添加在折线图中，用于显示项目之间的正 / 负差异。

涨 / 跌柱线类似于线条中的高低点连线，只不过涨 / 跌柱线会用不同的颜色来表明项目之间是正差异还是负差异。

如图 6-27 所示，添加涨 / 跌柱线来表示两年营业额差距，红色表示负差异，绿色表示正差异。

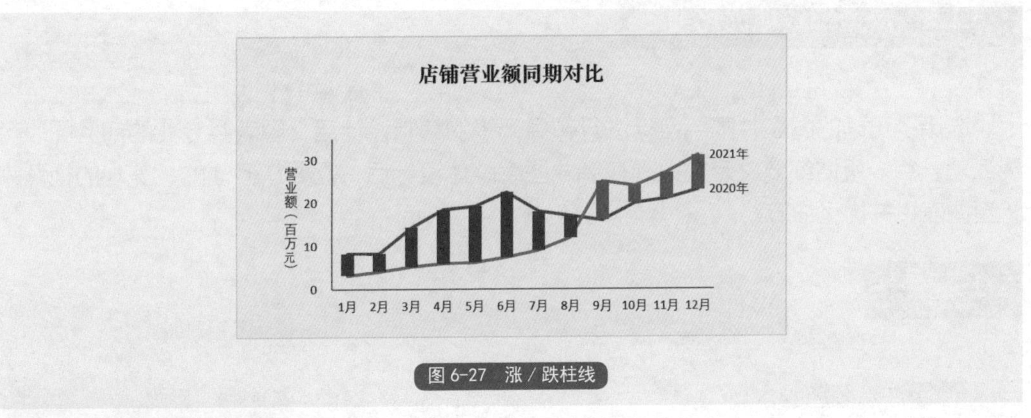

图 6-27　涨 / 跌柱线

• 3. 图表布局总结 •

观察专业的商务图表，共同特点都是简洁干净，只选择对目标有用的布局元素，删除冗杂的布局元素。图表布局元素的作用及注意事项见表 6-1，这是让图表有高级感的秘诀。

表6-1　布局元素的作用及注意事项

布局元素	作　用	注意事项
图表标题	显示图表主题	
图例	显示数据系列名称	当数据标签中显示了数据名称时，可以不需要图例
坐标轴标题	显示坐标轴数据名称	
	显示坐标轴数据单位	一定要注意图表中是否有数据单位
横、纵坐标轴	构成坐标系	
	显示数据，如通过纵轴刻度读数	① 如果已经有数据标签体现具体数据，可删除纵轴 ② 当没有数据标签时，可让纵轴结合网格线辅助读数
网格线	引导视线，辅助读数	网格线不可喧宾夺主，要细一点、颜色淡一点，或者设置成虚线
数据标签	明确显示数值大小	标签不要太多，可只标出重点数据
	显示数据系列名称	尽量在标签中显示数据名称，如果没有显示，则需要添加图例

6.1.3　严谨细致地优化细节

选择了正确的图表并围绕目标进行布局元素的编辑设计后，图表离专业的商务图表可能还差一点。所谓细节决定成败，在完成图表整体设计后，需要从严谨的、美观的视角来检查图表，并优化细节。

1. 配色

（1）注意颜色的含义

图表中的任何内容都是信息传达的途径，如文字、布局元素、颜色等。在为图表进行配色时，应充分考虑颜色的种类和意义，以及图表信息传达的目标。

相同的颜色代表相同的信息，因此不要用多种颜色代表同一个项目数据。如图 6-28 所示，《华尔街日报》图表的柱形是同一个数据系列，因此它们必须填充相同的颜色，不能为了追求所谓的美观而填充不同的颜色。

图表配色不能超过四种，颜色太多会造成信息负担。如果项目数量太多，可以考虑用相似色搭配。

配色时，应考虑颜色的主题意义。中国用红色表示上涨，用绿色表示下跌，而欧美国家用红色代表损失、负收益，用绿色代表盈利。如图 6-29 所示，《华尔街日报》的图表用红色、绿色分别代表负值、正值。此外，橙色、绿色象征着轻松、愉快，而蓝色充满了商务感、科技感。

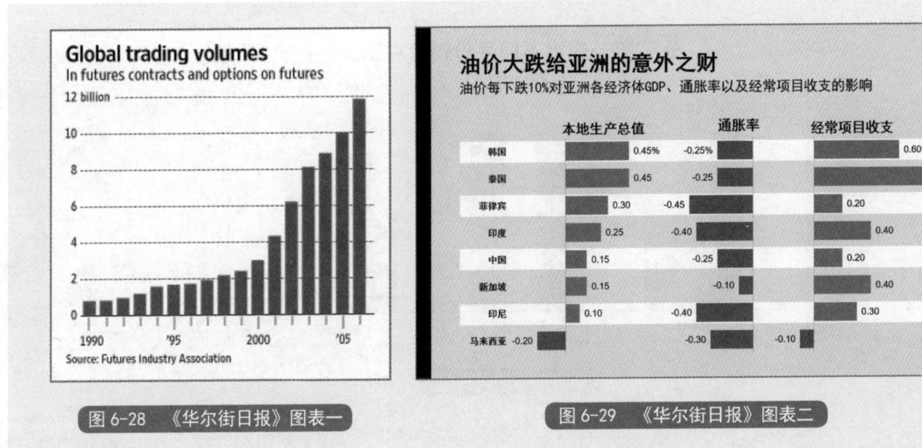

图 6-28 《华尔街日报》图表一

图 6-29 《华尔街日报》图表二

（2）注意颜色的深浅搭配

图表背景最好不要有填充色，如果要填充，应尽量选择浅色背景，目的是不造成信息干扰和视觉负担，让图表整体显得简洁轻松。另外，在浅色背景上要用深色文字，最好是黑色、深灰色，这样能使文字清晰、易辨认。

在特殊情况下，如果选用深色背景，则应搭配浅色文字，如深蓝色背景搭配白色文字。

• 2. 字体 •

文字虽不是图表主体，但同样不能被疏忽。文字能辅助图表的信息表达，起到解释说明的作用。人们在设计图表文字时，如果能注意规范，就可以在细节上做到尽善尽美。

（1）不要选修饰太多的字体

图表文字是用来描述信息的，而不是用来增强美感的。因此，在制作图标时，不要选择那些个性十足的艺术字体，这些字体往往会导致图表文字难以阅读。

一般选择常见字体（如黑体、微软雅黑、华文中宋等）作为中文字体，选择 Arial、Arial Narrow、Times New Roman 等字体作为数字字体。

一般来说，图表字体不应超过两种，可以选择同种风格不同设计的字体作为标题和描述文字。如图 6-30 所示，标题文字和横坐标轴文字是华文中宋，而其他文字为华文宋体。

如果图表中只有一种字体，那么标题可以加粗显示，而描述性文字不加粗，这样可以让图表主次分明、和谐统一。

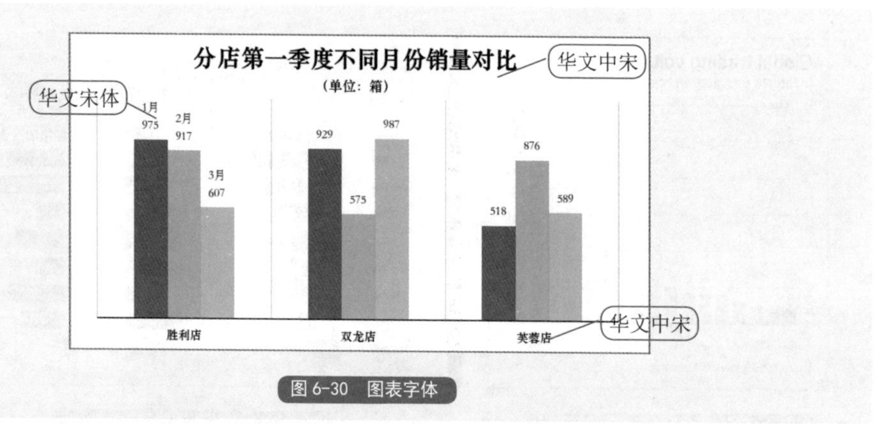

图 6-30　图表字体

（2）不要为字体轻易设置加粗、倾斜格式

加粗用来强调文字，可用于标题和需要强调的数据标签中。其他地方不需要加粗，如坐标轴文字、副标题等，否则太多的强调等于没有强调。

中文字体不应设置为倾斜。字体倾斜最开始是用于英文的，英文由字母组成，辨识度不高，倾斜效果可用来区别、强调英文信息。但是中文汉字本来就笔画各异，生硬地设置倾斜效果无疑是画蛇添足，既不能增加美感，又降低文字辨识度。

• 3. 减少图表杂乱感 •

（1）减少修饰效果

在图表中，对于能简单设计的元素，不要刻意增加图形效果，因为这些效果会增加图表信息量。例如，三维、阴影、粗边框、渐变填充等效果在大多数情况下都没必要选择。

在如图 6-31 和图 6-32 所示的图表中，三维效果和修饰效果的存在影响了读数，不够简洁高级。

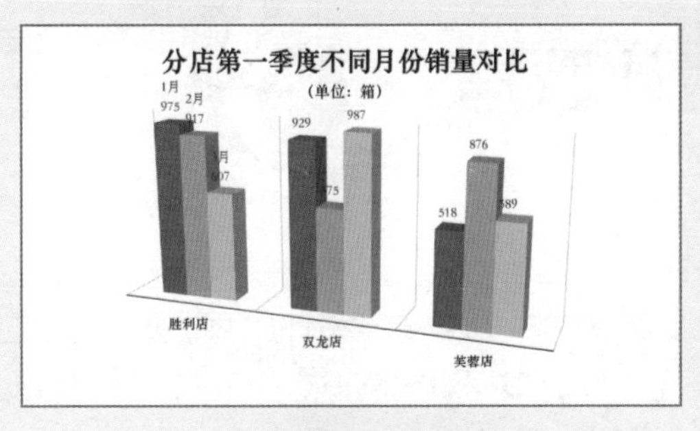

图 6-31　三维图表

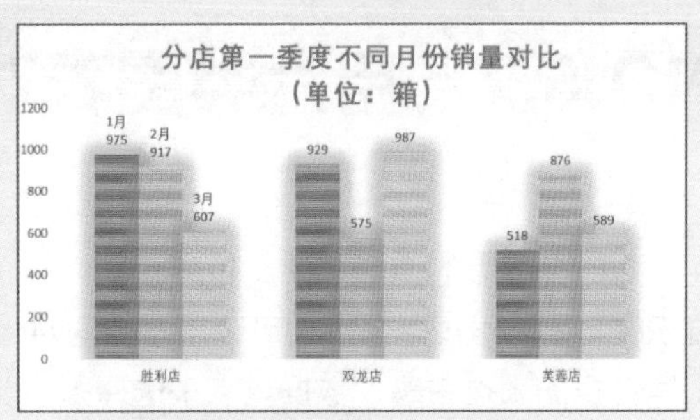

图 6-32　效果复杂的图表

（2）减少文字或数字

将多余、重复的文字删除。例如不需要让每个数据标签都显示数据类别名称。如图 6-33 所示，图表显得特别冗杂，其实仅左边的三根柱形显示数据类别名称即可。

减少数字长度。图表应尽量使用三位以内的数字，数字为四位及以上时就会变得难以阅读。因此，如果数字是小数，那么建议使用整数，或保留一位小数，精度太高的数字对图表信息理解是没有帮助的；如果数字是整数，那么建议修改单位，让数字变得易读，如用“25 万”代替“250000”。

如图 6-34 所示，百分比数据显示了四位小数，这样完全没有必要，其实保留整数即可。因为图表的目的并不是表达精确数据，而是体现数据特征。

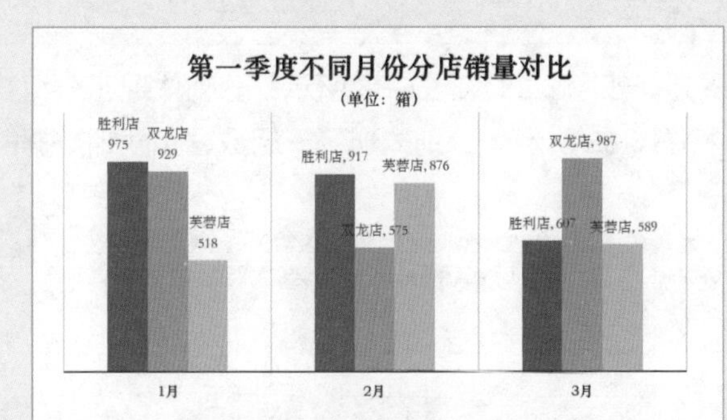

图 6-33　数据标签名称重复

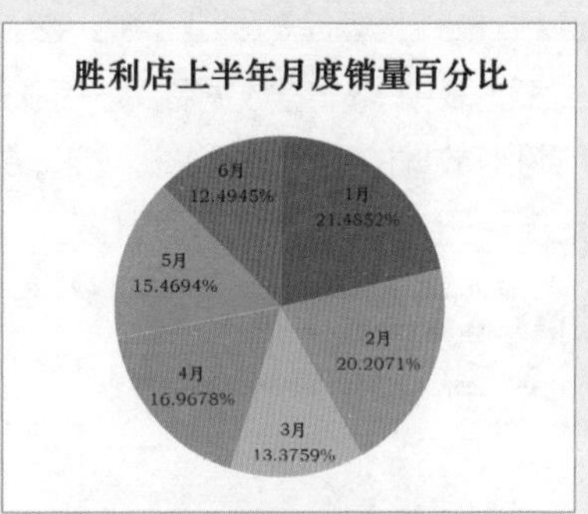

图 6-34　小数位数太多

NO.6.2　用六类图表对比数据

对比类图表的使用频率比较高，在 PowerPoint 的图表中，柱形图、条形图、雷达图、堆积柱形图、堆积条形图均可以用于数据对比。但是在将 Excel 数据设计成 PPT 图表时，应根据数据的表达主题、数据特点来选择图表类型，同时根据对比侧重点的不同，还可以对图表进行巧妙地设计，做出更直观、更有侧重点的对比图表。

• 6.2.1　快速做好四种常用对比图

对比数据最常用的图表是柱形图和条形图，在 PowerPoint 中的名称是【簇状柱形图】和【簇状条形图】。这也是两种基础的图表，通过柱形的高低或条形的长短就可以直观地对比数据大小。

重点速记：制作出标准柱形图和条形图的要点

❶ 柱形图和条形图的选择主要考虑数据名称长短、数据量、数据是否与时间相关等因素。

❷ 对比一组数据时，要为数据排序，柱形图从左到右递减，条形图从上到下递减。

❸ 对比多组数据时，注意相同的数据填充相同的颜色，间隙宽度约为柱形宽度的 1 ～ 2 倍。

在图表中，一组数据称为一组数据系列。如图 6-35 和图 6-36 所示，分别体现了一组数据和两组数据的对比柱形图。如图 6-37 和图 6-38 所示，分别体现了一组数据和两组数据的对比条形图。

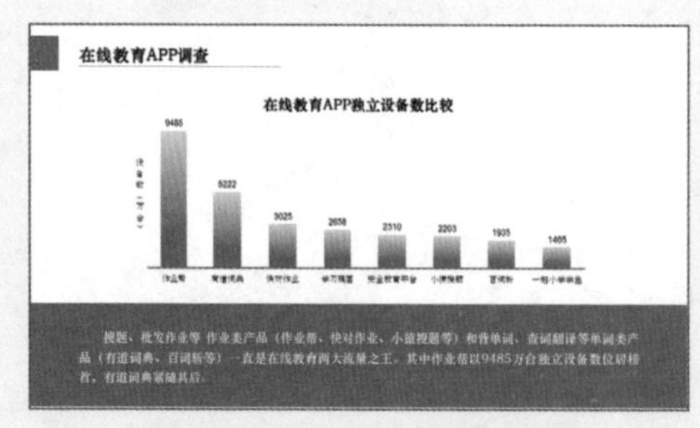

图 6-35　柱形图对比一组数据系列

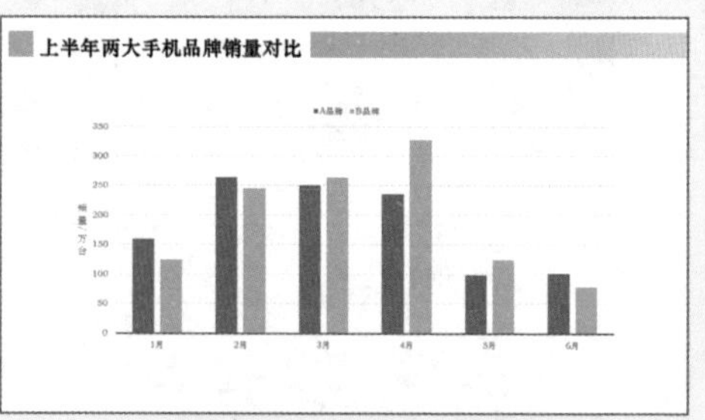

图 6-36　柱形图对比两组数据系列

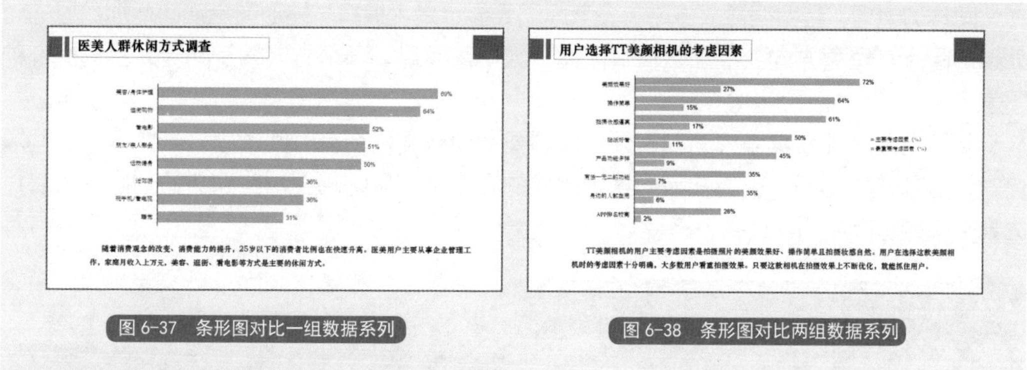

图 6-37　条形图对比一组数据系列

图 6-38　条形图对比两组数据系列

1. 如何选择柱形图和条形图

人们常常混淆柱形图和条形图，两者确实很相似，只是柱形图和条形图的布局方向不同。在选择时要结合数据特征和 PPT 排版来综合考虑三方面的因素，如图 6-39 所示。

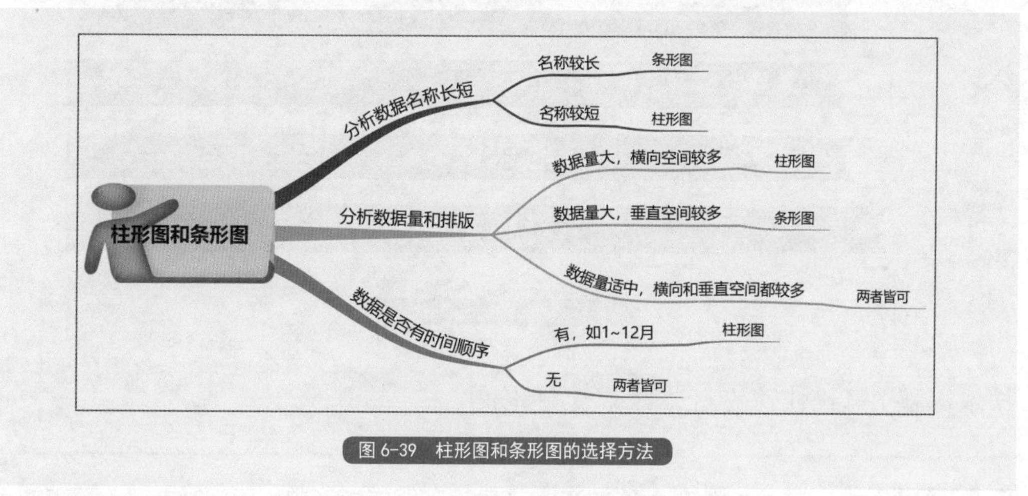

图 6-39　柱形图和条形图的选择方法

对比图 6-35 和图 6-37 可发现，当数据名称较短时，选择柱形图或条形图均可。但是当数据名称较长时，选择条形图，更能让名称完整显示，且不会让图表布局显得拥挤。

同样的道理，当数据量太多时，要考虑图表显示是否拥挤。柱形图是横向增加数量的，而条形图是在垂直方向上增加数量。因此，数据量多时，哪个方向的空间更大就选择哪种图表。

除了上面两种常常考虑的因素外，还需要考虑数据是否有时间顺序。当数据有时间顺序时，应首选柱形图，因为在人们约定俗成的观念中，时间轴上从左到右的刻度代表从过去到未来的时间序列。

• 2. 做出标准柱形图 / 条形图的要点 •

在 PPT 中制作柱形图或条形图时，方法十分简单，但是要将其制作得专业却有很多讲究。专业对比图表的标准如图 6-40 所示，根据这些标准调整图表细节，可增加图表专业性。

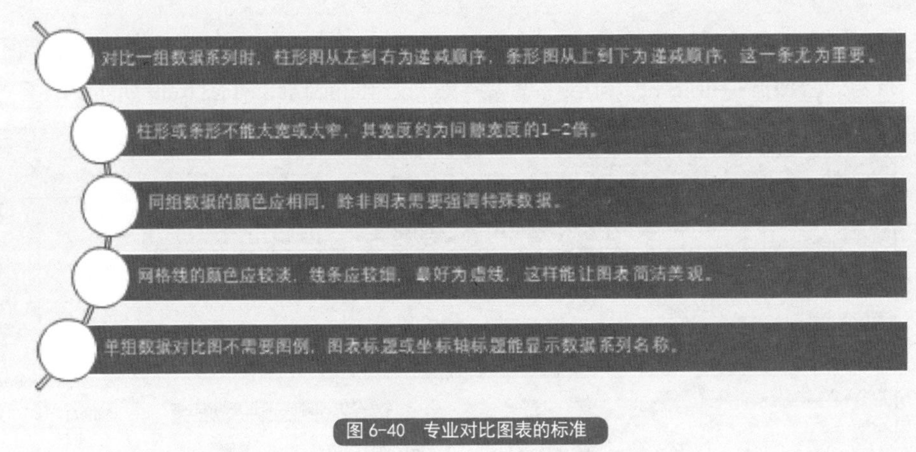

图 6-40　专业对比图表的标准

技术揭秘 6-1：快速设计常规对比柱形图

在 PPT 中设计图表比 Excel 中设计图表更简单。因为 PPT 插入图表的逻辑是，选择图表类型后就会插入一个图表模板，此时只需要修改模板数据就能得到一张符合基础需求的图表，接下来再进行美化设计即可。

第01步： 打开【插入图表】对话框。打开“素材文件\原始文件\第6章\常规柱形图.pptx”文件，如图6-41所示，单击【插入】选项卡下的【图表】按钮。

第02步： 选择图表。如图6-42所示，❶选择【柱形图】类型；❷选择【簇状柱形图】图表；❸单击【确定】按钮。

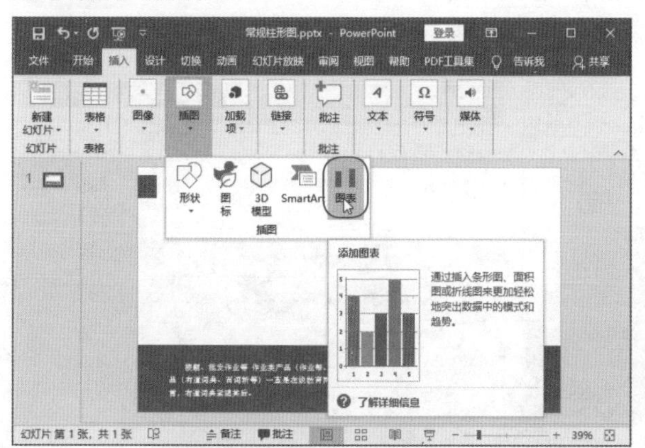

图 6-41 打开【插入图表】对话框

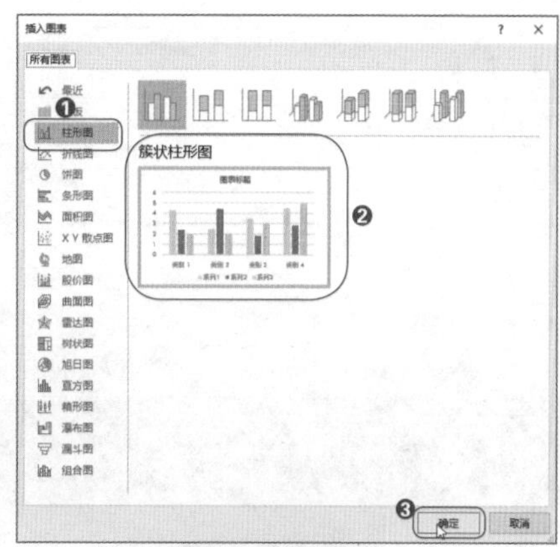

图 6-42 选择图表

第03步： 打开数据表格。如图6-43所示，❶关闭自动打开的数据表；❷选择【图表工具-设计】选项卡下【编辑数据】菜单中的【在Excel中编辑数据】选项。

第04步： 编辑数据。如图6-44所示，❶在表格中编辑数据；❷单击【关闭】按钮关闭表格。

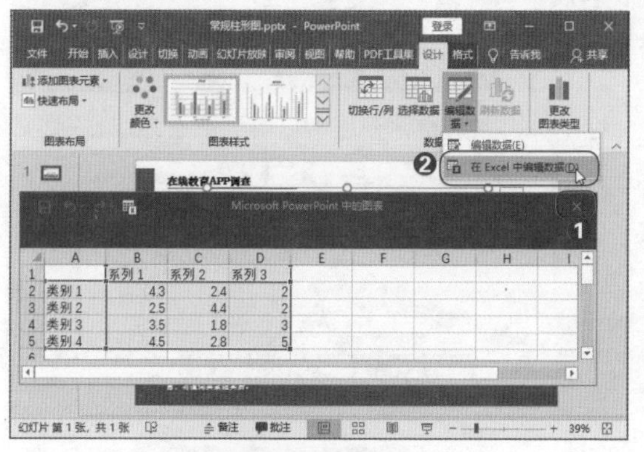

图 6-43 打开数据表格

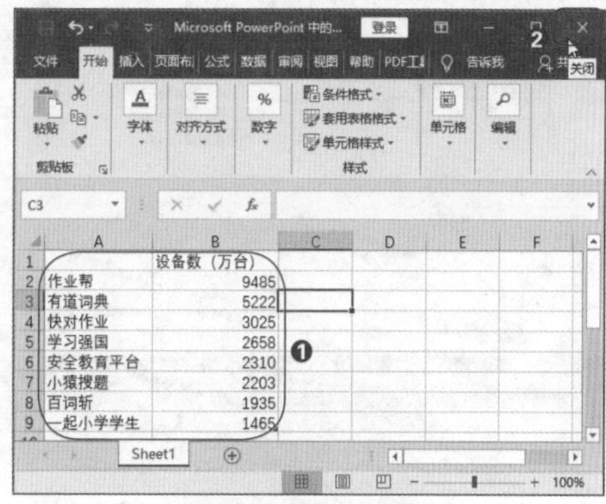

图 6-44 编辑数据

第05步： 增减布局元素。如图6-45所示，❶单击+按钮，❷在【图表元素】菜单中选择需要的元素；❸选中横坐标轴下方的标题，按【Delete】键删除。

第06步： 调整文字方向。如图6-46所示，❶双击纵坐标轴标题；❷在打开的【设置坐标轴标题】窗格中，切换到【文本选项】选项卡下，单击【文字方向】按钮；❸选择【竖排】选项。

这样就可以将纵轴标题文字方向调整为竖向，以方便阅读。

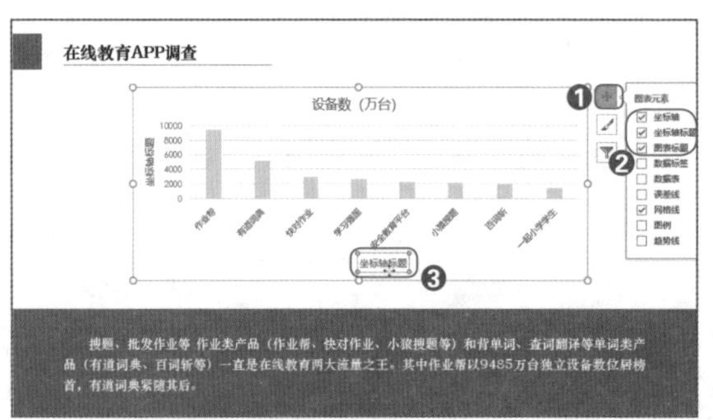

图 6-45　增减布局元素

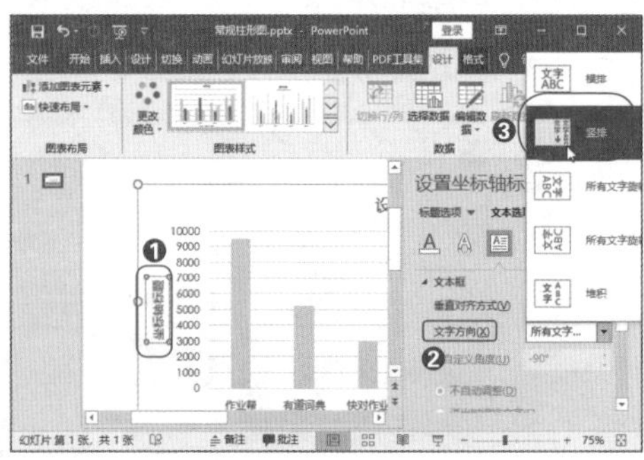

图 6-46　调整文字方向

第07步： 删除纵坐标轴和网格线。如图6-47所示，选中纵坐标轴，按【Delete】键删除，使用同样的方法删除网格线。

第08步： 设置横坐标轴线条。如图6-48所示，❶选中横坐标轴；❷在【设置坐标轴格式】窗格的【线条】菜单中选中【实线】单选按钮；❸设置颜色为【黑色，文字1】。

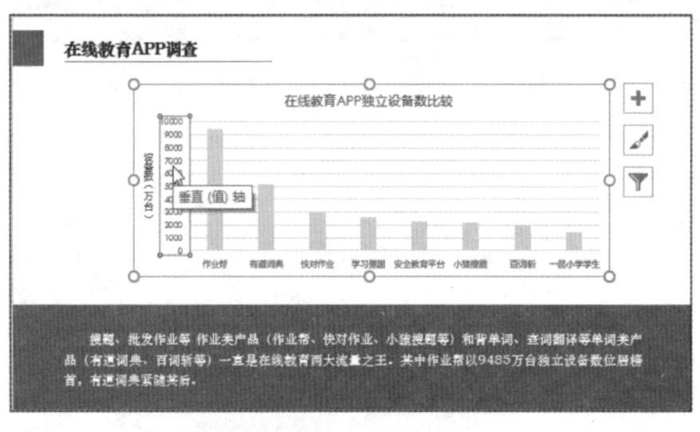

图 6-47　删除纵坐标轴和网格线

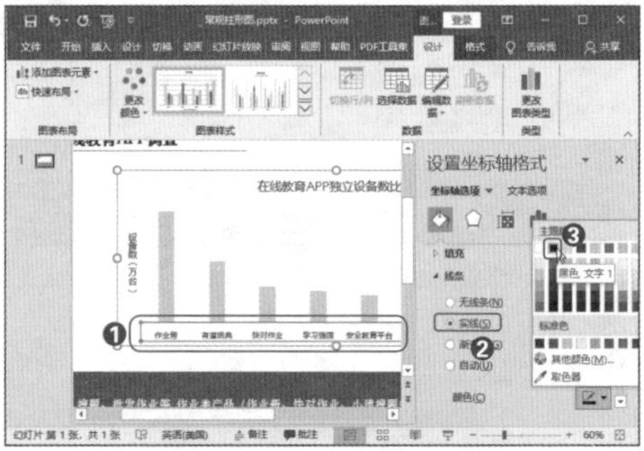

图 6-48　设置横坐标轴线条

第09步： 设置柱形填充色。如图6-49所示，❶选中柱形，在【设置数据系列格式】窗格中选中【纯色填充】单选按钮；❷设置【蓝色】填充色。

第10步： 调整间隙宽度。如图6-50所示，❶选中柱形，在【设置数据系列格式】窗格中切换到【系列选项】选项卡；❷设置【间隙宽度】的值，从而调整柱形的宽度。

还需要在【开始】选项卡下的【字体】组中设置文字的字体、大小、颜色，操作比较简单，这里不再赘述。

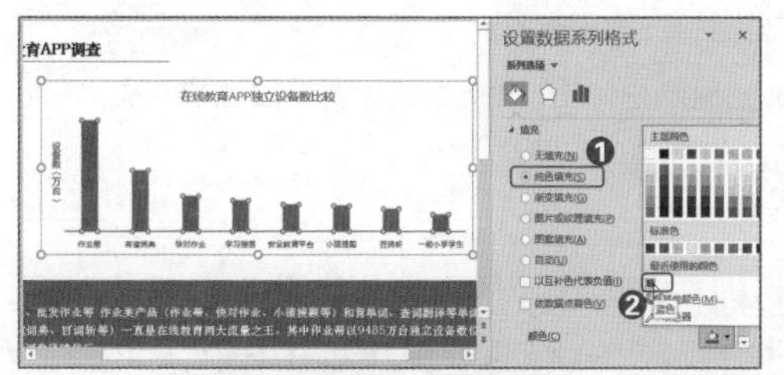

图 6-49 设置柱形填充色

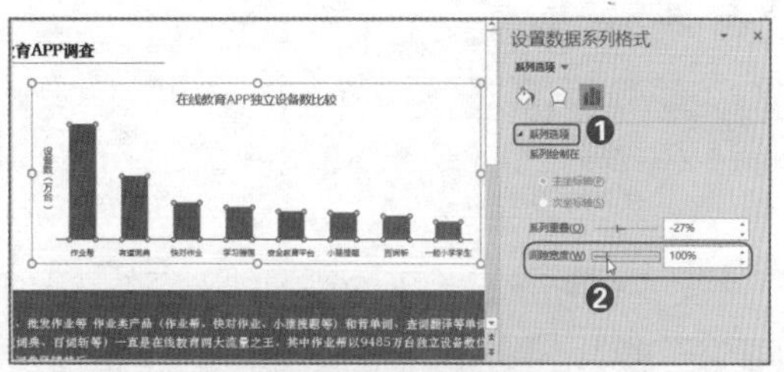

图 6-50 调整间隙宽度

第11步： 增加数据标签。如图6-51所示，选中图表，❶单击【图表工具-设计】选项卡下【添加图表元素】选项的下拉按钮；❷选择【数据标签】选项；❸选择【数据标签外】类型，即可在柱形上方（外面）添加数据标签了。

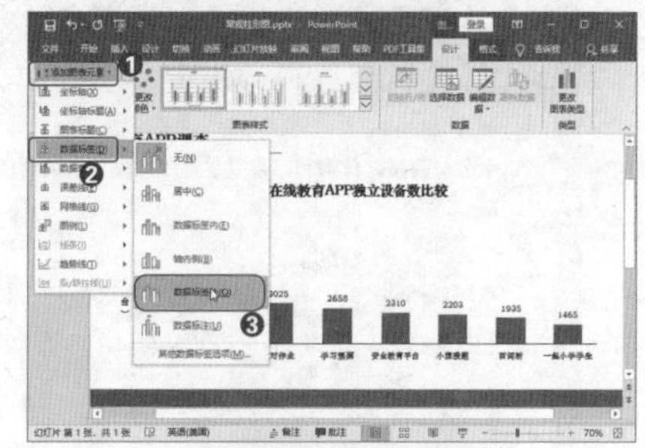

图 6-51 增加数据标签

高效技巧：如何重新选择图表的数据区域?

在 PPT 中设计好图表后，可能需要增加或减少数据，此时就要调整图表的数据区域。方法是单击【图表工具 - 设计】选项卡下的【选择数据】按钮，在打开的对话框中重新选择数据区域即可。

6.2.2 带平均线的对比图

在进行销量分析、业务员业绩对比时，可在对比图中添加一条表示平均数的线，从而能让读图者在对比数据大小的同时，看到哪些项目位于平均线之下，哪些项目位于平均线之上，以便读图者对项目数据情况有进一步的判断。

重点速记：设计平均线的要点

❶ 带平均线的图表其实是【折线图】与其他类型图表的组合图。

❷ 平均线只需要首尾两个数据点即可，但要设置空值的显示方式为【用直线连接数据点】。

❸ 平均线可用虚线，且在线最右边显示线的名称和数值。

图 6-52 所示是带平均线的柱形图，从图中可以快速对比不同国家男性分担家务的时间，同时通过对比平均线，可快速判断不同国家男性分担家务时间在国际上处于什么水平。

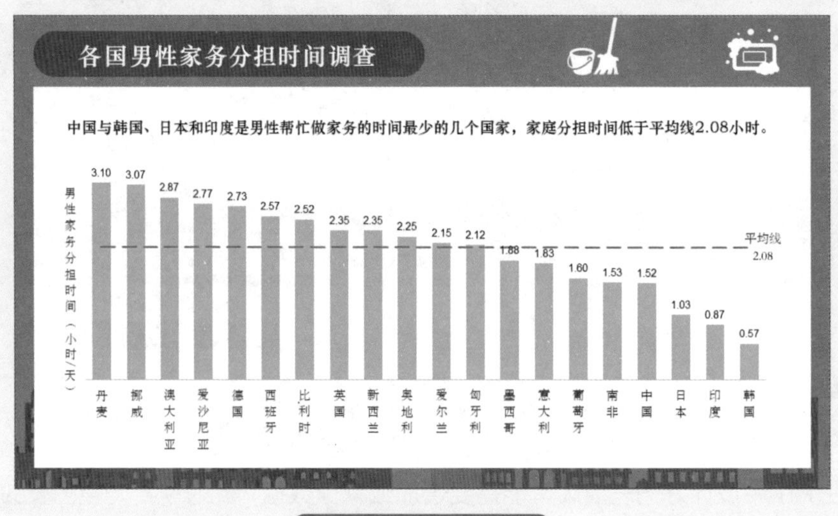

图 6-52　带平均线的柱形图

在这张图表中，有两个细节的处理值得留意。其一，图表中没有图例，但是在平均线尾部标注出数据名称“平均线”和数据大小 2.08；其二，因为添加了数据标签，所以删除了纵坐标轴，这让图表显得简洁而高级。

技术揭秘 6-2：设计带平均线的简洁柱形图

制作带平均线的柱形图的思路十分简单，在原始数据中添加平均数据。再插入柱形图+折线图的组合图表，其中折线图就是平均线，最后再进行细节设计即可。

第01步： 进入图表数据编辑。打开“素材文件\原始文件\第6章\带平均线的柱形图.pptx”文件，如图6-53所示，❶在PPT中插入一张【簇状柱形图】图表；❷选择【编辑数据】菜单中的【在Excel中编辑数据】选项。

第02步： 编辑图表数据。如图6-54所示，❶在表格中编辑图表数据；❷单击【关闭】按钮。

原始数据中“平均线”列只有两处有数据，因此需要设置折线图空单元格的显示方式为直线，才能让折线图中的线显示出来。

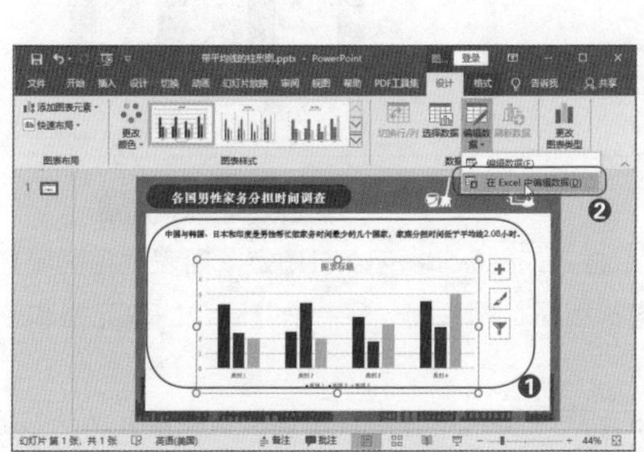

图 6-53　进入图表数据编辑

国家	男性分担家务时间（小时/天）	平均线
丹麦	3.1	2.08
挪威	3.07	
澳大利亚	2.87	
爱沙尼亚	2.77	
德国	2.73	
西班牙	2.57	
比利时	2.52	
英国	2.35	
新西兰	2.35	
奥地利	2.25	
爱尔兰	2.15	
匈牙利	2.12	
墨西哥	1.88	
意大利	1.83	
葡萄牙	1.6	
南非	1.53	
中国	1.52	
日本	1.03	
印度	0.87	
韩国	0.57	2.08

图 6-54　编辑图表数据

第03步： 更改图表类型。如图6-55所示，选中图表，单击【图表工具-设计】选项卡下的【更改图表类型】按钮。

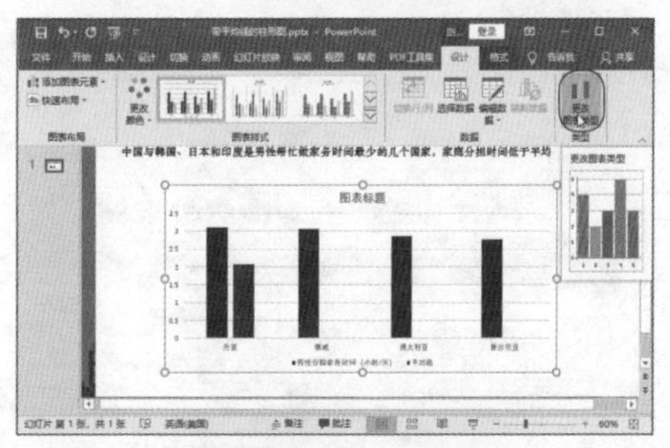

图 6-55　更改图表类型

第04步： 设置图表类型。如图6-56所示，❶选择【组合图】类型；❷选择图表类型；❸单击【确定】按钮。

第05步： 选择数据。如图6-57所示，选中图表，单击【图表工具-设计】选项卡下的【选择数据】按钮。

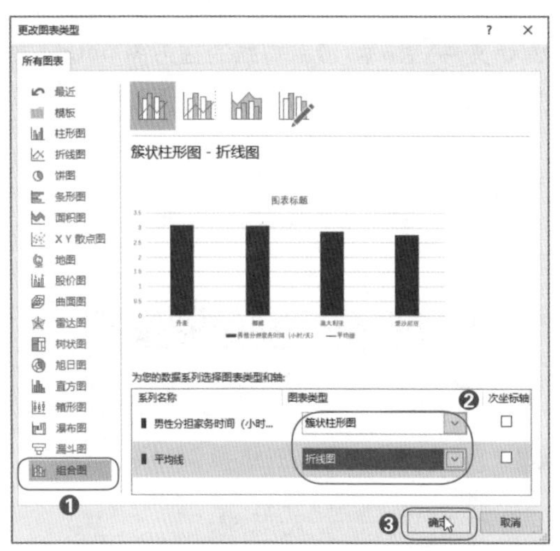

图 6-56 设置图表类型

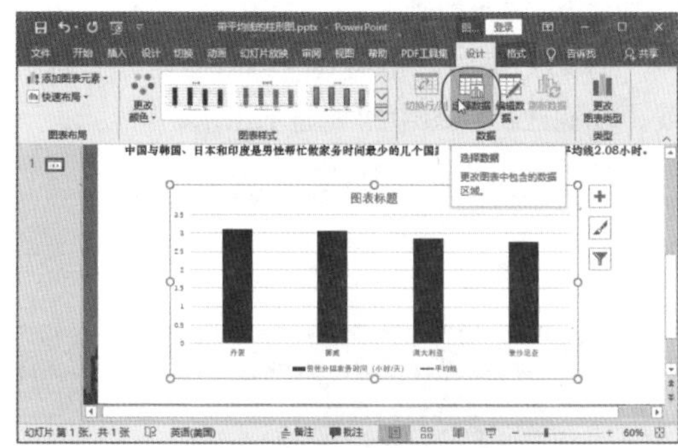

图 6-57 选择数据

第06步： 打开【隐藏和空单元格设置】对话框。如图6-58所示，❶确定【图表数据区域】包含了图表原始数据；❷选中名为【平均线】的折线图数据系列；❸单击【隐藏的单元格和空单元格】按钮。

第07步： 设置空单元格显示方式。如图6-59所示，❶选中【用直线连接数据点】单选按钮；❷单击【确定】按钮。

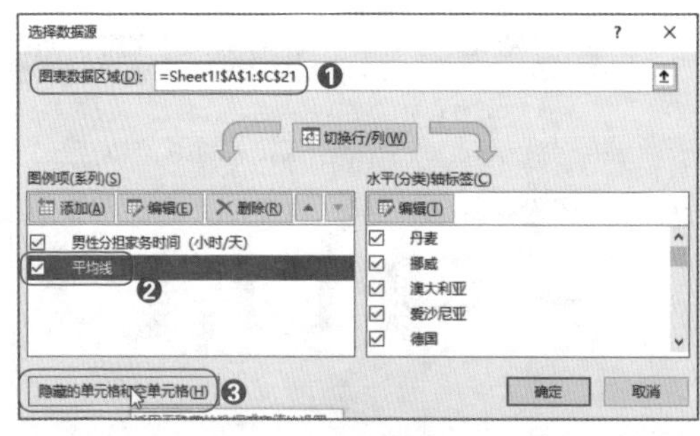

图 6-58 打开【隐藏和空单元格设置】对话框

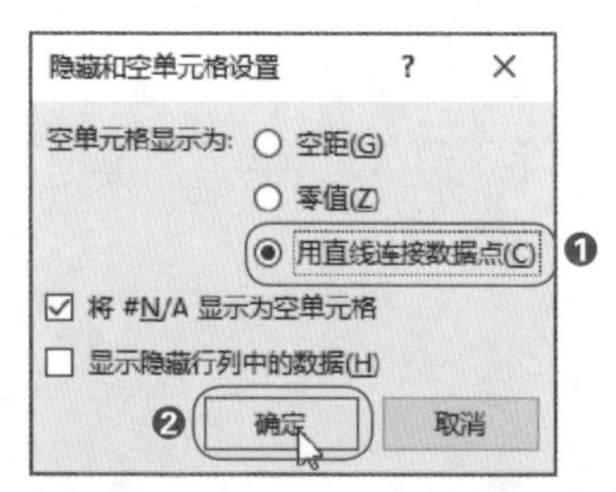

图 6-59 设置空单元格显示方式

第08步： 添加折线末端数据标签。如图6-60所示，删除图表中的纵轴、网格线、标题，双击单独选中折线最右边的点，添加数据标签。

第09步： 设置数据标签显示内容。如图6-61所示，❶双击数据标签；❷在【设置数据标签格式】窗格中勾选【系列名称】【值】【显示引导线】复选框。

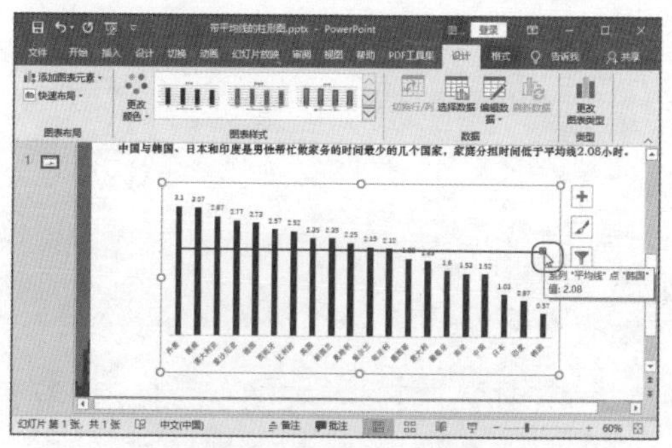

图 6-60　添加折线末端数据标签

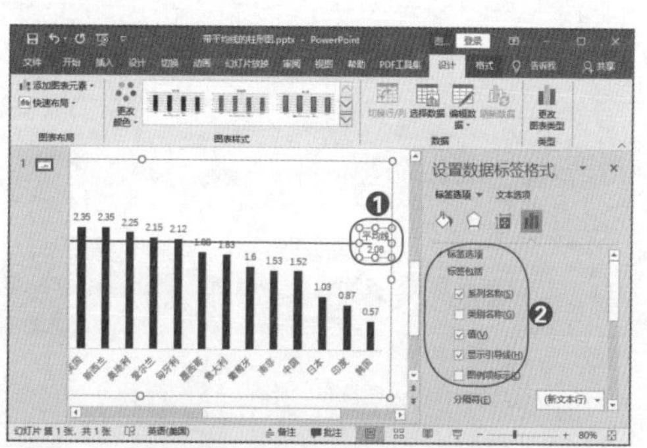

图 6-61　设置数据标签显示内容

第10步： 设置横轴文字方向。如图6-62所示，双击横轴，在【设置坐标轴格式】窗格中选择文字方向为【竖排】。

接下来只需要再完善图表颜色等细节，即可完成这张带平均线的图表制作。

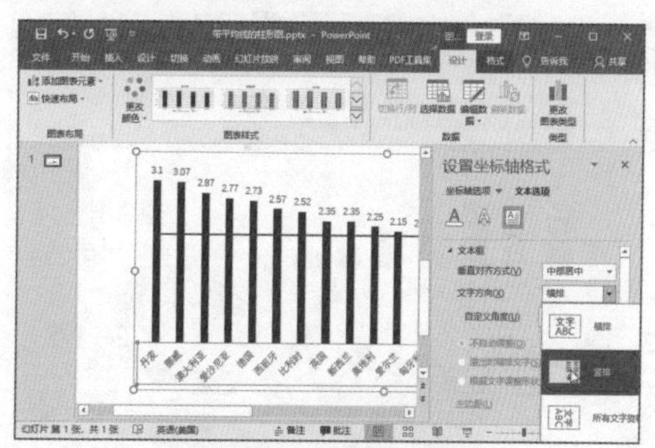

图 6-62　设置横轴文字方向

高效技巧：如何在条形图中添加平均线?

带平均线的条形图和带平均线的柱形图制作原理是相同的。带平均线的条形图其实是【簇状条形图】和【折线图】的组合图表，编辑数据后再设置图表类型即可。

• 6.2.3 有负数的对比图

在对比利润、销量增长等情况下，当对比的数据中存在负数时，就需要制作带负数的对比图。对比图可以是柱形图，也可以是条形图。

重点速记：图表中的负数如何表达?

❶ 一般用红色体现负数。

❷ 要想坐标轴标签不被遮挡，就将标签位置设置为【低】。

制作有负数的对比图时应注意让柱形图的负数显示在横轴下方，如图 6-63 所示。条形图的负数则显示在纵轴左边，如图 6-64 所示。

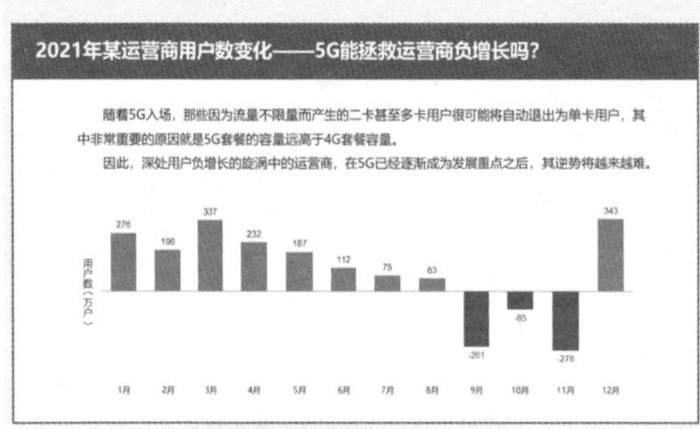

图 6-63 有负数的柱形图

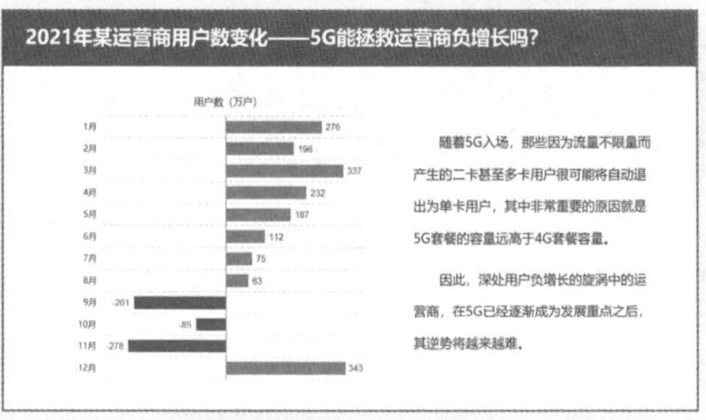

图 6-64 有负数的条形图

制作带负数的对比图并不难，编辑数据时在负数前添加“ - ”符号，图表中的负数就会自动显示在横轴下方或纵轴左边。但是，要注意两点：一般用红色代表亏损，因此可以用红色在图表中代表负数；对坐标轴属性及标签位置进行设置时，要让数据标签显示在柱形图最下方或条形图最左边，这样既不会遮挡坐标轴标签显示，又能让图表整洁又专业。

技术揭秘 6-3：设计有负数的条形图

设计有负数的柱形图和条形图时，要将坐标轴标签设置在【低】位，并单独设置负数柱形 / 条形的填充色。条形图比柱形图稍微复杂的步骤是，条形图的纵轴标签顺序如果不符合要求，就要使用【逆序类别】功能。为了方便读数，建议添加颜色较淡的网格线。

第01步： 进入图表数据编辑。打开“素材文件\原始文件\第6章\有负数的条形图.pptx”文件，如图6-65所示，❶在PPT中插入一张【簇状条形图】图表；❷选择【编辑数据】菜单中的【在Excel中编辑数据】选项。

第02步： 编辑图表数据。如图6-66所示，在表格中编辑图表数据。

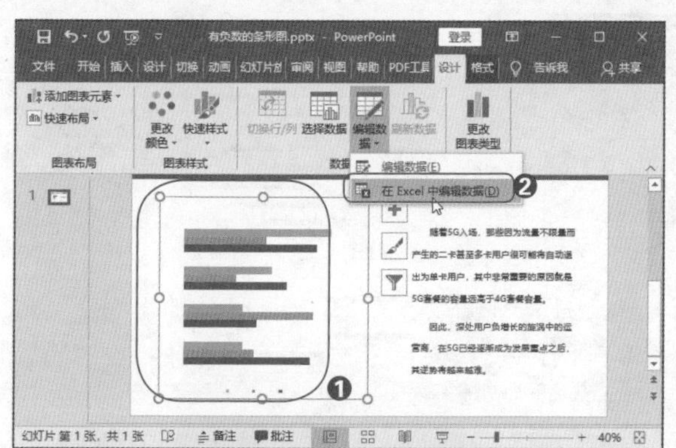

图 6-65 进入图表数据编辑

E16

	A	B	C
1		用户数	
2	1月	276	
3	2月	196	
4	3月	337	
5	4月	232	
6	5月	187	
7	6月	112	
8	7月	75	
9	8月	63	
10	9月	-261	
11	10月	-85	
12	11月	-278	
13	12月	343	
14			

图 6-66 编辑图表数据

第03步： 设置【逆序类型】。如图6-67所示，❶双击纵轴；❷在【设置坐标轴格式】窗格的【坐标轴位置】菜单中勾选【逆序类别】复选框，此时纵轴的月份顺序就会从1月排列到12月。

第04步： 设置【标签位置】。如图6-68所示，在【标签间隔】菜单中设置【标签位置】为【低】，这样标签就会移动到纵轴左边显示。

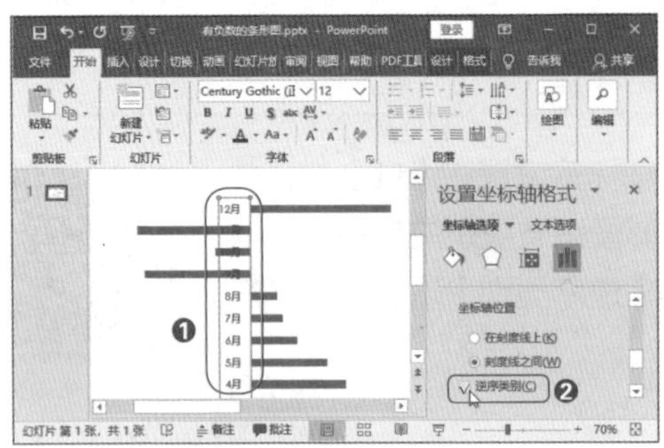

图 6-67　设置【逆序类别】

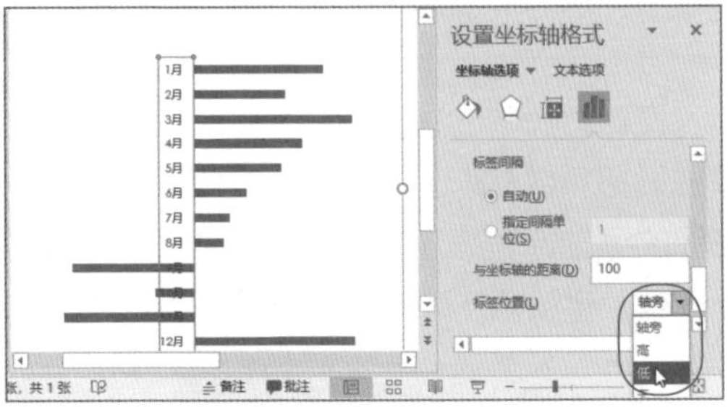

图 6-68　设置【标签位置】

第05步： 添加主要水平网格线。如图6-69所示，❶单击【添加图表元素】按钮；❷选择【网格线】菜单中的【主轴主要水平网格线】选项。

第06步： 设置网格线格式。如图6-70所示，设置网格线为较淡的灰色，线型为【划线-点】。

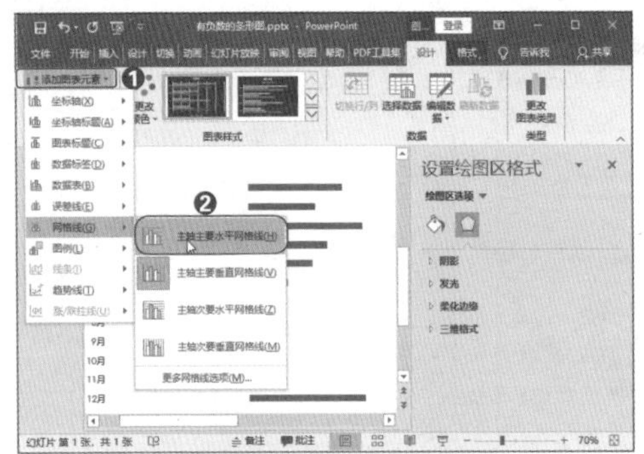

图 6-69　添加主要水平网格线

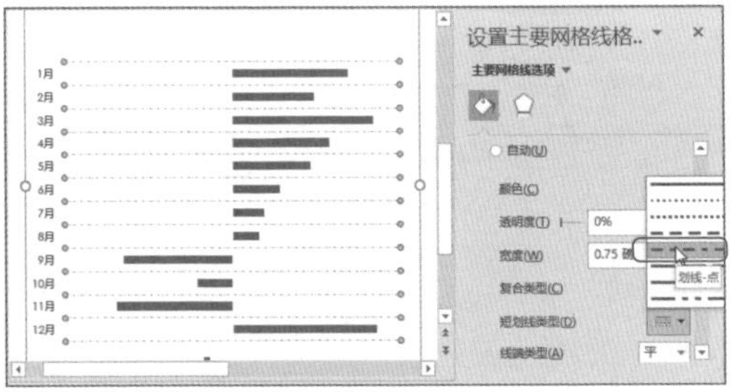

图 6-70　设置网格线格式

第07步： 设置负数条形的填充色。如图6-71所示，❶单独选中其中一条负数条形；❷在【形状填充】菜单中选择填充色为【深红】。

使用同样的方法将其他负数条形也填充为【深红】，并添加数据标签，即可完成这张图表的制作。

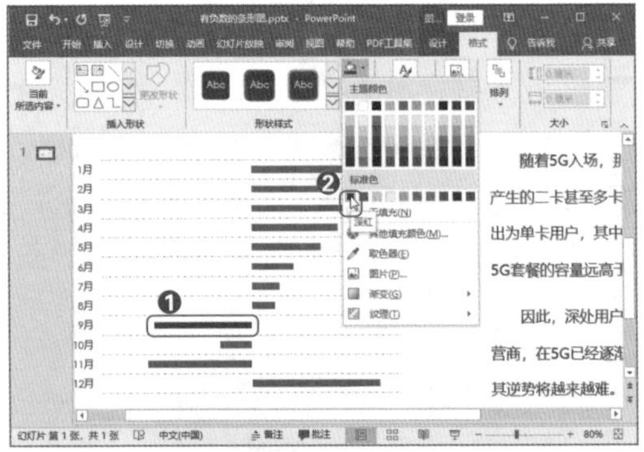

图 6-71　设置负数条形的填充色

• 6.2.4 有强调的对比图

在项目数据分析、工作总结、市场调研等情况下，当展示的对比数据中有特别大、特别小或其他需要关注及说明的特殊数据时，可在柱形图或条形图中对这些数据进行强调。

重点速记：在柱形图 / 条形图中强调数据的四种方法

❶ 为要强调的数据填充上特别的颜色。

❷ 为要强调的数据添加数据标签。

❸ 既改变特殊数据的填充格式，又添加数据标签。

❹ 当特殊数据不止一项时，可通过添加透明的阴影或线框进行强调。

强调数据的方法有填充颜色、添加数据标签、用形状强调等。需要注意的是，不要同时使用两种以上的强调方法，太多的强调会造成信息负担。

如图 6-72 所示，将需要强调的最大值填充上特别的颜色，十分醒目。如图 6-73 所示，为最大值填充上特别的颜色，并添加数据标签，其他不需要强调的值则没有数据标签。

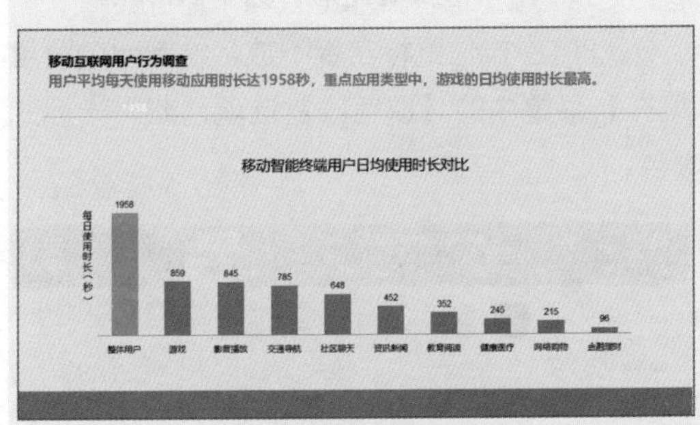

图 6-72 填充特别的颜色

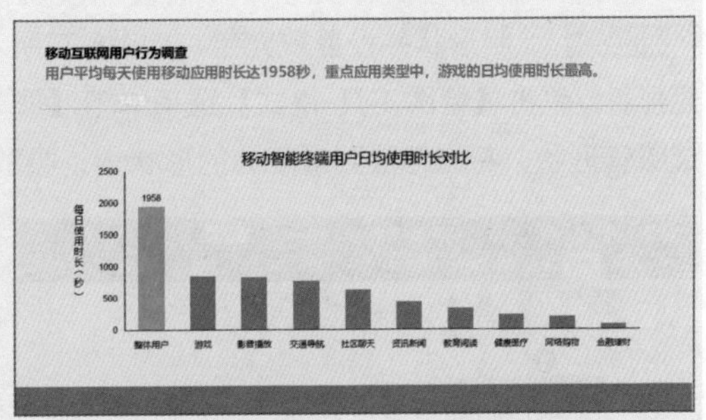

图 6-73 填充特别的颜色 + 数据标签

当需要强调的数据不止一项时，可在数据上方覆盖透明的形状或线框，效果如图 6-74 和图 6-75 所示。

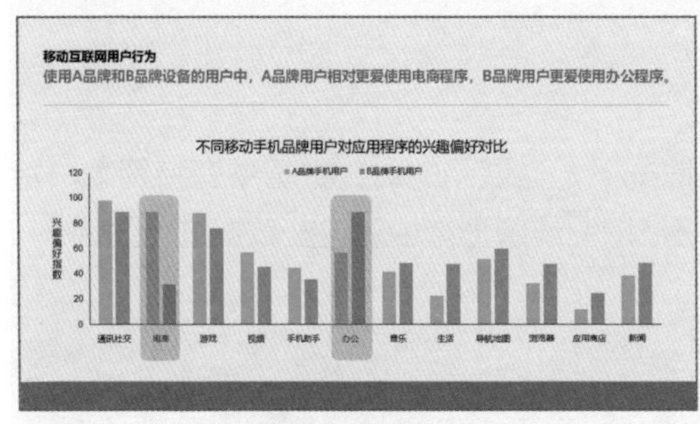

图 6-74　添加透明阴影

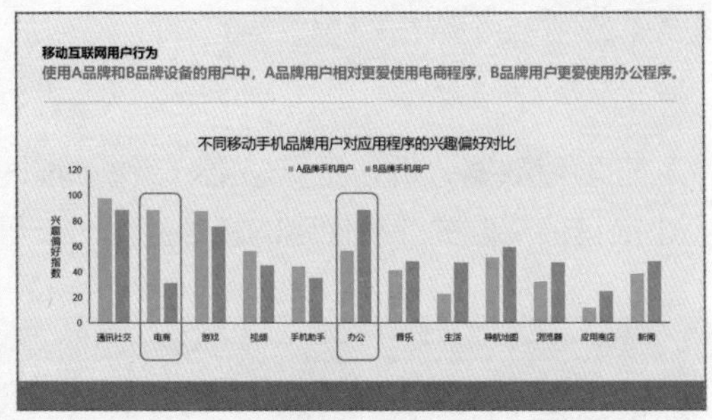

图 6-75　添加线框

技术揭秘 6-4：用透明阴影强调数据

只需要强调单项数据时，直接改变其填充色或添加数据标签即可，设置方法比较简单。如果需要强调多项数据，则可为多项数据添加透明阴影，此时需要用到 PowerPoint 中的【形状】功能，并设置透明参数。

第01步： 选择形状。打开“素材文件\原始文件\第6章\透明阴影强调数据.pptx”文件，如图6-76所示，❶单击【插入】选项卡下【插图】组中的【形状】按钮；❷选择【矩形：圆角】形状。

第02步： 绘制形状并设置填充色。如图6-77所示，❶在PPT中按住鼠标左键不放，绘制一个圆角矩形；❷单击【绘图工具-格式】选项卡下【形状填充】菜单中的【取色器】选项，此时光标变成吸管形状，将光标放到最下方的形状上，吸取颜色。

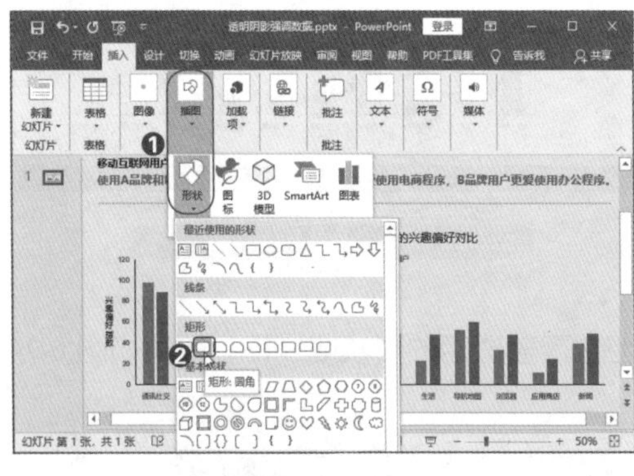

图 6-76　选择形状

图 6-77　绘制形状并设置填充色

第03步：打开【设置形状格式】窗格。如图6-78所示，选中形状右击，选择【设置形状格式】选项。

第04步：设置填充透明度。如图6-79所示，❶选择【填充与线条】选项；❷设置【透明度】参数为69%。

此时形状变得透明，调整形状大小，将其移动到要强调的数据“电商”上。按下【Ctrl+D】快捷键，复制一个透明形状，将其移动到数据“办公”上。

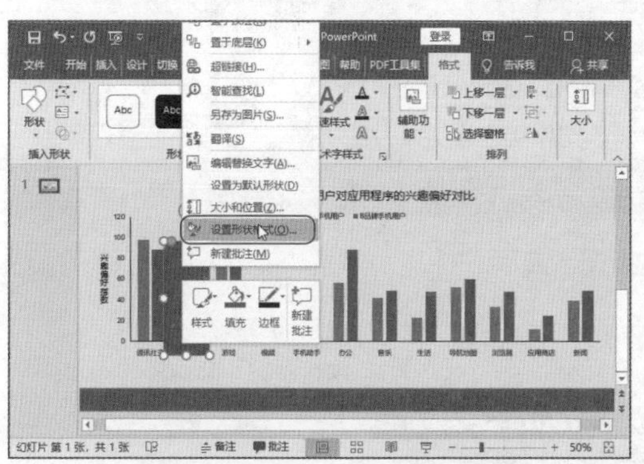

图 6-78　打开【设置形状格式】窗格

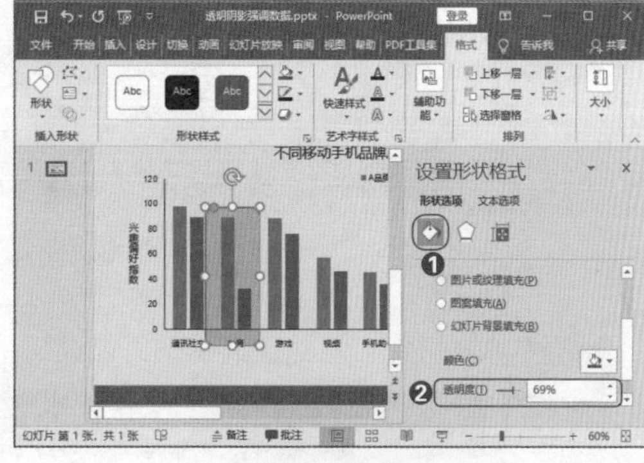

图 6-79　设置填充透明度

• 6.2.5　对数据的不同维度进行对比

当需要从不同的维度、层面对比数据时，或者需要对比数据的综合情况时，可以使用雷达图。在雷达图中，一组数据的连线点会形成一个闭合的图形，通过比较图形的面积大小，可判断其综合情况。通过数据点离圆心的位置，可判断该维度数据的大小。

如图 6-80 所示，通过两张雷达图分析员工固有的工作习惯和入职后的培训对各项指标的影响。从图中可发现，员工固有的工作习惯对“发展速度”的影响较大，而入职后的培训对“业绩增长”的影响较大。总的来说，员工的固有工作习惯更能决定员工的综合发展水平。

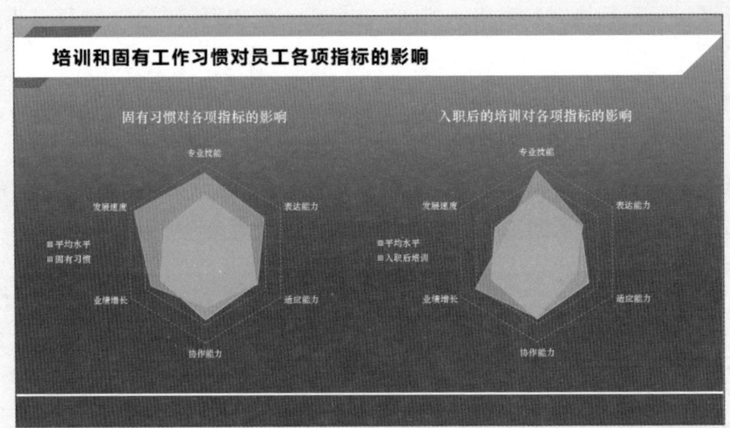

图 6-80 填充雷达图

高效技巧：雷达图填充色设计有什么技巧?

没有填充色的雷达图应选择【雷达图】图表类型，有填充色的雷达图应选择【填充雷达图】图表类型。使用填充雷达图时应注意设置填充色透明度，否则上方的面积会遮盖下方的面积。

技术揭秘 6-5：设计填充雷达图

在 PowerPoint 中可以轻松插入填充雷达图，在编辑布局时需要设置填充色的透明度、网格线格式等。

第01步： 选择图表类型。打开“素材文件\原始文件\第6章\填充雷达图.pptx”文件，如图6-81所示，❶选择【雷达图】选项；❷选择【填充雷达图】类型；❸单击【确定】按钮。

第02步： 编辑图表数据。如图6-82所示，❶在表格中编辑数据；❷单击【关闭】按钮关闭表格。

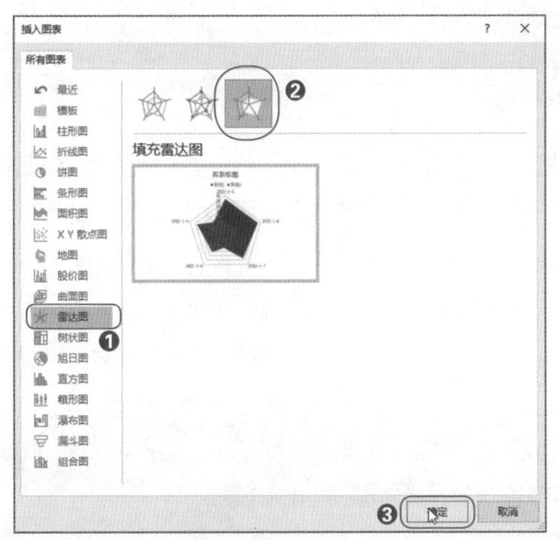

图 6-81 选择图表类型

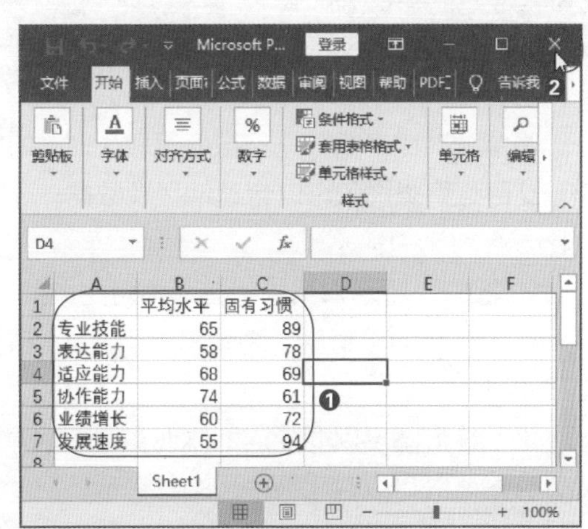

图 6-82 编辑图表数据

第03步： 设置填充格式。如图6-83所示，❶选中“固有习惯”面积，选择在【填充与线条】下的【标记】选项卡；❷设置【纯色填充】；❸设置【透明度】为35%。

使用同样的方法设置“平均水平”的填充格式。

第04步： 设置网格线格式。如图6-84所示，❶选中网格线，在【填充与线条】的【线条】菜单中设置【实线】填充；❷设置填充色为【白色，背景1，深色35%】，并选择【短划线】类型。

接下来再设置图表标题、文字格式，设置方法不再赘述。完成第一张填充雷达图制作后，按【Ctrl+D】快捷键复制图表，修改图表数据后，即可完成第二张填充雷达图的制作。

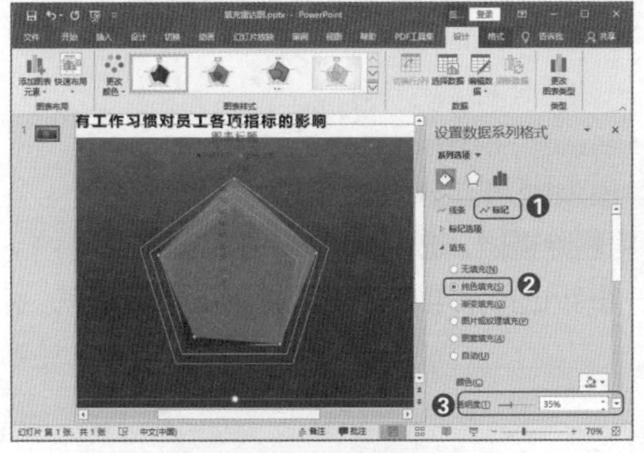

图 6-83 设置填充格式

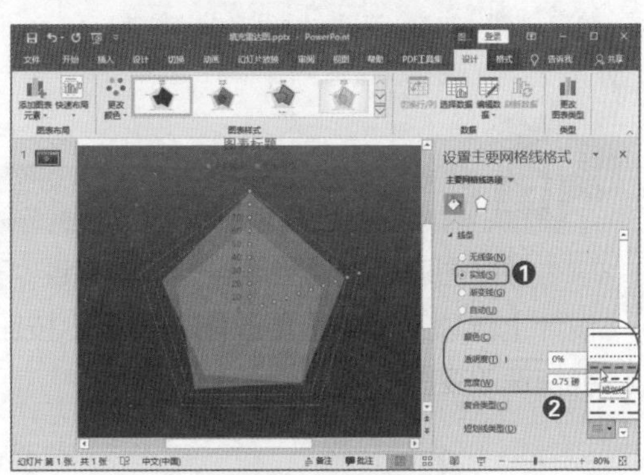

图 6-84 设置网格线格式

• 6.2.6　对多组数据进行对比

当需要对比多组数据且数据量较大时，如果直接使用柱形图或条形图，图表会显得很拥挤。此时堆积类图表可以合理地呈现数据，让数据在图表中不拥挤，且可以恰到好处地进行对比。

如图 6-85 所示，用簇状柱形图对比数据，太多的数据条让人无法很好地读数，更难快速对比每个月的总销量。将图表类型换成如图 6-86 所示的堆积柱形图后，图表效果顿时简洁了不少。

堆积柱形图不仅能简洁地体现多组数据对比效果，还能同时对比总量与分量。在图 6-86 中，该图表既可以对比每个月的总销量，又能对比每个月不同店铺的销量。

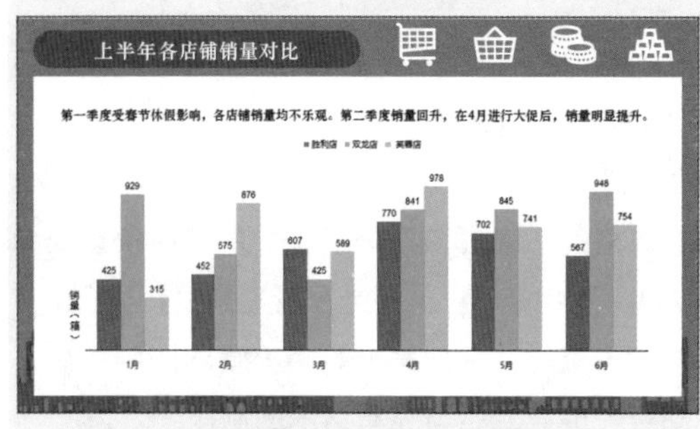

图 6-85　簇状柱形图对比多组数据

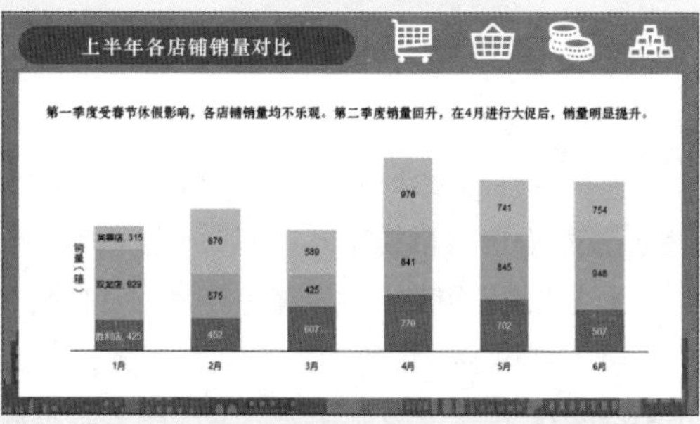

图 6-86　堆积柱形图对比多组数据

高效技巧：柱形图如何快速变成堆积柱形图?

做好图表后发现图表类型选择错误，不用删除重做。选中图表，单击【图表工具 - 设计】选项卡下的【更改图表类型】按钮，重新选择需要的【堆积柱形图】选项就能快速改变图表类型。

技术揭秘 6-6：设计对比多组数据的堆积柱形图

堆积柱形图和簇状柱形图一样，都是基础简单的图表。插入图表的过程并不难，但需要在设计细节上注意，例如有数据标签就需要删除纵轴，并在最左边的数据标签中添加数据名称。

第01步： 选择图表类型。打开“素材文件\原始文件\第6章\堆积柱形图.pptx”文件，如图6-87所示，❶选择【柱形图】选项；❷选择【堆积柱形图】类型；❸单击【确定】按钮。

插入图表后编辑图表数据，并对图表格式进行编辑，这里不再赘述。

第02步： 添加数据标签。如图6-88所示，❶单击【图表工具-设计】选项卡下的【添加图表元素】按钮；❷选择【数据标签】菜单中的【数据标签内】选项。

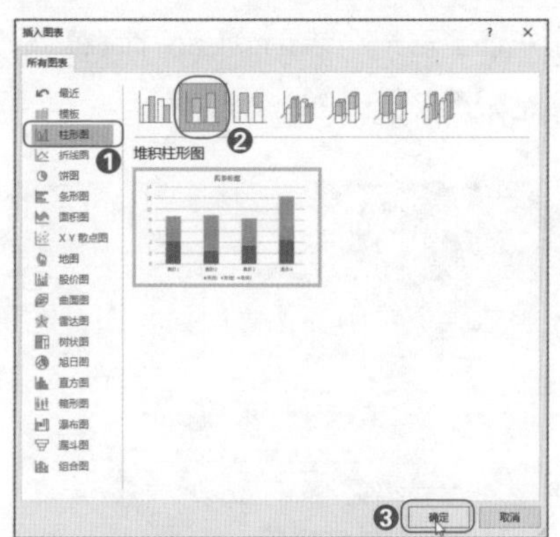

图 6-87 选择图表类型

图 6-88 添加数据标签

第03步： 设置标签选项。如图6-89所示，❶单独选中最左上方的数据标签；❷在【设置数据标签格式】窗格中选择【标签选项】选项卡；❸勾选【系列名称】【值】【显示引导线】复选框。

此时，即可完成堆积柱形图的制作。

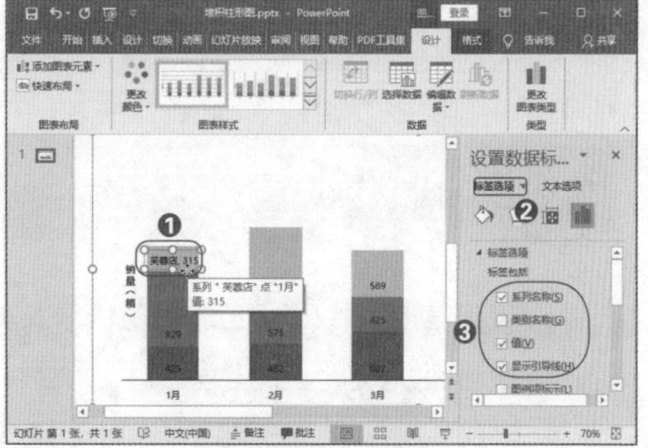

图 6-89 设置标签选项

NO.6.3 用三类图表展示数据趋势

趋势图的作用是分析一段连续时间内的事物发展趋势，从而总结出规律或预测未来发展。除了常规趋势图，还可能需要在趋势图中强调重点、特殊阶段、平均值等。只有根据需求调整趋势图的设计细节，才能做出专业性极强的商务趋势图。

• 6.3.1 必会的三种基本趋势图

常用的趋势图是折线图和面积图，折线图单纯地体现了趋势，面积图除体现趋势外，还体现了量的累计。如果想同时突出趋势和量的累计，可以制作成组合图表。

重点速记：做好折线图、面积图、堆积面积图的要点

❶ 只需要体现趋势，用折线图；体现趋势的同时，还需要强调量的变化，用面积图；需要体现多个数据系列的累计量变化，用堆积面积图。

❷ 趋势图体现的是连续一段时间的数据变化，数据点最好超过 6 个。

❸ 折线图的线 15~3 磅较为合适，图例或数据标签应放在折线尾部。

❹ 折线图可以设置平滑线以强调趋势，设置数据标记以强调某时间点的数据。

❺ 面积图中有两个及以上数据系列时，要注意设置透明度，不让面积互相遮挡。

❻ 带数据标记的面积图其实是面积图 + 折线图的组合图表。

• 1. 折线图 •

折线图是反映连续时间段内数据变化趋势的常用图表，通过分析折线图高低起伏的走势，可快速判断数据的变化趋势。

折线图是常规图表，制作方法并不复杂，但是专业折线图有一些细节需要注意。

（1）数据名称最好用数据标签或图例，并放在对应的折线尾部或附近位置，方便在阅读图表时能快速了解不同折线代表的数据含义。如图 6-90 所示，最右边的折线尾部用数据标签显示了数据名称。如果要使用图例显示数据名称，图例也应放在折线尾部，并且图例顺序要和折线顺序一致，如图 6-91 所示。

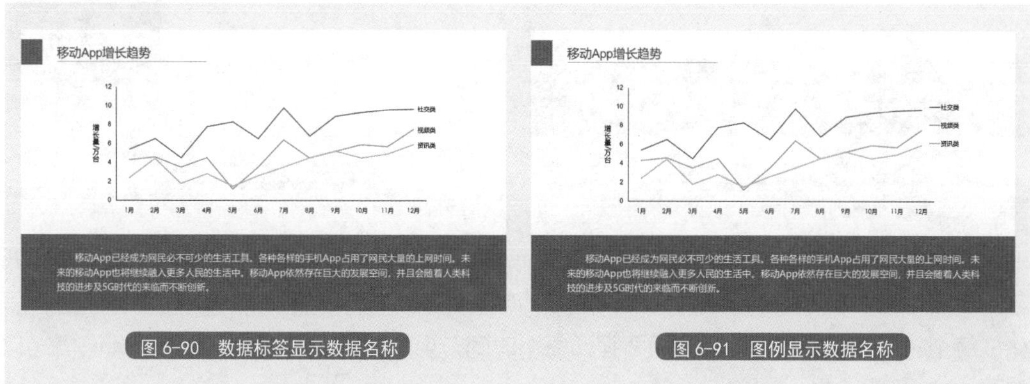

图 6-90　数据标签显示数据名称

图 6-91　图例显示数据名称

（2）折线不要太粗或太细，1.5~3 磅比较理想，根据折线数量、排版设计来选择。如折线数量多，折线图占页面中的空间少，则细一点。如折线数量少，只有一条，且折线图在页面中占较大空间，则线相对粗一点。

（3）数据应该是一段连续时间点的数据，而且时间点最好大于 6 个。如果时间点太少，则无法客观反映趋势。

高效技巧：如何调整图例的顺序？

为了让图例顺序与折线尾部的折线顺序一致，可以单击【图表工具 - 设计】选项卡下的【选择数据】按钮，在【选择数据源】对话框中的【图例项】中选择需要调整顺序的图例名称，单击向上或向下的三角形箭头就可以调整图例顺序了。

（4）在同一折线图表中，折线数量应小于或等于三条，折线太多会形成干扰，反而不容易观察到趋势。当数据项目太多时，可以为每个项目单独创建一张折线图。如图 6-92 所示，折线之间交叉重叠，反而无法清晰地观察到特定类型 App 的增长趋势。如果将每根折线单独做成一张图表，反而更加直观清晰，如图 6-93 所示。

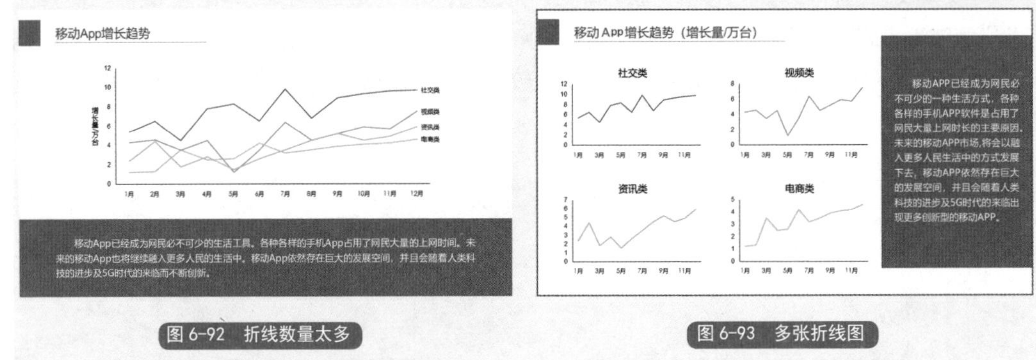

图 6-92　折线数量太多　　图 6-93　多张折线图

在 PowerPoint 中设计折线图时，除了从折线图的颜色、线型来设计外，还可以设计折线的平滑线和数据标记等。如图 6-94 所示，将折线变成平滑线后，进一步强调了趋势，弱化了每个时间节点的数据。如果需要强调每个时间节点的数据，则可以设置数据标记格式，如图 6-95 所示。

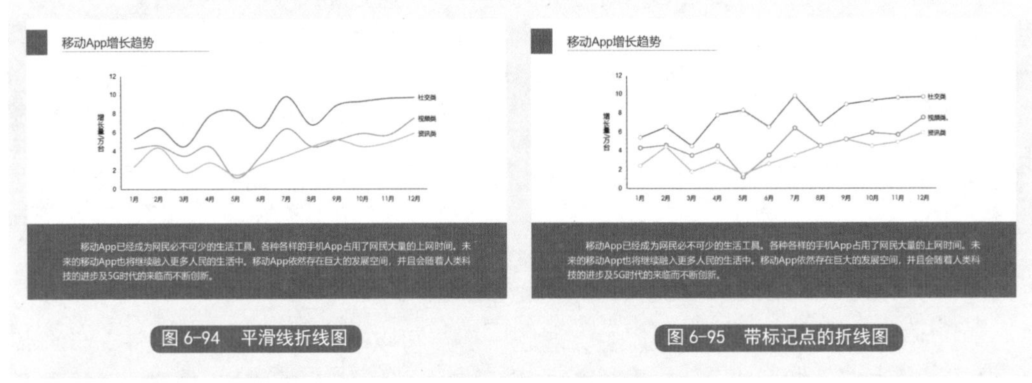

图 6-94　平滑线折线图　　图 6-95　带标记点的折线图

高效技巧：如何将折线变成平滑线？

双击折线图中的折线，在【设置数据系列格式】窗格中的【线条】菜单中选择最下方的【平滑线】选项，折线就可以变成圆润的平滑线。

• 2. 面积图 + 堆积面积图 •

折线图是单纯体现数据趋势的图表，如果在体现数据趋势时，又想对量进行强调，可以使用面积图。面积图可以看作是带填充色的折线图。趋势线下方填充了颜色，这个颜色区域可进一步强化数据量的变化趋势及总量变化趋势。

如图 6-96 所示，从面积图中可以分析产品的销量趋势，也能从面积整体的变化分析总销量的累计变化。如果需要对某个时间点的数据突出显示，而面积图又没办法像折线图一样添加数据标记，此时可以制作面积图 + 折线图的组合图表，实现如图 6-97 所示的效果，该图表中面积图的边就是折线图。

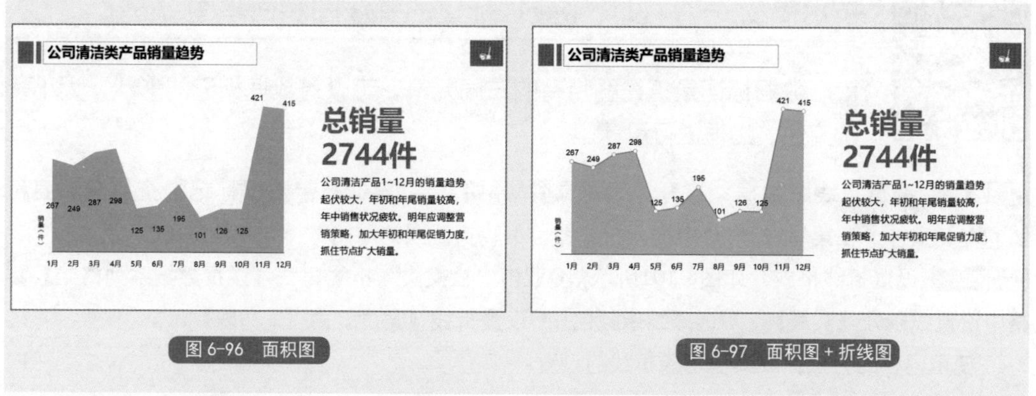

图 6-96 面积图

图 6-97 面积图 + 折线图

当面积图中有两个及以上的数据系列时，需要注意设置面积的透明度，目的是不让面积互相遮挡。如图 6-98 所示，位于前面的“居家清洁类产品”的面积设置了透明度，从而让下方的“个护清洁类产品”的面积比较清晰地显示出来。

当面积图中有两个及以上的数据系列，且又需要体现所有数据的累加趋势时，可使用堆积面积图。如图 6-99 所示，两类产品的面积堆积在一起，从总面积的变化趋势可分析出两类产品的总销量趋势。同时，又能从不同颜色的面积变化中分析不同类型的产品的销量趋势。

第6章

公司个护清洁类、家居清洁类产品销量趋势

公司个护清洁类产品适合在年初和年尾营销推广。家居清洁类产品适合在年初和下半年营销推广。

图 6-98　两个数据系列的面积图

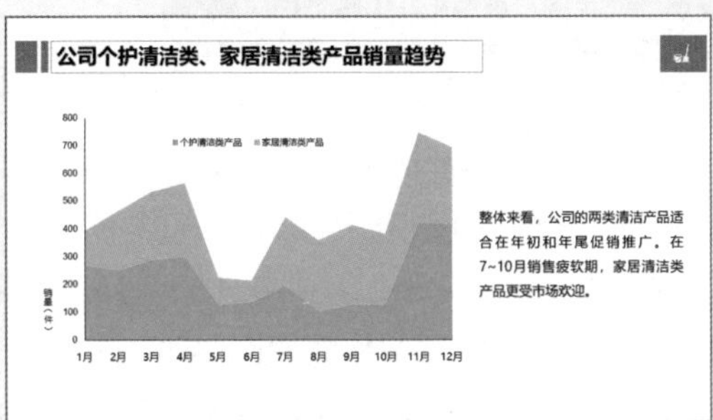

图 6-99　两个数据系列的堆积面积图

技术揭秘 6-7：设计带数据标记的折线图和面积图

数据标记是折线图特有的布局元素，可以对数据标记的形状、大小、填充色、边框进行设计。

第01步： 编辑折线图数据。打开“素材文件\原始文件\第6章\带数据标记的折线图和面积图.pptx”文件，在第1张幻灯片中插入折线图，编辑折线图的原始数据，如图6-100所示。

第02步： 设置折线格式。如图6-101所示，❶双击“社交类”折线，在【设置数据系列格式】窗格中设置线条为【实线】，❷选择线条颜色；❸设置折线【宽度】为【2.25磅】。

使用同样的方法完成其他两条折线的设置。

	视频类	资讯类	社交类
1月	4.3	2.4	5.4
2月	4.6	4.4	6.5
3月	3.5	1.8	4.5
4月	4.5	2.8	7.8
5月	1.2	1.5	8.3
6月	3.5	2.6	6.5
7月	6.4	3.5	9.8
8月	4.5	4.5	6.8
9月	5.2	5.2	8.9
10月	5.9	4.5	9.3
11月	5.7	4.9	9.6
12月	7.5	5.9	9.7

图 6-100　编辑折线图数据

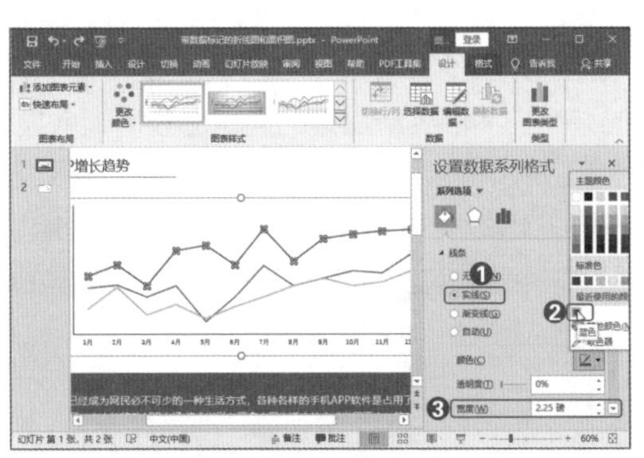

图 6-101　设置折线格式

第03步： 设置数据标记的类型和大小。如图6-102所示，❶在【系列选项】的【标记】选项卡下选择标记选项为【内置】；❷选择圆形标记；❸设置标记【大小】为8。

第04步： 设置数据标记填充和边框。如图6-103所示，❶设置标记的填充色为【白色，背景1】；❷设置标记的边框色为【蓝色】，标记的边框色和折线的颜色保持一致。

使用同样的方法为其他两条折线添加数据标记。

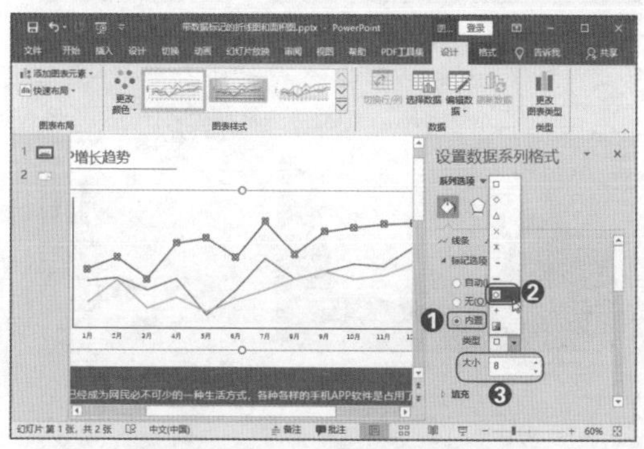

图 6-102 设置数据标记的类型和大小

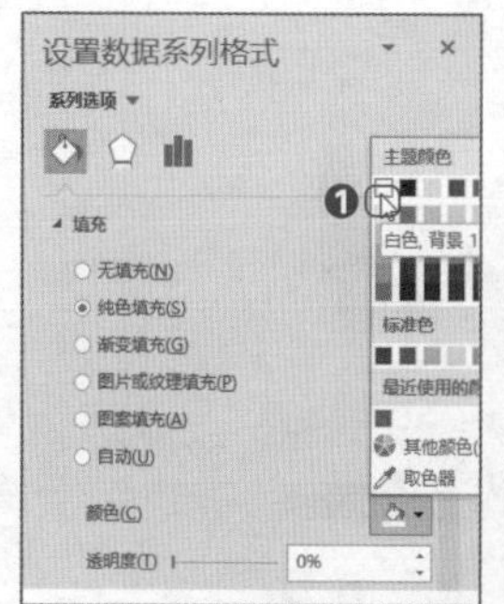

图 6-103 设置数据标记填充和边框

第05步： 编辑面积图原始数据。切换到第2张幻灯片中，插入面积图，编辑面积图原始数据，如图6-104所示。

第06步： 打开【更改图表类型】对话框。如图6-105所示，单击【图表工具-设计】选项卡下的【更改图表类型】按钮。

	销量（件）	辅助
1月	267	267
2月	249	249
3月	287	287
4月	298	298
5月	125	125
6月	135	135
7月	195	195
8月	101	101
9月	126	126
10月	125	125
11月	421	421
12月	415	415

图 6-104 编辑面积图原始数据

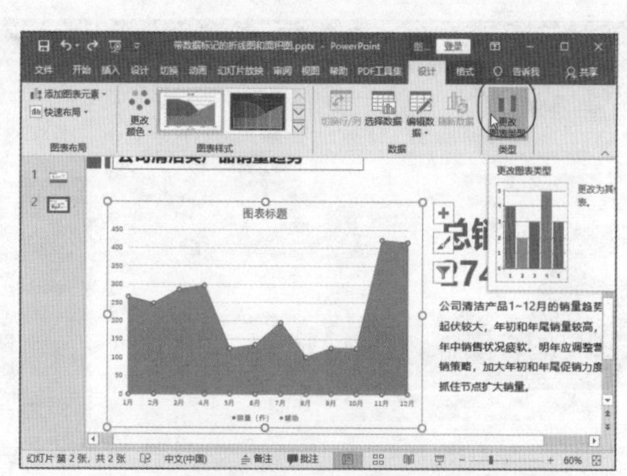

图 6-105 打开【更改图表类型】对话框

第07步： 设置图表类型。如图6-106所示，❶选择【组合图】类型；❷设置图表类型；❸单击【确定】按钮。

第08步： 设置折线图线条格式。如图6-107所示，❶选中折线图，设置线条颜色为【青绿】；❷设置线条的【宽度】为【2磅】。

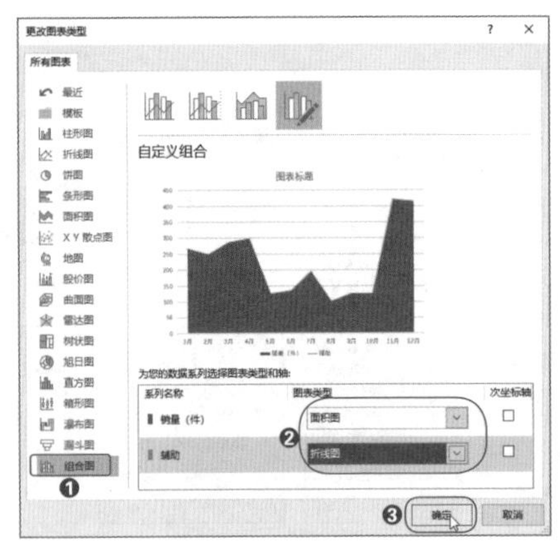

图 6-106 设置图表类型

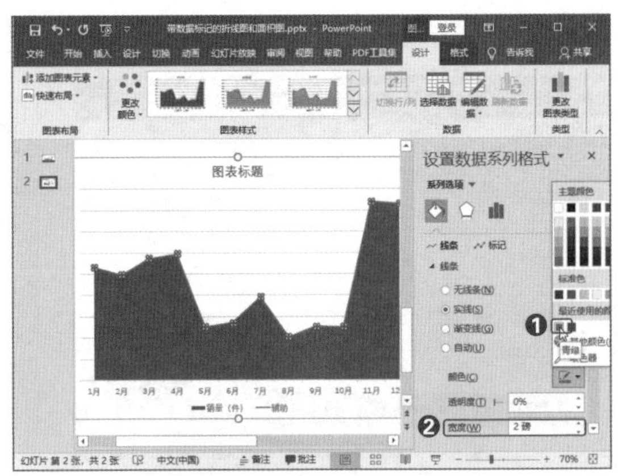

图 6-107 设置折线图线条格式

第09步： 设置折线图数据标签。如图6-108所示，❶选择【标记】选项卡；❷设置折线图的数据标记为【内置】，【类型】为圆形，【大小】为8。并且设置填充色为【白色，背景1】，边框色与折线颜色一致。

第10步： 设置面积图填充格式。如图6-109所示，❶选中面积图，设置填充格式为【纯色填充】，填充色为【青绿】，与折线图一致；❷设置填充的【透明度】为30%。

设置透明度参数后，图表中的面积图颜色就会比折线更浅，从而突出折线图的轮廓效果。

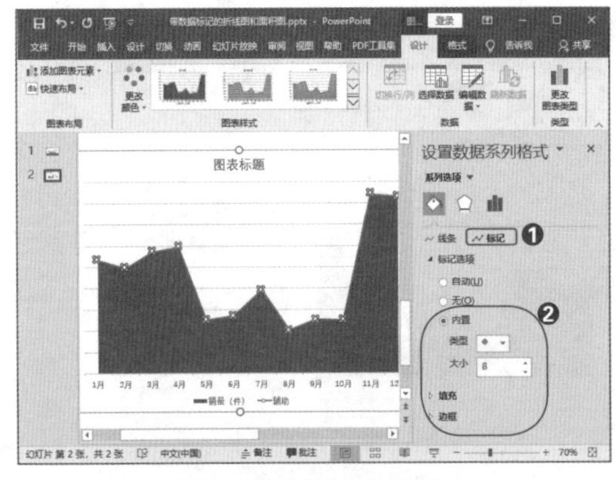

图 6-108 设置折线图数据标记

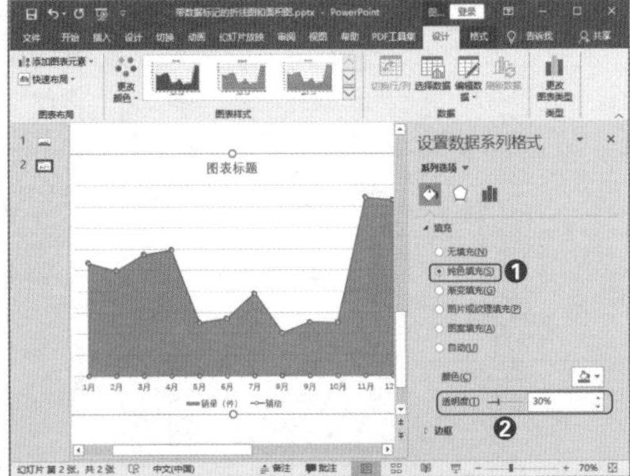

图 6-109 设置面积图填充格式

第11步： 为折线图添加数据标签。如图6-110所示，❶选中折线图，单击【添加图表元素】按钮；❷选择【数据标签】元素；❸选择【上方】数据标签。

此时，即可完成折线图和面积图的组合图表制作。

图 6-110　为折线图添加数据标签

6.3.2　有强调的趋势图

无论是折线图还是面积图，都可能需要强调特定时间点或特定时间段的数据。如最大值或最小值、需要说明的特殊值等。

重点速记：在趋势图中强调数据的方法

❶ 在折线图和面积图中强调特殊数据点，可以添加数据标签、数据标记。

❷ 在折线图中强调特殊的一段数据，可以改变这段折线的颜色、绘制阴影形状、绘制圆圈形状、将这段折线设置成虚线表示未来预测值。

1. 强调特殊时间点

在折线图或面积图中强调某个点的数据，可以直接用数据标签或数据标记将数据标注出来，引起他人注意。用不同的方法突出折线图中的重点数据，效果会略微不同。

如图 6-111 所示，仅用数据标签标出重点数据。如图 6-112 所示，因为结合了数据标记，强调效果更明显一点。而图 6-113 所示的强调效果则针对性更强，数据标签直接在数据标记中显示，这样也更加美观。

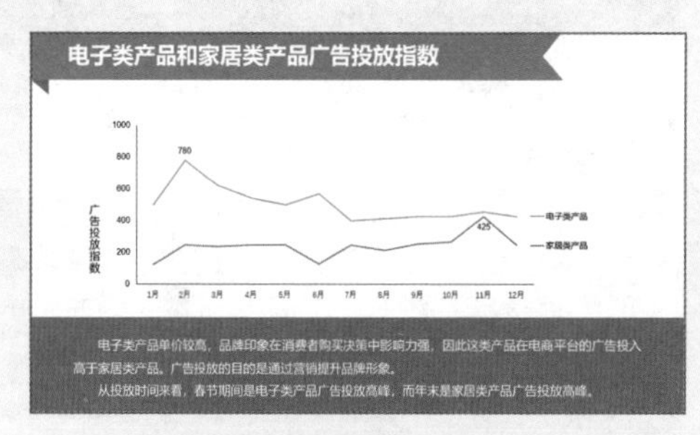

图 6-111　折线图 – 使用数据标签强调

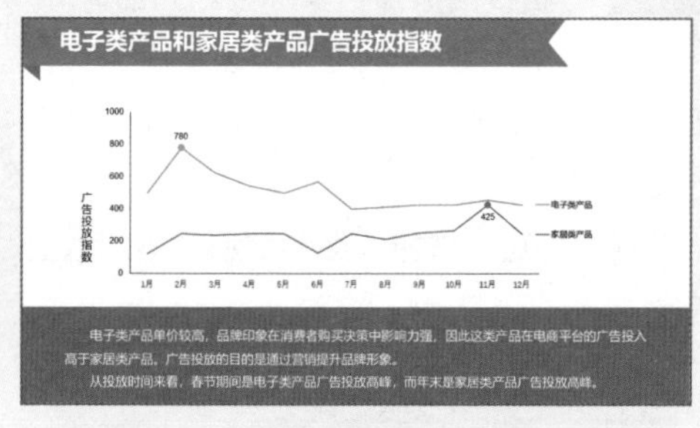

图 6-112　折线图 – 使用数据标签和数据标记强调

面积图无法像折线图一样对数据标记进行设置，所以面积图通常会直接添加数据标签，效果如图 6-114 所示。如果为了追求美观，并突出显示要强调的数据，可以借助“技术揭秘 6-7”中的做法，将图表做成面积图 + 折线图的组合图表，设置折线图的数据标记即可，效果如图 6-115 所示。

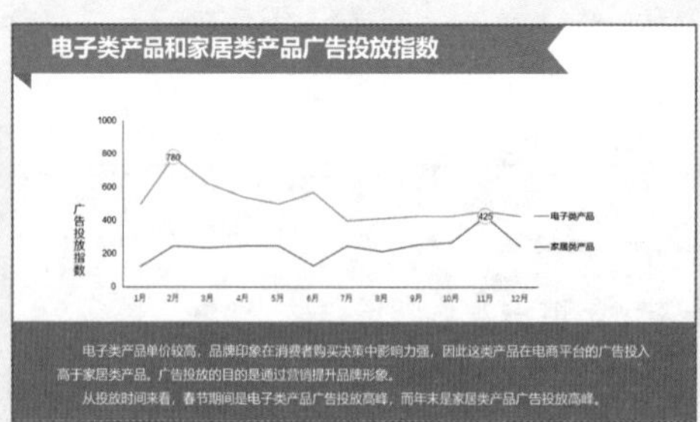

图 6-113　折线图 – 数据标签在数据标记中

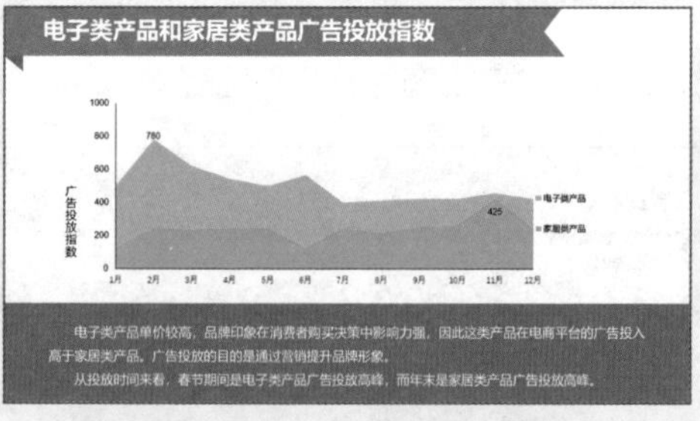

图 6-114　面积图 – 使用数据标签强调

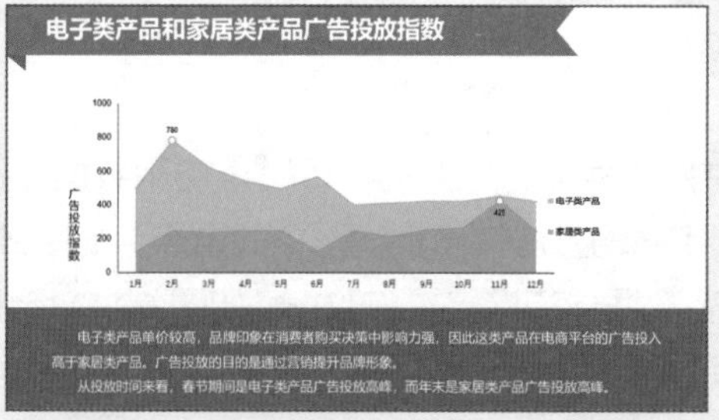

图 6-115　面积图 – 使用数据标签和数据标记强调

高效技巧：如何将数据标签放到数据标记中?

制作思路是将数据标记变大，例如图 6-113 中的数据标记大小为 22，并添加居中的数据标签，这样数据标签就会在数据标记的中间显示。

2. 强调特殊时间段

当需要在趋势图中强调某个重点数据时，只需要对相应的数据点进行数据标签或数据标记设置。但是如果要强调的数据不是某个时间节点，而是某个时间段，就需要针对这一时间段的线段格式进行设置，或者是使用形状辅助。

在趋势图中强调特别阶段的思路是让该阶段的数据形式与其他阶段的数据形式不同。具体方法有：可以为特别阶段的折线设置其他颜色；为特别阶段添加形状阴影或圆圈；也可以设置特别阶段的折线为虚线格式，因为虚线一般用来表示未来预测阶段。

例如，在分析电商营销服务商数量增长率趋势时，需要强调增长率较大的几年。强调方式一般有改变颜色、添加阴影、添加圆圈和设置为虚线等。

如图 6-116 所示，将增长率较大的这几年的线段设置为红色；如图 6-117 所示，绘制一个矩形在折线图下方，设置为浅灰色填充，让其有阴影的强调效果。如图 6-118 所示，绘制圆形并设置形状为红色虚线框，从而引起重点关注。如果需要强调的特殊数据是未来预测值，则可以将这段线条设置为虚线格式，效果如图 6-119 所示。

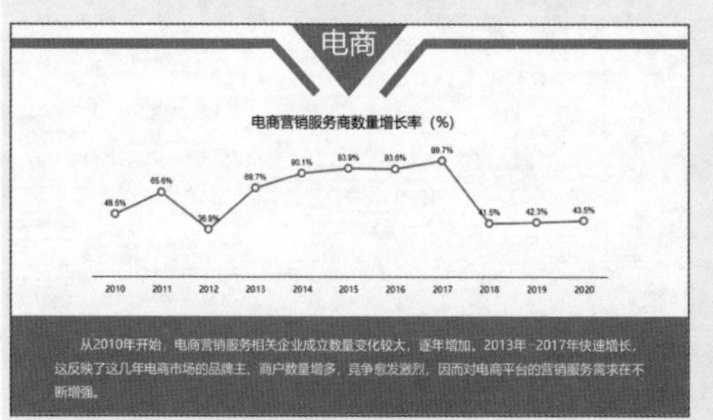

图 6-116　改变颜色

图 6-117　添加阴影

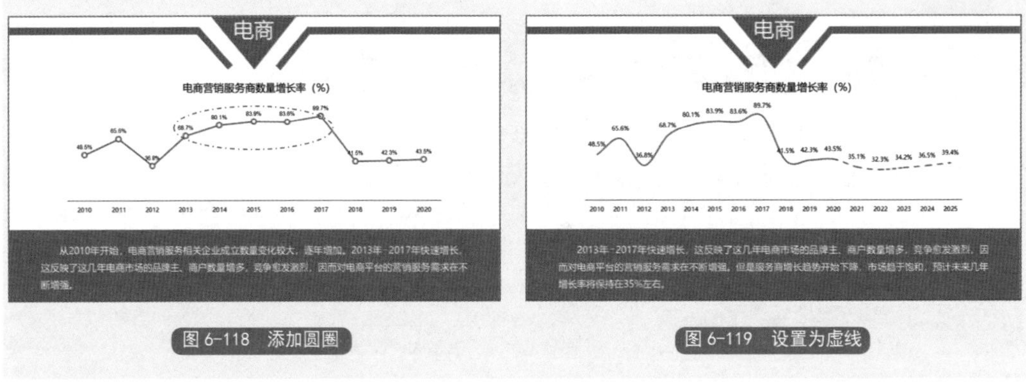

图 6-118　添加圆圈

图 6-119　设置为虚线

技术揭秘 6-8：设计表示未来预测值的折线图

改变折线图某段线的颜色或者是将其变成虚线，思路是相同的，需要依次选中这段线中的每一个数据点，再对线条格式进行设置。

第01步： 设置平滑线。打开“素材文件\原始文件\第6章\预测未来折线图.pptx”文件，如图6-120所示，选中折线，在【设置数据系列格式】窗格中勾选【平滑线】复选框，将折线变得平滑，强调趋势。

第02步： 设置线型。如图6-121所示，❶单击选中2021数据点；❷设置【复合类型】为【短划线】。

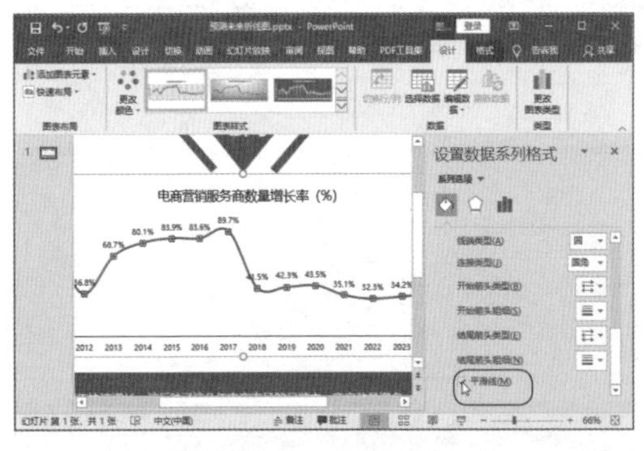

图 6-120　设置平滑线

图 6-121　设置线型（1）

第03步：设置线型。如图6-122所示，❶单击选中2022数据点；❷设置【复合类型】为【短划线】。使用同样的方法继续完成后面数据点的线型设置。

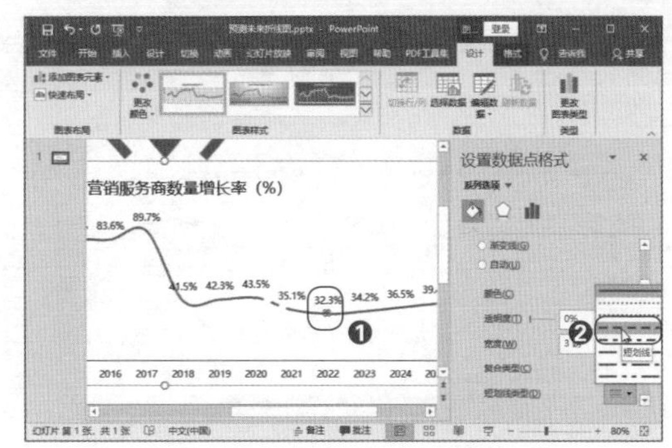

图 6-122　设置线型（2）

• 6.3.3　带平均值的趋势图

折线图、面积图在体现数据趋势的同时，可能还需要体现数据的平均值。此时可以在折线图或面积图中添加平均线或设置填充色，让平均线的上方、下方显示不同的颜色，以便区分。

重点速记：在趋势图中体现平均值的思路

❶ 折线图和面积图中的平均线是将平均值设置成折线图表。

❷ 要想平均线上、下颜色不同，就需要设置渐变光圈的位置。折线图渐变光圈位置 =(最大值 – 平均值)/(最大值 – 最小值)；面积图渐变光圈位置 =(最大值 – 平均值)/ 最大值。

如图 6-123 和图 6-124 所示，在折线图和面积图中添加平均线，并且线上、下的颜色不同。这样的图表可以帮助观众在分析数据变化趋势时，清楚地观察到哪些时段的数据位于平均值之上、哪些时段的数据位于平均值之下，以及这些数据的趋势是从什么时候开始高于平均值的。

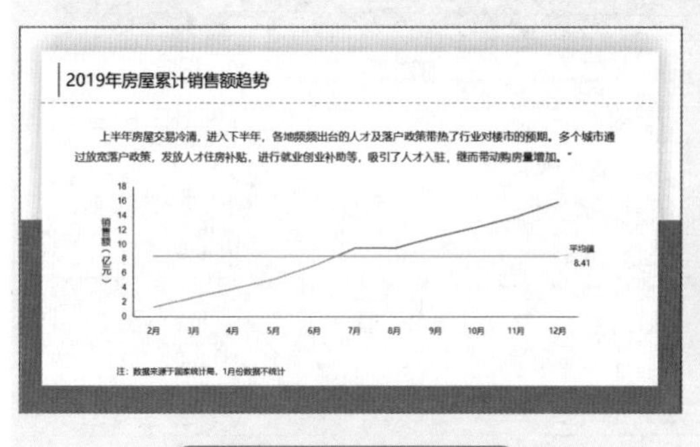

图 6-123　带平均值的折线图

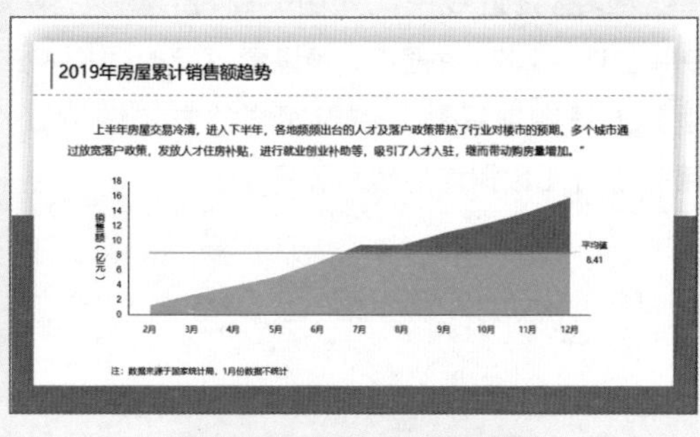

图 6-124　带平均值的面积图

渐变光圈，简单来理解，就是颜色从什么位置开始变化。如果两个光圈的位置相同，那么就会呈现完成不同的两种颜色，如图 6-125 所示。如果两个光圈的位置不同，则会呈现渐变的颜色效果，如图 6-126 所示。折线图和面积图的平均值的体现思路正是应用了这样的填充原理。

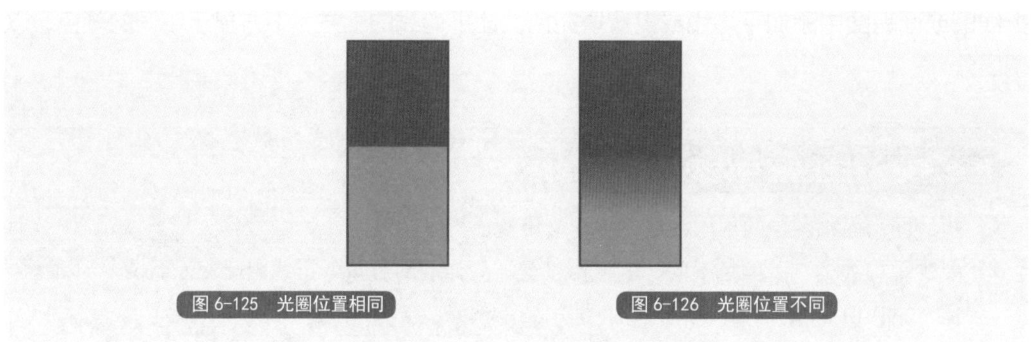
图 6-125　光圈位置相同　　图 6-126　光圈位置不同

设计带平均值的折线图和面积图的难点在于计算渐变光圈的位置。其核心思路是，在垂直方向上，计算平均值上方的高度占了整体高度的多少。折线图和面积图的区别在于，折线图的最小值可能不为零，而面积图的下方为零。

因此，折线图的整体高度等于最大值减最小值，如图 6-127 所示。而面积图的整体高度就等于最大值，如图 6-128 所示。

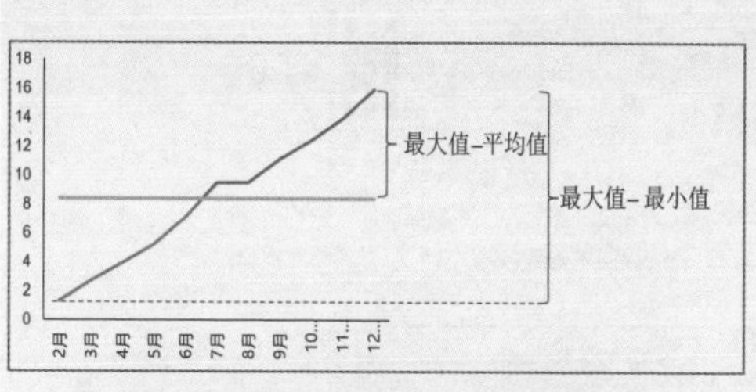

图 6-127　折线图渐变光圈位置的计算方法

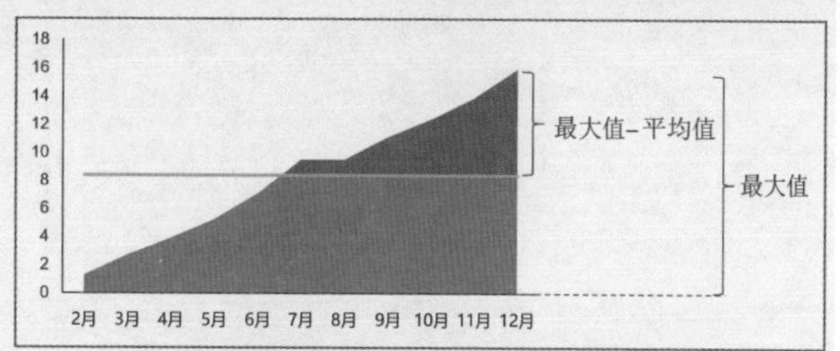

图 6-128　面积图渐变光圈位置的计算方法

技术揭秘 6-9：设计平均线上、下颜色不同的趋势图

理解了渐变光圈的位置设置原理以及光圈位置的计算方法后，就可以制作带平均线的折线图和面积图了。需要注意的是，折线图设置的是线段的线条格式为渐变填充，而面积图设置的是填充格式为渐变填充。

第01步： 设置折线图的线条格式。打开“素材文件\原始文件\第6章\带平均线的趋势图.pptx”文件，如图6-129所示，❶选择第1张幻灯片；❷双击折线图打开【设置数据系列格式】窗格，在【线条】菜单中选择【渐变线】格式。

第02步： 选择类型。如图6-130所示，选择渐变的类型为【线性】。

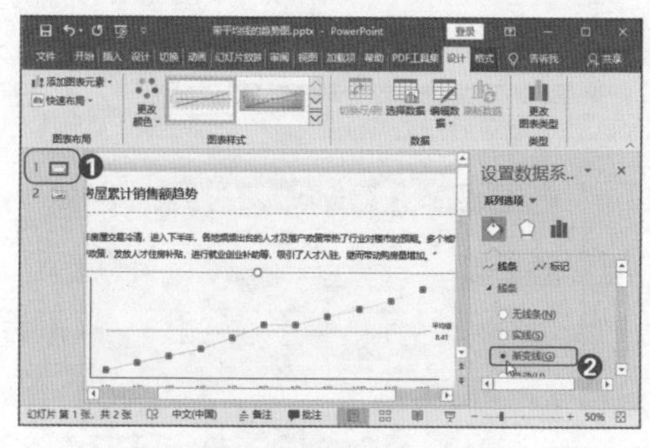

图 6-129　设置折线图的线条格式

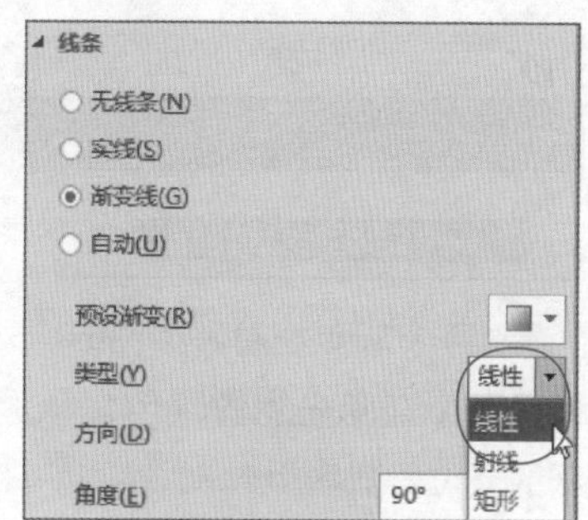

图 6-130　选择类型

第03步： 选择角度。如图6-131所示，选择渐变的角度为【线性向下】。

第04步： 设置第一个光圈。如图6-132所示，❶选中第一个渐变光圈；❷设置【颜色】为【蓝色】；❸设置【位置】为51%。

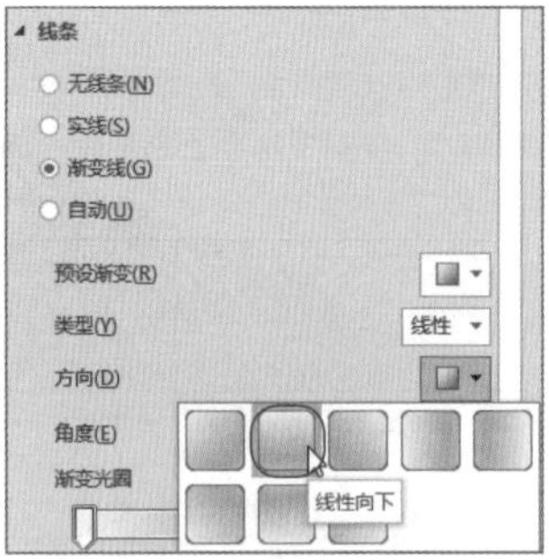

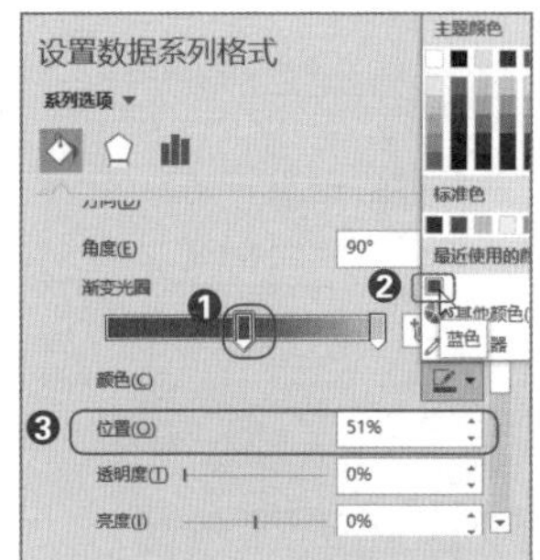

图 6-131　选择角度

图 6-132　设置第一个光圈

第05步： 设置第二个光圈。如图6-133所示，❶选中第二个渐变光圈；❷设置【颜色】为【浅蓝】；❸设置【位置】为51%。

第06步： 设置面积图的填充格式。如图6-134所示，❶选择第2张幻灯片；❷设置【填充】格式为【渐变填充】。

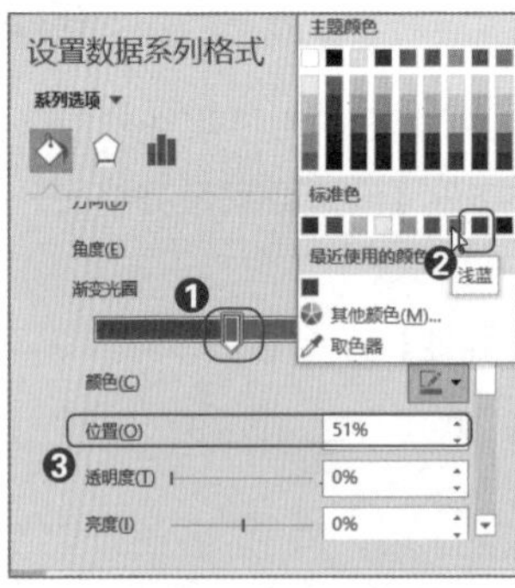

图 6-133　设置第二个光圈

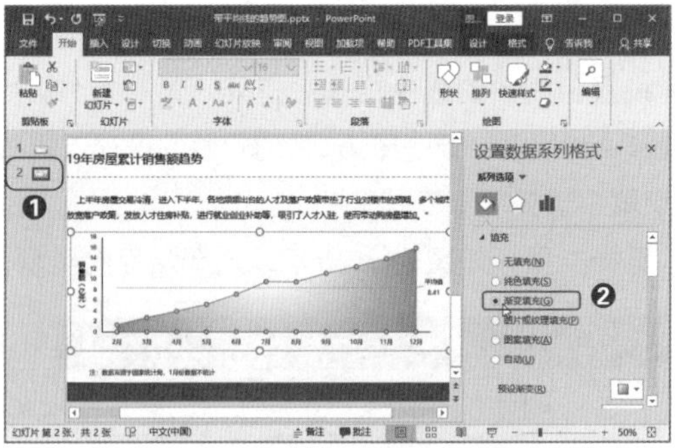

图 6-134　设置面积图的填充格式

第07步： 设置两个渐变光圈。如图6-135所示，❶设置两个渐变光圈的颜色；❷设置两个光圈的【位置】均为47%。

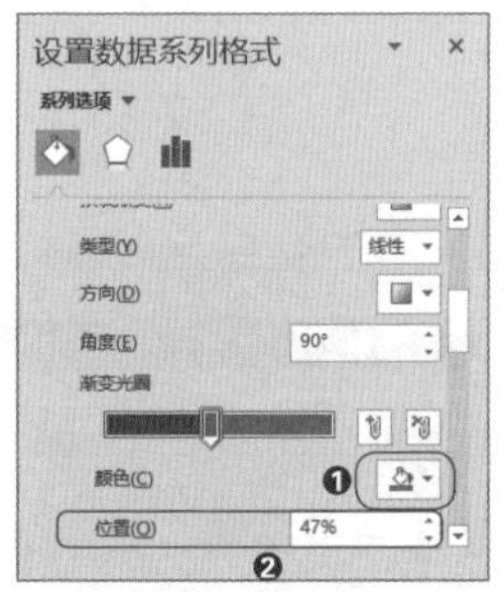

图 6-135　设置两个渐变光圈

NO.6.4 用五类图表展示百分比或组成结构

通过图表体现数据的百分比或组成结构可以帮助读图者清楚地认识到数据的内部特征。常见的体现百分比或组成结构的图表有饼图和圆环图，其实这类图表的选择面比较广，还有复合饼图、百分比堆积图表、树状图、旭日图，因此，应根据表达的目的和侧重点选择相应的图表类型。

· 6.4.1 三种图表展示一组或多组数据百分比

一提到数据百分比，很多人脑海里首先想到的图表就是饼图和圆环图。其实百分比堆积图表也是体现百分比图表的专用图表。

选择百分比图表的“口诀”如图 6-136 所示，根据数据的数量进行选择，清晰又不会出错。

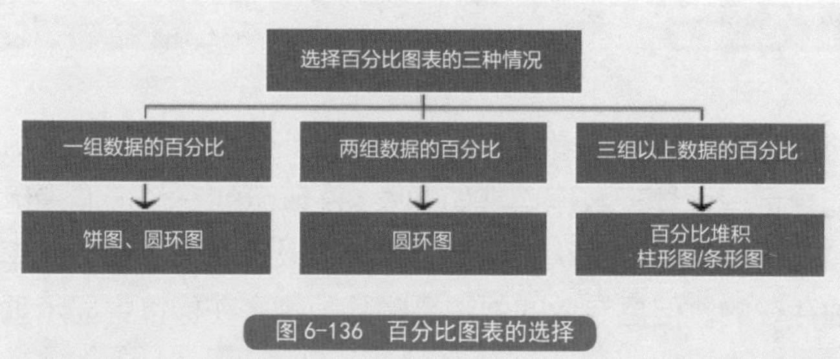

图 6-136 百分比图表的选择

重点速记：做好三种百分比图表的要点

❶ 饼图数据按顺时针从大到小排序，图例、数据标签显示百分比和名称。在饼图中可以通过分离扇区、为扇区设置特别填充色来强调数据。

❷ 圆环图要简洁，只需要有一层圆环显示数据名称即可。

❸ 百分比堆积柱形图 / 条形图的数据标签不能随意选择数值或百分比格式，因此原始数据需要为百分比数据。

第6章

1. 体现一组数据百分比

百分比分析的目的是，了解一组数据中的不同项目占整体的比重。在将一组数据转化成可视化程度较高的图表时，常选择饼图或圆环图。一个完整的饼图或圆环图代表 100% 的百分比，通过观察图表的扇区、圆环的分段来了解各项目的百分比。

图 6-137 和图 6-138 所示的分别为饼图和圆环图，通过扇区和圆环分段的大小可以快速了解各项百分比数据。

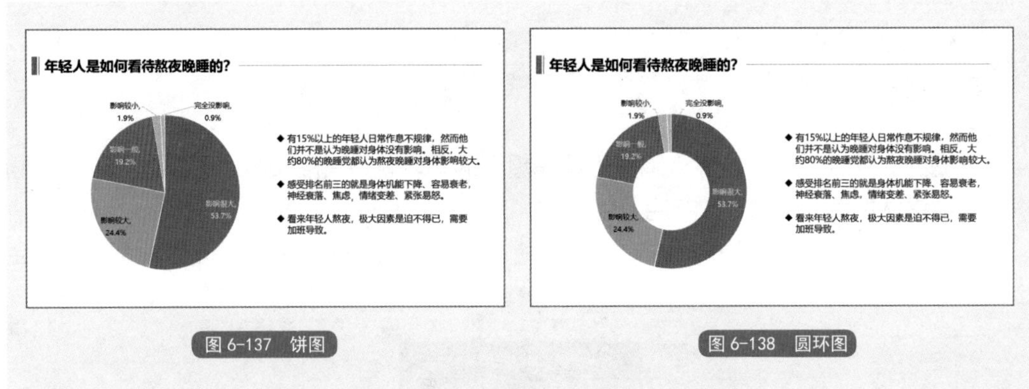

图 6-137 饼图　　图 6-138 圆环图

制作出标准的饼图和圆环图有诸多注意事项，另外还需要对 PowerPoint 默认的图表布局进行设计，才能更合理地体现数据。从如图 6-139 所示的三个标准来优化图表设计。这三点中前两点尤其值得注意。数据从大到小排序，可以提高信息传达效率。默认的图表格式中，图例是单独存在的，但是专业的做法是删除图例，在标签中显示项目名称，减少图表理解障碍。

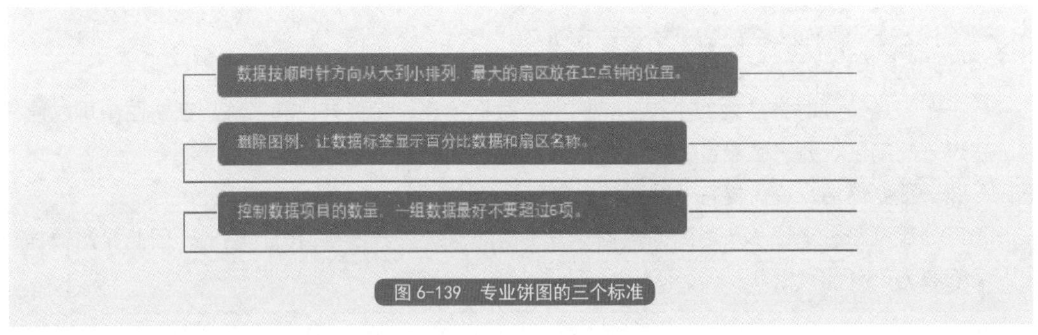

图 6-139 专业饼图的三个标准

高效技巧：如何在饼图中显示百分比数据？

Excel 中的数据可能是普通数值，而非百分比数据。此时不用将数值计算成百分比，而是直接将数据作为 PPT 中饼图的原始数据。插入图表后，在【设置数据标签格式】窗格中选择标签的【数字】类别为【百分比】即可，如图 6-140 所示。

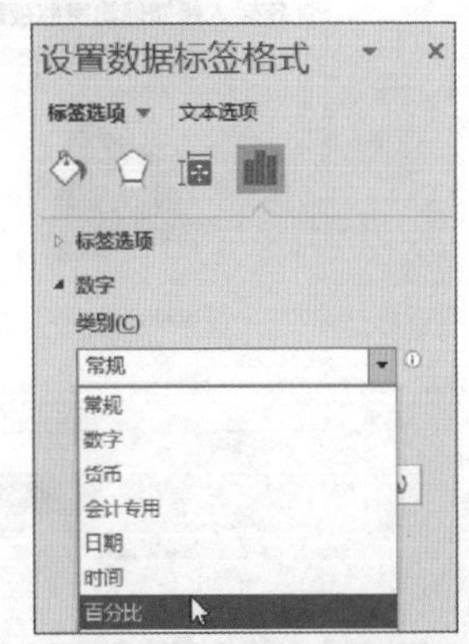

图 6-140　让数据标签显示百分比数据

在使用饼图或圆环图体现一组百分比数据时，若某个项目的百分比数据需要进行强调说明，可通过让扇区分离、设置扇区颜色的方法来进行数据强调。

需要强调的数据不一定是最大或最小的数据。对于需要特别强调的数据，只用针对扇区设置特殊格式即可。

通过扇区分离方法实现的强调效果如图 6-141 所示。为实现这种效果，需要选中要分离的扇区，在【设置数据点格式】窗格中设置【点分离】参数，如图 6-142 所示。

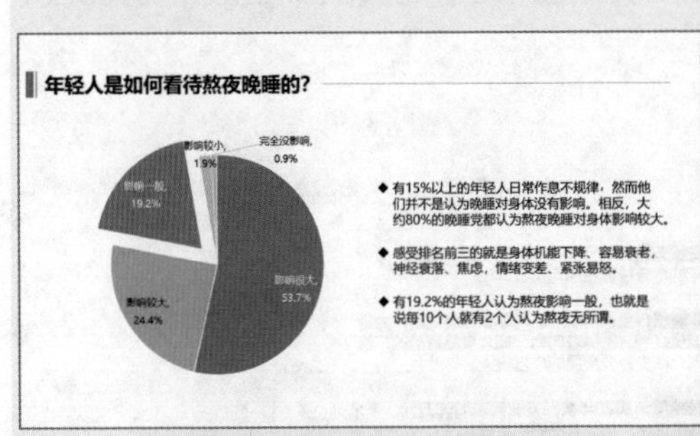

图 6-141　扇区分离强调数据

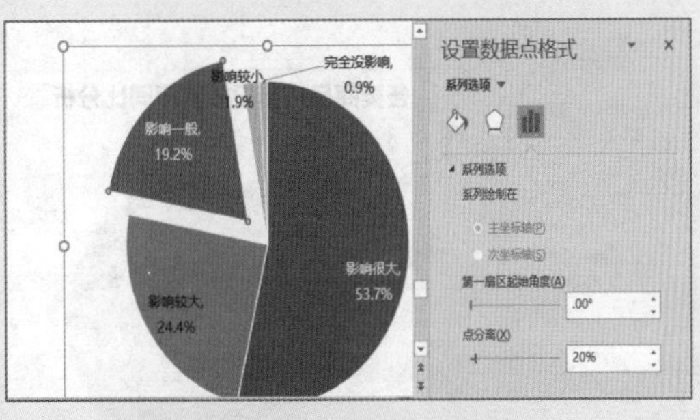

图 6-142　扇区分离的设置方法

如果想让图表更简洁，那么可将其他扇区设置为无填充色，或者将其填充为白色，并为要强调的扇区填充特殊的颜色，从而实现数据强调效果，如图 6-143 所示。

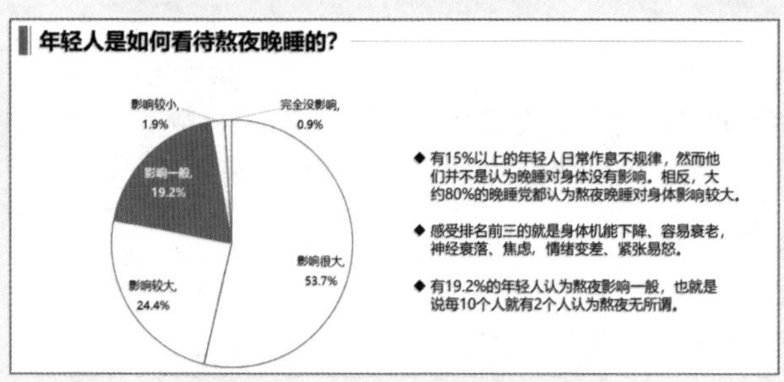

图 6-143 设置特殊填充色强调数据

2. 体现两三组数据百分比

一个饼图表现一组数据百分比，当需要体现两组或三组数据的百分比时，尤其是数据与时间相关的百分比，例如同比数据、环比数据等，可选择圆环图。

如图 6-144 所示，双层圆环图体现了两年时间内不同商品的广告投入百分比。每一层圆环是一组数据。需要注意的是，不要让每层圆环的数据标签都显示数据名称，只需要在其中一层圆环进行显示即可，否则会造成信息重复。

从操作上看，虽然圆环图可以有十几层，甚至更多层，但是不建议这样做。因为圆环的层数超过三层，百分比对比就变得困难。建议对多于三组的百分比数据对比用百分比堆积柱形图或条形图。

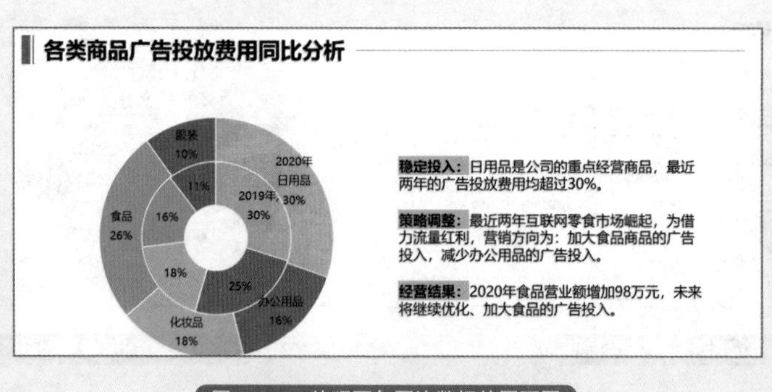

图 6-144 体现两年同比数据的圆环图

· 3. 体现三组以上数据百分比 ·

虽然 PPT 中可以做多层圆环图，但是并不建议使用多层圆环图来表示多组数据的百分比。如图 6-145 所示，多层圆环会使读图者难以观察分析多组数据的百分比。而图 6-146 所示的百分比堆积柱形图能更清晰地表示多组数据的百分比。

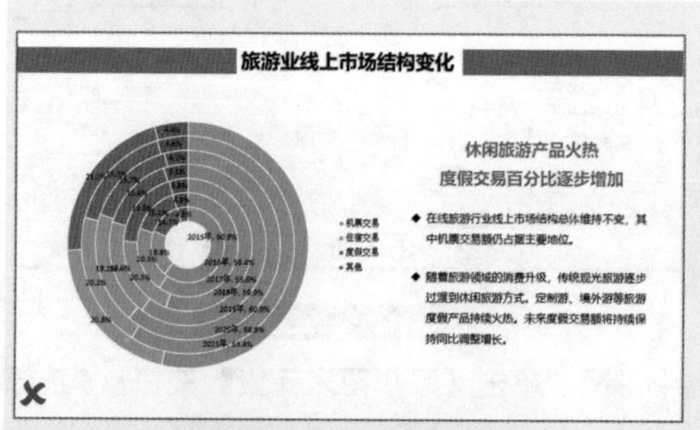

图 6-145　圆环图显示多组数据

图 6-146　百分比堆积柱形图显示多组数据

需要注意的是，饼图和圆环图均可以通过设置标签的数据格式让标签显示为数值和百分比。但是百分比堆积柱形图 / 条形图却不行，百分比堆积图表只能根据原始数据格式来显示数据。因此，如果 Excel 表格中的数据是数值，需要计算成百分比数据，再根据数据制作 PPT 中的百分比堆积图表。

技术揭秘 6-10：设置数据标签让百分比图表更专业

饼图、圆环图、百分比堆积柱形图都是常规图表，选择图表类型再编辑原始数据即可插入，重点在于设置图表的数据标签，其原则是让图表更直观、简洁地表达数据。因此，这三种图表均没有图例，数据标签既显示数据又显示名称。

第01步： 插入饼图。打开“素材文件\原始文件\第6章\百分比图表.pptx”文件，如图6-147所示，❶选择第1张幻灯片；❷打开【插入图表】对话框，选择【饼图】图表。

第02步： 编辑原始数据。如图6-148所示，❶编辑原始数据；❷单击【关闭】按钮。

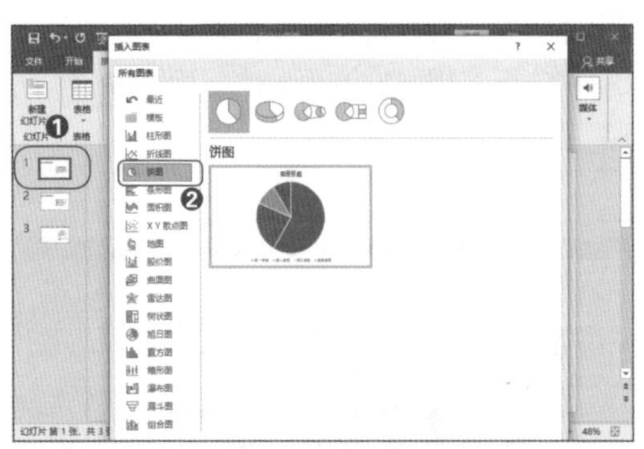

图 6-147 插入饼图

图 6-148 编辑原始数据

第03步： 添加数据标签。如图6-149所示，❶选中饼图，单击【添加图表元素】按钮；❷选择【数据标签内】类型的数据标签。

第04步： 设置数据标签格式。如图6-150所示，双击标签，打开【设置数据标签格式】窗格，勾选【标签选项】下的【类别名称】和【值】复选框。

然后删除饼图图例，设置填充色，即可完成图表制作。

图 6-149 添加数据标签

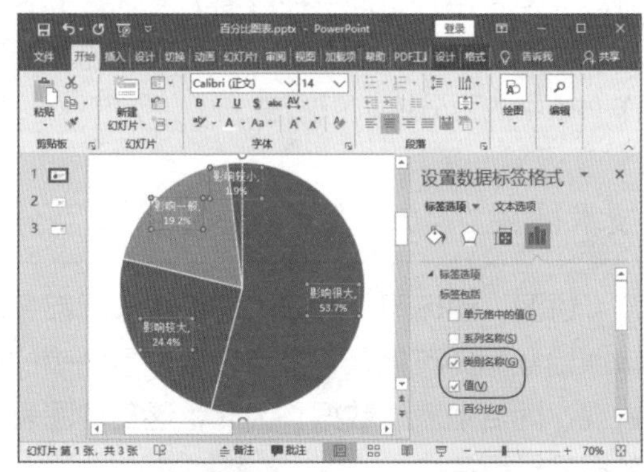

图 6-150 设置数据标签格式（1）

第05步： 编辑圆环图原始数据。如图6-151所示，❶选择第2张幻灯片；❷插入【圆环图】并编辑原始数据；❸单击【关闭】按钮。

第06步: 设置数据标签格式。如图6-152所示，选中标签，打开【设置数据标签格式】窗格，勾选【标签选项】下的【类别名称】和【百分比】复选框。

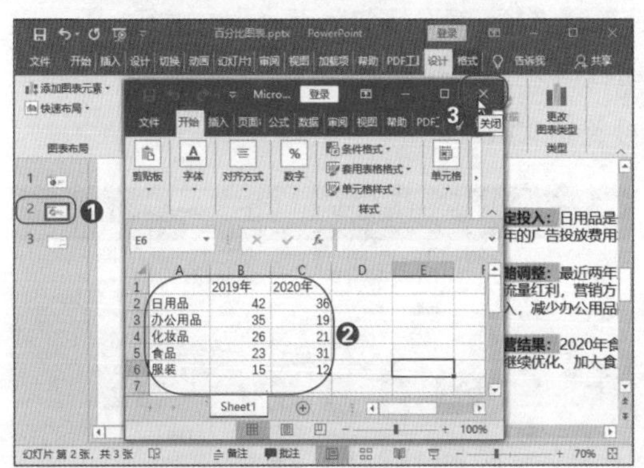

图 6-151　编辑圆环图原始数据

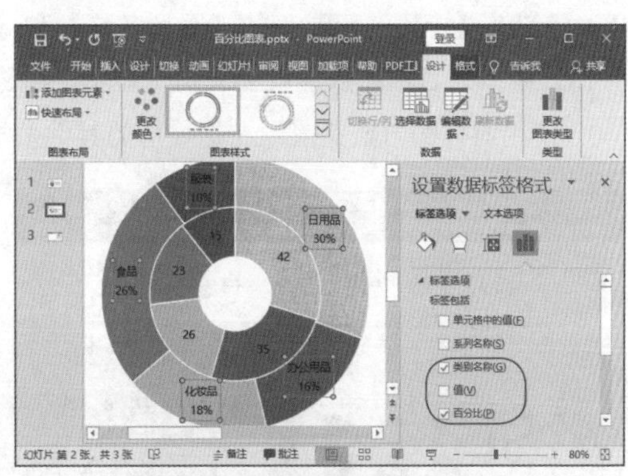

图 6-152　设置数据标签格式（2）

第07步: 设置数据标签格式。如图6-153所示，❶单独选中右上角的标签；❷勾选【标签选项】下的【系列名称】复选框。这样外层圆环所代表的年份信息就显示出来了。

使用同样的方法设置第二层圆环的数据标签。

第08步: 编辑百分比堆积柱形图原始数据。如图6-154所示，❶选择第3张幻灯片；❷插入【百分比堆积柱形图】后，编辑原始数据；❸单击【关闭】按钮。

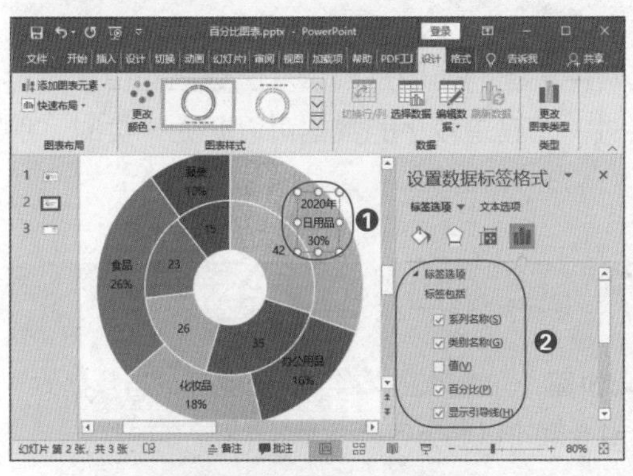

图 6-153　设置数据标签格式（3）

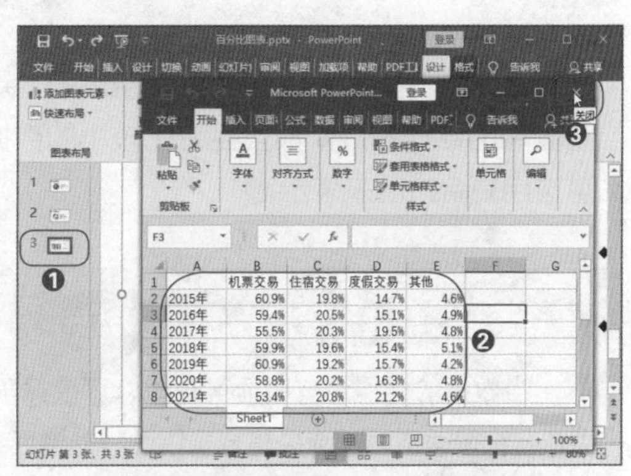

图 6-154　编辑百分比堆积柱形图原始数据

第09步: 设置数据标签格式和位置。如图6-155所示，❶为图表添加数据标签后，单击选中左上角的标签；❷勾选【标签选项】下的【系列名称】和【值】复选框，且【分隔符】为【,】，并且移动数据标签到合适的位置。

第10步： 设置数据标签格式和位置。如图6-156所示，❶单击选中“度假交易14.7%”数据标签；❷勾选【标签选项】下的【系列名称】和【值】复选框；❸分隔符为【（新文本行）】，这样标签中系列名称和数值就会分两行显示，再移动数据标签到合适的位置。

使用同样的方法完成最左边柱形的其他数据标签格式设置。

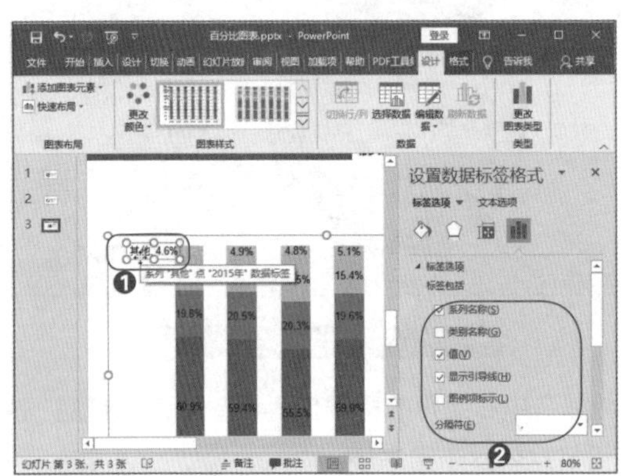

图 6-155 设置数据标签格式和位置（1）

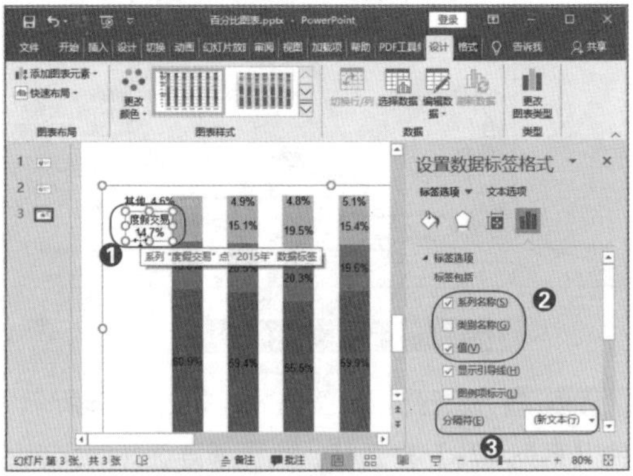

图 6-156 设置数据标签格式和位置（2）

• 6.4.2 复合饼图展示从属数据百分比

复合饼图包括子母饼图和复合条饼图，这两种饼图的作用是展示从属数据的百分比。当饼图中的数据超过 6 项，且有比较小的数据时，尤其是较小的数据可以归为一类时，那么可选用复合饼图来表示。

> **重点速记：快速选择复合饼图的方法**
>
> 当数据的类别没有明显区分时，可选择子母饼图，如金融业、商业、IT 业等；当数据的类别有细微差别时，选择复合条饼图，如泡面、薯片和可以归为饮品一类的牛奶、可乐。

子母饼图和复合条饼图看起来比较像，但形状并不一样。其实两者的选用是有讲究的。当较小的分类数据和较大的数据属于同一类，即没有明显的类型区分时，选择子母饼图。

如图 6-157 所示，“母”和“子”的数据都是行业数据，行业之间并没有明显的归类，只不过是将比例小于 10% 的行业数据归类到“子”饼图中。

复合饼图同样可以设置【点分离】参数，让扇区分离，从而强调数据，如图 6-158 所示。

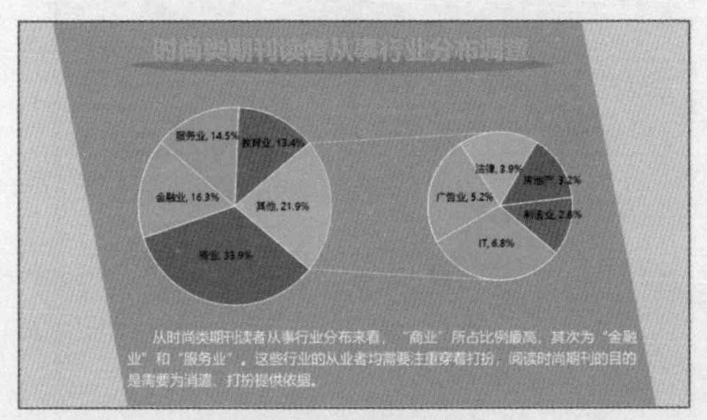

图 6-157　子母饼图

图 6-158　有扇区分离的子母饼图

当较小的数据和较大的数据有类别上的区分时，应选择复合条饼图。如图 6-159 所示，“可乐”“牛奶”等较小的数据均属于“饮品”类型，而“饮品”与其他食品是有区别的，因此用圆形饼图和条状饼图来让数据类别之间有一个细微的差异，让数据表达更严谨。

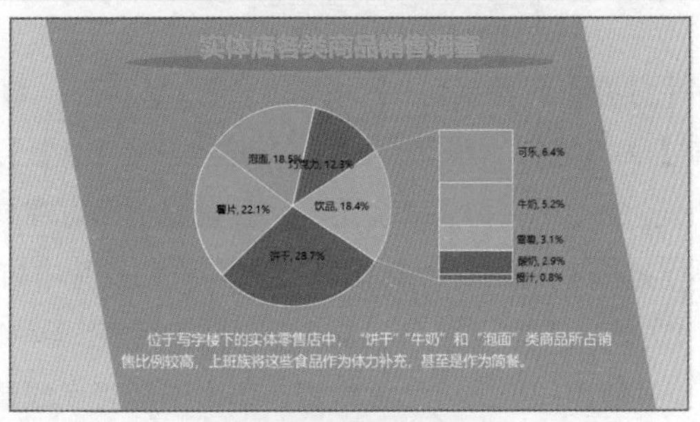

图 6-159　复合条饼图

技术揭秘 6-11：制作子母饼图和复合条饼图

子母饼图和复合条饼图的制作难点在于，如何让较小的百分比数据在子饼图、柱形图中显示。Excel 提供了位置、值、百分比值、自定义四种分隔方法。其中，值的分隔方式比较常用，也容易操作。其原理是，根据值的大小使小于某个值的数据在子饼图、柱形图中显示。

第01步： 插入子母饼图。打开“素材文件\原始文件\第6章\复合饼图.pptx”文件，如图6-160所示，在第1张幻灯片中，打开【插入图表】对话框，❶选择【饼图】类型；❷选择【子母饼图】图表；❸单击【确定】按钮。

第02步： 编辑图表数据。如图6-161所示，❶编辑图表原始数据；❷单击【关闭】按钮。

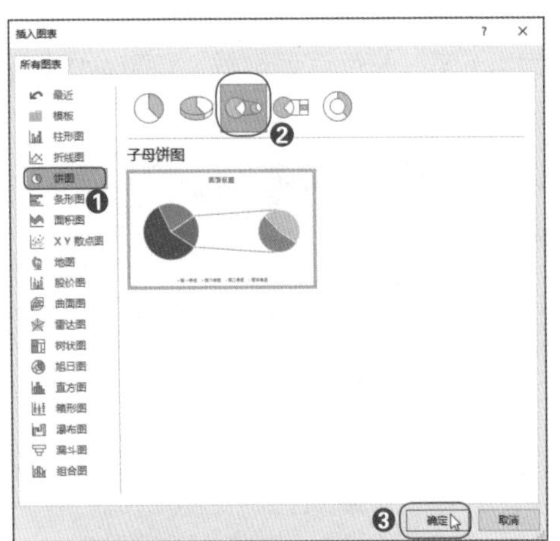

图 6-160　插入子母饼图

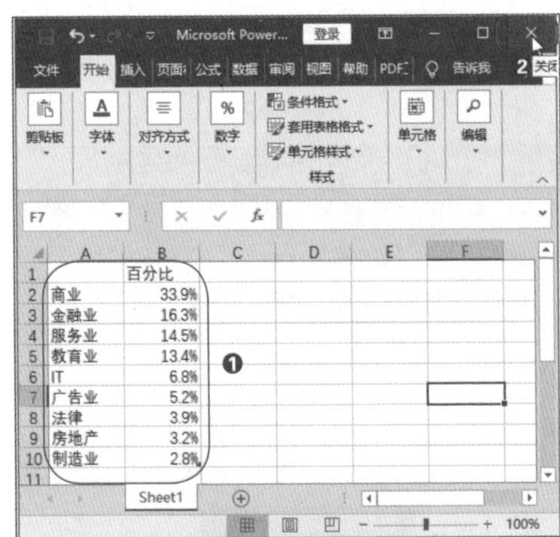

图 6-161　编辑图表数据

第03步： 设置系列分割依据。如图6-162所示，❶在【设置数据系列格式】窗格中设置【系列分割依据】为【值】；❷设置分割值，如这里设置【值小于】为0.1，且值都被放到子饼图中。

接下来只需要添加图例，设置配色即可完成子母饼图制作。

第04步： 插入复合条饼图。在第2张幻灯片中打开【插入图表】对话框，如图6-163所示。❶选择【饼图】类型；❷选择【复合条饼图】图表；❸单击【确定】按钮。

使用同样的方法设置复合条饼图即可完成图表制作。

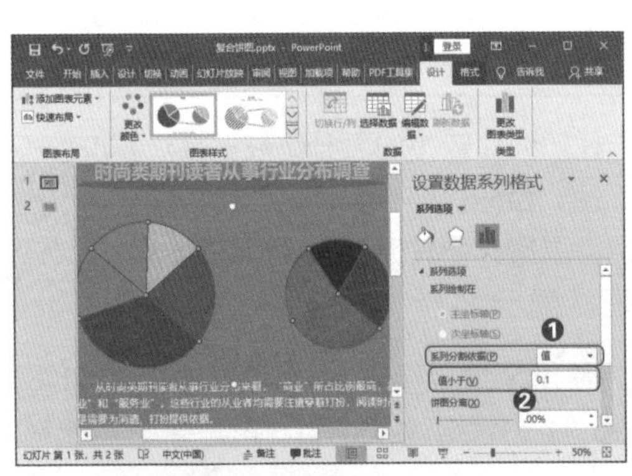

图 6-162　设置系列分割依据

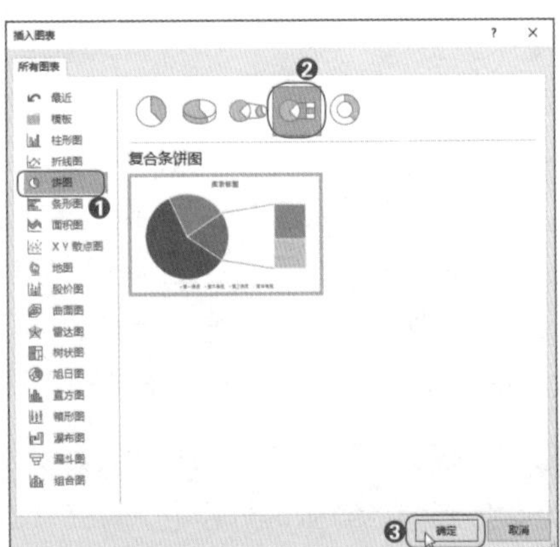

图 6-163　插入复合条饼图

• 6.4.3 树状图展示组成结构

PPT 中的树状图通过矩形区域来表示数据信息，适合用来体现整体与个体的结构信息。在销售目标拆解、项目规划等情况下，既要体现总目标 / 总项目的分解情况，又要可视化展示每个项目值的大小时，可选择树状图。

如图 6-164 所示，在 PPT 中通过树状图来体现各业务组的销售目标分解。通过对比代表不同业务组的色块就能了解各业务组的总业绩目标大小。进一步对比相同颜色的色块大小，又可以了解不同业务组在不同城市的销售目标大小。

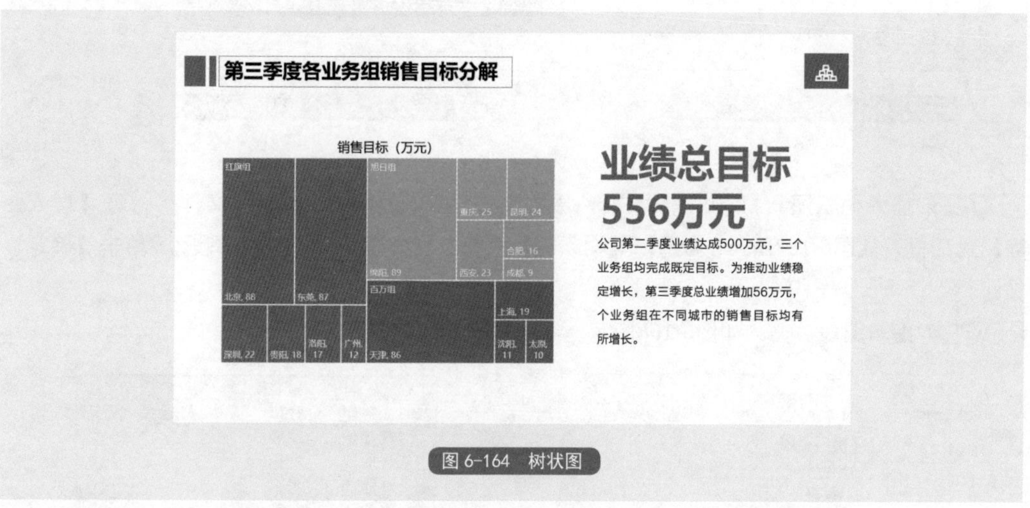

图 6-164 树状图

技术揭秘 6-12：设计表示销售目标分解的树状图

树状图的制作难点在于原始数据的设置，要理解原始数据的设置逻辑才能正确制作树状图。如图 6-165 所示，在图表的原始数据设置表中，从左边的 A 列开始，依次输入各级别数据，最右边列为倒数第二列的具体数值。例如倒数第二列是 B 列，那么 C 列中填入的就是 B 列对应的数值。

理论上来看，树状图中可以有多个级别，但是一般不建议超过二级，否则不同级别显示不同颜色，会难以辨认数据间的关系。如图 6-166 所示，有三个级别的树状图难以分辨各区域间的关系，更无法比较业务组的销售目标。

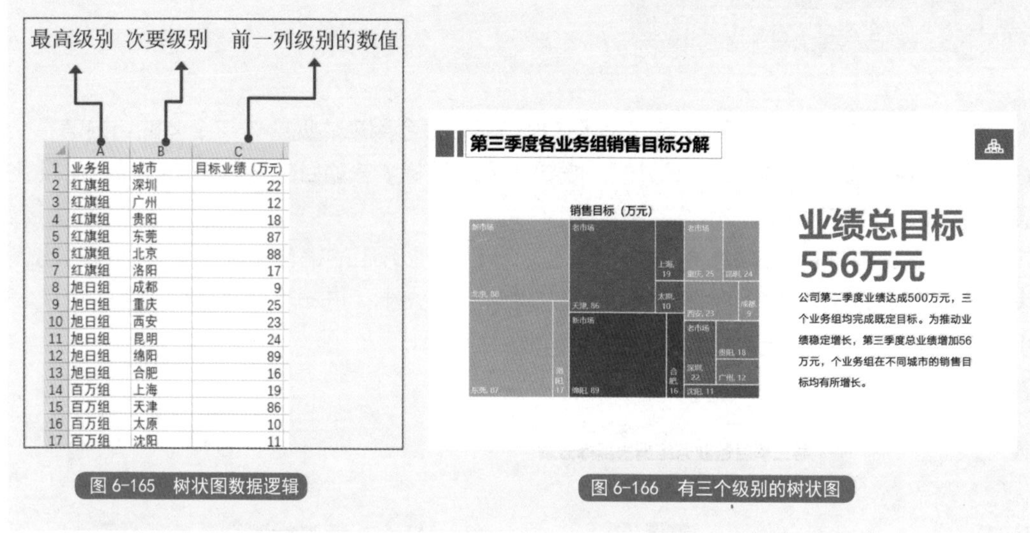

	A	B	C
1	业务组	城市	目标业绩（万元）
2	红旗组	深圳	22
3	红旗组	广州	12
4	红旗组	贵阳	18
5	红旗组	东莞	87
6	红旗组	北京	88
7	红旗组	洛阳	17
8	旭日组	成都	9
9	旭日组	重庆	25
10	旭日组	西安	23
11	旭日组	昆明	24
12	旭日组	绵阳	89
13	旭日组	合肥	16
14	百万组	上海	19
15	百万组	天津	86
16	百万组	太原	10
17	百万组	沈阳	11

图 6-165　树状图数据逻辑

图 6-166　有三个级别的树状图

第01步： 插入树状图。打开“素材文件\原始文件\第6章\树状图.pptx”文件，打开【插入图表】对话框，如图6-167所示，❶选择【树状图】类型；❷选择【树状图】图表；❸单击【确定】按钮。

第02步： 编辑图表数据。如图6-168所示，编辑树状图原始数据。

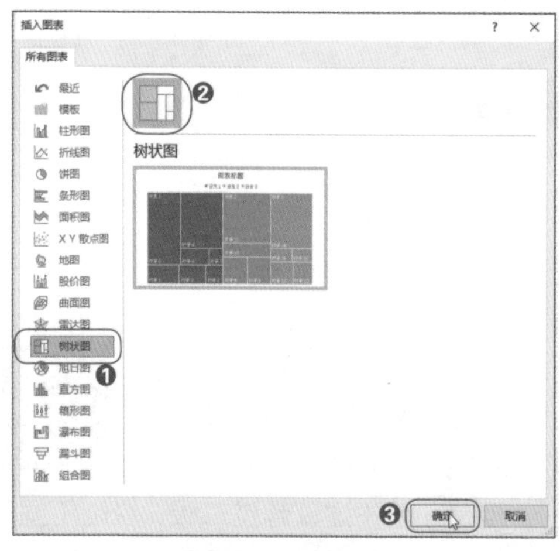

图 6-167　插入树状图

	A	B	C
1	业务组	城市	目标业绩（万元）
2	红旗组	深圳	22
3	红旗组	广州	12
4	红旗组	贵阳	18
5	红旗组	东莞	87
6	红旗组	北京	88
7	红旗组	洛阳	17
8	旭日组	成都	9
9	旭日组	重庆	25
10	旭日组	西安	23
11	旭日组	昆明	24
12	旭日组	绵阳	89
13	旭日组	合肥	16
14	百万组	上海	19
15	百万组	天津	86
16	百万组	太原	10
17	百万组	沈阳	11

图 6-168　编辑图表数据

第03步： 设置数据分类颜色。如图6-169所示，❶单击选中“红旗组”数据区域；❷设置【形状填充】颜色为【紫色】。

使用同样的方法设置另外两个业务组的数据区域填充色。

第04步： 设置数据标签格式。添加数据标签后，在【设置数据标签格式】窗格中勾选【标签选项】中的【系列名称】和【值】复选框，如图6-170所示。

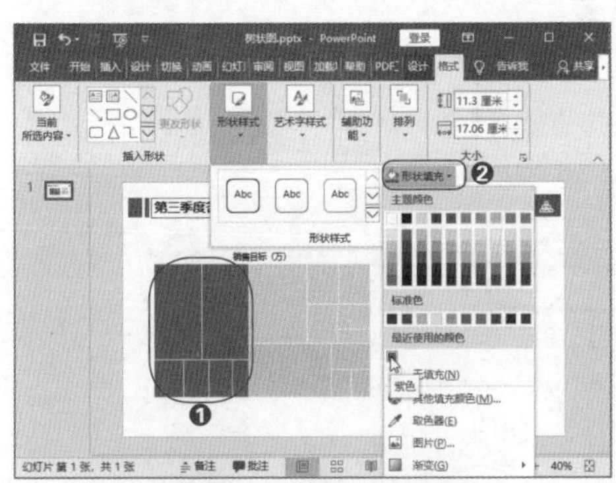

图 6-169　设置数据分类颜色

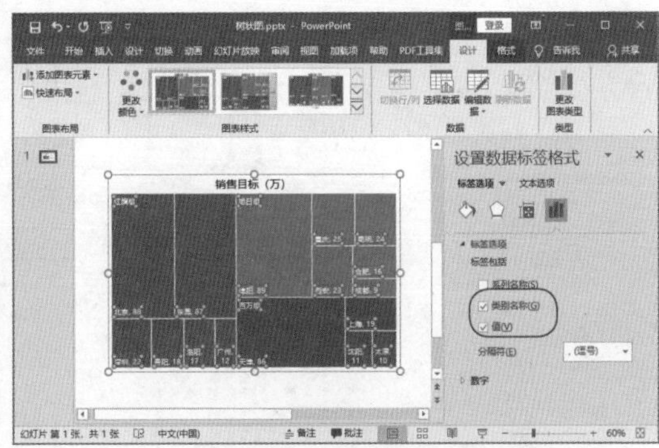

图 6-170　设置数据标签格式

6.4.4　旭日图展示不同层级的组成结构

在 6.4.3 小节中说到的树状图不适合用来体现超过两个层级的关系。那么如何体现多层级父子关系且体现数据占比呢？此时应考虑旭日图。旭日图用同心环表示数据的层级关系，构成每层圆环的弧形分段表示数据占比。

在旭日图中，越靠近圆心的圆环层级越高，越外层的圆环层级越低。图 6-171 所示是表示公司各部门层级关系及人数的旭日图。图中越靠近圆心的圆环层级越高，例如“产品部”层级高于“研发”小组。旭日图的最外层圆环即最低层级会体现具体数据。

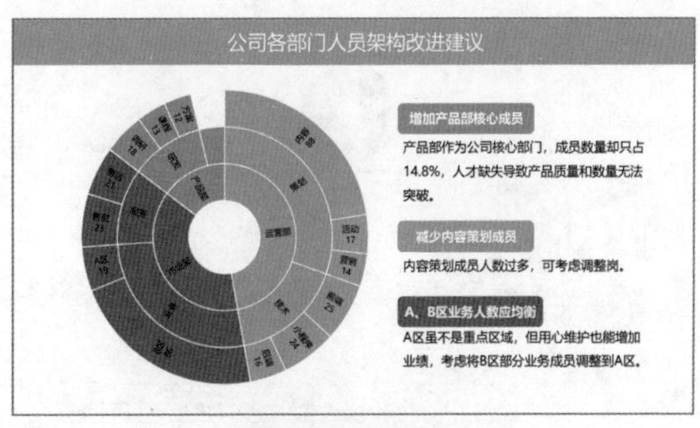

图 6-171　旭日图

技术揭秘 6-13：设计表示公司层级及人数的旭日图

旭日图的原始数据编辑逻辑与树状图类似，只不过旭日图中不用每个级别都填写内容。如图 6-172 所示，“设计”组的下方没有再进行分类，因此可以空着，那么数值 15 代表的就是“设计”小组的人数。

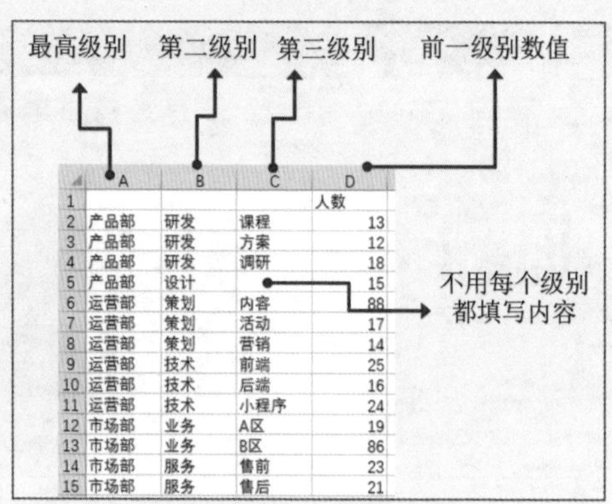

	A	B	C	D
1				人数
2	产品部	研发	课程	13
3	产品部	研发	方案	12
4	产品部	研发	调研	18
5	产品部	设计		15
6	运营部	策划	内容	88
7	运营部	策划	活动	17
8	运营部	策划	营销	14
9	运营部	技术	前端	25
10	运营部	技术	后端	16
11	运营部	技术	小程序	24
12	市场部	业务	A区	19
13	市场部	业务	B区	86
14	市场部	服务	售前	23
15	市场部	服务	售后	21

图 6-172　旭日图原始数据

第01步： 插入旭日图。打开“素材文件\原始文件\第6章\旭日图.pptx”文件，打开【插入图表】对话框，如图6-173所示，❶选择【旭日图】类型；❷选择【旭日图】图表；❸单击【确定】按钮。

第02步： 编辑原始数据。如图6-174所示，编辑旭日图原始数据。

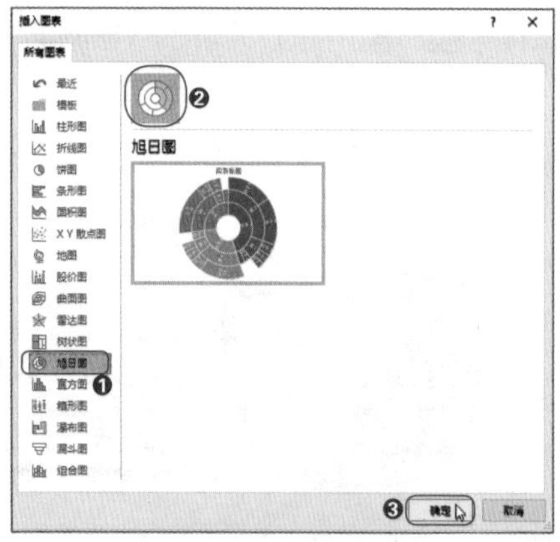

图 6-173　插入旭日图

	A	B	C	D
1				人数
2	产品部	研发	课程	13
3	产品部	研发	方案	12
4	产品部	研发	调研	18
5	产品部	设计		15
6	运营部	策划	内容	88
7	运营部	策划	活动	17
8	运营部	策划	营销	14
9	运营部	技术	前端	25
10	运营部	技术	后端	16
11	运营部	技术	小程序	24
12	市场部	业务	A区	19
13	市场部	业务	B区	86
14	市场部	服务	售前	23
15	市场部	服务	售后	21

图 6-174　编辑原始数据

第03步：设置数据标签格式。如图6-175所示，添加旭日图标签后，在【设置数据标签格式】窗格中勾选【类别名称】和【值】复选框，并且设置【分隔符】为【（新文本行）】。

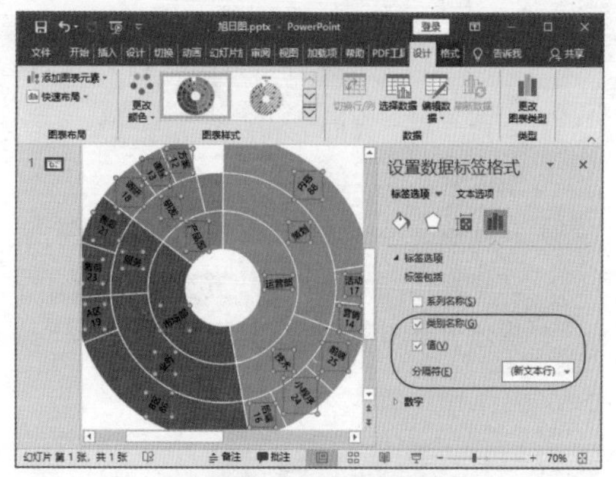

图 6-175　设置数据标签格式

NO.6.5　用三类图表体现数据关系和分布

探寻数据的关系和分布是数据分析的重要思路，但是依靠纯数值很难看出数据间的关系及数据分布情况。将数值做成能体现数据内在关系和分布特征的可视化图表，可帮助分析项目间的相互影响关系，或确定项目的集中范围、频率，从而做出客观正确的决策。

• 6.5.1　散点图体现二维数据关系和分布

散点图也称 X、Y 散点图，坐标轴中的数据点位置由 X 轴和 Y 轴的值共同决定。通过观察散点图中的散点，可分析 X 轴、Y 轴代表的两个变量之间的关系，以及数据的分布情况。

重点速记：做好三种百分比图表的要点

❶ 从散点向上或向下的形态可判断两个变量的关系及关系程度，添加趋势线可辅助分析变量关系。

❷ 从散点在坐标轴中的分布可分析数据的分布，修改坐标轴边界和交叉点，将坐标轴分为四个象限，可进一步分析不同类型的数据分布。

❸ 设置散点的格式其实是设置【数据标记】的格式，可设置大小、形状、颜色。

• 1. 分析数据间的关系 •

在散点图中分析数据间的关系主要是通过散点的形态来进行判断。根据形态可以判断两个变量间是否有关系，是什么关系，关系的程度如何。数据样本值越多，规律越准确。

» 如图 6-176 所示，X 轴的值增加、Y 轴的值也增加，两者是正相关的关系。

» 如图 6-177 所示，X 轴的值增加、Y 轴的值减小，两者是负相关的关系。

» 如图 6-178 所示，X 轴的值增加、Y 轴不变，两者不相关。

» 如图 6-179 所示，X 轴的值增加、Y 轴的值毫无规律地波动，两者也呈不相关的关系。

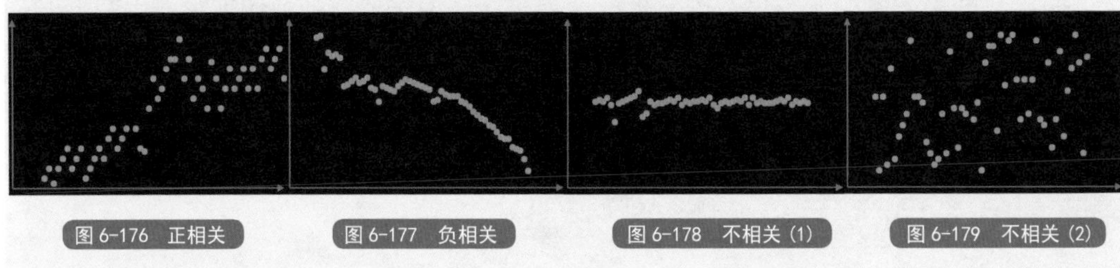

图 6-176　正相关　　图 6-177　负相关　　图 6-178　不相关（1）　　图 6-179　不相关（2）

» 如图 6-180 所示，X 轴的值增加、Y 轴的值也呈陡峭的趋势增加，可见两者是比较强的正相关关系。而在图 6-181 中，X 轴的值增加、Y 轴的值比较分散地增加，两者是稍微弱一点的正相关关系。

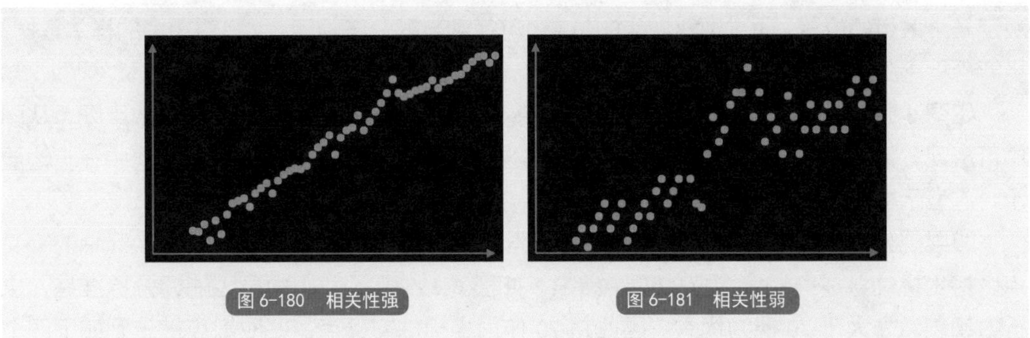

图 6-180　相关性强

图 6-181　相关性弱

散点图可以分析多组数据的相关性，其中两列数据为一组。例如将 Excel 中的四列数据做成 PPT 中的散点图，效果如图 6-182 所示。两组散点分别代表 A、B 两种产品的销量与价格之间的关系。从图中可以直观地判断 A 产品的价格与销量是负相关关系，而 B 产品的价格与销量是正相关关系。

如果需要进一步分析相关性的程度，散点的分布略微凌乱，不太能看出数据的关系，可以添加趋势线，直接观察趋势线的斜率即可快速了解相关性的程度。如图 6-183 所示，B 产品趋势线方向向上，正相关；而 A 产品趋势线方向向下，负相关；且 A 产品趋势线斜率大于 B 产品，可见价格对 A 产品销量的影响大于 B 产品。

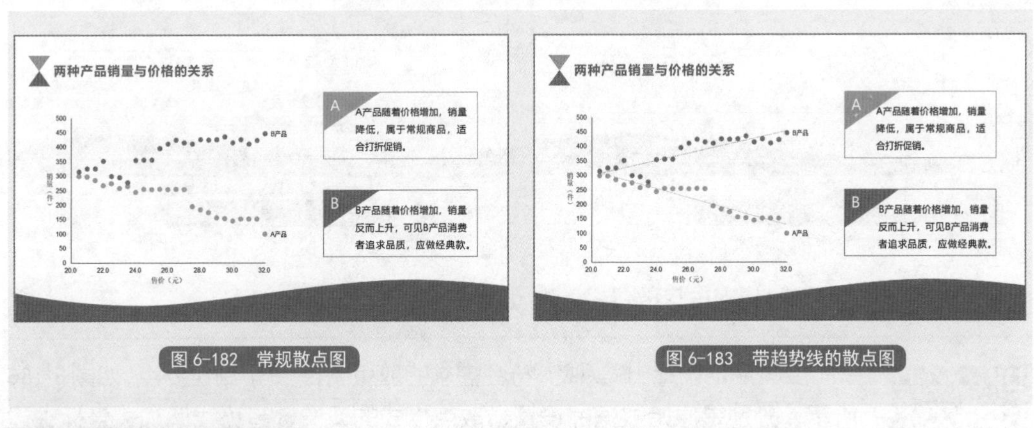

图 6-182　常规散点图

图 6-183　带趋势线的散点图

• 2. 观察数据分布 •

X 轴和 Y 轴所代表的数据并非一定会存在绝对的关系，但是 X 轴和 Y 轴的数值能共同决定一个散点的位置。通过观察散点的位置，可找到数据分布规律。尤其对较多的样本数据，更能分析出数据的分布特征。

如图 6-184 所示，某企业将 80 位员工的执行力和创新力测评分数制作成散点图，从图中可直观分析出这 80 位员工的能力概况。在坐标轴中，代表不同员工的散点集中在右边显示，这表示执行力强的员工较多。

如果观察散点的分布时对数据有衡量标准，可制作象限散点图。即改变坐标轴的交叉点，将坐标轴分成有特定含义的四个象限。如图 6-185 所示，因为员工的评分标准是，执行力和创新力大于 70 视为优秀。因此将 70 作为坐标轴交叉点。此时散点被分到如下四个象限。

» 右上角第一象限为执行力和创新力都比较强的员工。
» 左上角第二象限为执行力较弱，但创新力较强的员工。
» 左下角第三象限为执行力和创新力都比较弱的员工。
» 右下角第四象限为执行力强，但创新力较弱的员工。

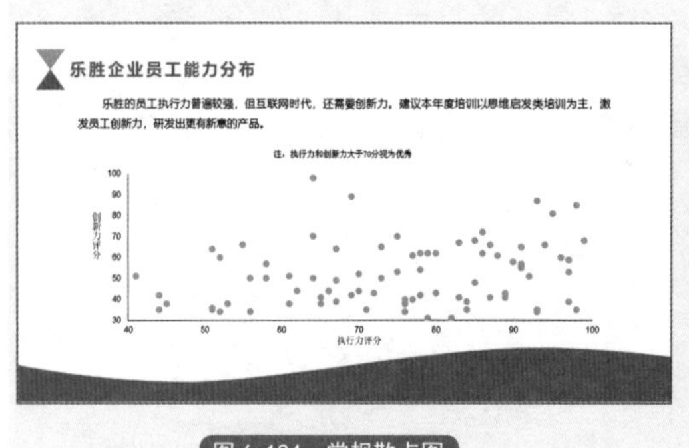

图 6-184 常规散点图

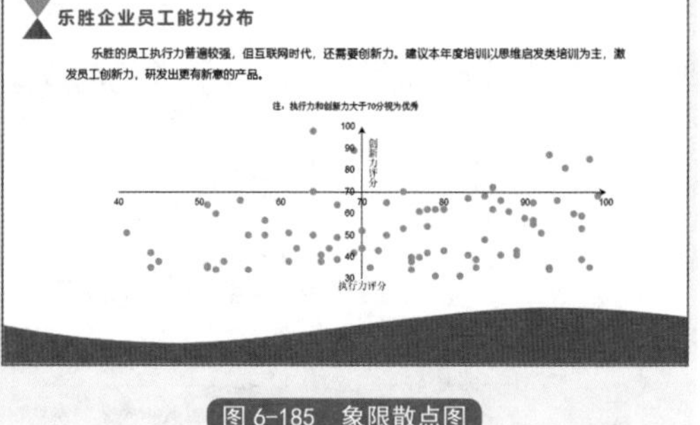

图 6-185 象限散点图

技术揭秘 6-14：设计散点图分析数据关系和分布特征

要灵活地设计出美观的、符合需求的散点图，有 5 个制作要点，如图 6-186 所示，分别是原始数据的设置、散点格式的设置、趋势线添加、坐标轴边界值设置和交叉点的设置。

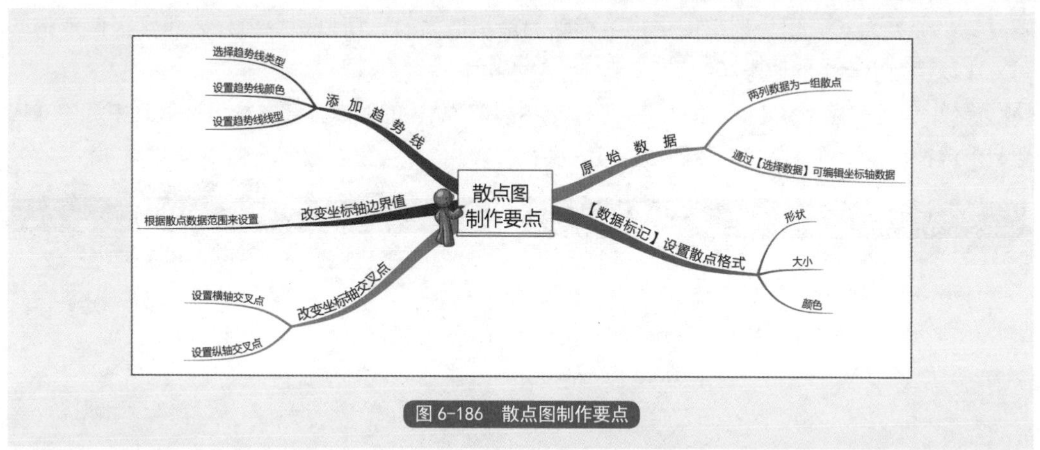

图 6-186　散点图制作要点

第01步： 插入散点图。打开“素材文件\原始文件\第6章\散点图.pptx”文件，如图6-187所示，❶在第1张幻灯片中打开【插入图表】对话框；❷选择【XY散点图】类型；❸选择【散点图】图表。

第02步： 编辑散点图原始数据。如图6-188所示，编辑散点图原始数据。其中B列和D列只写了产品名称，目的是让散点数据标签显示产品名称。

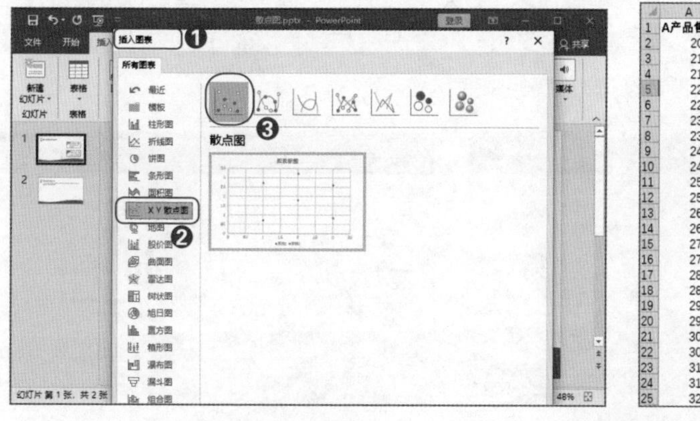

图 6-187　插入散点图

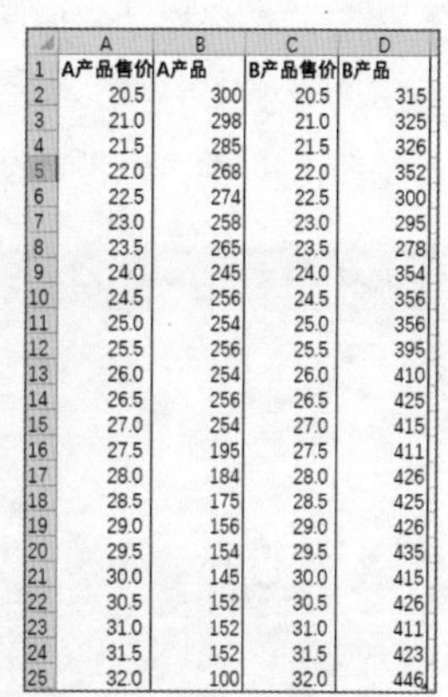

	A	B	C	D
1	A产品售价	A产品	B产品售价	B产品
2	20.5	300	20.5	315
3	21.0	298	21.0	325
4	21.5	285	21.5	326
5	22.0	268	22.0	352
6	22.5	274	22.5	300
7	23.0	258	23.0	295
8	23.5	265	23.5	278
9	24.0	245	24.0	354
10	24.5	256	24.5	356
11	25.0	254	25.0	356
12	25.5	256	25.5	395
13	26.0	254	26.0	410
14	26.5	256	26.5	425
15	27.0	254	27.0	415
16	27.5	195	27.5	411
17	28.0	184	28.0	426
18	28.5	175	28.5	425
19	29.0	156	29.0	426
20	29.5	154	29.5	435
21	30.0	145	30.0	415
22	30.5	152	30.5	426
23	31.0	152	31.0	411
24	31.5	152	31.5	423
25	32.0	100	32.0	446

图 6-188　编辑散点图原始数据

第03步： 设置坐标轴边界值。为了让散点在坐标轴中更好地分布，而不是集中在某一个区域，需要设置坐标轴边界值。如图6-189所示，❶双击横坐标轴；❷在【设置坐标轴格式】窗格中设置【最小值】为20。因为散点图中横坐标轴的最小值为21，所以边界值只要包含极值范围即可，比21稍微小一点的值是20。

第04步: 设置散点格式。如图6-190所示，选中“B产品”的散点，在【标记选项】中选中【内置】单选按钮，设置【类型】为圆形，【大小】为10。

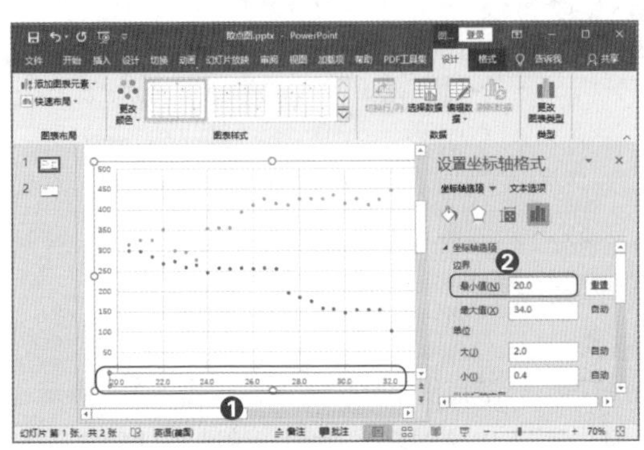

图 6-189　设置坐标轴边界值

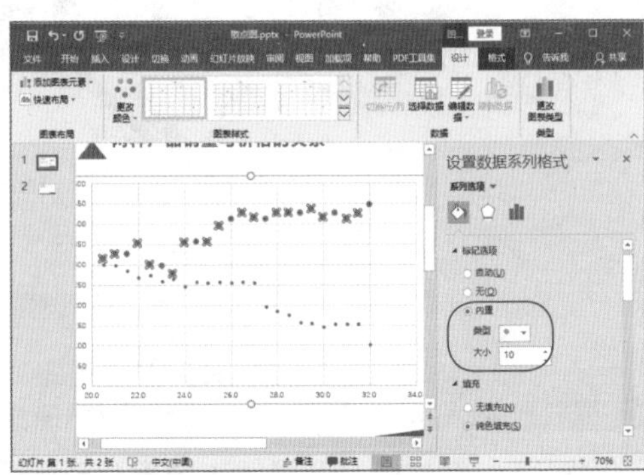

图 6-190　设置散点格式

第05步: 添加趋势线。如图6-191所示，❶选中“B产品”散点，选择【添加图表元素】菜单中的【趋势线】选项；❷选择【线性】趋势线。使用同样的方法为“A产品”添加趋势线。

第06步: 设置趋势线格式。如图6-192所示，❶选择“B产品”趋势线，单击【图表工具-格式】选项卡下的【形状轮廓】按钮；❷选择趋势线颜色；❸选择【粗细】中的【2.25磅】选项，让趋势线更明显一点。使用同样的方法设置“A产品”趋势线格式。

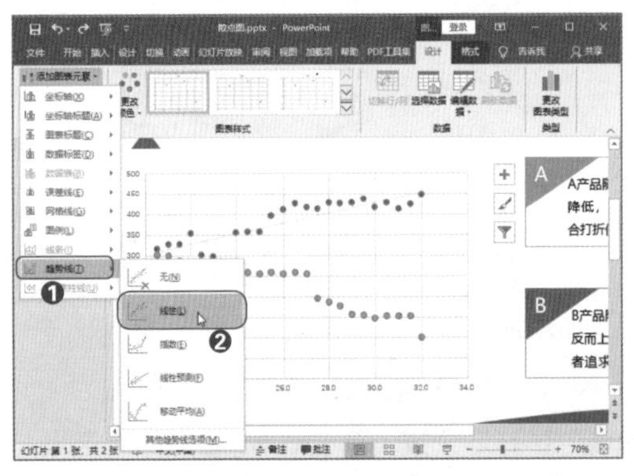

图 6-191　添加趋势线

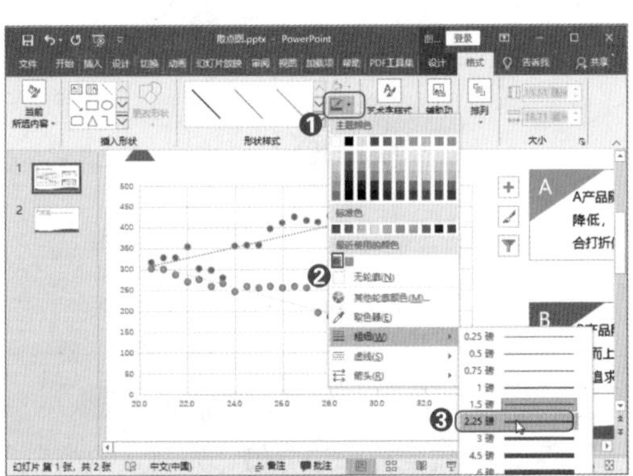

图 6-192　设置趋势线格式

第07步： 设置坐标轴边界值。如图6-193所示，❶选中第2张幻灯片，插入散点图并编辑原始数据；❷设置纵坐标轴的【最小值】为30，使用同样的方法设置横坐标轴的【最小值】为40。

第08步： 设置坐标轴交叉值。如图6-194所示，❶选中纵坐标轴；❷选择坐标轴的交叉方式为【坐标轴值】，并输入交叉值为70，这样横坐标轴就会在纵坐标轴数值为70的地方相交叉。使用同样的方法，设置横坐标轴的坐标轴交叉值为70。

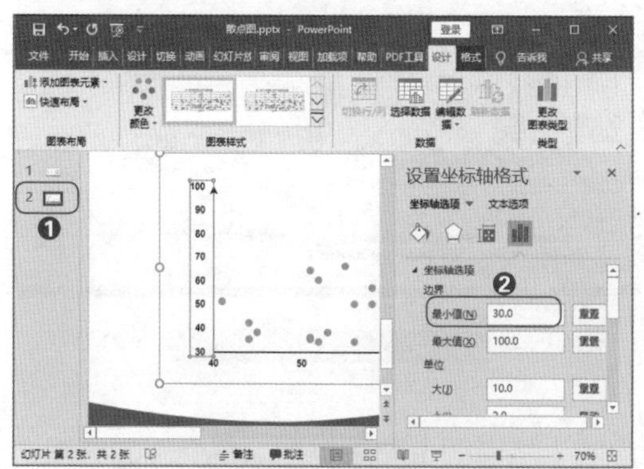

图 6-193 设置坐标轴边界值（2）

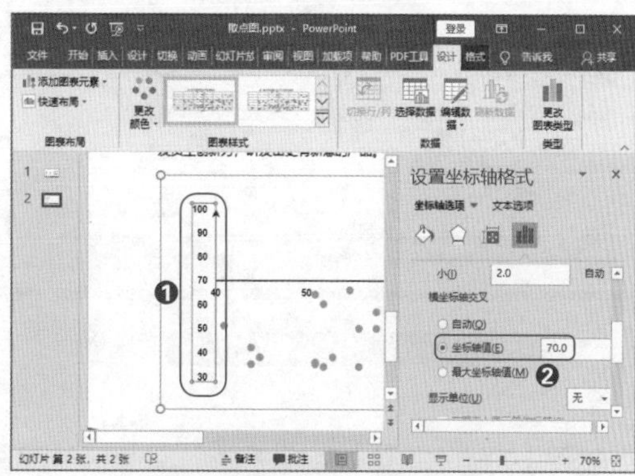

图 6-194 设置坐标轴交叉值

高效技巧：如何设置象限图的坐标轴为箭头形状?

将象限散点的坐标轴设置成带箭头的直线会更有指向性。设置方法是，以横坐标轴为例，双击横坐标轴，在【设置坐标轴格式】窗格的【填充与线条】菜单中选择【结尾箭头类型】选项，就可以选择符合需求的箭头形状了。

6.5.2 气泡图体现三维数据关系和分布

散点图中数据点的位置由 X 轴的值和 Y 轴的值共同决定，它们代表两个变量。气泡图也是散点图的一种，只不过气泡图中的变量不仅有 X 轴和 Y 轴的值，还包括气泡大小这一维度的变量。故气泡图可用来分析三个变量间的关系或表示三个维度数据的分布。

如图 6-195 所示，观察气泡的位置和大小不难发现，随着流量增加，大部分商品的收藏量和销量也在增加。

气泡图可以体现数据的分布，也可以设置坐标轴的位置。将坐标轴分为四个象限，效果如图 6-196 所示。此时代表不同员工的气泡分布在四个象限中，其中右上角第一象限的气泡最多，且气泡均比较大，表明大部分员工的综合素质均比较高。

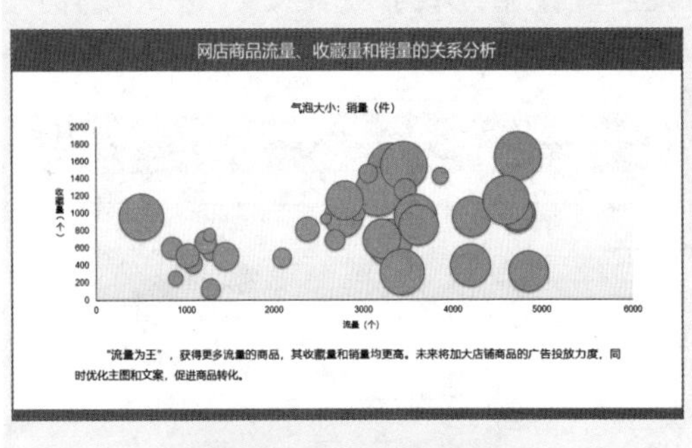

图 6-195　体现关系的气泡图

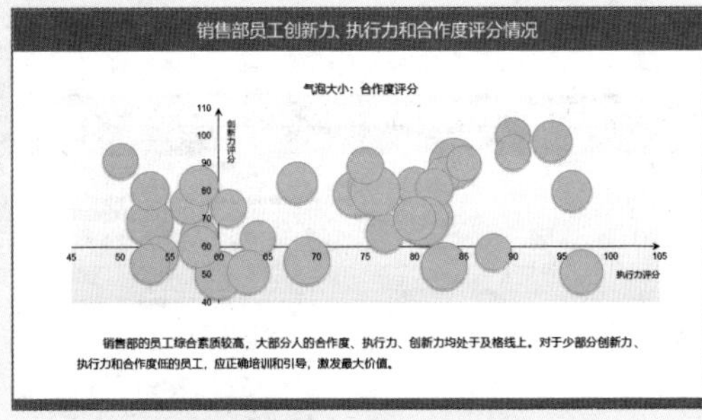

图 6-196　体现分布的气泡图

在【XY 散点图】类型中选择如图 6-197 所示的【气泡图】图表类型。气泡图的编辑方法与散点图类似，只不过气泡图中的三列数据共同决定一组气泡的位置。具体方法在这里不再赘述，可回顾散点图的编辑方法或观看视频学习。

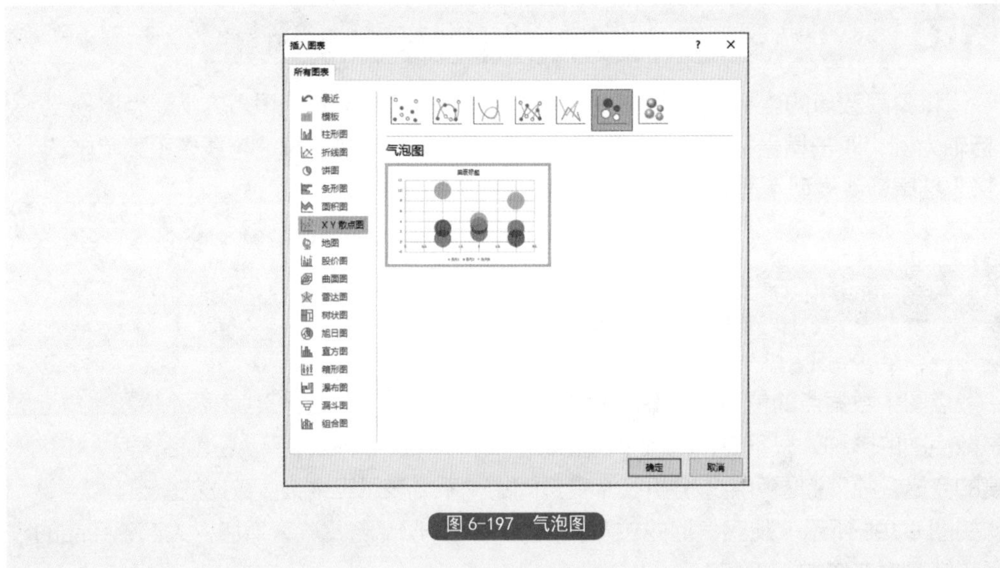

图 6-197　气泡图

高效技巧：如何重新编辑气泡图原始数据

气泡图有三列数据，与散点图相比，更容易出现 X 轴、Y 轴、气泡大小的数据不对应的情况。此时不用重新插入气泡图，只需重新编辑数据即可。

单击【选择数据】按钮，打开如图 6-198 所示的【选择数据源】对话框，一组气泡会有一个数据系列，选中这个系列，单击【编辑】按钮。然后打开如图 6-199 所示的【编辑数据系列】对话框，在这里重新选择 X 轴、Y 轴、气泡大小的值。

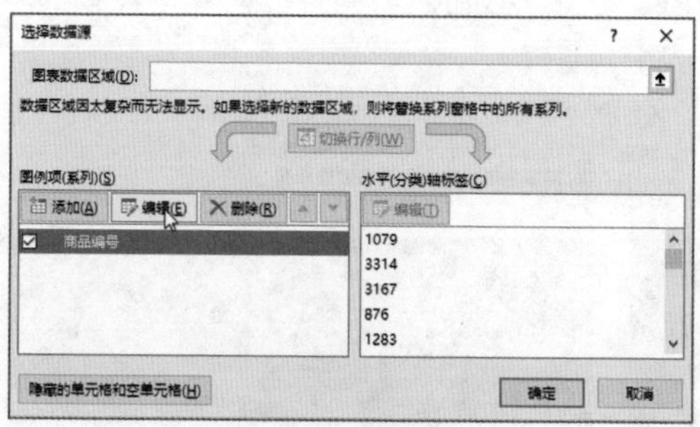

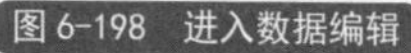
图 6-198　进入数据编辑

图 6-199　编辑气泡图的数据

• 6.5.3　直方图体现数据分布区间

直方图与柱形图看起来很相似，其实两者的意义完全不同。柱形图只是单纯地展示了每个项目的大小，而直方图展示了项目数据出现的频率。在直方图中，横坐标轴展示数据分组的区间，纵坐标轴展示对应区间数据出现的频数。柱形图和直方图的辨析见表 6-2。总而言之，直方图可以用来分析一组数据中不同数据区间出现的项目数量。

需要注意的是，直方图的样本数（项目数量）应大于 50，否则统计的数据太少，不利于客观地分析数据情况，而且会降低图表可信度。这也是直方图与柱形图的一个区别，直方图适用于体现大量数据，而柱形图适用于体现少量数据。

表6-2　柱形图和直方图的辨析

布　　局	柱　形　图	直　方　图
柱形高低	项目具体的数值大小	项目出现的频率
横轴	项目名称	数据区间
数据量	较少	越多越好，大于50个样本数

例如某网店调查了 1000 种竞争商品的价格，并将价格数据做成 PPT 中的直方图以方便直观地分析竞品情况。如图 6-200 所示，设置直方图的价格区间为 20 元，可观察到每个价格区间包含的竞品数量。如果需要进一步观察细分区间的分布，可设置直方图的数据区间为 10 元，如图 6-201 所示。

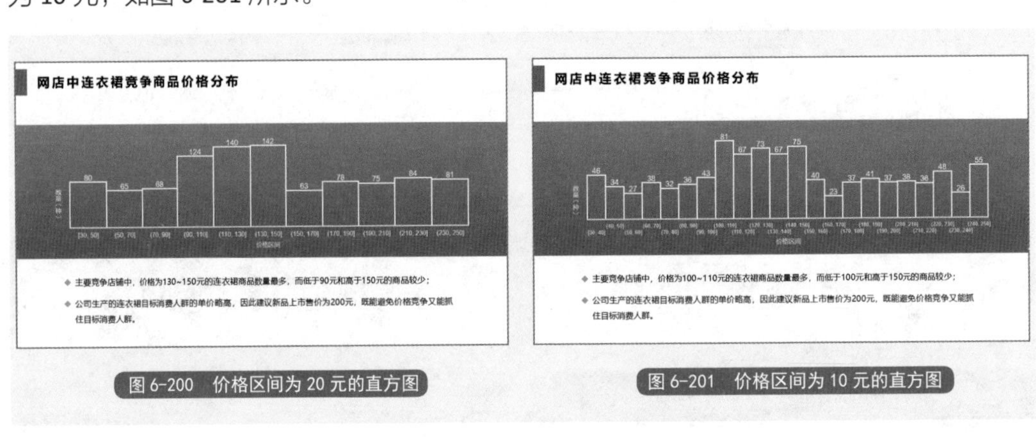

图 6-200　价格区间为 20 元的直方图

图 6-201　价格区间为 10 元的直方图

技术揭秘 6-15：设计直方图分析 1000 个数据分布

直方图的设计关键在于对【箱】参数的设置。如图 6-202 所示，在【设置坐标轴格式】窗格中可以选择【箱】的分组方式。其中【箱宽度】可以手动输入数据区间的范围，例如 20 表示按 20 为区间进行分组；【箱数】则是输入一个分组数，如 11 表示将所有数据分成 11 个组。

【溢出箱】和【下溢箱】分别指横坐标轴的最大值和最小值。如果只想分析特定范围的样本数据，那么可以通过设置溢出箱来调整直方图的数据范围。例如【溢出箱】为 318、【下溢箱】为 30 表示只显示 30~318 范围内的数据分布。

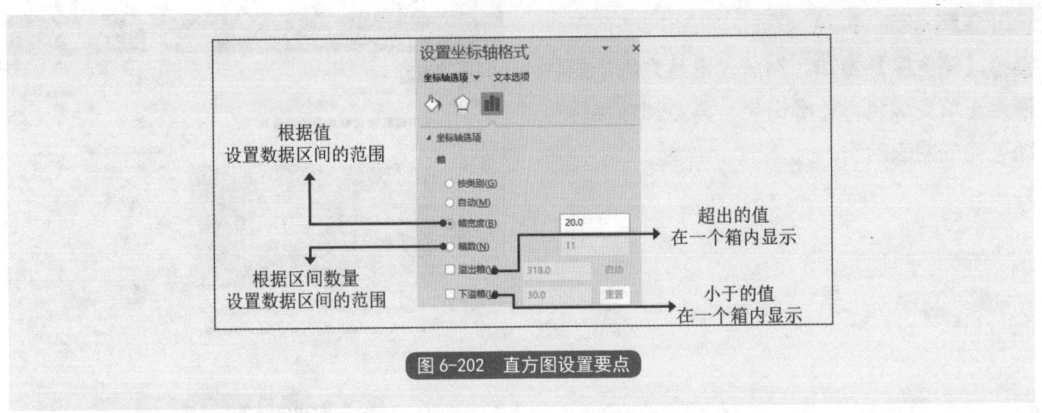

图 6-202　直方图设置要点

第01步： 插入直方图。打开“素材文件\原始文件\第6章\直方图.pptx”文件，打开【插入图表】对话框，如图6-203所示，❶选择【直方图】类型；❷选择【直方图】图表，❸单击【确定】按钮。

第02步： 编辑图表数据。编辑直方图数据，按统计数据输入即可，如图6-204所示。

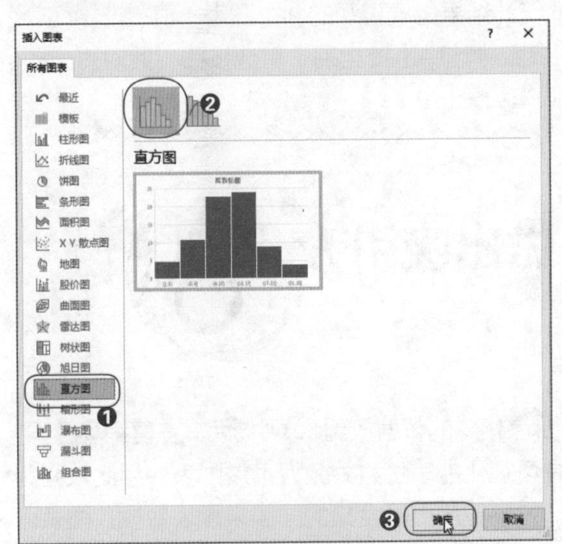

图 6-203　插入直方图

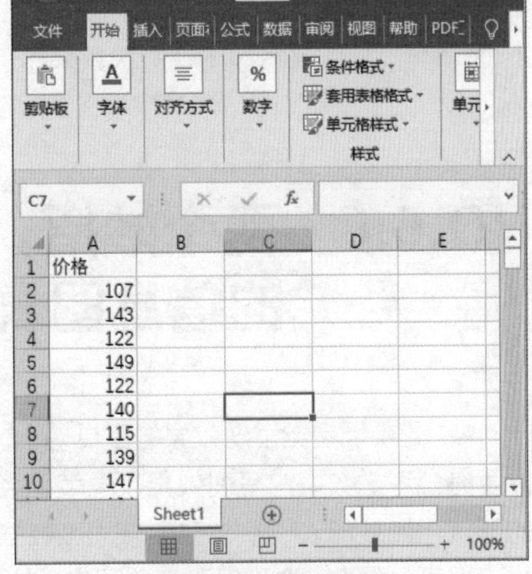

图 6-204　编辑图表数据

第03步： 设置【箱】参数。如图6-205所示，设置【箱宽度】为20。然后设置直方图中的柱形为无填充颜色，轮廓白色，再添加数据标签即可完成图表制作。

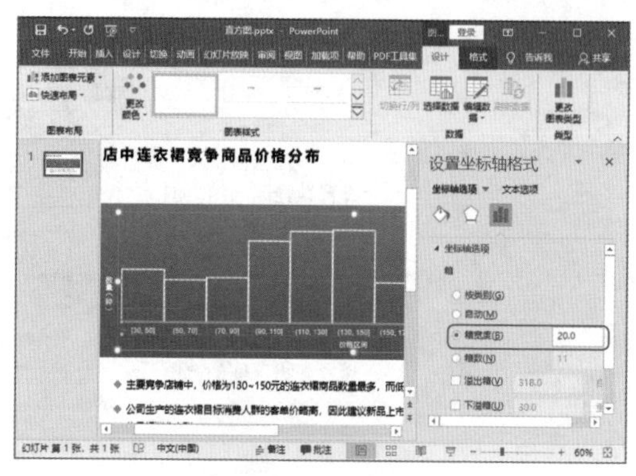

图 6-205 设置【箱】参数

高效技巧：如何统计不同词语的频率？

如果直方图的原始数据是文字而非数据，例如消费者在调查问卷中填写最喜欢的商品名称，此时应如何将 Excel 表中的统计结果做成直观的 PPT 图表？直接选中商品名称列，插入直方图，然后在【箱】参数中选中【按类别】单选按钮，此时直方图就可以按商品名称出现的次数来显示频率和分布。

NO.6.6 两个妙招，做出吸引人的信息图表

PPT 是重视视觉呈现效果的工具，将 Excel 表格中的数据放到 PPT 中，尤其在营销场合下，需要充分考虑数据的呈现效果。图表已经是可视化的表达方式，只不过图表中用比较固定的形状，如柱形、线条、散点来代表数据。如果能用更具含义的图表来代表数据，图表可视化程度会更高，这种吸引人的图表也能更准确地传递信息。

• 6.6.1 最简单的方法，直接设置三维格式

在 PPT 中，部分图表提供了三维图表类型选项。直接设置这种三维图表的形状，就能快速制作出形象有趣的图表。

如图 6-206 所示，将三维堆积柱形图的形状设置为棱锥，图表则变成金字塔形状。从上到下依次表示重要程度增加的因素，同时“人才选拔”因素放在金字塔下方，又象征着基础。这是一张形象而有趣的图表。

值得注意的是，必须谨慎使用三维簇状柱形图，因为三维视角下的柱形图不够严谨，容易误导读图者。如图 6-207 所示，将三维簇状柱形图的形状设置为圆锥后，圆锥的底部没有在一条水平直线上，让人难以直观地对比数据高度。

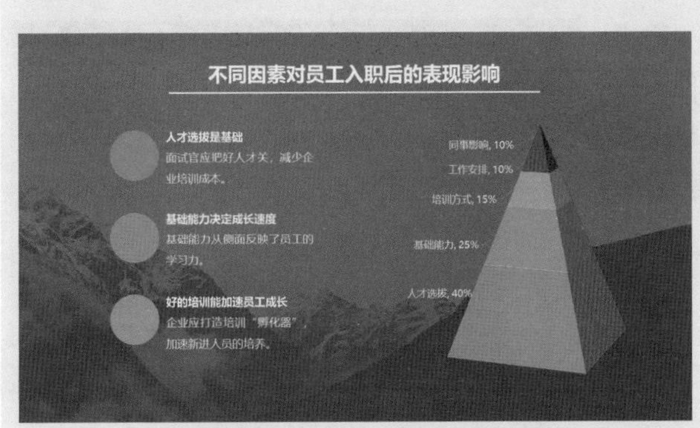

图 6-206 将三维堆积柱形图的形状设置为棱锥

图 6-207 将三维簇状柱形图的形状设置为圆锥

技术揭秘 6-16：设计金字塔图

金字塔图的制作有两个关键点，一是选择图表类型；二是选择形状。

第01步： 插入三维堆积柱形图。打开“素材文件\原始文件\第6章\金字塔图.pptx”文件，打开【插入图表】对话框，如图6-208所示，❶选择【柱形图】类型；❷选择【三维堆积柱形图】图表；❸单击【确定】按钮。

第02步： 编辑图表的原始数据。如图6-209所示，编辑图表的原始数据。

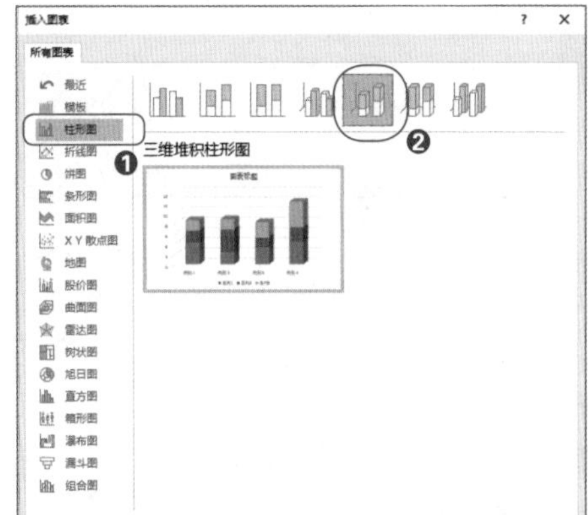

图 6-208　插入三维堆积柱形图

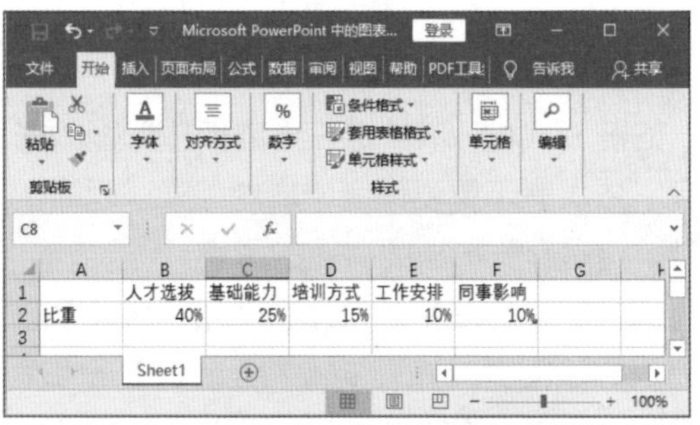

图 6-209　编辑图表的原始数据

第03步： 选择形状。删除图表的标题、网格线等布局元素，如图6-210所示，❶选中图表数据系列；❷在【设置数据系列格式】窗格中选择形状为【完整棱锥】。随后添加数据标签即可完成图表制作。

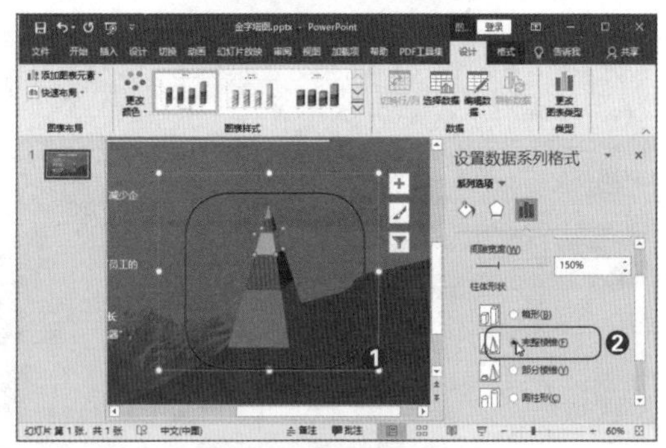

图 6-210　选择形状

• 6.6.2　屡试不爽的方法，万能填充法

通过图表的数据系列或其他布局元素可以灵活地设置填充格式，包括颜色填充、纹理填充、图片填充等。利用这个技巧，可以用形象直观的形状或素材图片填充图表布局，从而制作出生动有趣的信息图表。

重点速记：用填充法做信息图表的两大要点

① 柱形图、条形图、面积图、气泡图、散点图直接用素材图形或图片填充数据系列，并设

置填充方式。柱形图和条形图通常选择【层叠】方式，面积图选择【将图片平铺为纹理】方式，气泡图不用刻意设置，散点图控制好素材图形或图片的大小即可。

❷ 饼图比较特殊，需要用素材图形或图片填充绘图区，同时要设置数据系列为无填充格式，否则会遮挡住下方的绘图区。

不同类型的图表其填充方法略有不同，图表填充方法如图 6-211 所示，大部分图表都是用形状或素材图片填充数据系列，只有饼图例外，需要填充绘图区。

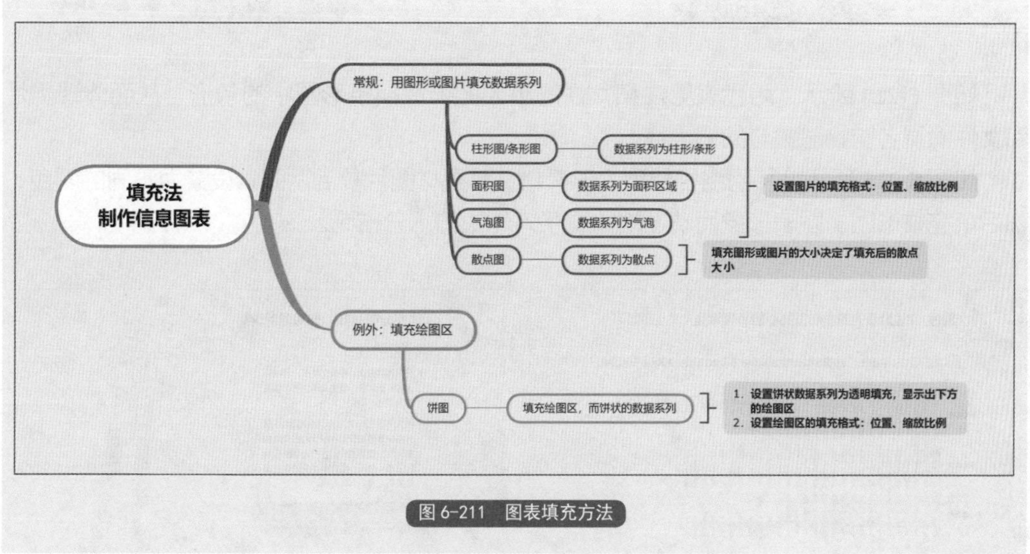

图 6-211　图表填充方法

通常情况下，可以使用三种素材填充图表布局元素。可以用【形状】菜单中的形状绘制图形；插入【图标】组中的图标形状；从网络中找到的素材图片。

如图 6-212 所示，事先绘制好山峰形状，用山峰形状替换柱形图中的柱形，将营业额比喻成山峰，通过山峰高低对比营业额高低。

如图 6-213 所示，用房屋形状图标替换柱形图中的柱形，代表不同月份的房屋销售额。

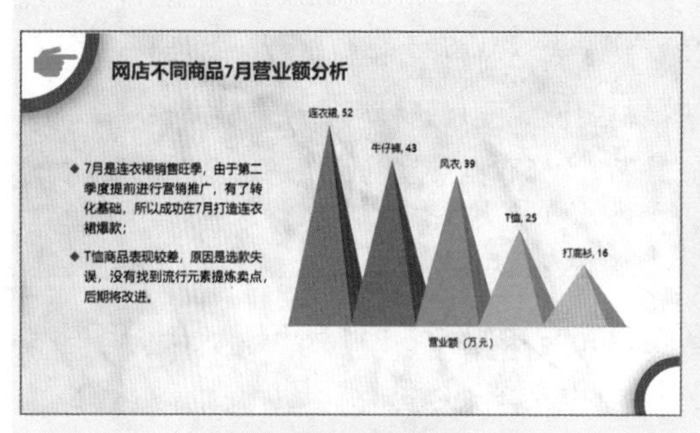

图 6-212　山峰柱形图

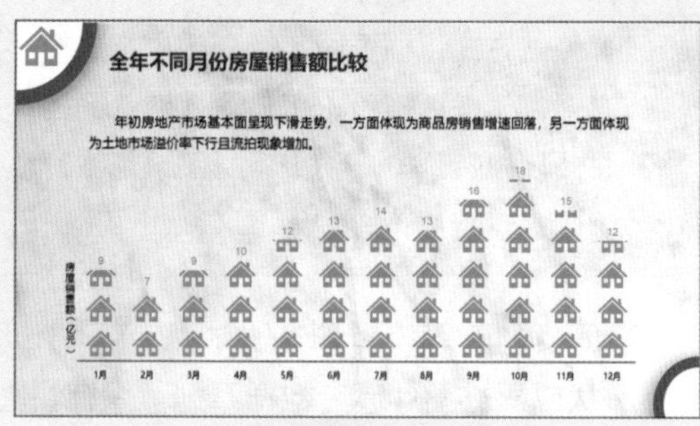

图 6-213　房屋柱形图

如图 6-214 所示，用代表男性和女性的小人图标替换条形图中的条形，从而体现男性和女性消费者购物时关心的侧重点。

如图 6-215 所示，从网络中找到人形素材，将素材图片复制两张，设置为不同的颜色，然后填充柱形图。图表形象而精准地体现了人体中的水分占比。

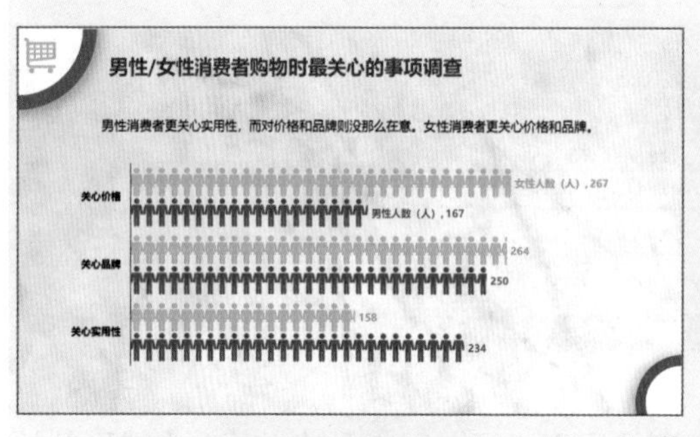

图 6-214　小人条形图

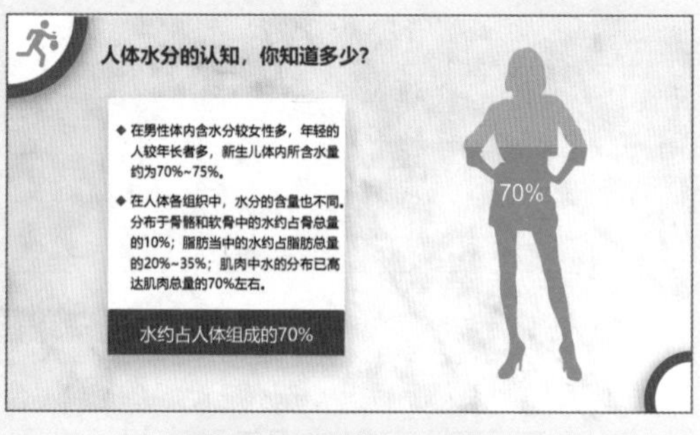

图 6-215　人形柱形图

如图 6-216 所示，用网络中找到的足球素材图片填充气泡图中的气泡。通过足球的大小体现不同地区的足球俱乐部和人口的比值。

如图 6-217 所示，用网络中找到的雨滴图片填充散点图中的散点，从而形象表示降水量与气候条件的关系。

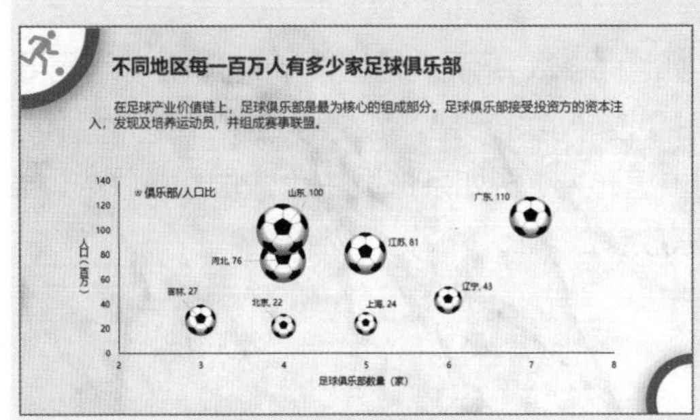

图 6-216　足球气泡图

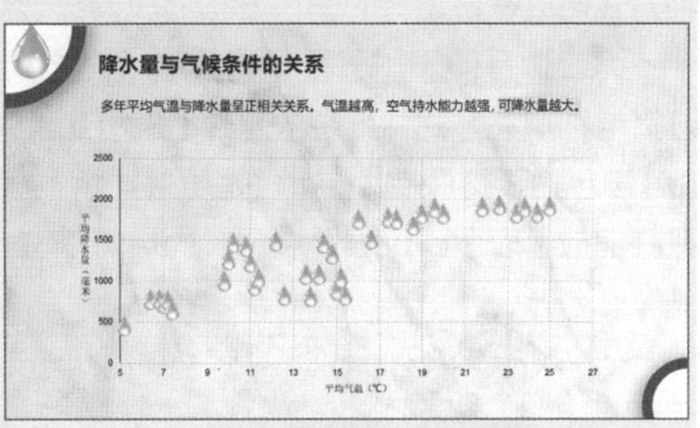

图 6-217　雨滴散点图

如图 6-218 所示，用网络中找到的草地图片填充面积图，形象生动地表示新种植的草地面积变化。

如图 6-219 所示，用网络中找到的比萨饼图片填充饼图的绘图区，有趣地展示了一年四季比萨饼的销量百分比。

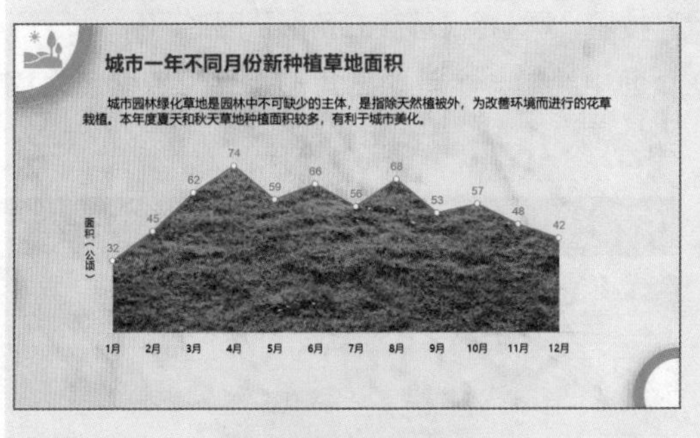

图 6-218　草地面积图

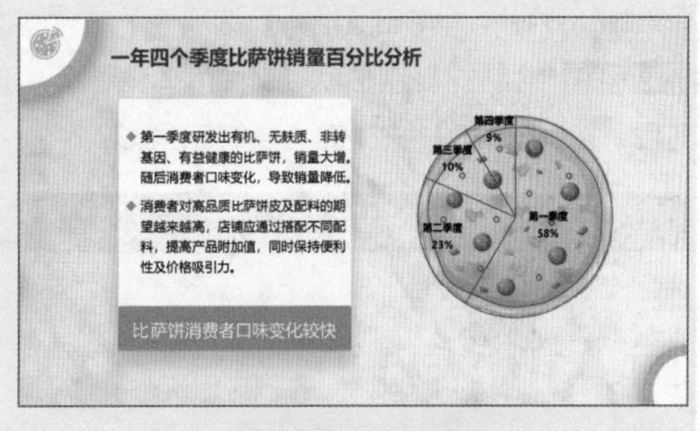

图 6-219　比萨饼饼图

技术揭秘 6-17：设计 8 种有趣美观的信息图表

在设计可视化程度较高的信息图表时，第一步是要知道用素材填充图表的哪个布局元素；第二步是调整填充格式。根据图表的类型不同，有两种填充格式。

第一种是设置平铺为纹理的填充方式，如图 6-220 所示，表示让素材图形或图片完全填满布局。例如完全填满饼图的绘图区、面积图的面积。这种方式可以设置素材的偏移量和缩放参数，需要多试几个参数值，直到填充效果最佳为止。

第二种是伸展、层叠、缩放的填充方式，如图 6-221 所示。柱形图、条形图常常需要选择这种填充方式。其中【伸展】表示让素材完全拉伸填满布局，容易导致素材变形；【层叠】表示让素材保持大小，但是层叠显示，直到填满布局，例如条形图中小人层叠展示；【层叠并缩放】表示不仅层叠展示，而且可以设置缩放参数。

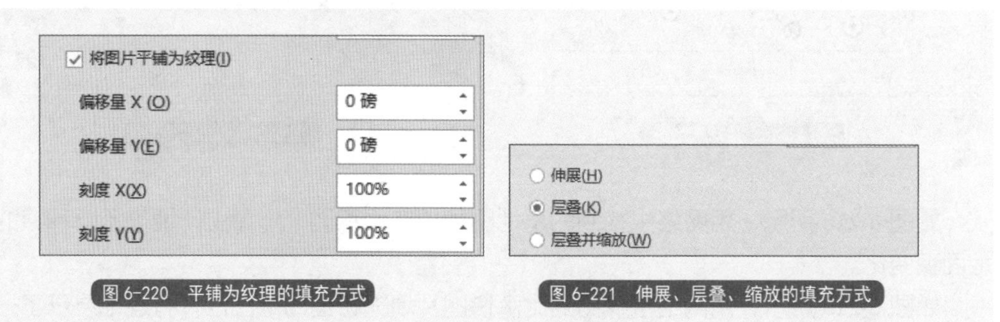

图 6-220 平铺为纹理的填充方式

图 6-221 伸展、层叠、缩放的填充方式

第01步： 选择形状。打开“素材文件\原始文件\第6章\信息图表.pptx”文件，如图6-222所示，❶选择第1张幻灯片；❷单击【插入】选项卡下的【形状】按钮；❸选择【等腰三角形】图形。

第02步： 绘制并复制形状。如图6-223所示，在页面中绘制一个等腰三角形，并设置紫色为填充色。按【Ctrl+D】快捷键，复制三角形。

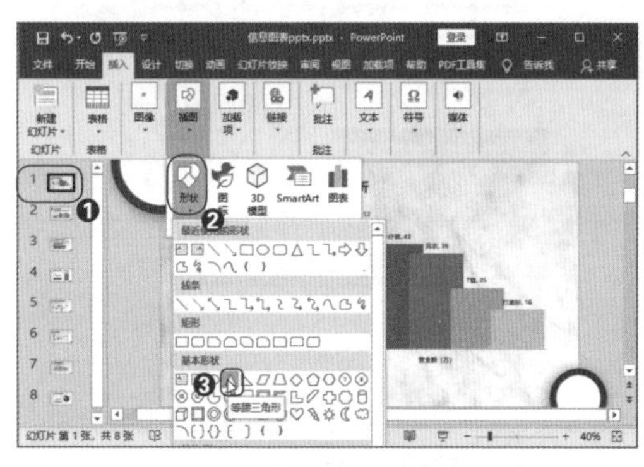

图 6-222 选择形状

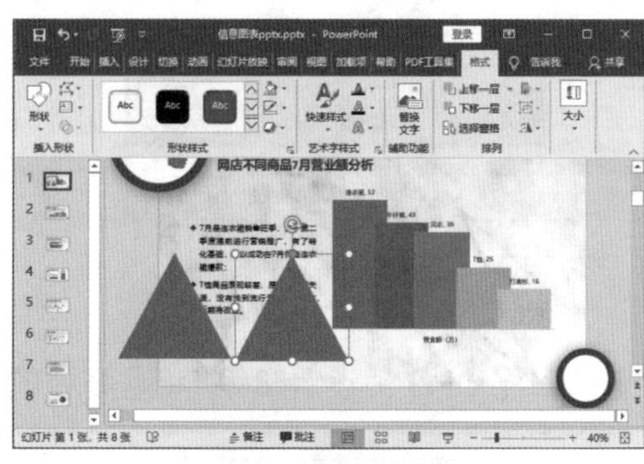

图 6-223 绘制并复制形状

第03步： 调整形状层级。如图6-224所示，设置复制的形状为较深的紫色填充。选中颜色较浅的三角形，右击，选择【置于顶层】选项。

第04步： 调整形状位置。如图6-225所示，此时较浅的紫色三角形位于上方，将两个三角形移动到一起，并拖动上方的黄色圆点，微调三角形的倾斜角度。

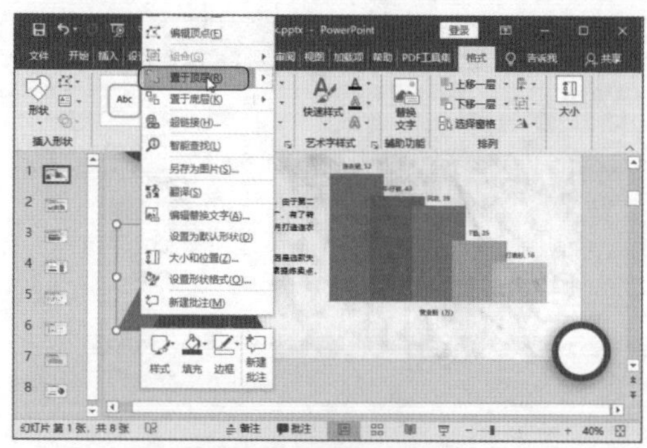

图 6-224　调整形状层级

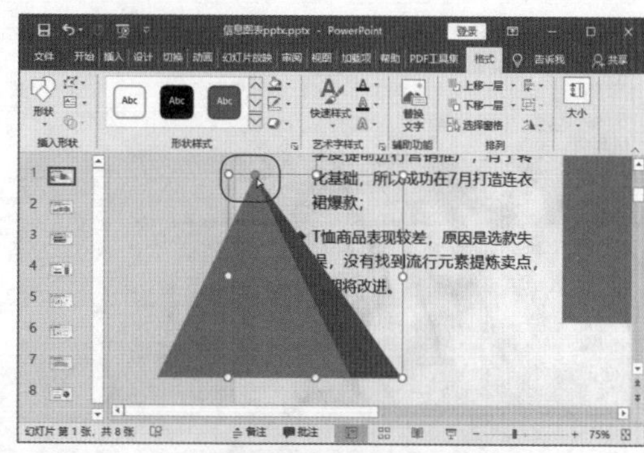

图 6-225　调整形状位置

第05步： 组合形状。如图6-226所示，按住【Ctrl】键的同时选中两个三角形，右击，选择【组合】选项，将两个形状组合到一起。

第06步： 用形状填充柱形。如图6-227所示，❶选中组合到一起的两个三角形，按【Ctrl+C】快捷键，复制形状；❷选中左边的柱形，按【Ctrl+V】快捷键粘贴，此时柱形就变成了三角形。

选中组合后的三角形，按【Ctrl+D】快捷键进行复制，然后改变三角形颜色，再依次复制、粘贴替换右边的其他柱形，即可完成图表制作。

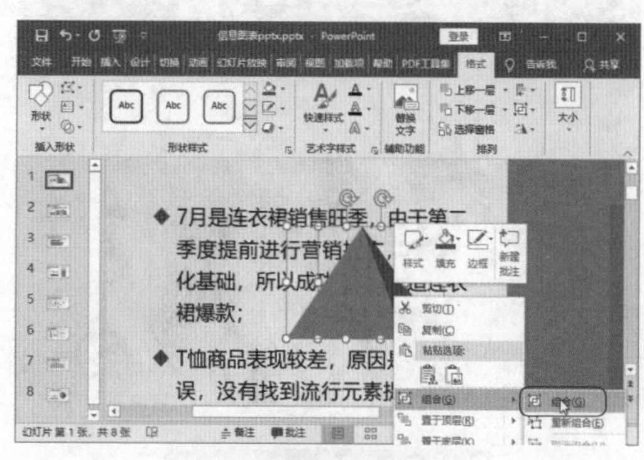

图 6-226　组合形状

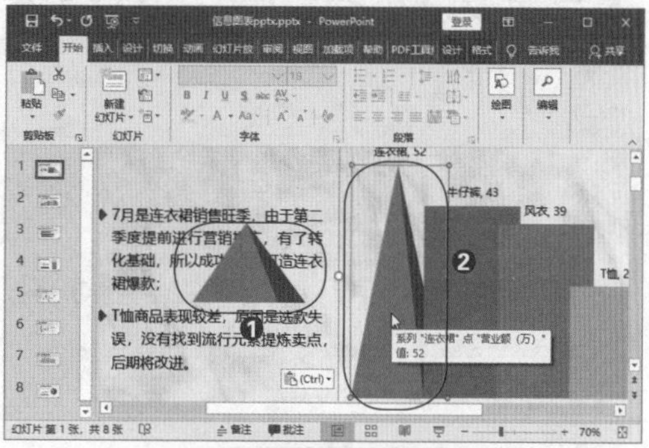

图 6-227　用形状填充柱形

第07步： 用房屋图标填充柱形。如图6-228所示，❶切换到第2张幻灯片中；❷选中左上角的房屋图标，按【Ctrl+C】快捷键复制图标；❸选中柱形，按【Ctrl+V】快捷键粘贴。

第08步： 选择填充格式。如图6-229所示，在【设置数据系列格式】窗格中选择【层叠】填充方式，让房屋图标无缩放，并层叠到一起显示。

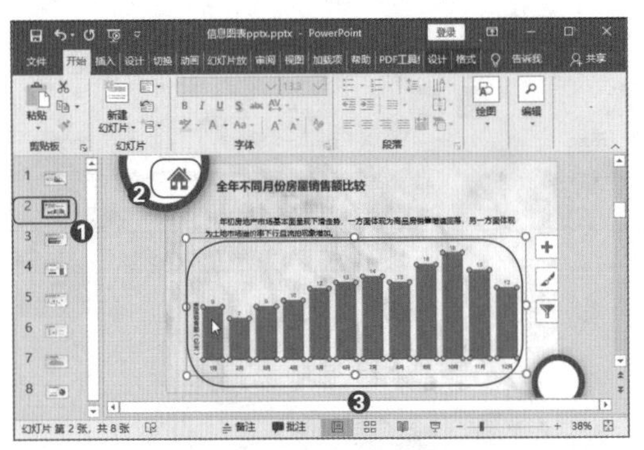

图 6-228 用房屋图标填充柱形

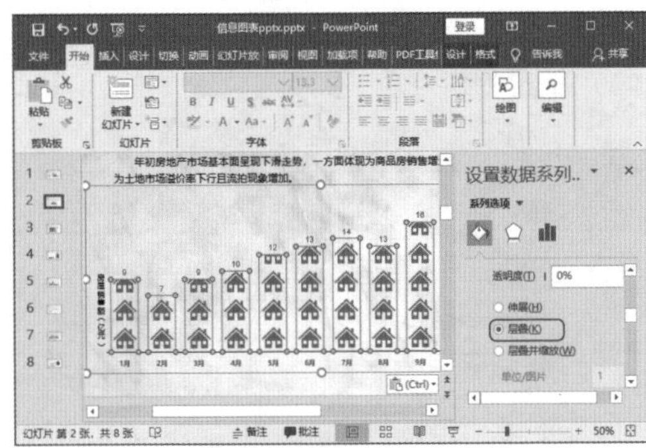

图 6-229 选择填充格式

第09步： 用小人形状填充条形。如图6-230所示，❶切换到第3张幻灯片中；❷复制绿色的代表女性的小人图标；❸选中代表女性的条形，粘贴图标；❹在【设置数据系列格式】窗格中选择【层叠】填充方式。

第10步： 用灰色人形填充柱形。如图6-231所示，❶切换到第4张幻灯片中，❷复制灰色的人形；❸选中柱形图后面代表100%的灰色柱形后进行粘贴。

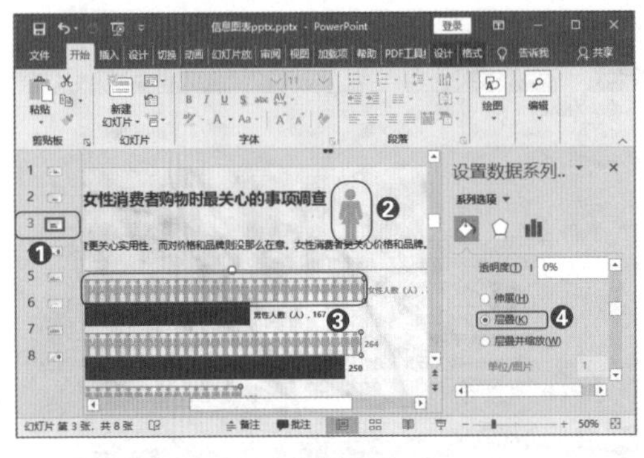

图 6-230 用小人形状填充条形

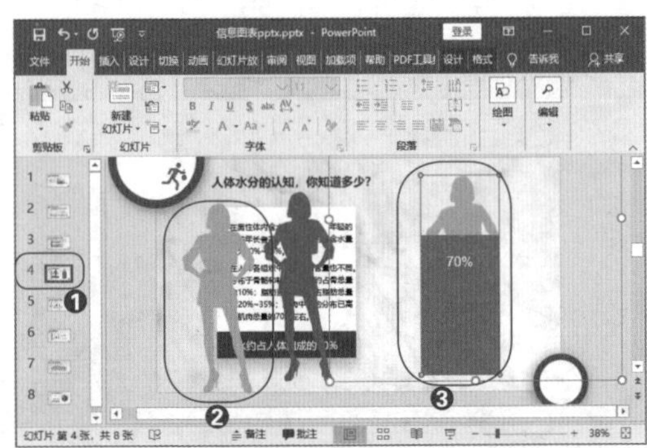

图 6-231 用灰色人形填充柱形

第11步： 用蓝色人形填充柱形。如图6-232所示，❶复制蓝色的人形；❷选中代表70%的柱形进行粘贴。

第12步： 调整填充格式。如图6-233所示，在【设置数据点格式】窗格中选择【层叠】填充方式。

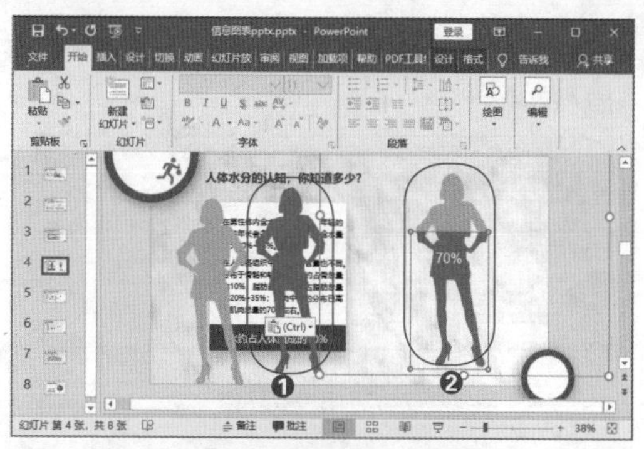

图 6-232 用蓝色人形填充柱形

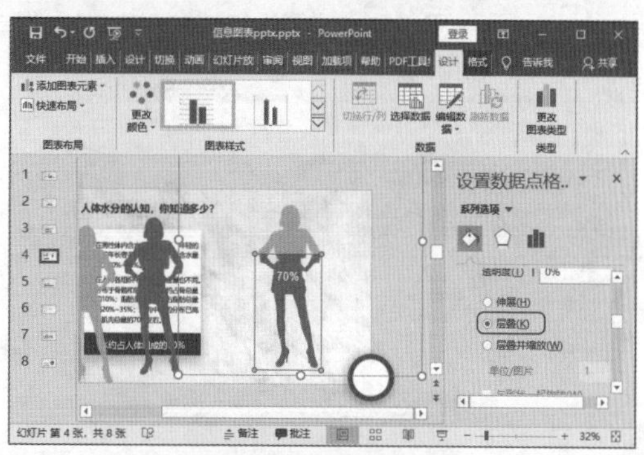

图 6-233 调整填充格式

第13步： 用足球图片填充气泡。如图6-234所示，❶切换到第5张幻灯片中；❷复制足球图片；❸选中图表中的气泡进行粘贴，此时气泡变为足球图片。

第14步： 用水滴填充散点。如图6-235所示，❶切换到第6张幻灯片中；❷复制右上角较小的水滴图片；❸选中图表中的散点进行粘贴。

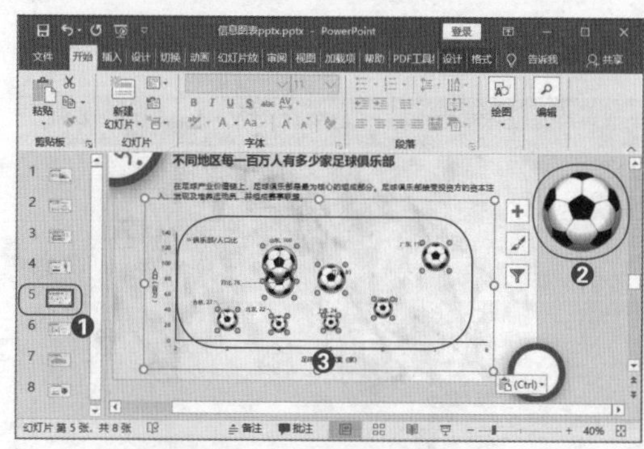

图 6-234 用足球图片填充气泡

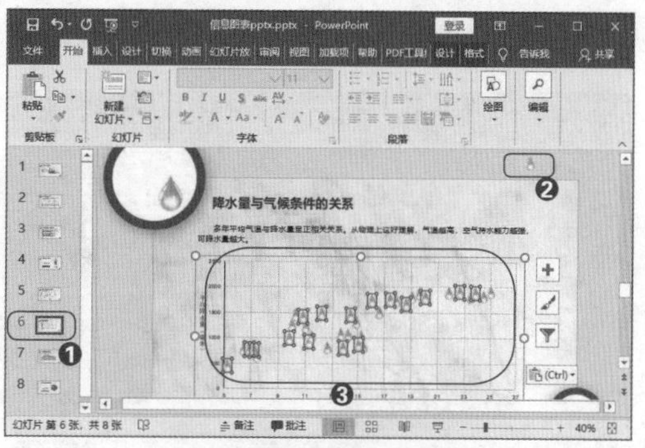

图 6-235 用水滴填充散点

第15步： 选择面积填充方式。如图6-236所示，❶切换到第7张幻灯片中；❷选中面积图中的面积，在【设置数据系列格式】窗格中选择【图片或纹理填充】方式；❸单击【插入】按钮。

第16步： 选择图片来源。如图6-237所示，在【插入图片】对话框中选择【来自文件】选项。

随后选择“素材文件\原始文件\第6章\草地.jpg”图片即可。

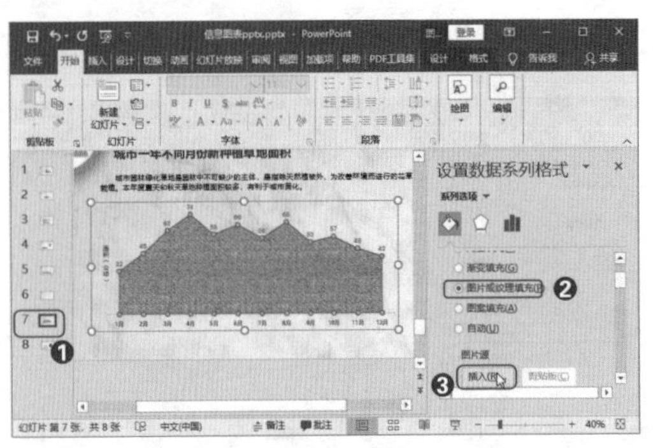

图 6-236　选择面积填充方式

图 6-237　选择图片来源

第17步： 选择绘图区填充方式。如图6-238所示，❶切换到第8张幻灯片中；❷选中饼图中的【绘图区】，此时格式窗格中显示为【设置绘图区格式】；❸选择【图片或纹理填充】方式；❹单击【插入】按钮。

随后选择“素材文件\原始文件\第6章\比萨饼.png”图片。

第18步： 设置饼图数据系列填充格式。此时看不到绘图区填充的素材图片，因为被饼图的数据系列遮挡住了，需要设置无填充格式才可以看到。

如图6-239所示，❶选中数据系列；❷设置填充格式为【无填充】。

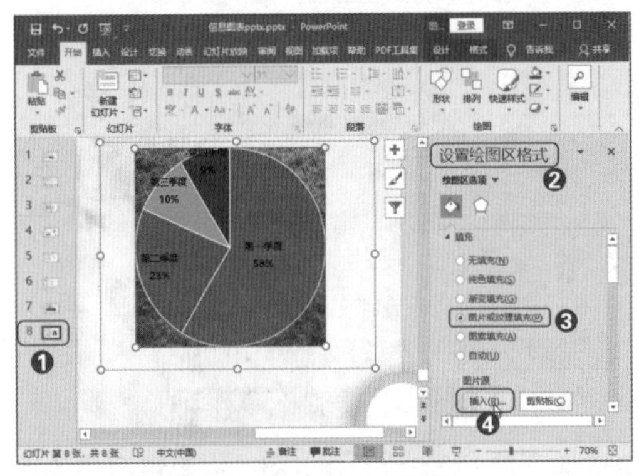

图 6-238　选择绘图区填充方式

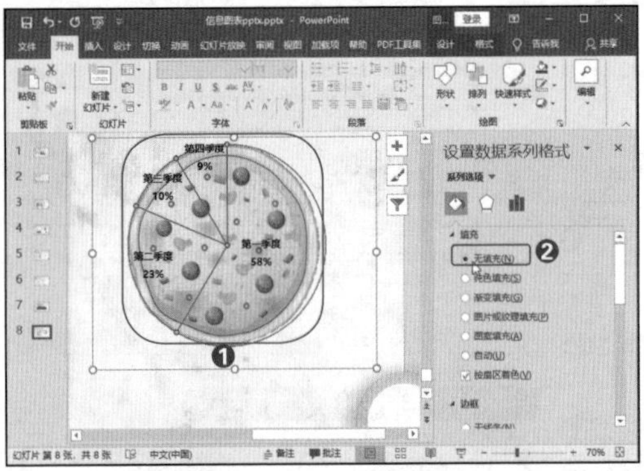

图 6-239　设置饼图数据系列填充格式

第19步： 设置数据系列的边框格式。如图6-240所示，❶在【边框】菜单中选择【深黄】边框颜色；❷边框【宽度】为【1.5磅】。

第20步： 设置绘图区填充格式。如图6-241所示，❶选中绘图区；❷选择【将图片平铺为纹理】格式，此时比萨饼素材图片完全填充在了绘图区中。

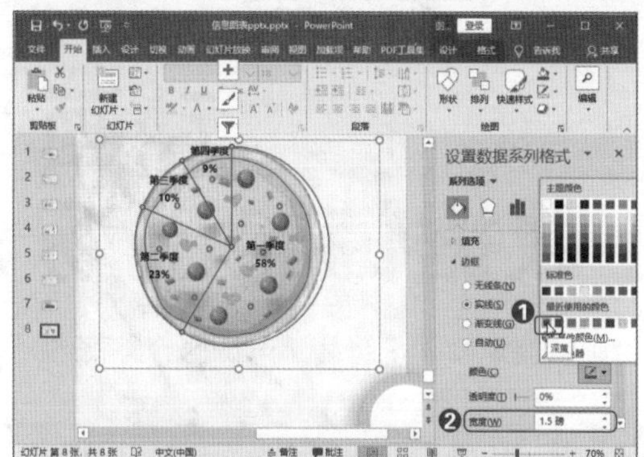

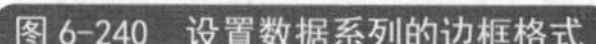
图 6-240　设置数据系列的边框格式

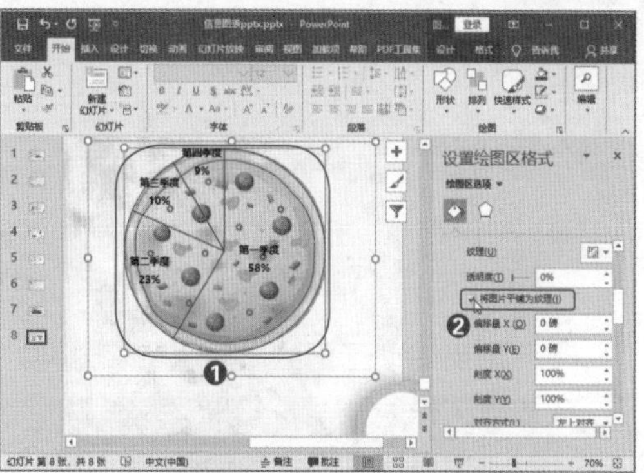

图 6-241　设置绘图区填充格式

第 7 章 动画 让数据惊艳出场

恰当的动画是数据展示的加分项，滥用则会使观众眼花缭乱，对数据含义表达没有任何帮助。

不盲目追求酷炫的动画，而应该从主题、数据出发，用动画让页面自然过渡的同时加深主题表达，用动画让页面内容有悬念、有逻辑、有重点，且更直击人心。

动画不仅是为了让数据“动”起来，而是演讲者对数据反复思考、总结后的深度表达。不同的数据、不同的呈现方式，就会有不同的动画设计。

完美的数据动画，要掌握对应的动画功能，更要具备系统的设计思维。

通过本章你将学会

- ☞ PPT 有哪几种动画
- ☞ 如何选择切换动画
- ☞ 如何设置切换动画
- ☞ 如何选择页面对象动画
- ☞ 如何设置页面对象的动画
- ☞ 如何复制动画
- ☞ 如何调整动画顺序
- ☞ 如何让图表数据逐一显示
- ☞ 如何设计跳动的数字动画
- ☞ 如何实现单击形状出现图表
- ☞ 如何通过导航实现页面切换

本章部分案例展示

城市中有多少人失眠?

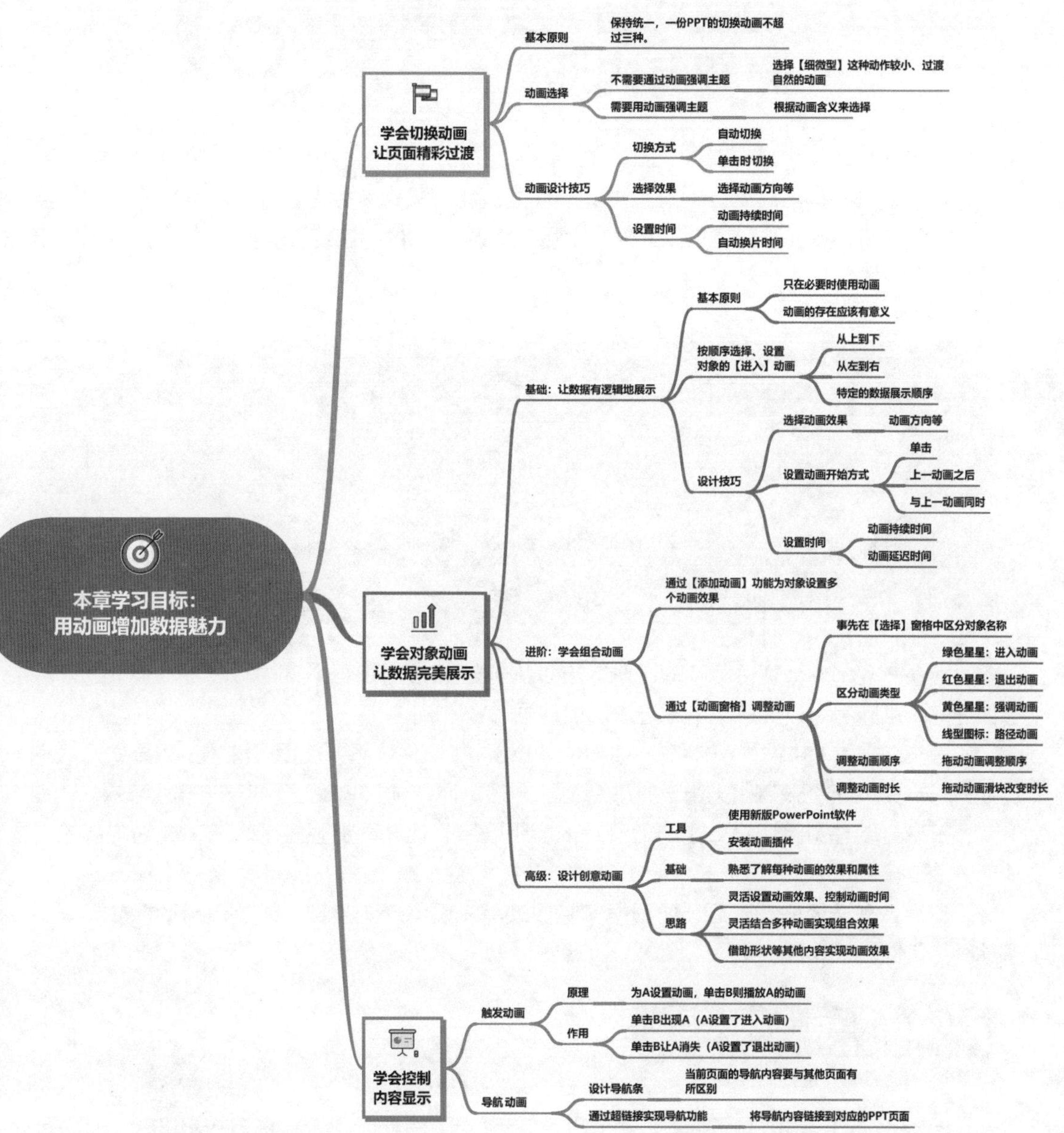

本章学习目标：
用动画增加数据魅力
学会切换动画
让页面精彩过渡
基本原则
保持统一，一份PPT的切换动画不超过三种。
动画选择
不需要通过动画强调主题
选择【细微型】这种动作较小、过渡自然的动画
需要用动画强调主题
根据动画含义来选择
动画设计技巧
切换方式
自动切换
单击时切换
选择效果
选择动画方向等
设置时间
动画持续时间
自动换片时间
学会对象动画
让数据完美展示
基础：让数据有逻辑地展示
基本原则
只在必要时使用动画
动画的存在应该有意义
按顺序选择、设置对象的【进入】动画
从上到下
从左到右
特定的数据展示顺序
设计技巧
选择动画效果
动画方向等
设置动画开始方式
单击
上一动画之后
与上一动画同时
设置时间
动画持续时间
动画延迟时间
进阶：学会组合动画
通过【添加动画】功能为对象设置多个动画效果
通过【动画窗格】调整动画
事先在【选择】窗格中区分对象名称
区分动画类型
绿色星星：进入动画
红色星星：退出动画
黄色星星：强调动画
线型图标：路径动画
调整动画顺序
拖动动画调整顺序
调整动画时长
拖动动画滑块改变时长
高级：设计创意动画
工具
使用新版PowerPoint软件
安装动画插件
基础
熟悉了解每种动画的效果和属性
思路
灵活设置动画效果、控制动画时间
灵活结合多种动画实现组合效果
借助形状等其他内容实现动画效果
学会控制
内容显示
触发动画
原理
为A设置动画，单击B则播放A的动画
作用
单击B出现A（A设置了进入动画）
单击B让A消失（A设置了退出动画）
导航 动画
设计导航条
当前页面的导航内容要与其他页面有所区别
通过超链接实现导航功能
将导航内容链接到对应的PPT页面

NO.7.1 切换动画，要高级，更要有内涵

切换动画是指前后两张幻灯片之间的动画过渡效果，作用是让前一页 PPT 自然地切换到下一页，从而让幻灯片的切换不再生硬、单调，让 PPT 在展示数据时变得更流畅、更美观。

重点速记：做出精彩切换动画的三个要点

① 一份 PPT 文件要保持统一，切换动画最好不超过三种。

② 切换动画有细微型、华丽型、动态型，如无特殊含义，则选择细微型，目的是自然地过渡页面。如有特殊含义，则结合动画效果来选择。

③ 选择好动画效果后，要注意设置效果选项、切换方式、持续时间、切换时间等属性，最后预览动画是否符合需求。

随着 PowerPoint 软件版本的迭代，切换动画越来越多，也有不少华丽、酷炫的动画选择，但这并不意味着可以凭感觉随意选择切换动画。

首先，秉承 PPT 设计整体统一的原则，一份 PPT 文件中不要使用多种切换效果，尤其不要为每一页幻灯片都单独设置一种切换动画。一般来说，一份 PPT 有三种左右的切换效果即可。

其次，要注意将切换效果与幻灯片内容相联系，让动画加强主题表达，成为内容的一部分。

最后，在选择好动画后，要根据实际放映需求设置动画参数，如是否自动播放动画、动画持续时间等属性。

• 1. 结合主题选择动画类型 •

PowerPoint 自带多种切换动画，在【切换】选项卡下是 PowerPoint 2019 中提供的动画选择，有细微型、华丽型和动态内容型，如图 7-1 所示。

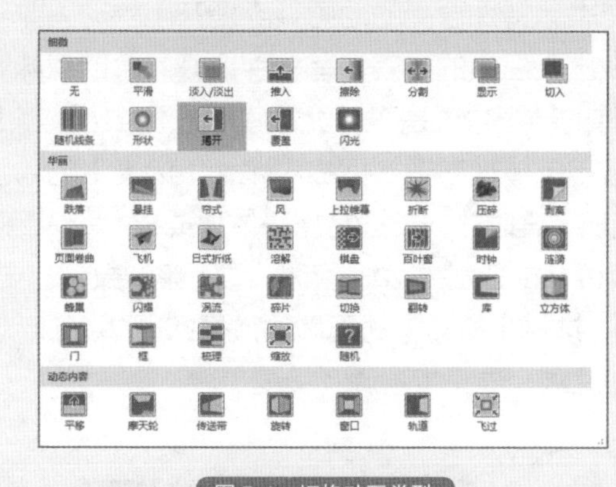

图 7-1　切换动画类型

（1）细微型——常规的切换效果

细微型动画是一种基础而常规的切换动画，也是最常用的动画，能满足基本的页面切换需求，效果虽然不华丽夸张，但是也能自然而然地呈现不错的视觉效果。

如果 PPT 中没有特别含义的主题需要用切换动画来表现，那么选择【淡入 / 淡出】【擦除】【切入】这类简单的切换效果即可。

如图 7-2 所示，PPT 中展示的是环境保护的效率提升数据，并没有感性的内涵需要表达，那么就自然地呈现页面即可。添加【淡入 / 淡出】效果后，页面中的数据从左侧缓缓出现，自然而生动。

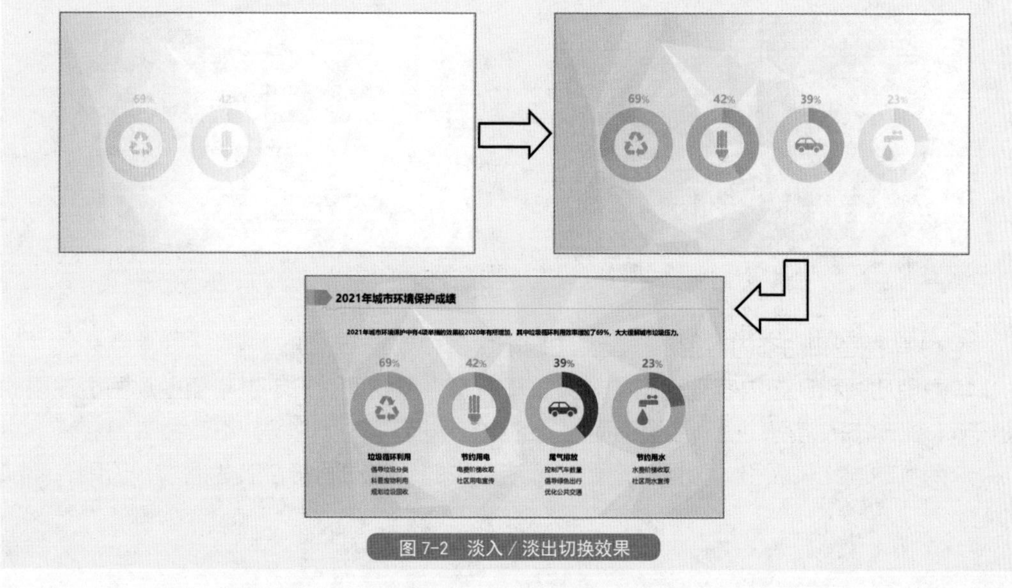

图 7-2　淡入 / 淡出切换效果

细微型动画中也有能表达特殊含义的动画。【揭开】的动画效果是仿佛在页面上覆盖了张白纸，揭开白纸呈现出页面中的内容，有一种揭开悬念的意味，适合用来表达能引起观众好奇的数据；【覆盖】的动画效果是下一页幻灯片缓缓推出覆盖上一页幻灯片，有翻篇、改革、进步的意味，适合用来体现新旧数据的对比；【闪光】的动画效果是随着通过光芒的出现，PPT 内容开始呈现，耀眼的光芒适合用来体现成果、令人惊喜的数据。

图 7-3 所示的前后两页 PPT 分别是 2020 年和 2021 年的数据，要表达的含义是 2021 年的成绩比 2020 年更优秀。选择【覆盖】动画后的效果如图 7-4 所示，后者覆盖前者，充分体现翻篇、改革、进步的意味，进一步强调了主题。

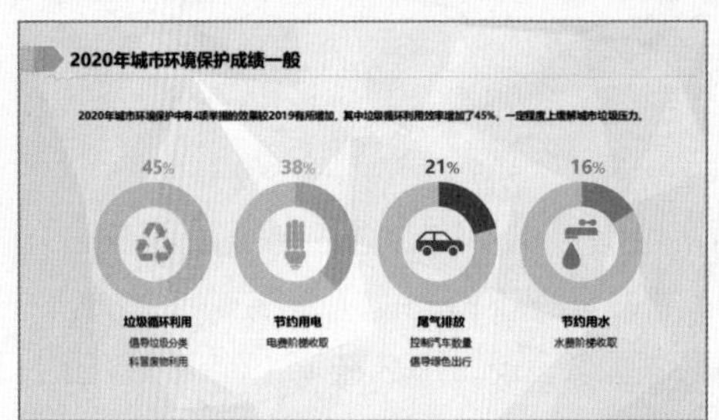

图 7-3 前后两页 PPT

图 7-4 【覆盖】的切换效果

（2）华丽型和动态内容型——配合主题产生奇妙效果

华丽型动画和动态内容型动画的效果属于有趣、酷炫型。只不过华丽型动画更注重动画细节，而动态内容型动画则注重页面整体的动态切换。

这两类动画比较吸引人，但一定要注意结合主题，使动画符合表达需求，否则，添加一堆无意义的酷炫动画会给观众带来信息负担，甚至感到混乱。

这两类动画的选项很多，结合主题能产生有趣而奇妙的效果。如【帘式】的动画效果是将上一页幻灯片变成帘幕拉开呈现出下一页幻灯片，有舞台幕布的效果，意味着华丽登场；而【上拉帷幕】则是将上一页幻灯片变成帷幕往上拉开呈现下一页幻灯片，有揭秘的意味；又如【折断】和【压碎】的动画效果是将上一页幻灯片折断或压碎，然后呈现下一页幻灯片，有种抛弃旧事物、过时观念，拥抱未来的意味。

图 7-5 所示是【上拉帷幕】的切换动画效果，为观众揭秘成年人的失眠数据调查结果。

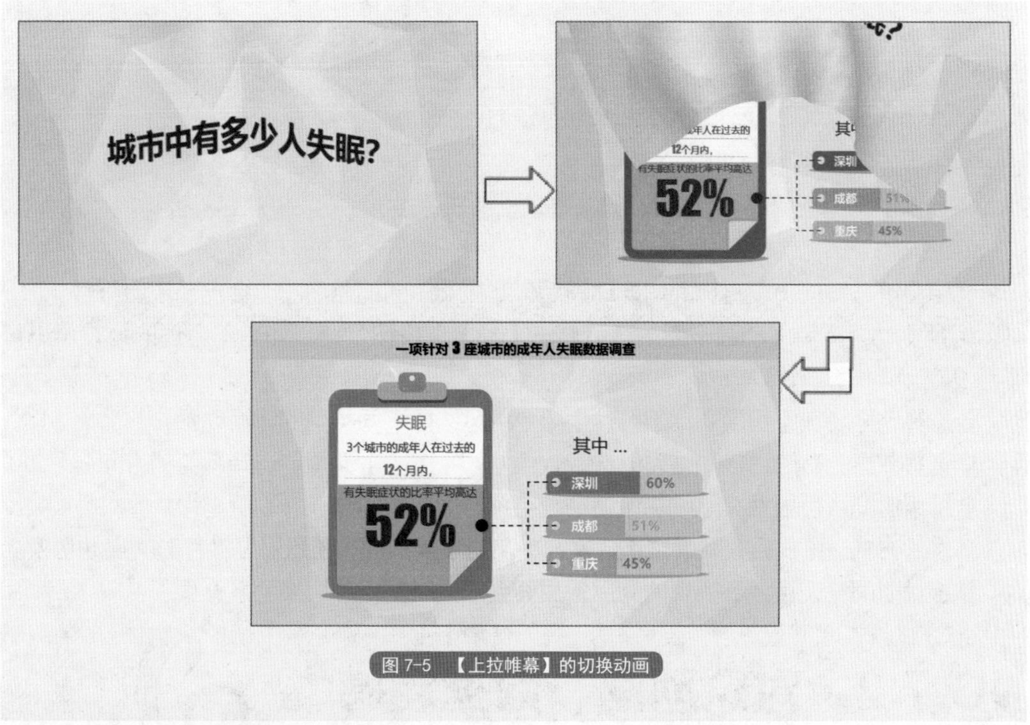

图 7-5 【上拉帷幕】的切换动画

• 2. 切换动画的设计技巧 •

为幻灯片选择切换动画后，需要确认动画属性设置是否符合需求。图 7-6 所示是切换动画设置时涉及的主要功能。

第7章

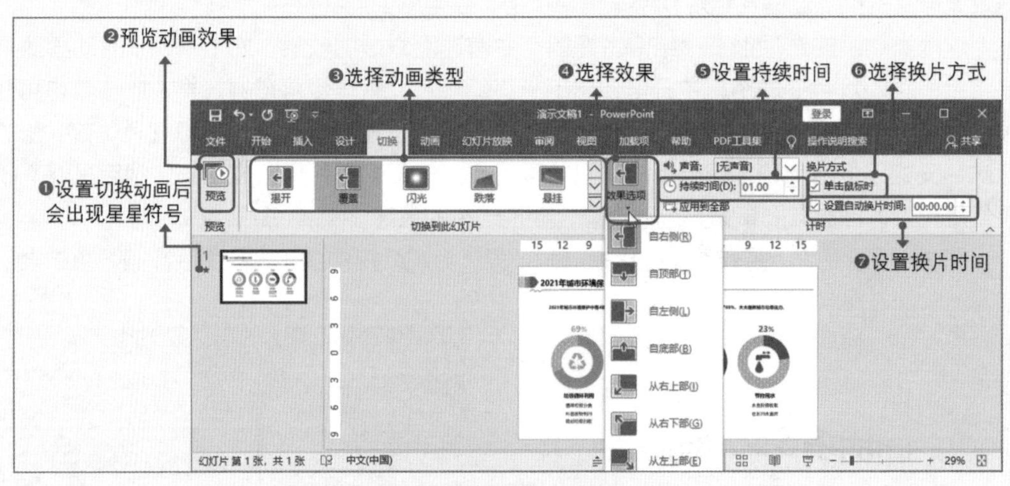

图 7-6　切换动画设计技巧

❶ 星星符号：成功设置页面切换动画后，对应 PPT 的缩略图左边会出现星星符号。

❷ 预览动画：完成动画设置后，可单击【预览】按钮预览，如有不合适的地方再进行调整设置。

❸ 选择动画：在【切换到此幻灯片】菜单中可选择不同类型的切换动画。

❹ 选择效果：有的切换动画可以选择效果，如【覆盖】动画能选择覆盖的方向。

❺ 持续时间：可根据实际需求设置动画持续时间，时间越长，动画越慢。

❻ 换片方式：可根据实际需求选择是在单击时切换页面，还是根据换片时间自动切换。

❼ 换片时间：设置自动换片时间后，页面会根据时间自动切换到下一页。

NO.7.2　对象动画，数据震撼出场的玩法

幻灯片中的图片、文本框、表格、图表等内容统称为页面中的对象，为这些内容设置的动画就是对象动画。对象动画在【动画】选项卡下进行设置，分为【进入】动画、【强调】

动画、【退出】动画和【路径】动画。对象动画不仅可以使页面中的内容呈现更有逻辑性，还能吸引观众的目光，让幻灯片放映变得生动有趣。

需要注意的是，在数据 PPT 中，对象动画并不是必须存在的，如果是严肃的商务场合，且没有必要用动画辅助数据含义表达时，可不用设置动画，直接展示静止的 PPT 即可。

7.2.1 基础，让数据有逻辑地展示

在不同类型的动画中，【进入】动画是使用频率最高的，这种动画的作用就是让页面中不同的对象按顺序出现在页面中。尤其是页面中内容较多或者是需要根据演讲者的节奏出现特定内容时，就需要用到这种动画。本小节以【进入】动画为例，讲解对象动画的设置技巧。

重点速记：正确设计对象动画的三个要点

1. 【进入】动画是使用频率较高的动画，可以让页面中的不同内容按顺序出现。
2. 应减少不必要的动画设置，相同类型的对象设置相同的动画，例如多个时钟饼图的动画完全相同。
3. 选择好动画类型后，需要注意动画的顺序，并选择动画效果，设置动画的开始方式、持续时间和延迟时间。

1. 动画顺序

【进入】动画的设置顺序影响到了页面内容的展示逻辑，如果能充分应用【进入】动画，幻灯片的呈现效果就不至于太差。

图 7-7 所示是动画的顺序设置原则。根据人们的视线规律，页面中的内容是从上到下或从左到右进行呈现的，如果对象之间有特定的顺序，则按特定顺序呈现。

图 7-7 动画顺序原则

如图 7-8 所示，这页 PPT 的动画设置逻辑是让上方的横线和标题先出现，下方的时钟状饼图则按从左到右的顺序依次出现。从数据的内在来看，从左到右数据依次减小，所以这个顺序也是符合内容逻辑的。这样的动画设置就能使观众更容易地理解这页 PPT 的内容逻辑，结合演讲者的解说，快速抓住关键信息。

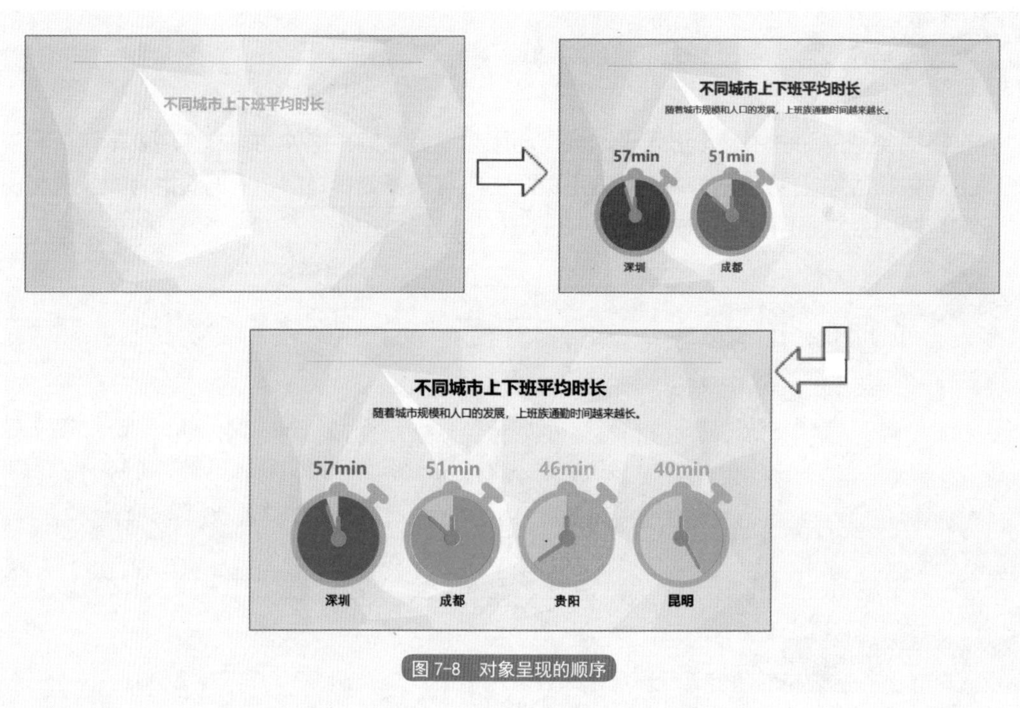

图 7-8　对象呈现的顺序

• 2. 对象动画设计技巧 •

与切换动画相比，对象动画更为复杂，不仅要考虑动画类型，还要结合页面中其他对象的动画来综合设置。涉及的主要功能如图 7-9 所示。

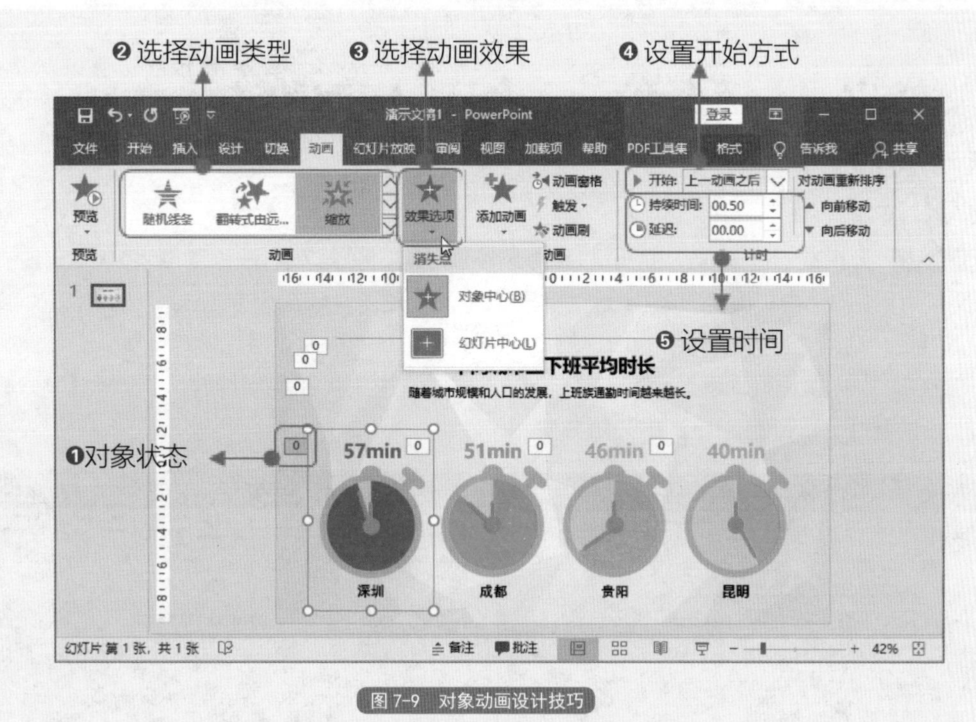

图 7-9　对象动画设计技巧

❶ 对象状态：需要为页面中的哪一个对象设置动画，就选中这个对象，成功设置动画后，会出现一个带数字的框，表示对象的动画顺序。需要注意的是，动画的开始方式是【单击时】，数字框中的数字就是动画出现的顺序。

❷ 动画类型：选中对象后，可以在【动画】菜单中选择不同类型的动画，如【进入】类型的动画、【强调】类型的动画等。为了避免页面动画太花哨，应尽量减少不必要的动画设置，且同类型对象设置相同的动画。

❸ 动画效果：有的动画会有效果选项，根据需求选择效果。

❹ 开始方式：【单击时】的作用是单击才会播放动画，根据演讲节奏单击再让相应内容出现，适合演讲者用来控制页面中的内容；【上一动画之后】的作用是无须单击，页面中的动画一个接一个地自然播放，适合用在连贯性高、不需要演讲者控制的 PPT 中；【与上一动画同时】的作用是让多个对象同步播放动画。

❺ 设置时间：可以设置动画的持续时间，时间越长，动画播放越慢；也可设置【延迟】时间，让对象动画延迟一定时长后再播放。

技术揭秘 7-1：让饼图根据时间大小依次出现

大多数情况下，仅用【进入】动画就能满足常规的数据 PPT 展示，只需要按展示顺序设置动画效果和开始方式即可。需要注意的是，如果想实现多个对象同时出现，可先组合对象再设置动画。

第01步： 为横线设置动画。打开“素材文件\原始文件\第7章\进入动画.pptx”文件，如图7-10所示，❶选中页面上方的横线；❷选择【擦除】动画；❸选择【自左侧】的擦除方向；❹设置【上一动画之后】的开始方式。

第02步： 为标题设置动画。如图7-11所示，❶同时选中主标题和副标题；❷选择【飞入】动画；❸设置【上一动画之后】的开始方式。

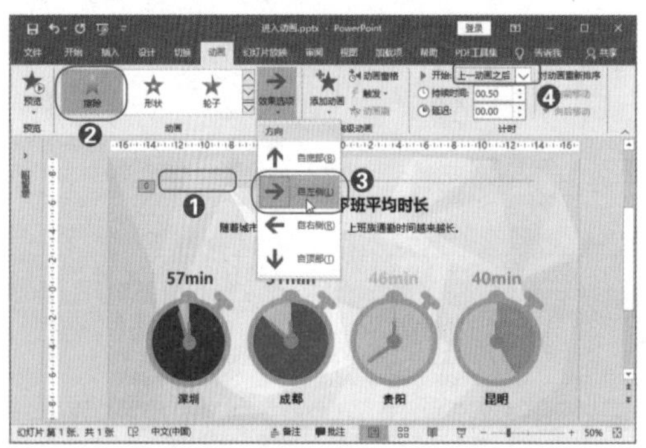

图 7-10 为横线设置动画

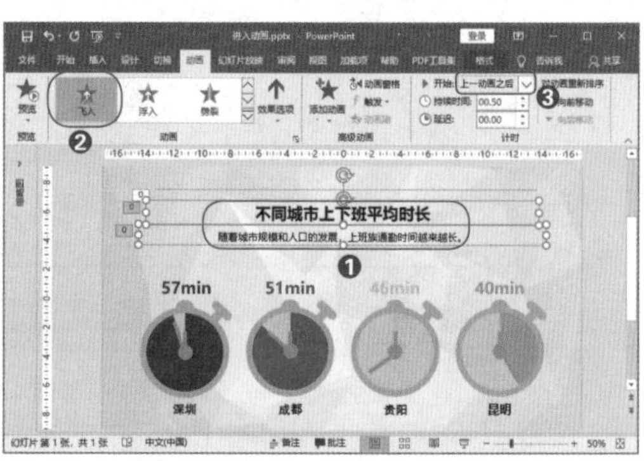

图 7-11 为标题设置动画

第03步： 组合对象。如图7-12所示，按住鼠标左键不放，拖动选中与左边时钟饼图相关的所有内容，右击，❶选择【组合】选项；❷选择菜单中的【组合】选项。

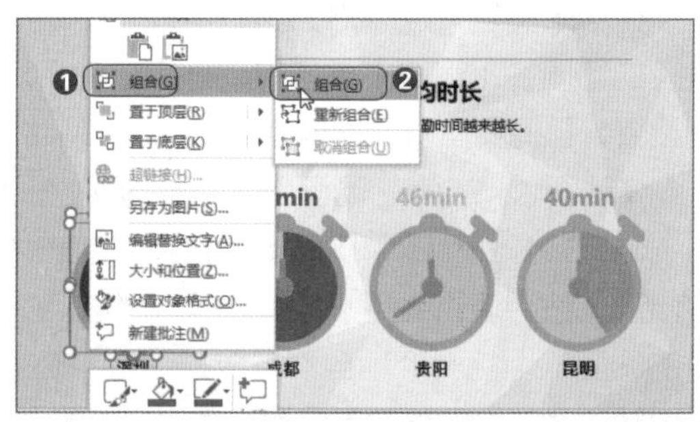

图 7-12 组合对象

第04步：为组合对象设置动画。如图7-13所示，❶选中组合后的对象，设置【缩放】动画；❷设置【上一动画之后】的开始方式。

第05步：完成其他对象的动画设置。如图7-14所示，使用同样的方法组合其他时钟饼图的相关内容，然后设置【缩放】动画。

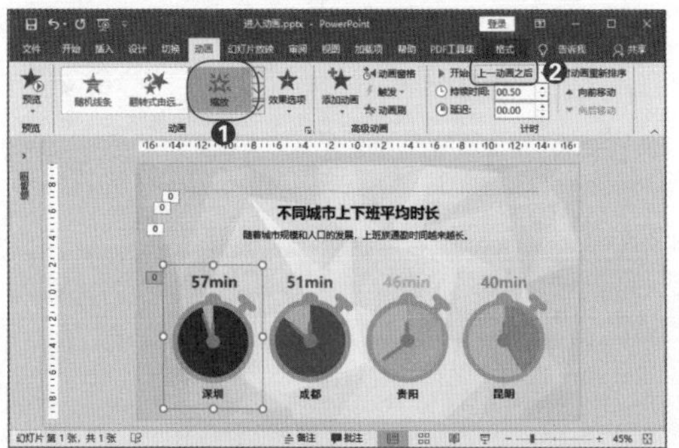

图 7-13　为组合对象设置动画

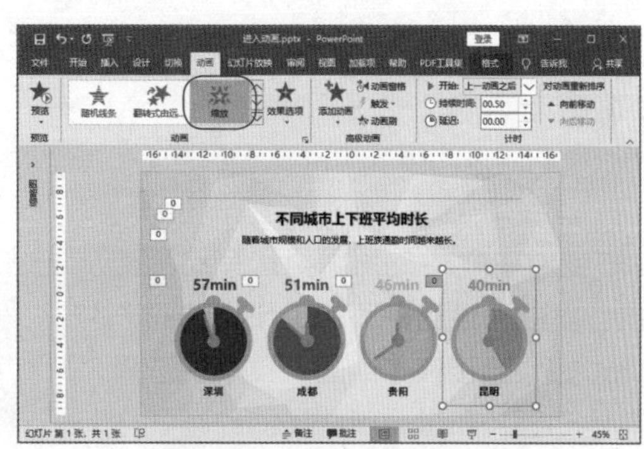

图 7-14　完成其他对象的动画设置

高效技巧：如何设置动画顺序？

对象动画是按设置顺序来展示的，如果完成页面对象的动画设置后，预览动画时发现顺序不符合要求，可以选中需要设置动画的对象，在【动画】选项卡下的【计时】组中单击【向前移动】或【向后移动】按钮来调整顺序。

7.2.2　进阶，组合动画突破瓶颈

除了【进入】动画外，还有另外三种动画：【强调】动画的作用是以某种方式强调对象，例如闪烁、变色等；【退出】动画的作用是让对象退出显示，消失不见，用来展示仅需要短暂出现的内容；【动作路径】动画的作用是让对象以某种路径进行动作。

要想实现更为复杂、丰富的动态效果，就需要用到组合动画，即为同一对象添加多个动画。

重点速记：设计组合动画的要点

① 【添加动画】菜单为对象添加多个动画。

② 在【动画窗格】中检查、调整动画，可事先在【选择】窗格中重命名对象名称。

1. 添加动画的方法

选中 PPT 中的对象再选择动画类型，就能为该对象添加上所选动画。此时如果直接在【动画】菜单中选择其他动画，那么重新选择的动画就会替代之前的动画。

如果需要为对象添加多个动画，需要在添加第一个动画后单击【添加动画】按钮，然后从菜单中选择其他动画，如图 7-15 所示。

图 7-15 添加动画

2. 充分利用【动画窗格】

为页面中的对象添加多个动画后，为方便检查或调整动画，一定要学会使用【动画窗格】。图 7-16 所示是【动画窗格】，在窗格中可以看到 PPT 页面中所有对象的动画，其中星星符号代表动画类型，绿色星星是【进入】动画，红色星星是【退出】动画，黄色星星是【强调】

动画；线型图标则代表【动作路径】动画。

在窗格中还能根据不同颜色的滑块了解动画的顺序和时长，将光标放到滑块上可调整滑块长短，从而控制动画时长。

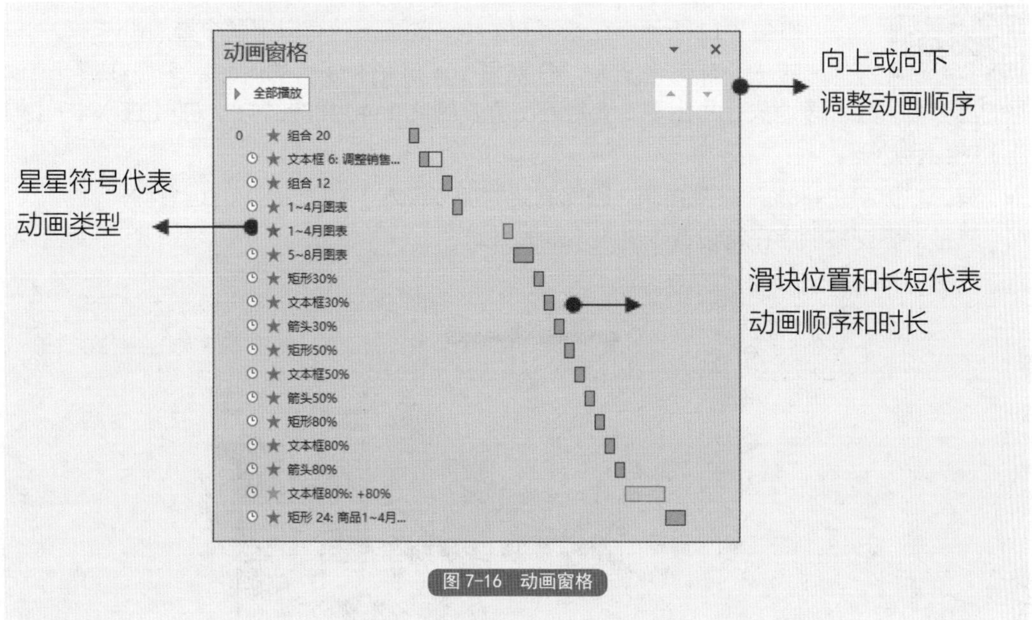

图 7-16 动画窗格

高效技巧：PPT中对象太多，在【动画窗格】中无法区分怎么办?

在 PPT 中添加对象时，PowerPoint 软件会自动为这些对象命名，如矩形 1、矩形 2 等。当对象比较多，需要在【动画窗格】中查看动画时，难免会混淆各个对象。为避免这种情况发生，可在【选择】窗格中重新命名对象。

方法是选择【开始】选项卡下【编辑】组中的【选择】菜单中的【选择窗格】选项，打开【选择】窗格后双击需要重新命名的对象，再输入新名称即可。

技术揭秘 7-2：图表出现又消失，并强调数字的动画

在为 PPT 设计组合动画前要根据表达需求规划好组合动画，随后再按规划添加动画即可。

如图 7-17 所示，在这页 PPT 中，动画设计有以下两个重点。

其一，有两张图表，分别是 1~4 月和 5~8 月的图表。需要在展示 1~4 月的图表后，让图表消失，再出现 5~8 月的图表。因此 1~4 月的图表要添加【进入】+【退出】的组合动画。

其二，数字“+80%”需要强调，因此需要添加【进入】+【强调】的组合动画。

其他对象则按顺序正常设置【进入】动画即可。

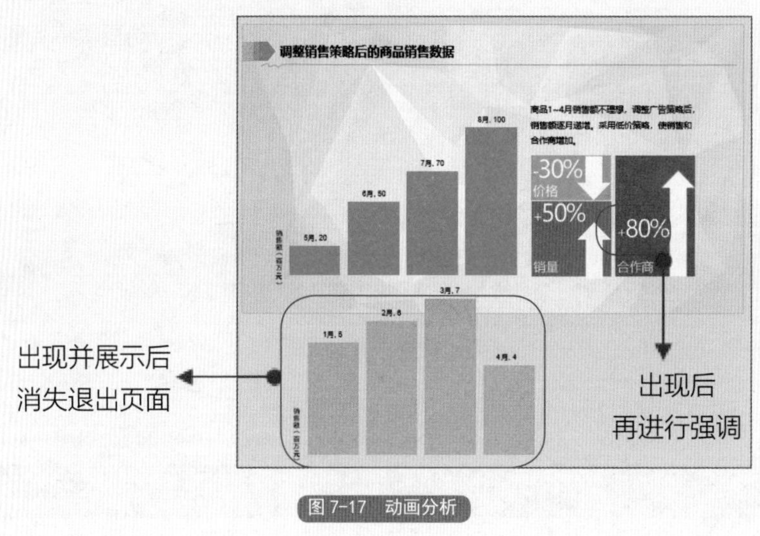

图 7-17　动画分析

第01步： 为标题形状添加【进入】动画。打开“素材文件\原始文件\第7章\组合动画.pptx”文件，如图7-18所示，❶选中页面左上角的形状；❷选择【擦除】动画；❸选择【自左侧】的擦除方向；❹设置【上一动画之后】的开始方式。

使用同样的方法为标题文字、标题下方的横线添加【进入】动画。

第02步： 为1~4月图表添加动画。如图7-19所示，选中黄色的图表，❶添加【飞入】进入动画；❷设置【上一动画之后】的开始方式；❸选择【添加动画】菜单中的【飞出】退出动画。

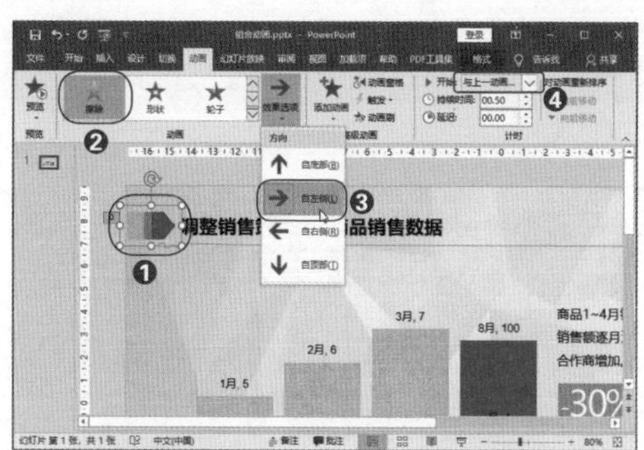

图 7-18　为标题形状添加【进入】动画

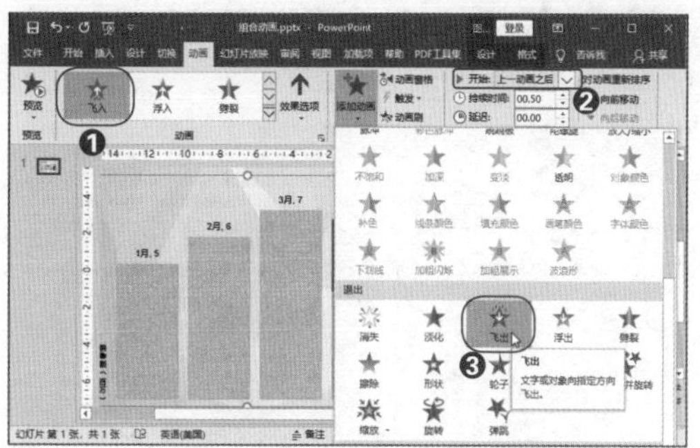

图 7-19　为 1~4 月图表添加动画

第03步: 设置【退出】动画属性。如图7-20所示，❶设置【上一动画之后】的开始方式；❷设置延迟时间为【02.00】，目的是让1~4月的图表出现后，稍作停留，进行展示后再通过退出动画退出页面。

随后为5~8月图表添加进入动画，并按矩形、数字、箭头的顺序为右边的对象添加【进入】动画。

第04步: 为数字添加动画。选中【+80%】的数字文本框，如图7-21所示，❶添加【淡化】进入动画；❷设置【上一动画之后】的开始方式；❸选择【添加动画】菜单中的【放大/缩小】强调动画。

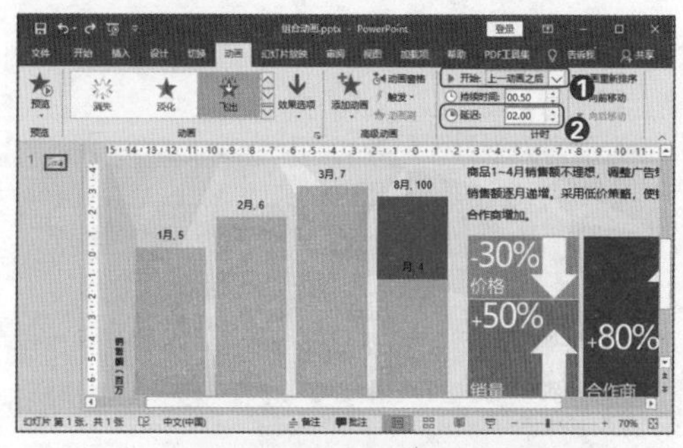

图 7-20　设置【退出】动画属性

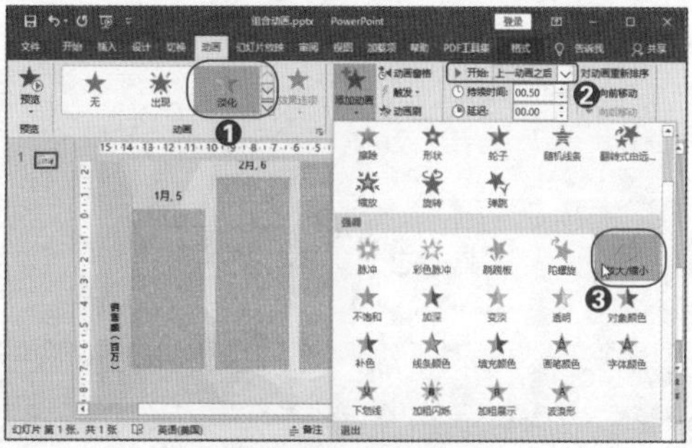

图 7-21　为数字添加动画

第05步: 设置【强调】动画属性。如图7-22所示，设置【上一动画之后】的开始方式。

第06步: 调整动画顺序。如图7-23所示，在【动画窗格】中选中【文本框80%+80%】的强调动画，往下拖动，移到【箭头80%】下方。

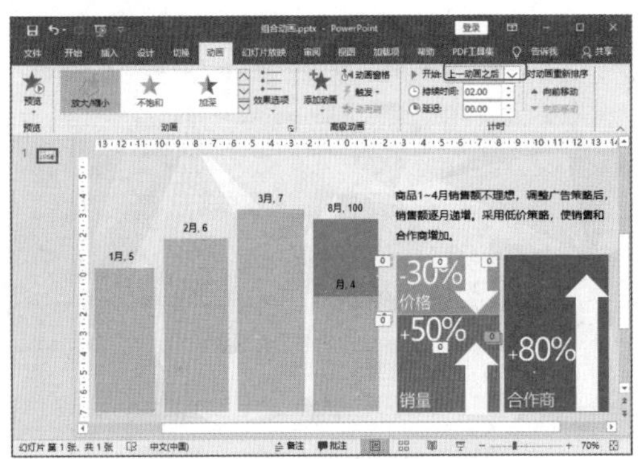

图 7-22　设置【强调】动画属性

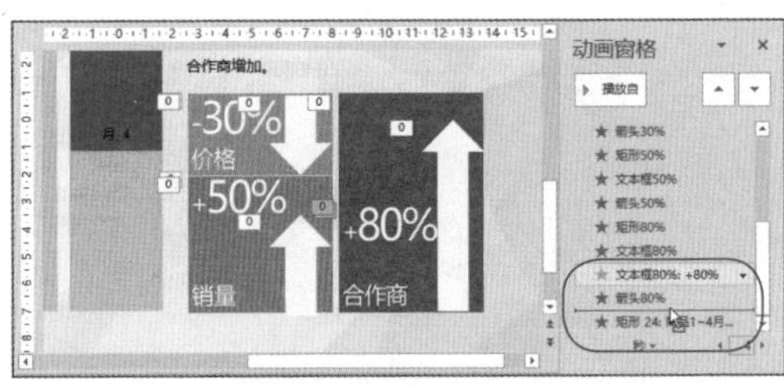

图 7-23　调整动画顺序

第07步：完成动画设置。使用同样的方法完成其他对象的动画设置，最终结果如图7-24所示。

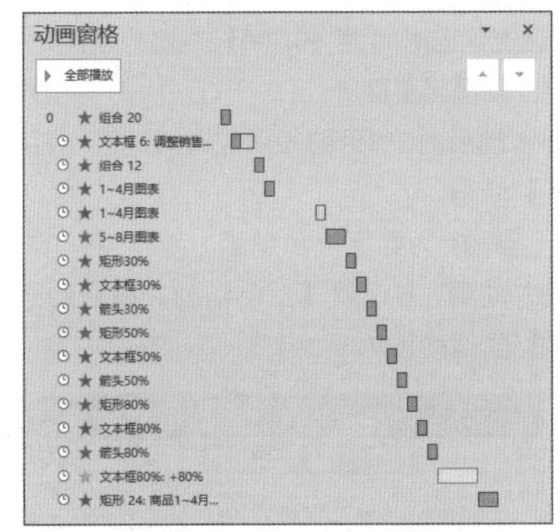

图 7-24　在动画窗格中查看动画设置

7.2.3　高级，创意十足的数据动画

在数据时代，数据成为很多报告中都会重点展示的内容，为了突出数据，需要通过动画对数据进行强调。除了前面说到的利用 PowerPoint 中自带的【强调】动画外，还可以灵活设计组合动画，做出创意十足的数据动画。

重点速记：优秀创意动画的三个要点

❶ 工具：最新版本软件 + 动画插件。

❷ 对每种动画的效果和属性设置了如指掌。

❸ 借助其他内容，如形状、图片等帮助实现理想的动画效果。

要想做出优秀的创意动画，首先建议大家使用最新版本的 PowerPoint 软件，并安装一些动画插件。但是，工具上的优化仅仅是基础，将动画用到极致，很多动画高手仅用 PowerPoint 2007 甚至更低版本的软件就能做出和专业动画软件媲美的视觉盛宴。

创意动画的设计没有捷径，一定是建立在对各种类型动画的充分理解和应用上。创意动画设计的基本思路如图 7-25 所示。

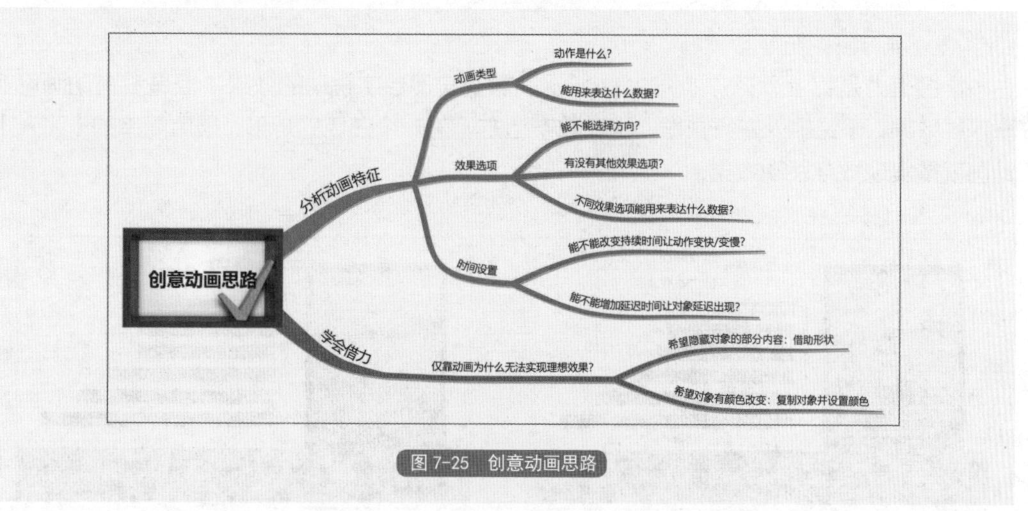

图 7-25　创意动画思路

首先，将数据与主题相结合，构思要用什么样的动画效果来表达数据，然后根据构思去选择动画类型，在选择动画的过程中，要拆分动画的动作和意义，以及深入了解动画的效果选项。如果动画的基本设置不能满足需求，可再进一步思考，是否通过时间设置实现效果。当前面这些动画的自带属性设置均不能满足需求时，就要学会借力。不管用什么方法，只要能实现理想的动画效果就行，例如画一个形状遮盖住不需要出现的对象等。

总而言之，在制作创意 PPT 动画的过程中需要不断观察、思考动画的动程，尝试不同的属性设置。当积累了一定的动画思路后，设计之路上的灵感将会越来越多。

熟悉每种类型的动画特点是基础。图 7-26 所示是图表动画，效果是按月份依次展开每个月的数据。其实这种动画效果只需要在【效果选项】菜单中进行选择即可。因为对图表对象应用动画后，动画的效果选项也会有针对图表特征的一些选项。

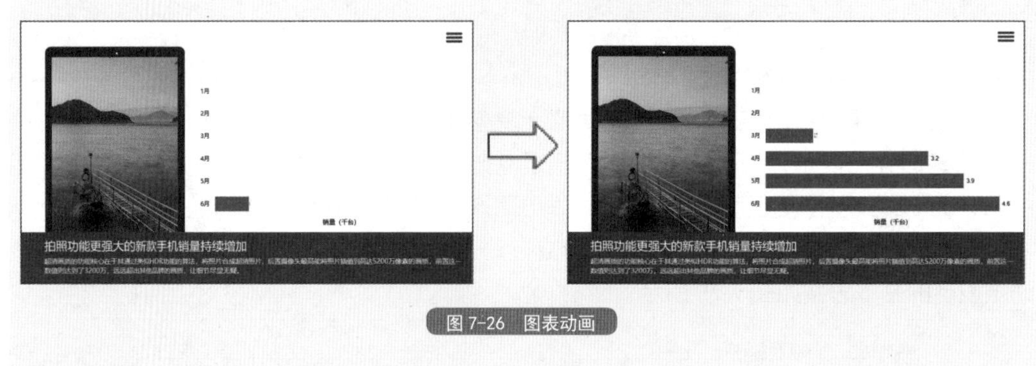

图 7-26　图表动画

学会借力是锦上添花。如图 7-27 所示，需要实现数字跳动的效果。但是没有动画可实现这种效果，于是输入多行数据，再在数字上方遮盖一个白色的矩形，最后简单的【飞入】动画就能实现数字跳动效果。

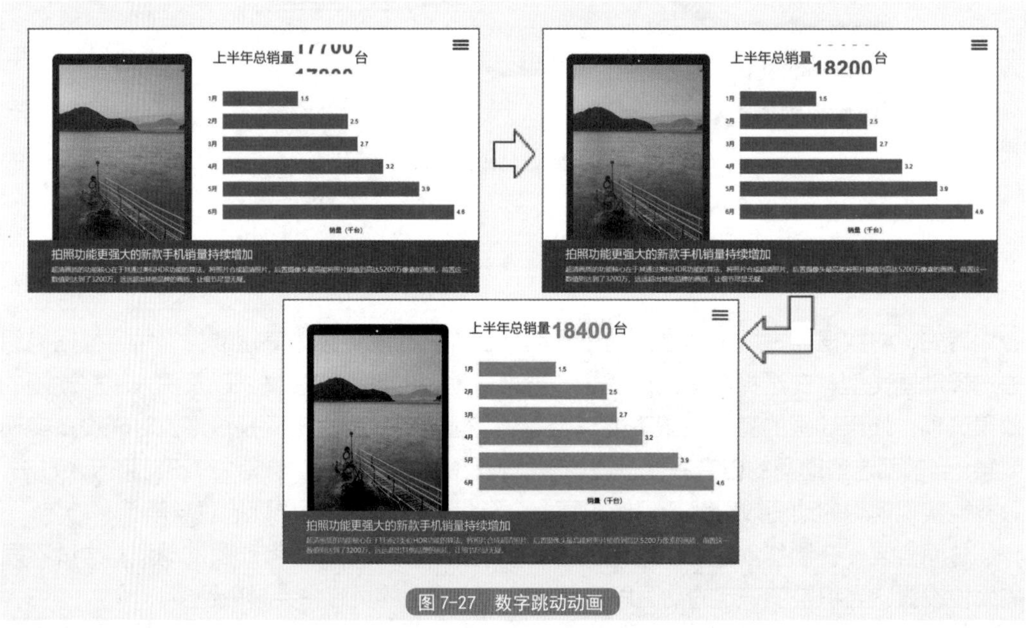

图 7-27　数字跳动动画

技术揭秘 7-3：动态图表 + 数字跳动动画

让图表按数据系列展开，能动态强调、对比每个月的数据。跳动的数字动画能造成视觉冲击，呈现出数字剧增的效果，同时也能将枯燥的数字变得更具吸引力。

第01步： 打开动画选择对话框。打开“素材文件\原始文件\第7章\创意动画.pptx”文件，如图7-28所示，❶选中图表，单击【动画】下拉按钮；❷选择【更多进入效果】选项。

第02步： 选择图表动画。如图7-29所示，❶选择【伸展】动画；❷单击【确定】按钮。

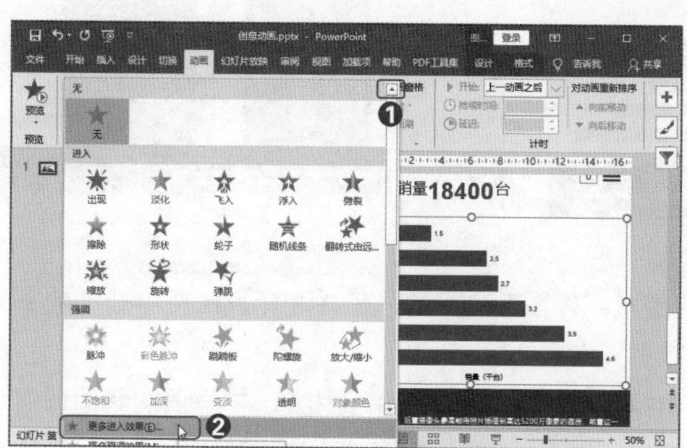

图 7-28　打开动画选择对话框

图 7-29　选择图表动画

第03步： 设置动画属性。如图7-30所示，❶在【效果选项】菜单中选择【自左侧】选项；❷选择【按系列】的效果；❸设置【上一动画之后】的开始方式；❹设置持续时间为【01.00】，这样图表每个月的数据能以更慢的动作展开。

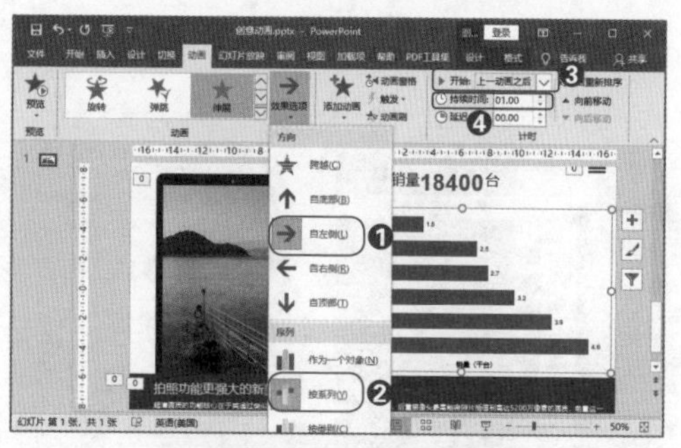

图 7-30　设置动画属性

第7章

第04步： 绘制第一个矩形。如图7-31所示，选择【形状】菜单中的【矩形】，在数字上方绘制一个矩形。

第05步： 绘制第二个矩形。如图7-32所示，❶使用同样的方法绘制第二个矩形，两个矩形将数字经过的区域进行了覆盖，只保留最终呈现数字的区域；❷选择【选择】菜单中的【选择窗格】选项。

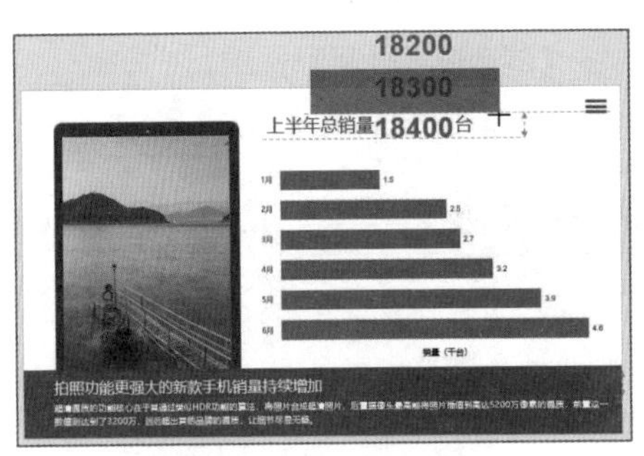

图7-31 绘制第一个矩形

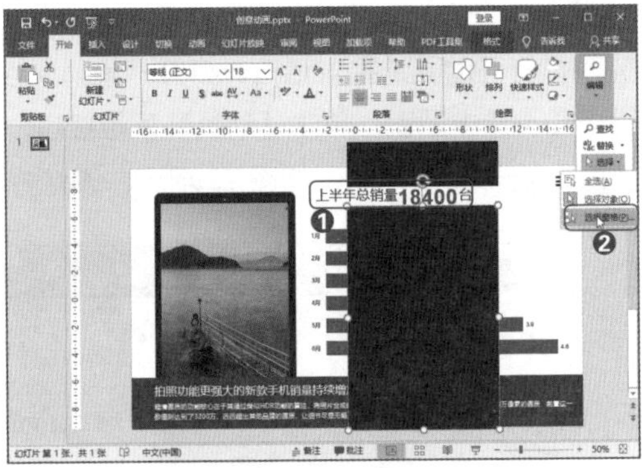

图7-32 绘制第二个矩形

第06步： 调整形状和文本框的层次。如图7-33所示，在【选择】窗格中拖动数字文本框到最下方，并将两个矩形移动到数字文本框之上。

这样做的目的是让矩形仅遮挡住数字文本框，而不遮挡PPT中页面的其他任何对象。

第07步： 隐藏矩形。如图7-34所示，按住Ctrl键的同时选中两个矩形，设置矩形的填充色与PPT背景一致，即【白色，背景1】。

轮廓格式也可以与填充色一致，或设置为【无轮廓】格式。

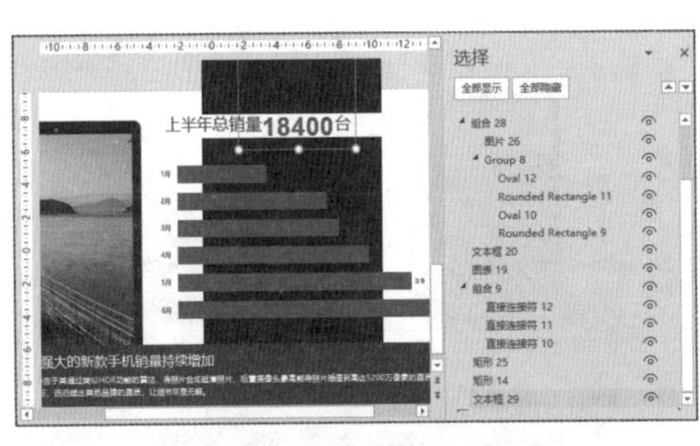

图7-33 调整形状和文本框的层次

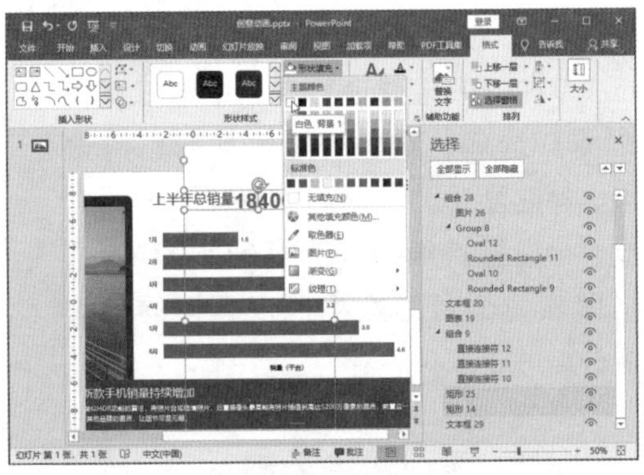

图7-34 隐藏矩形

第08步： 设置文本框动画。如图7-35所示，选中文本框，❶设置【飞入】动画；❷开始方式为【上一动画之后】。

第09步： 添加【强调】动画。如图7-36所示，❶为文本框添加【彩色脉冲】强调动画；❷开始方式为【上一动画之后】。

这样数字跳动定格后，会以彩色脉冲的形式进行强调。

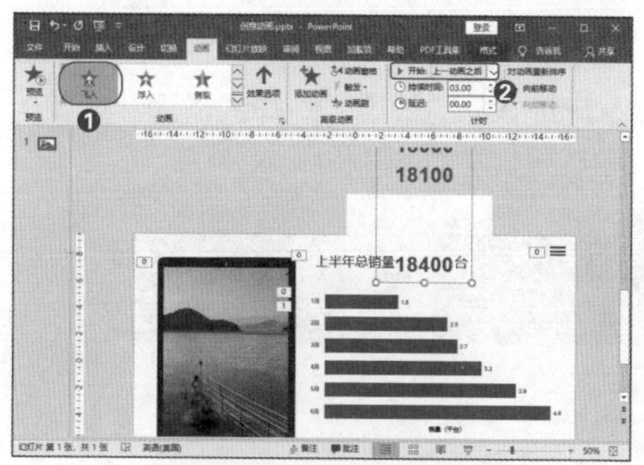

图 7-35　设置文本框动画

图 7-36　添加【强调】动画

高效技巧：如何为不同对象设置相同的动画效果?

为了避免 PPT 中的动画太花哨，可为同类型对象设置相同的动画。只需要为第一个对象设置好动画后选中对象，单击【动画】窗格下的【动画刷】按钮，此时光标变成刷子形状，再去单击其他对象，其他对象就会应用上相同的动画效果。

NO.7.3　控制内容显示，信息量再大也不乱

当需要展示的 PPT 内容较多时，就需要借助触发动画控制内容显示，或借助导航动画实现页面间的灵活切换。

7.3.1 触发动画，控制对象的动作

触发动画的作用是通过单击 PPT 中的某个对象，触发另一个对象的动画。因此，触发动画设置的前提是，对象已经设置了动画，这样在单击触发对象时，才会触发动画的播放，其实现原理如图 7-37 所示。

在图 7-37 中，A 设置了【飞入】的进入动画，触发对象为 B，在放映 PPT 时，只有单击 B，才会播放 A 的进入动画，从而实现“单击 B，出现 A”的效果。同样的道理，如果 A 的动画是退出动画，那么单击 B，A 就会从页面中消失。

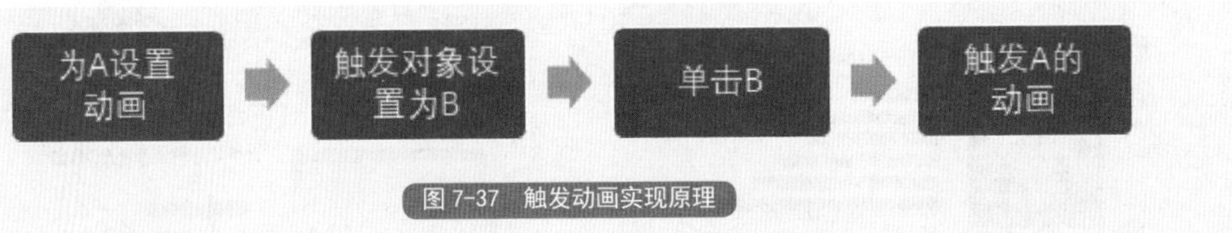

图 7-37 触发动画实现原理

在展示 PPT 数据时，触发动画可用来制造悬念。当播放到特定页面时，演讲者先让观众说出自己的猜想，然后再单击触发对象，呈现正确的内容，为观众揭晓答案。

如图 7-38 所示，在放映幻灯片时，单击页面右边蓝色的形状，从而触发图表动画，图表从页面右边飞入页面。

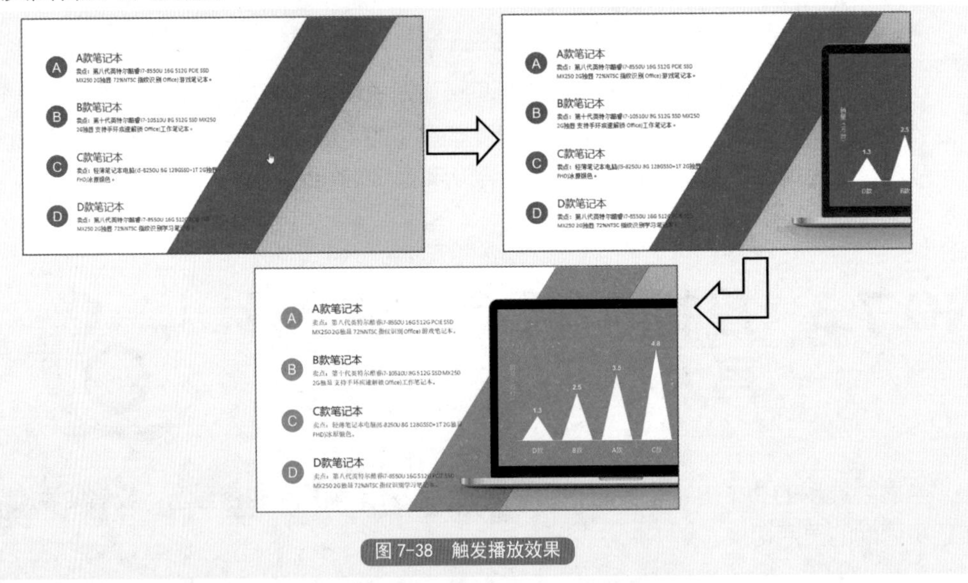

图 7-38 触发播放效果

技术揭秘 7-4：单击矩形飞入数据图表

触发动画的前提一定是事先为对象设置动画，否则【触发】功能是灰色的。

第01步： 设置【飞入】动画。打开“素材文件\原始文件\第7章\触发动画.pptx”文件，如图7-39所示，❶选中包含图表的组合对象，设置【飞入】动画；❷选择【自右侧】效果；❸设置持续时间为【02.00】。

第02步： 设置触发属性。如图7-40所示，❶单击【触发】按钮；❷选择【通过单击】菜单中的【矩形2】选项。

如果不确定触发对象的名称，可以在【选择】窗格中查看。

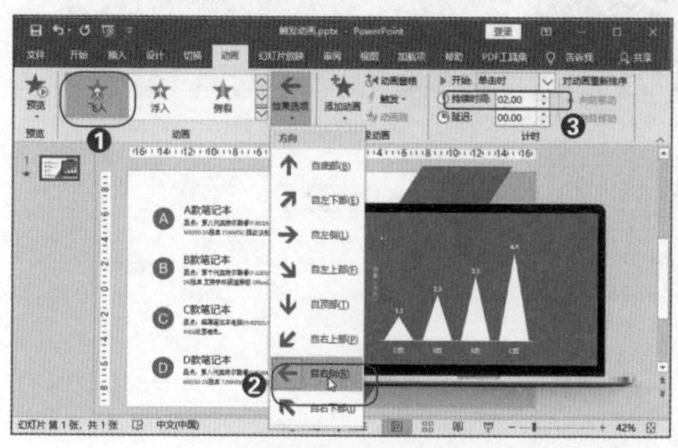

图 7-39 设置【飞入】动画

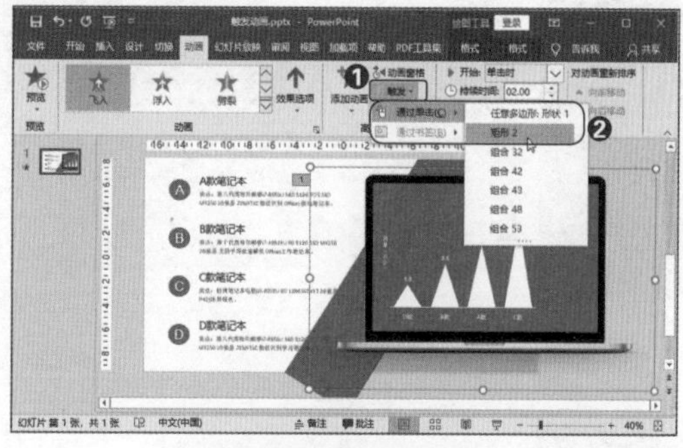

图 7-40 设置触发属性

第03步： 查看触发动画设置结果。如图7-41所示，成功设置触发动画后，在【动画窗格】中会显示触发器的名称。

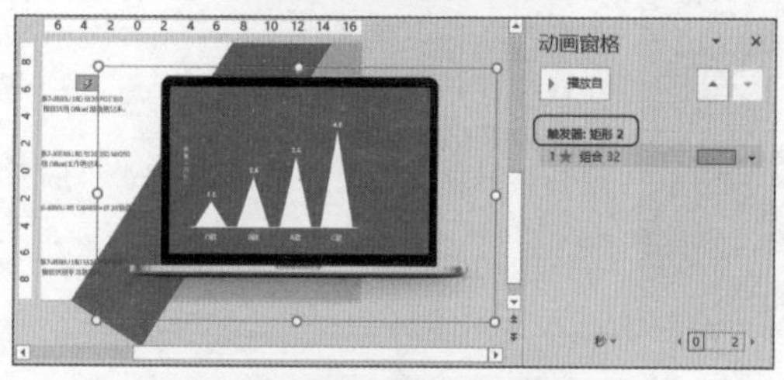

图 7-41 查看触发动画设置结果

7.3.2 导航动画，随意翻页

当需要在 PPT 中展示多张表格、图表时，可以通过导航设计 PPT，让 PPT 的内容框架更清晰。尤其是需要反复切换页面时，导航功能可以快速准确地跳转到需要展示的页面。

重点速记：做好导航动画的两个要点

① 当前导航页面的导航条要有差异化设计。

② 导航功能是通过超链接功能来实现的。

图 7-42 ～图 7-45 所示是四张 PPT 数据展示页面，每张页面左边的目录文字需要实现的功能是，单击文字就跳转到相应的页面。

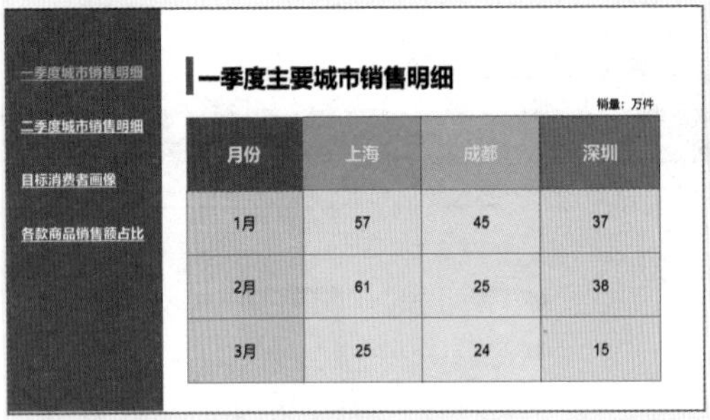

一季度城市销售明细
二季度城市销售明细
目标消费者画像
各款商品销售额占比

一季度主要城市销售明细

销量：万件

月份	上海	成都	深圳
1月	57	45	37
2月	61	25	38
3月	25	24	15

图 7-42 页面一

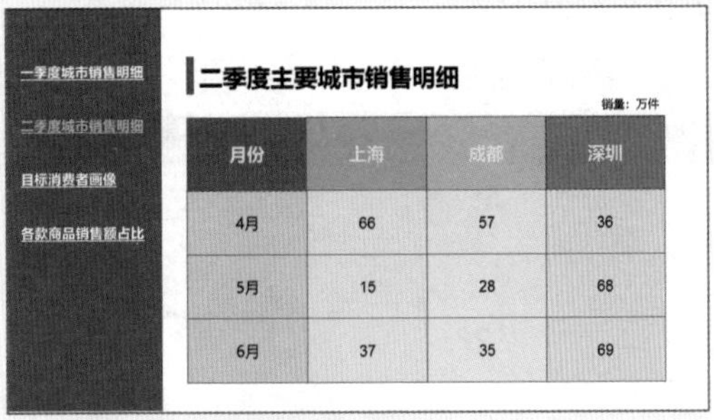

一季度城市销售明细
二季度城市销售明细
目标消费者画像
各款商品销售额占比

二季度主要城市销售明细

销量：万件

月份	上海	成都	深圳
4月	66	57	36
5月	15	28	68
6月	37	35	69

图 7-43 页面二

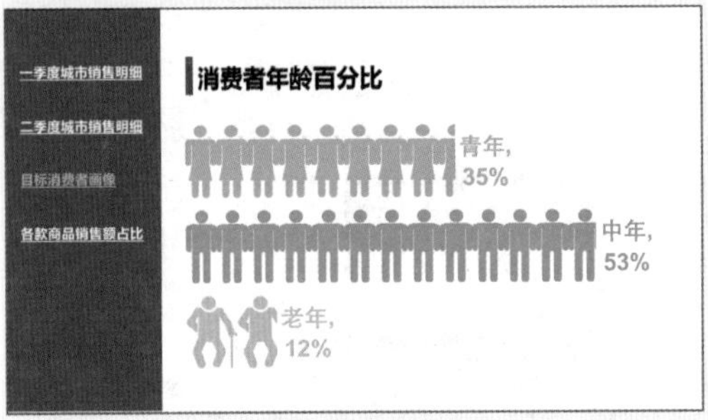

一季度城市销售明细
二季度城市销售明细
目标消费者画像
各款商品销售额占比

消费者年龄百分比

青年，35%
中年，53%
老年，12%

图 7-44 页面三

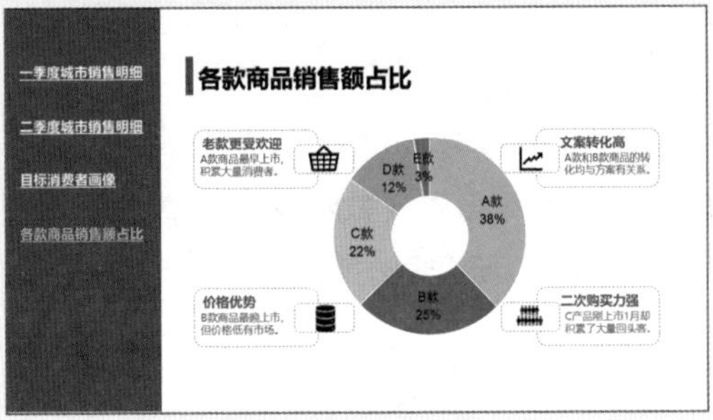

一季度城市销售明细
二季度城市销售明细
目标消费者画像
各款商品销售额占比

各款商品销售额占比

老款更受欢迎
A款商品最早上市，积累大量消费者。
文案转化高
A款和B款商品的转化均与方案有关系。
价格优势
B款商品最晚上市，但价格低有市场。
二次购买力强
C产品刚上市1月却积累了大量回头客。
A款 38%
B款 25%
C款 22%
D款 12%
E款 3%

图 7-45 页面四

设计导航功能应注意，需要让当前所在页面的导航文字突出显示，如改变颜色、字号等，目的是让当前页面导航与其他页面有差异化。例如将当前页面的目录设置为黄色。

导航设计严格来说不算动画，因为用到的不是动画功能，而是超链接功能，即将文字链接到对应的 PPT 页面。

技术揭秘 7-5：通过导航功能切换表格和图表页面

PowerPoint 中的超链接功能可以链接到计算机中的文件、网页、电子邮件、PPT 页面。其中链接到 PPT 页面可实现幻灯片切换，尤其是需要展示多张结构相同的表格或图表时，这个功能可以让观众清楚当前展示的数据内容属于哪部分内容。

第01步： 打开【插入超链接】对话框。打开“素材文件\原始文件\第7章\导航.pptx”文件，如图7-46所示，❶选中第一个导航文本框；❷单击【插入】选项卡下的【链接】按钮。

第02步： 设置超链接。如图7-47所示，❶选择【本文档中的位置】选项；❷选择【幻灯片1】；❸单击【确定】按钮。

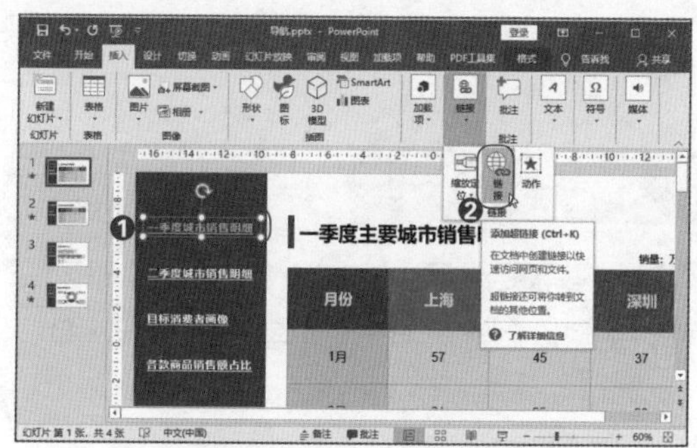

图 7-46　打开【插入超链接】对话框

图 7-47　设置超链接

第03步： 设置第二个超链接。如图7-48所示，❶选中第二个导航文本框；❷在【插入超链接】对话框中选择【本文档中的位置】选项；❸选择【幻灯片2】；❹单击【确定】按钮。

使用同样的方法完成页面中其他两个导航文本框及其他页面中的导航文本框超链接设置。

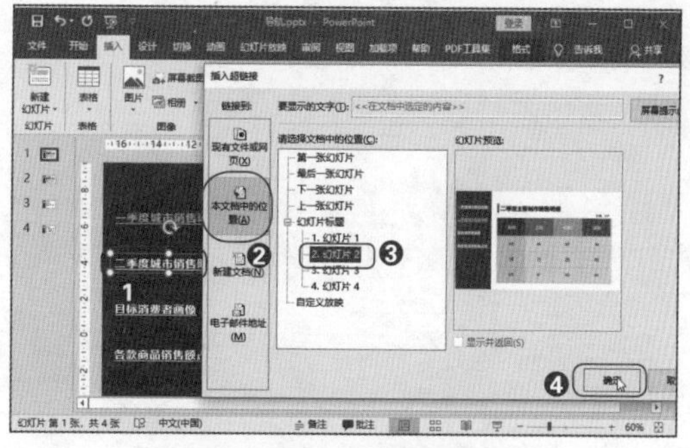

图 7-48　设置第二个超链接

第04步： 放映时使用超链接。如图7-49所示，完成导航设置后，在放映PPT时，光标移动到导航文本框上会变成手指形状，单击文本框就能跳转到相应的页面。

一季度城市销售明细
二季度城市销售明细
目标消费者画像
各款商品销售额占比

一季度主要城市销售明细

销量：万件

月份	上海	成都	深圳
1月	57	45	37
2月	61	25	38
3月	25	24	15

一季度城市销售明细
二季度城市销售明细
目标消费者画像
各款商品销售额占比

二季度主要城市销售明细

销量：万件

月份	上海	成都	深圳
4月	66	57	36
5月	15	28	68
6月	37	35	69

图 7-49　放映时使用超链接

高效技巧：如何让文字链接到外部表格文件?

并不是所有数据都适合放在 PPT 中展示，有时候需要展示详细的表格文件，此时可以将 PPT 页面中的文本框链接到外部表格文件，当放映到这页 PPT 时，单击文本框，即可打开表格文件。

具体方法是，选中文本框，在【插入超链接】对话框中选择【现有文件或网页】选项，再选择对应的表格文件即可。

第 8 章

细节决定成败，让数据 PPT 完美演示

将 Excel 中的数据设计成精美的 PPT，看似已经大功告成，实则还差至关重要的一步，那就是如何将 PPT 以最佳方式呈现在他人眼前。

因为一时的疏忽，发送给领导的数据汇报文件打不开；展示 PPT 时忘记对重点数据进行解说；放映时数字太小看不清。这些细节上的问题往往让精彩的 PPT 大打折扣。很多时候失败不是因为能力，而是因为细节，细节里见功夫。有经验的 PPT 设计者，会在完成设计后充分考虑 PPT 的呈现方式，提前设置文件属性、进行排练预演等，以做到在放映时能熟练控制 PPT 的呈现方式。

通过本章你将学会

- ☞ 如何检查 PPT 是否有版本兼容问题
- ☞ 如何将 PPT 保存成低版本文件
- ☞ 如何将 PPT 导出成 PDF、视频
- ☞ 如何将每一页 PPT 快速变成图片
- ☞ 如何防止链接的文件丢失
- ☞ 如何提前排练调整每页幻灯片演讲时间
- ☞ 如何在放映时使用放大功能、笔功能
- ☞ 如何让观众看不到备注而演讲者能看到
- ☞ 如何防止文字乱码
- ☞ 如何录制演讲过程
- ☞ 如何设置放映属性

本章部分案例展示

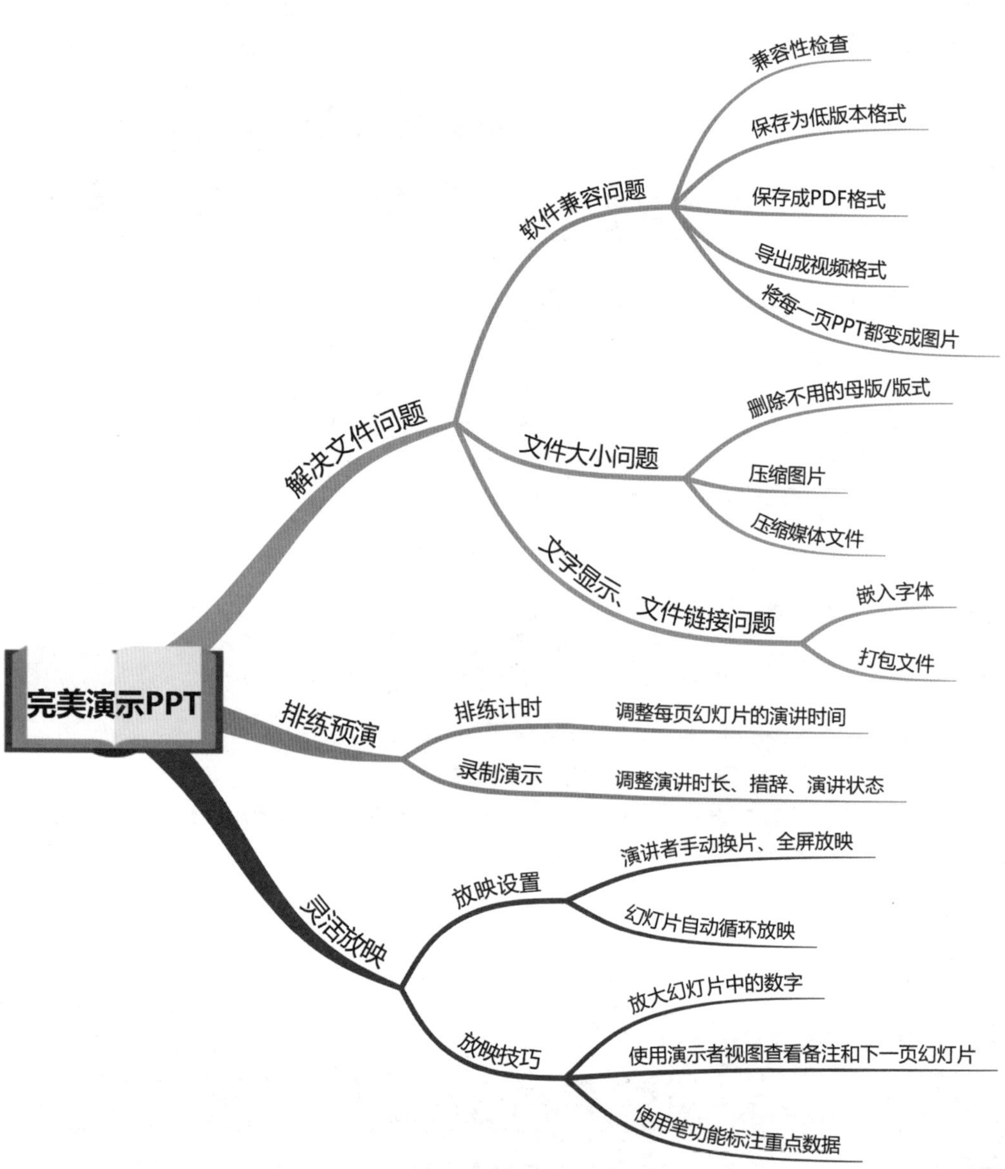
完美演示PPT
解决文件问题
软件兼容问题
兼容性检查
保存为低版本格式
保存成PDF格式
导出成视频格式
将每一页PPT都变成图片
文件大小问题
删除不用的母版/版式
压缩图片
压缩媒体文件
文字显示、文件链接问题
嵌入字体
打包文件
排练预演
排练计时
调整每页幻灯片的演讲时间
录制演示
调整演讲时长、措辞、演讲状态
灵活放映
放映设置
演讲者手动换片、全屏放映
幻灯片自动循环放映
放映技巧
放大幻灯片中的数字
使用演示者视图查看备注和下一页幻灯片
使用笔功能标注重点数据

NO.8.1　提前解决，三大棘手的文件问题

完成精彩的数据 PPT 制作不是终点，将 PPT 以恰当的方式分享出去才是最终目标，然而正是分享这个环节，最容易被忽视，又暗藏雷区。分享环节中 80% 的问题都是文件问题，所以一定要做一个有心人，全面考虑 PPT 的分享场景，提前准备预案，将失误降到最低。

8.1.1　PPT 格式不兼容怎么办

PPT 制作时设计精美、排版工整，换一台计算机却出现文字乱码，图表不能编辑，也不能显示，甚至无法打开文件，此时首先要思考是否是软件兼容问题。事先解决 PPT 兼容问题，可以避免绝大部分的放映“灾难”。

重点速记：不同文件格式的利弊分析

❶ 将文件保存成更低版本的格式，可避免出现以下问题：低版本软件无法打开文件；可编辑文件，但是用高版本软件制作的图表等内容无法在低版本软件中正常显示。

❷ 将文件保存成 PDF，可用多种软件打开，但无法编辑。

❸ 将文件导出成视频，可用播放软件或浏览器打开，但无法用 PowerPoint 播放，且不能编辑。

格式兼容问题会有不同的具体表现，解决思路通常是将文件保存成另一个格式，至于选择哪种格式，要根据需求来决定。PPT 格式问题解的决思路如图 8-1 所示。

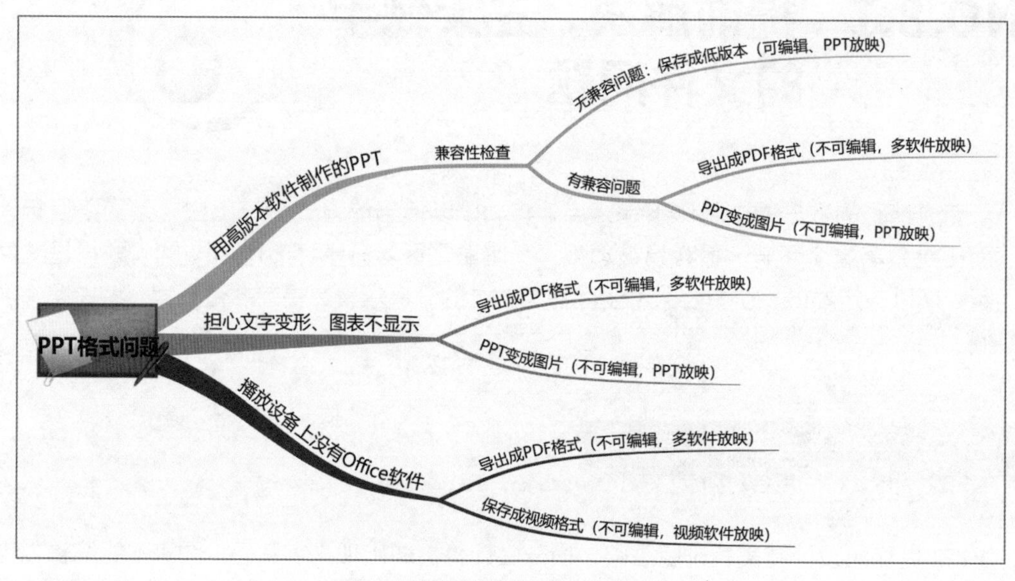

图 8-1　PPT 格式问题解决思路

1. 用高版本软件制作的 PPT

和大多数软件一样，Office 软件遵循向下兼容原则，即高版本软件可正常打开较低版本软件制作的文件，反之则不行。如果是用较高版本的软件，例如 PowerPoint 2019 版本制作的 PPT，那么高版本软件中的新功能所制作出来的图表等元素往往无法在低版本软件中显示。此时首先检查兼容性问题，如果没有问题，则直接保存成较低版本，那么就不用担心换一台计算机会无法正常打开高版本软件制作的 PPT 了。在其他计算机上既可打开低版本文件，也可以编辑、修改文件。

检查文件是否有兼容性问题的方法如图 8-2 所示，选择【信息】面板中【检查问题】菜单中的【检查兼容性】选项。此时会弹出【Microsoft PowerPoint 兼容性检查器】对话框，在【摘要】中会显示当前文件在更低版本中打开时会出现的问题，如图 8-3 所示。

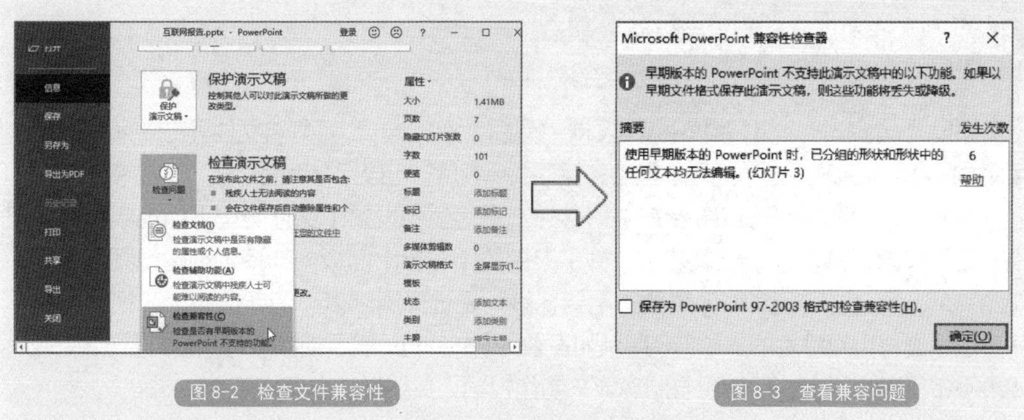

图 8-2　检查文件兼容性

图 8-3　查看兼容问题

如果显示文件中有低版本无法呈现、编辑的内容，可将文件导出成 PDF，或将每一页 PPT 都变成图片，这样在播放时就不会出现任何格式问题了。单击【文件】菜单中的【另存为】按钮，打开【另存为】对话框，如图 8-4 所示，选择文件的保存类型为【PDF(*.pdf)】，即可将文件保存成 PDF 格式了。PDF 虽然无法修改，但是可用多种软件打开，如 Office 软件、PDF 阅读软件、浏览器等。

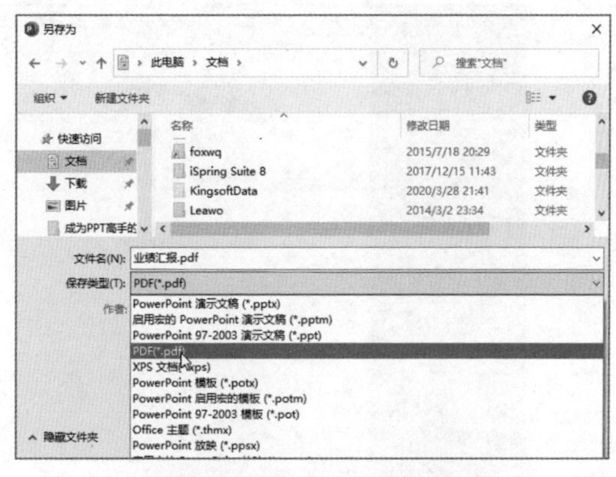

图 8-4　将 PPT 文件保存成 PDF 格式

2. 文字变形、图片不显示

如果 PPT 中的文字有很多种设计，且用了新版本图表，如树状图、漏斗图等，可将文件导出成 PDF 格式，或将每一页 PPT 都变成图片，这样能保证页面内容正常显示，并且不变形。将 PPT 变成图片，虽然不能再进行编辑，但是可以用 PowerPoint 软件打开，放映时也可以使用 PowerPoint 的播放功能。

第8章

· 3. 播放设备上没有 Office 软件 ·

如果担心播放 PPT 的计算机中没有 Office 软件，为保险起见，最好将文件导出成 PDF 或视频，可最大限度地避免播放出现问题。其中，保存成视频后，可以保存页面动画、声音等内容。

将 PPT 导出成视频可以直接在【另存为】对话框中设置【保存类型】为视频格式，但是却无法设置视频格式。建议在【文件】菜单的【导出】面板中选择【创建视频】选项，如图 8-5 所示。这里有两项设置至关重要，其一是选择清晰度，清新度越大，视频越大；其二是设置每页幻灯片的放映时间，例如设置为【05.00】，表示视频中每页幻灯片放映 5 秒。如果不希望时间固定，可使用录制功能来制作视频，具体做法参阅本章 8.2 节。

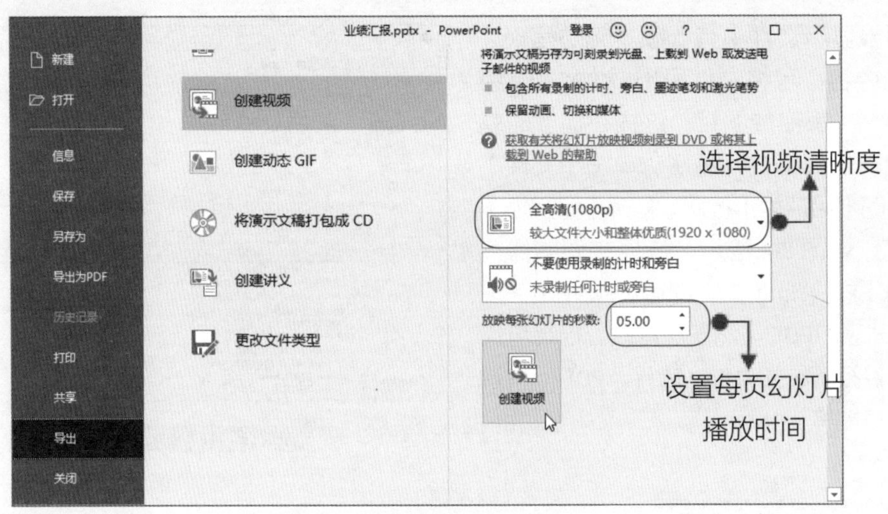

图 8-5　将 PPT 导出成视频

技术揭秘 8-1：批量改变 PPT 格式，防止精心设计的数据变形

将 Excel 数据设计成精美的数字、图表或其他形式放在 PPT 中，为了保证设计内容的最佳呈现，且又可以使用 PowerPoint 播放，可将每页 PPT 都变成图片格式，但是如果 PPT 页数较多，将图片一页一页插入到幻灯片中会比较麻烦，建议使用相册功能来实现批量插入，思路如图 8-6 所示。

图 8-6 将 PPT 变成图片的思路

第01步： 将文件导出成图片。打开“素材文件\原始文件\第8章\互联网报告.pptx”文件，如图8-7所示，❶选择【文件】菜单中的【导出】选项；❷选择【更改文件类型】选项；❸选择【PNG可移植网络图形格式（*.png）】选项。

第02步： 选择保存位置。如图8-8所示，❶选择图片保存位置；❷单击【保存】按钮。

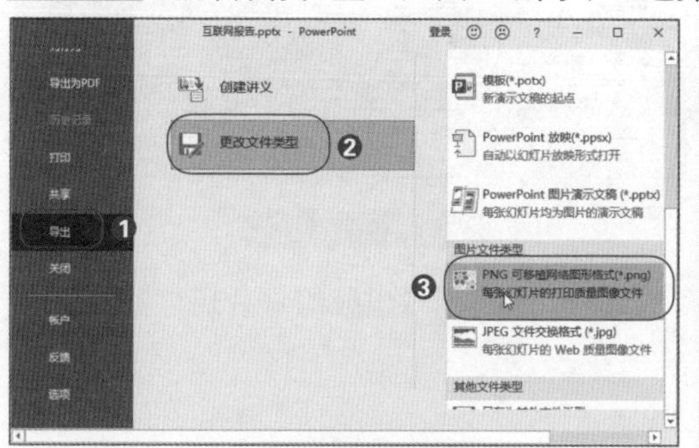

图 8-7 将文件导出成图片

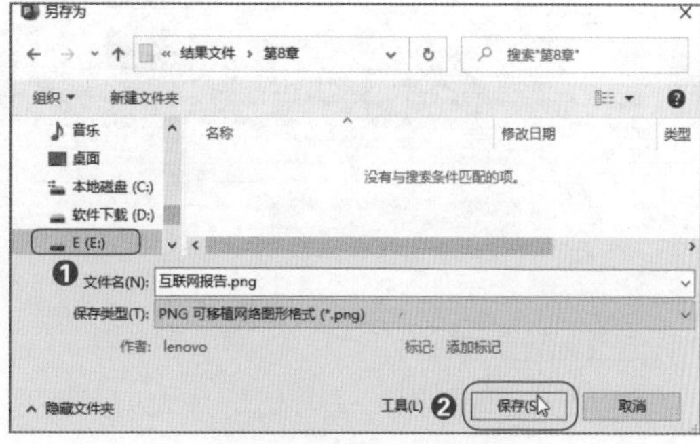

图 8-8 选择保存位置

第03步： 导出所有幻灯片。如图8-9所示，选择要导出成图片的幻灯片，这里单击【所有幻灯片】按钮。

第04步： 新建相册。如图8-10所示，❶单击【插入】选项卡下的【相册】下拉按钮；❷选择【新建相册】选项。

图 8-9 导出所有幻灯片

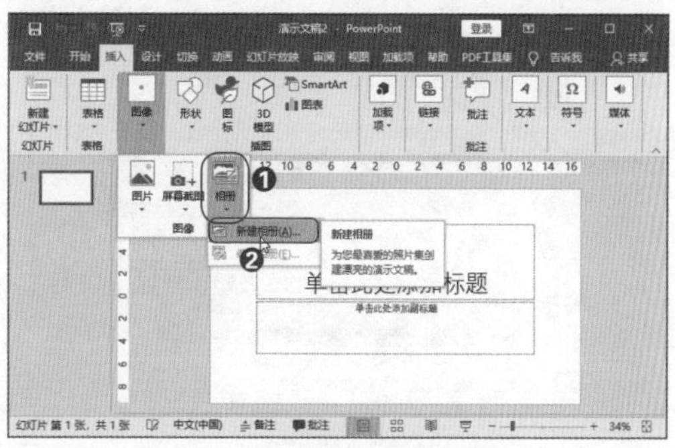

图 8-10 新建相册

第05步：插入图片。如图8-11所示，在【相册】对话框中单击【文件/磁盘】按钮。

第06步：选择图片。如图8-12所示，❶选择导出的所有图片；❷单击【插入】按钮。

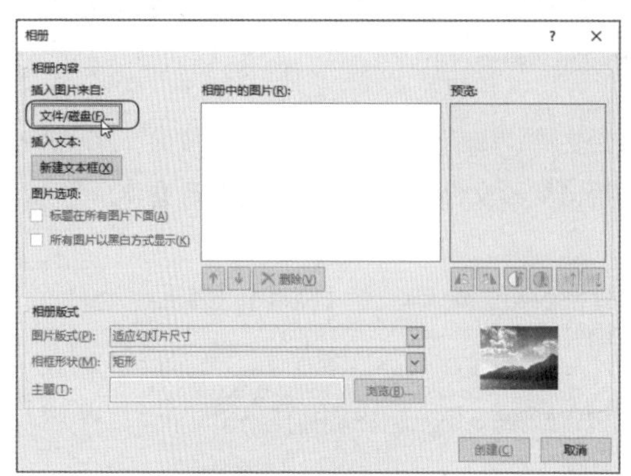

图 8-11　插入图片

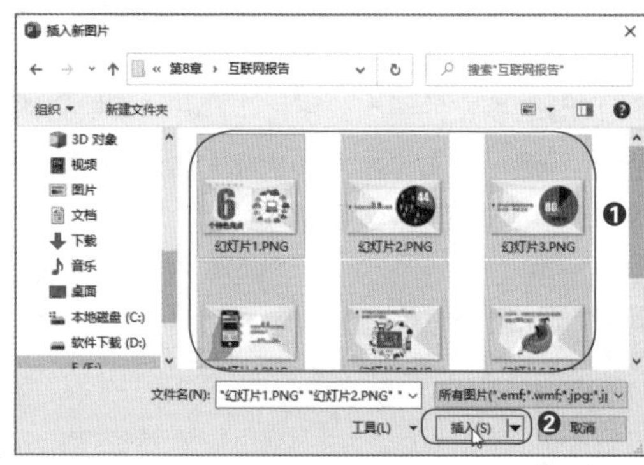

图 8-12　选择图片

第07步：创建相册。如图8-13所示，❶选择所有的图片；❷选择【适应幻灯片尺寸】版式；❸单击【创建】按钮。

这种版式可让图片适合幻灯片大小，铺满整张幻灯片。

第08步：查看效果。此时每页图片都插入到幻灯片中，且是图片格式，效果如图8-14所示。

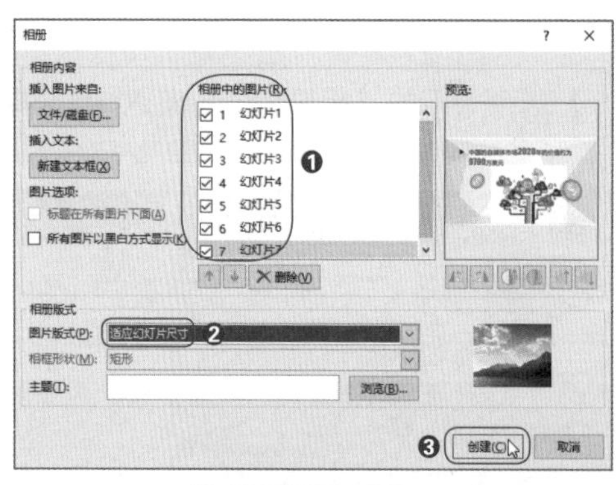

图 8-13　创建相册

图 8-14　成功将每页 PPT 都变成图片

• 8.1.2　文件太大无法微信传输怎么办

精心设计的 PPT 文件由于母版较多、页数较多、图片高清等原因，常常导致文件太大。微信作为人们工作生活的重要通信工具，其便捷的信息传递功能广受欢迎。但美中不足的是，超过 100M 大小的文件无法通过微信发送，此时就要学会在不影响文件质量的前提下减小文件大小或者通过其他方法与他人共享文件。

重点速记：用微信成功传输 PPT 文件的要点

① 通过删除母版、压缩图片、压缩媒体的方式将 PPT 文件压缩到 100M 以内。

② 将文件保存成 PDF 再发送。

• 1. 删除没用的母版 •

有时为了设计方便，会添加各种排版设计的母版，但不一定每份 PPT 都会用到每个母版及母版下面不同的版式，因此可将没有用到的母版或版式删除，以减小文件大小。

如图 8-15 所示，进入母版视图下，将光标放到母版或版式上，会看到是否有幻灯片使用该设计。如果没有幻灯片使用该母版，可以右击，从快捷菜单中选择【删除版式】选项将其删除，如图 8-16 所示。

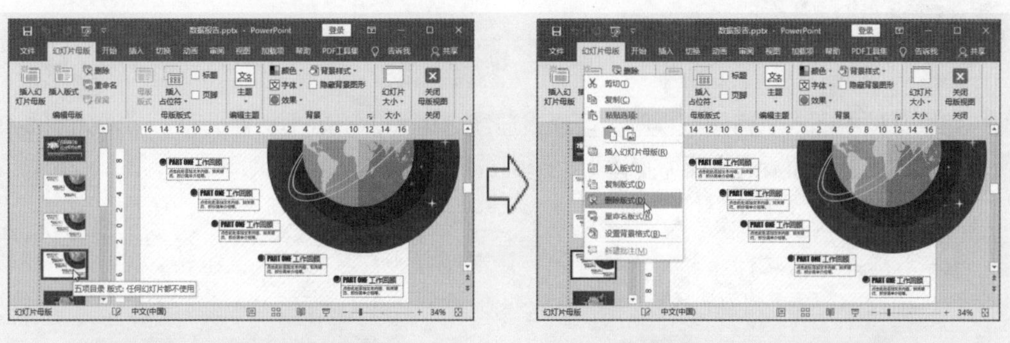

图 8-15　查看母版或版式是否有使用　　图 8-16　删除未使用的母版或版式

• 2. 压缩图片 •

PPT 中插入太多高清晰度的图片会直接造成 PPT 过大，解决方法是，删除图片被裁剪的区域，以及降低分辨率。

如图 8-17 所示，选中图片，在【图片工具 - 格式】选项卡下单击【压缩图片】按钮。打开【压缩图片】对话框，如图 8-18 所示，在该对话框中可设置压缩参数，通常会勾选【删除图片的裁剪区域】复选框，以及设置更小的分辨率。

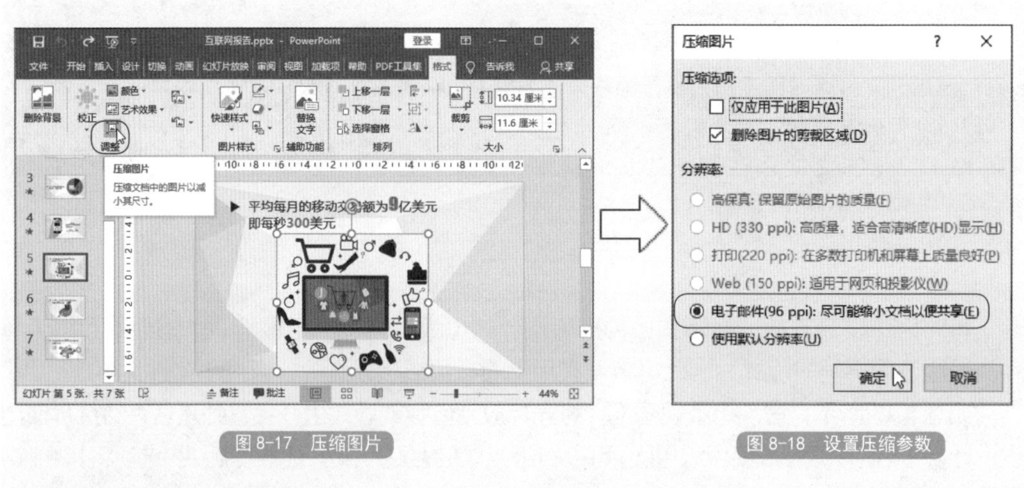

图 8-17　压缩图片

图 8-18　设置压缩参数

• 3. 压缩音视频 •

如果文件中插入了音频或视频，可通过压缩媒体大小来减小文件大小。方法如图 8-19 所示，在【信息】面板的【压缩媒体】菜单中选择较小的媒体格式即可。

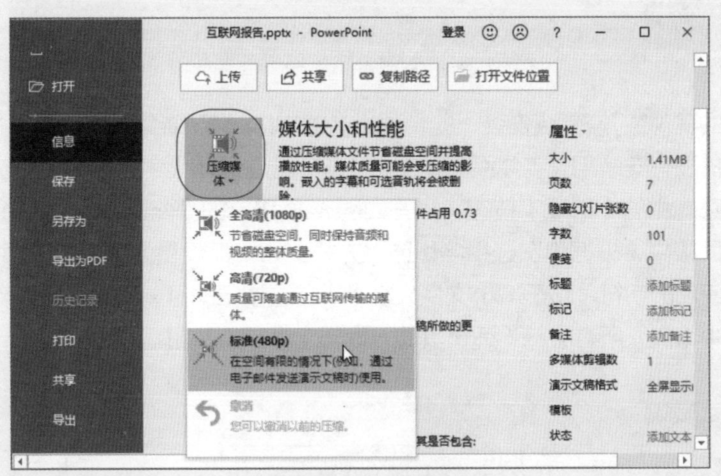

图 8-19 压缩音视频大小

• 4. 其他方法 •

文件太大也可将其导出为 PDF 格式进行分享，但缺点是无法编辑。如果需要对方能编辑文件，且无法再缩小文件大小时，还可以通过邮件等可以传输更大文件的方式来发送。

• 8.1.3 PPT 格式变乱、链接的表格丢失怎么办

当在 PPT 文件中插入视频、音频，或者链接到外部表格文件，以及使用了特殊字体时，换台计算机播放文件时容易出现音视频丢失、链接的表格文件打不开、排版变乱、文字乱码等情况。此时需要充分考虑如何让相关文件及字体不丢失。

重点速记：避免字体、文件丢失的方法

① 文件中只有特殊字体，则用嵌入字体的方法。

② 文件中有音视频、外部表格链接等文件，需要打包文件。

1. 嵌入字体

为了设计的美观性，常常会安装一些特殊设计的字体。为了避免在换台计算机播放 PPT 时，因为这台计算机没有安装相关字体而出现文字乱码、无法编辑文字等情况，可选择嵌入字体。单击【文件】菜单中的【选项】按钮，打开如图 8-20 所示的【PowerPoint 选项】对话框，切换到【保存】面板中，根据情况选择字体嵌入方式。如果仅仅是为了演示，那么选中【仅嵌入演示文稿中使用的字符（适于减小文件大小）】单选按钮即可，如果需要换台计算机编辑，那么就需要选中【嵌入所有字符（适于其他人编辑）】单选按钮。

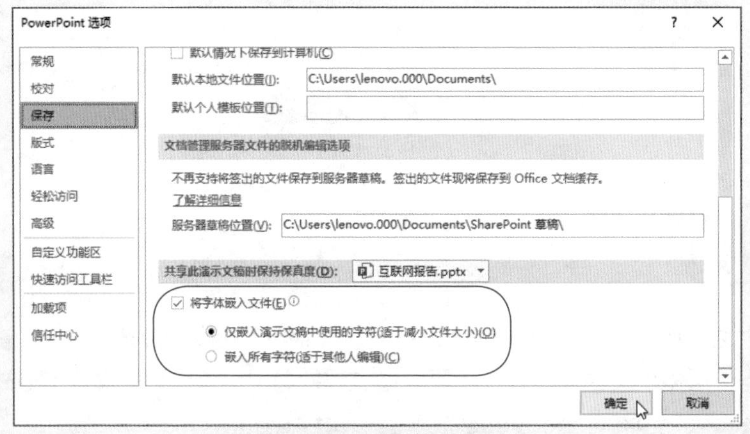

图 8-20　选择字体嵌入方式

2. 打包文件

如果文件中不仅有字体，还用到了其他音视频、表格等文件，就不能只考虑字体问题了。万无一失的做法是，在保存文件时使用打包功能，目的是将所有用到的文件都打包到一起，复制时可以将整个打包文件一起复制。

如图 8-21 所示，在【导出】面板中单击【将演示文稿打包成 CD】按钮。在弹出的【打包成 CD】对话框中单击【复制到文件夹】按钮，如图 8-22 所示，就可以将 PPT 及相关文件打包到特定的文件夹中。

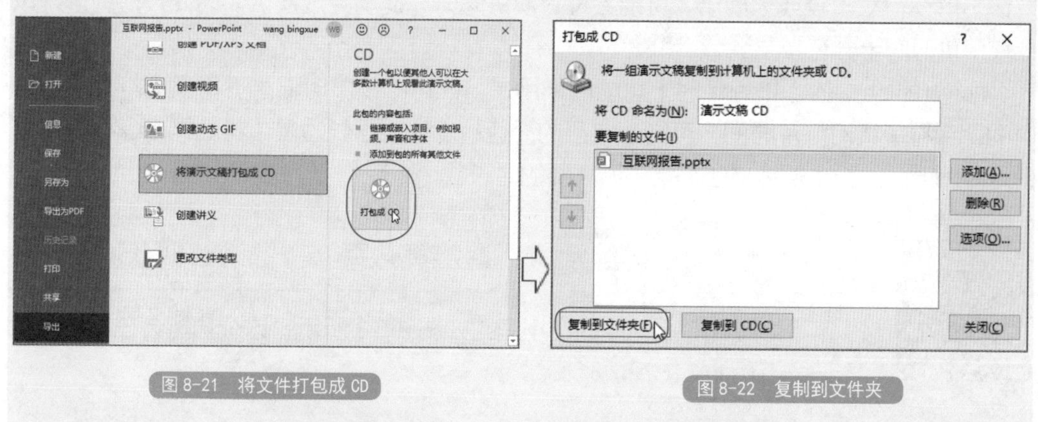

图 8-21 将文件打包成 CD

图 8-22 复制到文件夹

NO.8.2 提前排练，为精彩的数据汇报做准备

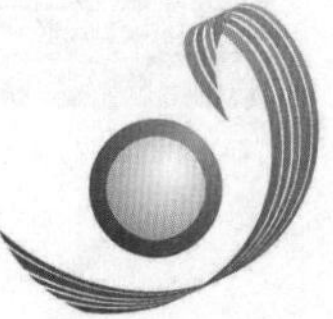

设计精良的数据 + 恰到好处的演讲才能成就一场精彩的数据汇报。没有谁是天生的演讲者，所谓“台上一分钟，台下十年功”，在讲台上挥洒自如的演讲者都在台下练习了无数遍。PowerPoint 是专业的汇报演示工具，充分利用排练和录制功能，可精准把控每页 PPT 的演讲时间、调整自己的演讲细节。

重点速记：提前排练演讲的两个方法

① 如果只想调整演讲时长，选择【排练计时】功能，在幻灯片浏览状态下查看每页 PPT 的演讲时间。

② 如果想全面分析演讲时长、语气、表达方式，选择【录制幻灯片演示】功能，客观判断演讲状态。

8.2.1 排练计时功能，精准控制演讲时间

呈现在幻灯片页面中的数据往往只是重点数据，数据背后的含义还需要演讲者进一步

解读。解读得太啰唆或太简洁，可能会导致演讲超时或提前完成演讲。因此，提前排练以把控演讲时间十分有必要。

PowerPoint 中的【排练计时】功能的作用是，在排练预演时记录下每页幻灯片的放映时间。查看每页幻灯片时间，可判断自己的语速、表述内容长短是否符合需求。根据所有幻灯片的时间，可了解完成整场演讲所需要的时长。

技术揭秘 8-2：排练预演，调整每一页 PPT 的演讲时长

【排练计时】功能的使用思路如图 8- 23 所示，这个功能会在放映状态下记录每页 PPT 的播放时长。

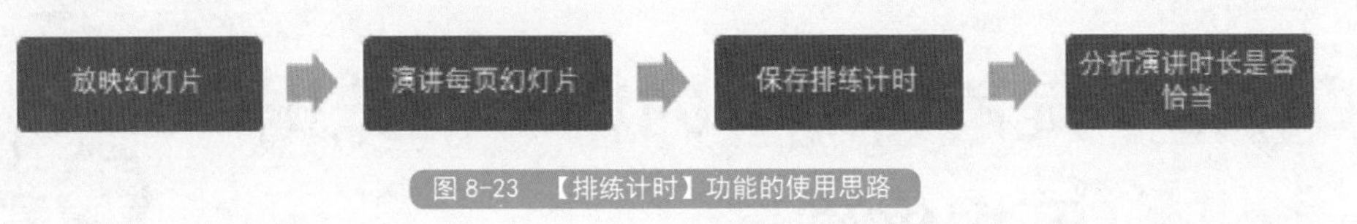

图 8-23 【排练计时】功能的使用思路

第01步： 使用【排练计时】功能。打开“素材文件\原始文件\第8章\排练计时.pptx”文件，如图8-24所示，单击【幻灯片放映】选项卡下的【排练计时】按钮。

第02步： 放映幻灯片。如图8-25所示，此时进入幻灯片放映状态，可以按照既定的演讲节奏进行演讲、切换页面。在界面左上角会记下每张幻灯片的放映时间以及所有幻灯片的放映总时间。

用这样的节奏完成所有幻灯片的演讲。

图 8-24 使用排练计时功能

图 8-25 放映幻灯片

第03步： 保存计时。完成幻灯片放映后，会弹出对话框询问是否保存计时，单击【是】按钮，如图8-26所示。

第04步： 查看每页PPT的放映时长。如图8-27所示，❶单击【视图】选项卡下的【幻灯片浏览】按钮；❷在浏览视图下查看每页幻灯片的放映时长，以此来评估演讲时间把控是否到位，从而优化演讲语速和内容。

图 8-26　保存计时

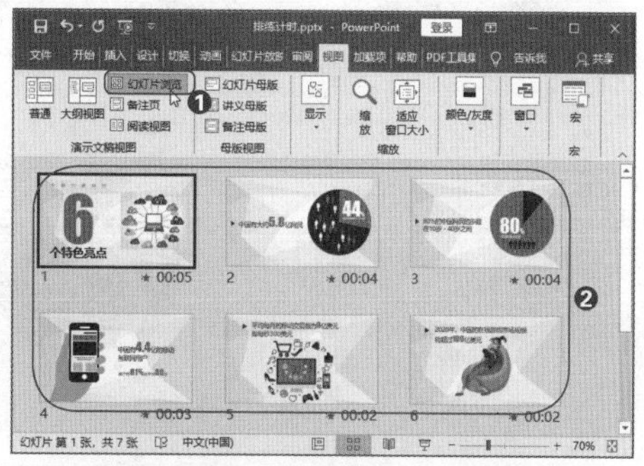

图 8-27　查看每页 PPT 的放映时长

高效技巧：如何在设置好每页PPT播放时间后再导出成视频？

如果记录每页 PPT 的放映时间，直接将文件导出成视频，则只能为每页 PPT 设置相同的停留时间。但是如果使用【排练计时】功能记录每页 PPT 的放映时间，可以在导出视频时选择【使用录制的计时和旁白】功能，就可以将每页 PPT 以特定的放映时间导出成视频了。

• 8.2.2　录制演讲，从观众的视角发现问题

【排练计时】功能只能帮助判断演讲时间的控制是否到位，但是没办法分析演讲时的措辞、语气是否到位。为了进一步发现演讲的不足，从旁观者的角度发现问题，可以使用【录制幻灯片演示】功能。这个功能不仅能记录下每页幻灯片放映的时长，还能录制演讲旁白，甚至是演讲时用笔在 PPT 中勾画的重点。

【录制幻灯片演示】功能比较简单，如图 8-28 所示，单击【录制幻灯片演示】按钮，可选择从当前或从头开始幻灯片的录制。进入录制界面后，如图 8-29 所示，单击左上角的【录

制】或【停止】按钮可开始或停止录制。在录制过程中，按既定方式正常演讲、切换幻灯片即可，只要计算机的音频输入设备正常，声音就会被录制下来。也可以使用下方的笔功能在 PPT 中勾画重点。

图 8-28　录制幻灯片

图 8-29　录制过程中的操作

高效技巧：【录制幻灯片演示】功能还有什么其他的作用?

【录制幻灯片演示】功能除了可以用来排练演讲外，还可以在录制好旁白后导出视频时选择【使用录制的计时和旁白】功能，这样就可以将 PPT 导出成有演讲的视频，即使在特殊情况下演讲者不能到场，也能播放提前录制好的幻灯片演讲视频。

NO.8.3　放映绝招，数据展示锦上添花

大多数人都知道放映幻灯片的快捷键是 F5，却很少有人能正确地根据放映场合设置播放属性，或者熟练地在放映过程中使用不同的功能。这些细节看似微不足道，却决定了数

据汇报是否有美中不足之处。花 10 分钟学习本节，让数据展示锦上添花，让播放做到尽善尽美。

重点速记：放映设置和播放技巧

① 放映设置包括让幻灯片全屏或窗口播放，自动或手动播放，以及放映范围、笔的颜色等。

② 放映幻灯片时可以使用放大功能放大幻灯片局部，在演示者视图下查看下一页幻灯片和备注，还可以使用笔功能强调重点数据。

8.3.1 三种放映设置，满足不同场合的需求

默认情况下，直接放映幻灯片是以全屏的方式从头到尾播放，放完最后一页就结束。根据实际放映需求，可单击【设置幻灯片放映】按钮，打开【设置放映方式】对话框，进行相应设置，如图 8-30 所示。

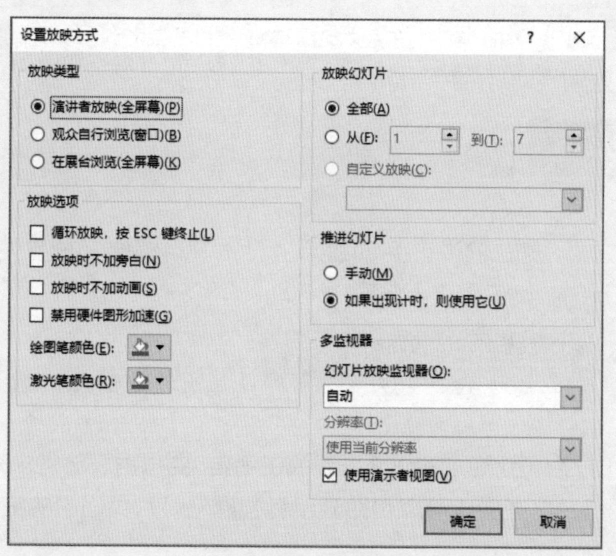

图 8-30 放映设置

• 1. 选择放映类型 •

【演讲者放映】类型是最常用的类型，效果是让幻灯片全屏播放，且演讲者可以手动控制幻灯片放映，适用于大多数演讲场合；【观众自行浏览】类型的效果是让幻灯片仅在一个小窗口中播放，观众自行浏览即可，适用于没有演讲者的场合；【在展台浏览】类型则会让PPT自动全屏放映，适用于在展览厅中进行展示。

• 2. 选择放映选项 •

在放映选项中有多种选项可选，例如选择让幻灯片循环放映、放映时不播放录制好的旁白、不播放动画等，也可以设置笔的颜色。需要注意的是，要根据PPT的整体颜色选择笔颜色。例如PPT的背景是黑色，激光笔要选择反差较大的颜色，如白色，否则黑色的激光笔放在黑色背景中会不明显，无法引起观众注意。

• 3. 选择放映范围 •

在【设置放映方式】对话框中还可以设置播放全部或部分连续的幻灯片。如果只需要播放部分幻灯片，则输入幻灯片序号即可。

• 4. 选择换片方式 •

选择【手动】方式，则由演讲者手动切换幻灯片；如果需要播放事先录制好的幻灯片，就选择【如果存在计时，则使用它】选项。

• 8.3.2 三招放映操作，恰到好处地演示

在放映幻灯片时，为了让观众的思路跟着演讲者走，要根据表达需求充分利用放映工具，主要有三项放映操作，这些操作可以帮助演示者强调幻灯片页面中的细节、快速跳转页面和标注重点等。

• 1. 放大数据细节 •

在展示表格、图表等有较多数据内容的幻灯片时，可局部放大幻灯片。如图 8-31 所示，在放映状态下右击，选择【放大】选项，此时光标变成放大镜图标。如图 8-32 所示，要放大的区域单击即可。

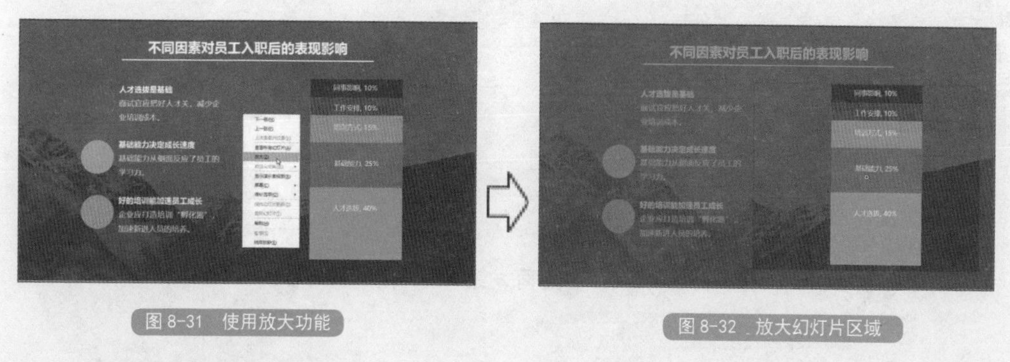

图 8-31　使用放大功能

图 8-32　放大幻灯片区域

• 2. 使用演示者视图 •

如果幻灯片下方有备注，或者是演讲者需要提前知道下一页幻灯片的内容，做到心中有数，把控演讲节奏，可使用演示者视图。在放映状态下右击，选择【显示演示者视图】选项，如图 8-33 所示。进入演示者视图后，观众看到的是左边窗口中的幻灯片画面，而演讲者则可以看到右边下一页幻灯片的缩略图及备注文字，并且可以使用左下角的放映工具，如图 8-34 所示。

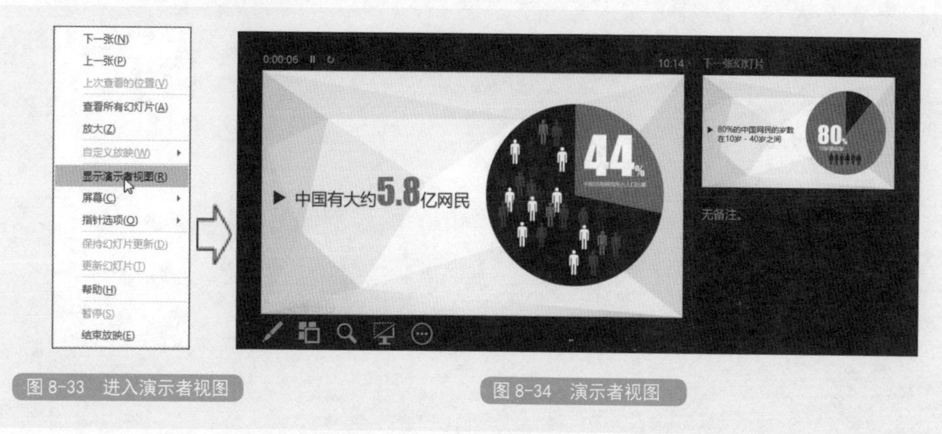

图 8-33　进入演示者视图

图 8-34　演示者视图

• 3. 使用荧光笔强调重点数据 •

在放映幻灯片时，如果有重点数据需要引起观众注意，可以使用笔功能来进行强调。如图 8-35 所示，在放映状态下右击，选择【指针选项】菜单中的【荧光笔】选项。此时光标变成笔形状，按住鼠标左键不放，如图 8-36 所示，就可以圈住重点数据，并对数据进行解读。

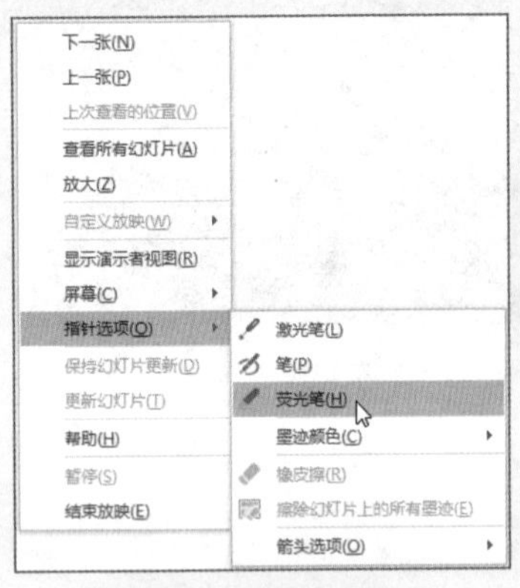

图 8-35 荧光笔功能

图 8-36 使用荧光笔